普通高等教育"十二五"规划教材

Visual Basic 6.0
程序设计及案例分析

尹贵祥　编著

U0217559

中国水利水电出版社
www.waterpub.com.cn

内 容 提 要

本书共两部分：Visual Basic 6.0 程序设计和案例分析。

程序设计部分，主要讲述用 Visual Basic 6.0 怎样开始一个项目的开发，各种常用的控件及其使用，特别是数据库操作技术（多种数据控件和 SQL 语言）及 OLE 技术等。书中所讲述的知识内容对于开发一般的信息管理或信息处理应用系统是充分的。案例分析部分，讲述《通用试题库系统》的整个开发过程，从系统需求分析到系统功能及试题库的设计，到各个功能模块的设计、算法及源代码，以及窗体的设计、控件的设计等。该案例对开发一般的应用程序系统具有直接的效法意义。

本书可用作高校各专业程序设计课程的教材，可用于开设选修课为毕业设计作准备，也可以用于其他人员学习软件应用系统开发和参考。

图书在版编目（C I P）数据

Visual Basic 6.0程序设计及案例分析 / 尹贵祥编
著. -- 北京 ： 中国水利水电出版社，2013.2
　普通高等教育"十二五"规划教材
　ISBN 978-7-5170-0630-5

　Ⅰ. ①V… Ⅱ. ①尹… Ⅲ. ①
BASIC语言—程序设计—高等学校—教材 Ⅳ. ①TP312

中国版本图书馆CIP数据核字(2013)第022593号

书　　　名	普通高等教育"十二五"规划教材 Visual Basic 6.0 程序设计及案例分析	
作　　　者	尹贵祥　编著	
出 版 发 行	中国水利水电出版社 （北京市海淀区玉渊潭南路 1 号 D 座　　100038） 网址：www.waterpub.com.cn E-mail：sales@waterpub.com.cn 电话：(010) 68367658（发行部）	
经　　　售	北京科水图书销售中心（零售） 电话：(010) 88383994、63202643、68545874 全国各地新华书店和相关出版物销售网点	
排　　　版	北京时代澄宇科技有限公司	
印　　　刷	北京市北中印刷厂	
规　　　格	184mm×260mm　16 开本　26.25 印张　623 千字	
版　　　次	2013 年 2 月第 1 版　2013 年 2 月第 1 次印刷	
印　　　数	0001—3000 册	
定　　　价	49.00 元	

凡购买我社图书，如有缺页、倒页、脱页的，本社发行部负责调换

前　　言

本书共两部分：Visual Basic 6.0 程序设计和案例分析。

Visual Basic 6.0 程序设计部分：

讲述在 Visual Basic 6.0 中怎样开始一个项目的开发，各种常用的控件及其使用，窗体设计、语法规则等，将数据库技术（多种数据控件和 SQL 语言）作为一个突出的重点。开发信息管理和信息处理软件应用系统，必须要用到数据库方面的技术和方法，而且是以数据库为中心展开的，在内容安排和布局上也是紧紧围绕这一实际应用展开的，并在内容恰当的位置安排了丰富的示例，因为编写的代码和处理问题的方法对开发应用程序具有广泛的借鉴意义。本部分讲解的知识内容，对于开发一般的信息管理或信息处理应用系统是充分的，很有用的。

案例分析部分：

完整讲述了《通用试题库系统》的开发，包括从系统需求分析到系统功能及试题库的设计，到各个功能模块的设计、算法及源代码，以及窗体的设计、控件的设计等。《通用试题库系统》案例中的许多源代码都具有模仿和效法的价值，学习者应注意研读。研读成功的源代码对学习者意义巨大。调试程序是学习掌握程序设计最艰难的过程，但收获也是最大的。该过程是学习掌握程序设计技能技巧的必经之路，任何想真正学习掌握程序设计技能技巧的人都不可回避。该案例对开发一般的应用程序系统具有直接的效法意义。

书中所有示例和案例的源代码，都在 Visual Basic 6.0 集成开发环境中调试运行通过。

讲授方法建议：

可在安装有网络广播教学演示软件的网络机房开展教学。教师演示讲授一部分内容（每次十几分钟即可，不宜过长），然后让学生操作实践刚讲过的内容，教师跟踪指导；然后再讲再练，如此继续。实践证明，这样实施教学收效是最好的。在实践过程中，教师的指导尤为重要。实践是学习掌握程序设计基本内容和方法不可缺少的过程，学习程序设计的最好方法就是设计程序。

课时安排：每周 4 个课时，不宜再少。界面设计部分，较直观，易讲易学，而且后继内容要反复用到，所以前 4 章讲授速度要尽可能地快些，即使存在一些问题也不必计较，以后用到这些内容时再讲解，而且这时再讲解的效果会好得多，前 4 章可安排 12 学时。程序设计部分，讲授速度要适当放慢，可安排 12 学时。数据库程序设计，要作为讲授和学习的重点，可安排 16 学时。教师要实际演示编写代码实现数据库操作功能，然后让学生模仿实践，其间可安排两三次复习总结实践，可布置较综合性的题目，由教师跟踪辅导学生完成。编写代码实践，是整个教学中的难点，也是重点，编写代码是程序设计的核心，也是学习程序设计唯一最终的目的，因此要特别注重学生技能、技巧和灵活性的训练。数据库技术基本内容讲授完后，可以布置大作业设计题目，这也可称之为课程设计，由若干学生分组完成，课程的成绩，也可根据完成的结果给出。

本书可供高校学生开设实用程序设计课程之用，同时也可为学生开展毕业设计作准备。

编写一部内容较完善、实用的程序设计方面的好书是非常困难的，尽管这方面的书现在已出版了很多。

本书中蕴含了作者长期从事应用程序开发、研究和教学所积累的经验、体会和心得，可供学生和同行学习、借鉴、参考。

虽作者为编写本书花费了大量的时间和精力，但书中欠妥不当之处仍在所难免，敬请读者不吝赐教。

电子邮箱：tekiyin@yahoo.com.cn 或 tekiyin@qq.com

作者

2012 年 10 月

目　　录

前言

第一部分　Visual Basic 6.0 程序设计

第 1 章　Visual Basic 6.0 简介 ··· 3
  1-1　集成开发环境基本组成 ··· 3
  1-2　菜单栏 ··· 4
  1-3　工具栏 ··· 8
  1-4　控件 ··· 9
  1-5　窗体 ·· 10
  1-6　窗体和代码窗口之间的切换 ·· 11
  1-7　工程资源管理器 ·· 12
  1-8　创建应用程序的基本步骤 ·· 13
  思考练习题 1 ·· 14

第 2 章　工程的使用 ··· 15
  2-1　创建一个新工程 ·· 15
  2-2　设置工程的属性 ·· 17
  2-3　从工程中删除文件 ·· 20
  2-4　打开一个已有的工程 ·· 20
  2-5　工程组的使用 ·· 21
  思考练习题 2 ·· 22

第 3 章　创建用户界面 ··· 23
  3-1　概念介绍 ·· 23
  3-2　创建窗体 ·· 27
    3-2-1　窗体的属性 ·· 27
    3-2-2　窗体的方法 ·· 29

3-2-3　窗体的事件 ···32

3-2-4　窗体的启动、装载和卸载 ·····································33

3-2-5　界面样式 ··34

3-3　MDI 窗体 ···35

3-4　控件 ··37

3-4-1　简介 ···38

3-4-2　Label(标签) **A** ···41

3-4-3　TextBox(文本框) |abl| ····································43

3-4-4　Command(命令按钮) ▤ ··································45

3-4-5　框架、选项按钮和复选框 ·····································46

3-4-6　ListBox(列表框) ▤▤ ·····································49

3-4-7　ComboBox(组合框) ▤ ··································50

3-4-8　Image(图像框) 和 PictureBox(图片框) ············51

3-4-9　滚动条控件 ···52

3-4-10　Timer(定时器) ⏱ ·····································54

3-4-11　文件系统控件 ···55

3-5　工具栏 ··58

3-6　状态条 ··60

思考练习题 3 ···61

第 4 章　菜单设计与对话框 ···**62**

4-1　菜单简介 ···62

4-2　菜单编辑器 ··63

4-3　菜单的 Click 事件 ···66

4-4　运行时改变菜单属性 ···66

4-5　弹出式菜单 ··68

4-6　对话框 ··69

4-7　通用对话框 ··73

思考练习题 4 ···77

第 5 章　VB 语言基础 ···**78**

5-1　数据类型 ···78

5-2　运算符及表达式 ···81

5-3　基本语句 ···83

5-4　基本控制结构 ···86

5-4-1　分支结构 ···87

5-4-2　循环结构 ···90

5-5　常用的内部函数 ···94

　　5-6　数组 ……………………………………………………………………98
　　5-7　控件数组 …………………………………………………………………102
　　思考练习题 5 ……………………………………………………………………104

第 6 章　程序设计 ……………………………………………………………105

　　6-1　过程 …………………………………………………………………………105
　　　　6-1-1　Sub 过程 ……………………………………………………………105
　　　　6-1-2　Function 过程 ………………………………………………………109
　　6-2　过程的调用 …………………………………………………………………110
　　6-3　参数的传递 …………………………………………………………………114
　　　　6-3-1　形参和实参 …………………………………………………………114
　　　　6-3-2　参数按值传递和按地址传递 ……………………………………115
　　　　6-3-3　数组参数 ……………………………………………………………117
　　6-4　过程的递归调用 ……………………………………………………………117
　　6-5　变量和过程的作用范围 ……………………………………………………120
　　　　6-5-1　变量的作用范围 ……………………………………………………120
　　　　6-5-2　静态变量 ……………………………………………………………123
　　　　6-5-3　过程的作用范围 ……………………………………………………124
　　　　6-5-4　使用同名的变量 ……………………………………………………126
　　6-6　常用的排序算法 ……………………………………………………………127
　　思考练习题 6 ……………………………………………………………………129

第 7 章　数据库程序设计 ……………………………………………………130

　　7-1　VB 数据库基础 ………………………………………………………………130
　　7-2　可视化数据管理器 …………………………………………………………131
　　7-3　SQL 语言 ……………………………………………………………………133
　　7-4　Data 控件 ……………………………………………………………………141
　　　　7-4-1　Data 控件的属性 …………………………………………………141
　　　　7-4-2　Data 控件的事件 …………………………………………………143
　　　　7-4-3　Data 控件的方法 …………………………………………………145
　　　　7-4-4　记录集和绑定控件 …………………………………………………145
　　7-5　MSFlexGrid 控件 ……………………………………………………………157
　　7-6　ADO 数据控件 ………………………………………………………………163
　　7-7　DataGrid 控件 ………………………………………………………………171
　　7-8　DataList 控件和 DataCombo 控件 …………………………………………176
　　7-9　DBList 控件和 DBCombo 控件 ……………………………………………176
　　7-10　数据访问对象 ………………………………………………………………177
　　思考练习题 7 ……………………………………………………………………189

第8章　数据环境与数据报表 ·· **190**

8-1　数据环境设计器 ·· 190

　　8-1-1　添加数据环境设计器 ································ 190

　　8-1-2　建立连接 ·· 191

　　8-1-3　定义命令 ·· 191

8-2　数据报表设计 ·· 196

思考练习题8 ·· 203

第9章　VBA 与创建图形 ·· **204**

9-1　在 VB 程序中使用 Microsoft Office 所提供的对象 ············ 204

　　9-1-1　关于 VBA ·· 204

　　9-1-2　VBA 应用 ·· 205

　　9-1-3　Active 部件的使用 ··································· 206

9-2　创建图形 ·· 212

　　9-2-1　基本概念、属性和方法 ································ 213

　　9-2-2　Line 控件 ╲ 和 Shape 控件 ⬡ ······················ 219

　　9-2-3　在 PictureBox 控件中作图 ··························· 221

思考练习题9 ·· 229

第10章　键盘与鼠标事件 ·· **230**

10-1　响应键盘事件 ·· 230

10-2　响应鼠标事件 ·· 237

10-3　用鼠标拖放对象 ·· 243

思考练习题10 ··· 251

第11章　文件系统 ·· **252**

11-1　文件类型 ·· 252

11-2　文件存取的基本步骤 ·· 253

11-3　文件系统控件 ·· 253

11-4　文件管理函数与语句 ·· 254

11-5　访问文件常用的函数和语句 ···································· 258

11-6　顺序文件 ·· 263

11-7　随机文件 ·· 272

11-8　二进制文件 ·· 278

11-9　文件系统对象模型 ·· 279

　　11-9-1　利用 FSO 对象模型编程 ······························ 279

　　11-9-2　访问驱动器、文件和文件夹 ··························· 281

　　　　11-9-3　对文件和文件夹的操作 ································ 282

　　思考练习题 11 ··· 291

第 12 章　OLE 技术与 ActiveX 技术 ·························· 292

　12-1　OLE(对象链接与嵌入) 的基本概念 ························ 292

　12-2　链接与嵌入 ··· 292

　12-3　OLE 控件 ▥ ·· 293

　12-4　在设计阶段创建 OLE 对象 ······································ 294

　　　　12-4-1　常用属性 ··· 294

　　　　12-4-2　创建链接对象 ··· 296

　　　　12-4-3　创建嵌入对象 ··· 298

　12-5　在运行阶段创建 OLE 对象 ······································ 300

　　　　12-5-1　常用的属性及方法 ···································· 300

　　　　12-5-2　创建链接对象 ··· 302

　　　　12-5-3　创建嵌入对象 ··· 303

　12-6　ActiveX 控件 ··· 304

　　　　12-6-1　创建 ActiveX 控件和使用创建的 ActiveX 控件 ···· 304

　　　　12-6-2　使用 "ActiveX 控件接口向导" 创建 ActiveX 控件 ··· 307

　　思考练习题 12 ··· 309

第 13 章　程序调试 ··· 310

　13-1　错误类型 ·· 310

　13-2　调试工具 ·· 312

　13-3　调试方法 ·· 313

　13-4　使用调试窗口 ··· 314

　13-5　错误处理程序 ··· 317

　　思考练习题 13 ··· 319

第 14 章　打包发布应用程序 ······································ 320

　14-1　编译应用程序 ··· 320

　14-2　利用版本信息 ··· 320

　14-3　编译工程 ·· 322

　14-4　打包应用程序 ··· 323

　14-5　发布应用程序 ··· 326

　14-6　管理脚本 ▥ ··· 327

　14-7　运行安装程序 ··· 328

　14-8　卸载应用程序 ··· 328

　　思考练习题 14 ··· 328

第二部 案例分析

第 15 章　概述 ··· 331

15-1　开发背景 ·· 331

15-2　本系统的主要功能 ··· 332

15-3　开发本系统的软件和硬件环境 ································· 332

第 16 章　通用试题库系统需求分析 ································· 333

16-1　应用程序系统 (应用项目) 开发的基本策略与技巧 ······· 333

16-2　需求规格说明 ·· 335

16-3　建立 UML 模型 ·· 336

16-4　功能级数据流图 ·· 336

第 17 章　通用试题库系统功能及试题库的设计 ··············· 338

17-1　系统总体结构 ·· 338

17-2　系统的功能结构 ·· 339

17-3　系统的数据文件体系结构 ··· 340

17-4　试题由人工选定的实现 ·· 340

17-5　数据库设计 ·· 341

第 18 章　用户管理 ·· 343

18-1　系统注册界面 ·· 343

18-2　系统主菜单界面 ·· 346

18-3　添加用户 ··· 351

18-4　撤销用户 ··· 353

18-5　权限管理 ··· 355

第 19 章　课程管理 ·· 359

19-1　选择课程 ··· 359

19-2　添加课程 ··· 361

19-3　删除课程 ··· 363

第 20 章　试题管理 ·· 368

20-1　添加试题 ··· 368

20-2　浏览试题 ··· 374

20-3　取消选中标记 ·· 383

第 21 章　试卷管理 ··· **386**

21-1　输入选题条件 ··· 386

21-2　自动选题 ··· 389

21-3　试卷预览 ··· 395

21-4　生成试卷 ··· 398

第 22 章　打印试卷 ·· **403**

参考文献 ··· **408**

第一部分

Visual Basic 6.0
程序设计

第 1 章　Visual Basic 6.0 简介

Visual Basic 6.0(简称 VB) 提供的是集菜单、工具栏、编程工作窗口于一身的集成开发环境，这样的环境极大地方便了程序开发人员，使应用系统开发变得方便、快捷和高效。当然，要想真正认识和了解该环境只有通过使用它才行，因为学习编写程序的最好方法就是编写程序。

"Visual" 是指采用的是可视化的图形用户界面，即，在设计时实现的界面效果就是程序运行时的界面效果。在创建用户界面时一般不需要编写大量的代码去描述界面对象的外观和位置，而只需要将需要的控件绘制在或拖放到需要的位置，然后再做相应的一些属性设置即可，方便、快捷、高效。"Basic" 意为：VB 是由 Basic 语言发展而来的，当然与以前相比，Visual Basic 6.0 的区别是非常大的。

VB 提供了强大、方便和快捷的编程环境，实现了编程的高度自动化，编写为数不多的代码就可以完成大量工作。这不能理解成不用费什么力气就能解决好问题，特别是较复杂的问题。同时它也提供了强大的数据库操作访问功能，这使得采用 VB 开发以数据库为中心的数据库应用管理系统或信息管理系统，变得方便而行之有效。

VB 是 Microsoft 推出的一种通用的程序设计语言，是目前 Windows 平台上设计应用程序最为快捷的工具之一。无论是对计算机软件专业开发人员还是其他人员，它都比较适合，容易掌握和使用。

在 VB 环境中，用户所创建的应用程序 (工程) 最终可以编译成 EXE 文件，通过打包发布可以向其他计算机自由安装。

本章介绍 Visual Basic 6.0 集成开发环境及其基本主要的应用。

1-1　集成开发环境基本组成

IDE 是集成开发环境 (Integrated Development Environment) 的缩写，是在 Visual Basic 中编程的一种工作环境。Visual Basic IDE 集成了菜单、工具栏、控件箱、窗体设计器窗口、工程管理器窗口、属性窗口、代码窗口和窗体布局窗口等于一体，覆盖了开发应用程序的设计、编辑、编译和调试等所有功能，每一部分都关系到编程工作的许多方面。如菜单栏可指导、管理所有的编程活动；通过工具箱，可以往工程窗体中添加所需要的控件；工程资源管理器用来显示当前活动的工程，以及这些工程的各个组成部分，通过它可以看到工程的几乎所有组成对象，如窗体、报表、模块以及数据环境等，可以在其中选择打开它们，然后可进行属性设置等各种工作。

当启动 VB 创建一个新工程时，可以看到如图 1-1 所示的集成开发环境界面。

图 1-1　IDE 集成开发环境

在 Visual Basic 中，应用程序也叫工程。VB 通过工程来组织管理应用程序开发，利用工程来管理构成应用程序的所有文件。一个工程一般有若干个窗体、标准模块或应用环境构成。VB 系统可利用工程组同时打开和管理多个工程。

1-2　菜单栏

VB 的菜单栏提供的标准主菜单项有：文件、编辑、视图、工程、格式、调试、运行、查询、图表、工具、外接程序、窗口和帮助。在菜单中灰色的菜单项表示在当前状态下它是不可用的；菜单项中显示在菜单项名后括号里的字母为键盘访问键，即在该菜单项显示在面前时，通过键盘敲该字母键的效果等同于用鼠标点击该菜单项，如"新建工程"的键盘访问键为"N"；菜单项名后面显示的字母为快捷键，如"新建工程"的快捷键为"Ctrl+N"，快捷键，即在 IDE 环境中通过键盘敲该键其效果等同于用鼠标点击该菜单项。

1. 文件菜单

文件菜单用于对文件进行操作，如打开或新建工程文件，或者生成 EXE 文件等。文件下拉菜单如图 1-2 所示，对应的主要功能如表 1-1 所示。

表 1-1　　　　　　　　　　　　　　　　文件菜单功能

下拉菜单项	功　　能
新建工程	建立新的工程文件 (开发一个新程序时使用)
打开工程	打开已有的工程文件
添加工程	创建新的工程并将其添加入当前工程中而生成工程组
移除工程	移去或删除已有工程
保存工程	保存工程，工程文件扩展名为 .vbp

续表

下拉菜单项	功　能
工程另存为	将当前工程通过给出新名保存
保存 Form1	保存创建的窗体，窗体文件扩展名为 .frm
Form1 另存为	将窗体通过给出新名保存
打印	打印当前窗体和窗体中的代码
打印设置	选择打印机和相关参数后打印
生成工程 1.exe	工程生成对应的 exe 文件

2.视图菜单

视图菜单用于对各窗口进行操作，通过选择视图菜单项来显示各窗口。视图菜单如图 1-3 所示，对应的主要功能如表 1-2 所示。

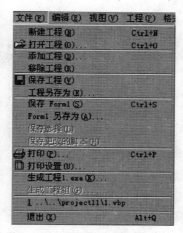

图 1-2　文件菜单

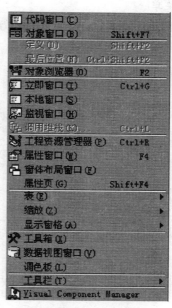

图 1-3　视图菜单

表 1-2　　　　　　　　　　　　　　　视图菜单功能

下拉菜单项	功　能
代码窗口	打开在资源管理器窗口中所选择对象的代码窗口
对象窗口	打开在资源管理器窗口中所选择的对象窗口
对象浏览器	打开对象浏览器用于查看工程可使用的有效对象
立即窗口、本地窗口、监视窗口和调用堆栈	打开调试用的各个窗口
属性页	打开对象或控件的属性页
工具箱、数据视图窗口和调色板	打开工具箱、数据视图窗口和调色板
工具栏	打开工具栏，包括编辑、标准、窗体编辑器和调试工具栏

3. 工程菜单

工程由窗体、标准模块和应用环境设置构成。工程下拉菜单用于在设计时对工程进行管理。工程菜单如图1-4所示，对应的主要功能如表1-3所示。

表1-3 　　　　　　　　　　　　　　工程菜单功能

下拉菜单项	功　　能
添加 **	向工程中添加各种对象如窗体、模块、控件等
移除 Form1(R)	从工程中移除窗体 Form1
引用	引用其他应用程序的对象
部件	用于添加控件、设计器和可插入对象
工程 1 属性	设置工程的类型、名称、启动对象等

4. 调试菜单

调试菜单用于选择不同的调试程序方法。

调试菜单下拉菜单项如图1-5所示，对应的主要功能如表1-4所示。

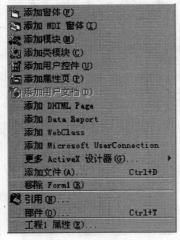

图 1-4　工程菜单　　　　　　　　　　　图 1-5　调试菜单

表1-4 　　　　　　　　　　　　　　调试菜单功能

下拉菜单项	功　　能
逐语句	一句一句运行
逐过程	一个过程一个过程运行
跳出	从调试过程中跳出直接运行到最后
运行到光标处	运行到光标所在行的语句
添加监视、编辑监视、快速监视	在监视窗口中对运行过程中的表达式进行监视
切换断点	用于设置断点和清除断点
清除所有断点	清除所有已设置的断点

5. 外接程序菜单

外接程序菜单用来打开可视化数据管理器，加载或卸载外接程序。外接程序下拉菜单如图 1-6 所示，对应的主要功能如表 1-5 所示。

表 1-5　　　　　　　　　　　　　　外接程序菜单功能

下拉菜单项	功　　能
可视化数据管理器	打开可视化数据管理器 VisData 窗口，进行数据库操作
外接程序管理器	加载或卸载外接程序

6. 帮助菜单

MSDN(Microsoft Developer Network) 是使用 Microsoft 开发工具或是以 Windows 或 Internet 为开发平台的开发人员的基本参考。MSDN Library 包含了海量的编程技巧信息，其中包括示例代码、开发人员知识库、Visual Studio 文档、SDK 文档、技术文章、会议及技术讲座的论文，以及技术规范等。MSDN Library 是目前关于所有 Microsoft Visual Studio 产品文档和其他基本编程信息的唯一资料。MSDN Library 是开发人员的重要参考资料，包含了容量巨大的编程技术信息，包括示例代码、文档、技术文章、Microsoft 开发人员知识库，以及在使用 Microsoft 公司的技术来开发解决方案时所需要的其他资料。

如果安装了 MSDN 系统，则在 VB 环境中开发应用系统时可通过该菜单检索、查找相关的各种信息，这对掌握 VB 和开发应用系统都非常有用。帮助下拉菜单如图 1-7 所示。

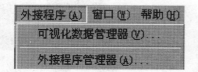

图 1-6　外接程序菜单

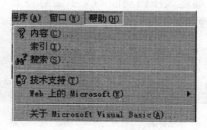

图 1-7　帮助菜单

如果选择了如图 1-7 所示的菜单项 "搜索 (S)"，则会出现如图 1-8 所示的界面。在界面上 "输入要查找的单词" 输入框中输入要查找的关键字信息，比如：data，然后点击 "列出主题 (L)" 按钮，这时帮助系统就会列出如图 1-8 所示界面下部左侧列表框中的信息，然后可以通过双击鼠标选择其中的某一行 (也可以单击鼠标选择一行，然后点击 "显示 (D)" 按钮)，随后就会在如图 1-8 所示界面的右部显示出相关的信息，这时就可以翻阅查找所需要的信息。该功能在开发应用程序中帮助非常大且方便快捷。

安装了 MSDN 系统后，在 IDE 环境中运行工程时如果遇到了错误往往会出现类似于如图 1-9 所示的消息框，这时点击 "帮助" 按钮则会出现与该错误相关的帮助信息界面，根据帮助信息常常可以找到修改错误的方法。这一点对调试程序帮助很大，在开发应用程序中一定要注意使用该功能。

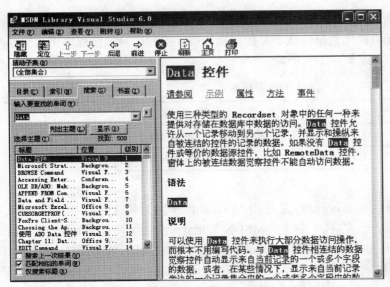

图 1-8 "搜索 (S)"页面   图 1-9 错误消息框

1-3 工具栏

工具栏在编程环境中提供了对常用命令的快速访问。单击工具栏上的按钮,则执行相应的操作。VB 启动后界面上将出现标准工具栏,如图 1-10 所示。当鼠标停留在工具栏按钮上时,描述该按钮功能的文字信息将显示出来。工具栏中的按钮与菜单中命令按钮功能是对应一致的。

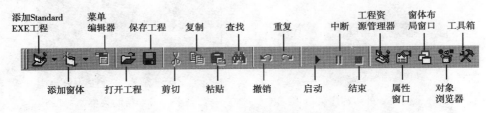

图 1-10 工具栏按钮功能说明

移走或添加工具栏,一般有两种方法:

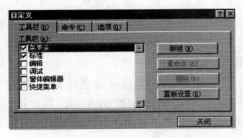

图 1-11 "自定义"对话框

(1) 从"视图"菜单中选择"工具栏"菜单命令。

(2) 右击菜单栏的任何地方,在弹出的菜单中直接选中或移走指定的工具栏。也可以在弹出的菜单中选择"自定义"命令,Visual Basic 就会弹出如图 1-11 所示的"对话框",可对工具栏进行定义。在"自定义"对话框的"工具栏"页面中可通过选择选项或取消选项添加或移除指定的工具栏。

1-4 控件

控件是构成 Visual Basic 程序的重要组成部分，工具箱是控件的选用区，可从控件箱选择控件然后在窗体中按下鼠标左键拖动绘制该控件，以创建程序用户界面。

控件中有一部分控件是 VB 固有的，不能从控件箱中删除它们，它们驻留在 VB 内部，称为内部控件，如图 1-12 所示。

图 1-12　内部控件

内部控件 (标准控件) 说明如图 1-13 所示。

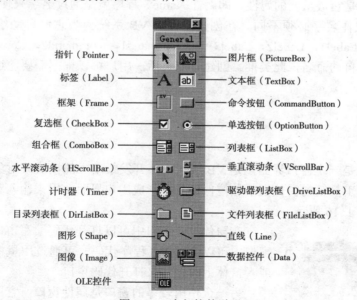

图 1-13　内部控件说明

其他一些存在于 Visual Basic 之外的、后缀为 .ocx 文件中的控件在需要时可以添加到工具箱中，也可以从工具箱中删除。添加这一类控件可采用如下的方法：在"工程"下拉菜单中选择"部件"则出现如图 1-14 界面，选择好正确的行后点击"确定"按钮即可 (一定要保证选定行前的方框里出现✔)。也可在工具箱的空白处单击鼠标右键，然后在弹出的菜单中选"部件"项同样能弹出该界面窗口。

可以在窗体上通过按下鼠标左键拖动来创建控件，来实现用户界面的设计。先要在工具箱里用鼠标左键点击选择需要的控件，然后移动鼠标光标到窗体上，当鼠标光标呈"十"型时按下鼠标左键拖动，到达一定位置后释放鼠标(拖动的距离越大则绘出的控件形状就越大)，就在窗体上创建了一个该控件。可以在创建好控件后再调整它的大小：用鼠标左键点击选择需要的控件，这时被选中的控件四周会出现八个小方块，当鼠标落在每个小方块上时鼠标箭头会变成双向箭头，这时按下鼠标左键拖动，就可以改变控件的大小，如图 1-15 所示。

 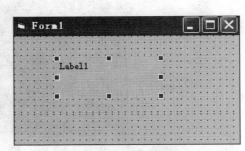

图 1-14 部件对话框   图 1-15 创建控件

控件的名字是它最重要的属性，即属性 Name。程序就是通过名字来使用访问控件的，窗体上创建的控件名字必须不同。在创建控件后 VB 系统会为它们自动给出不同的名称(Name)，例如：Label1，Label2，Label3…；Command1，Command2，Command3…；等，不同种类控件的自动命名依此类推。创建好控件后，用户可以根据需要通过设置属性改变控件的名字 (Name)。

1-5 窗体

窗体其实就是一个窗口界面，是 VB 应用程序开发最基本的模块或对象，可以在窗体设计窗口中使用工具箱向窗体上添加控件，从而形成用户界面，用来输入和输出信息。窗体界面一般如图 1-16 所示。

在窗体设计窗口中可以打开代码编写窗口，在代码编写窗口中可以编写 VB 程序代码。可通过用鼠标左键双击窗体或者窗体上的控件来打开代码窗口。

另一个使用较多的窗口是属性窗口，它用来显示或设置当前选定的窗体或控件的属性，属性即特性。如图 1-17 所示是窗体 Form1 的属性窗口。

图中的"标题栏"用来显示对象名；"排序"选项可以对属性按字母或者分类排序；"属性名"是显示属性的名称，如 Caption，Font 等；"属性值"是该属性(名)对应的设置

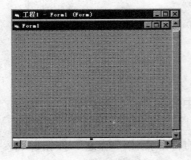

图 1-16 窗体设计窗口

值，如 Caption 属性值为"Form1"，Font 属
性值为"宋体"等；"属性说明"用于说明该
属性的用途，如 Caption 属性是用来返回或设
置对象的标题栏中或图标下面的文本的。

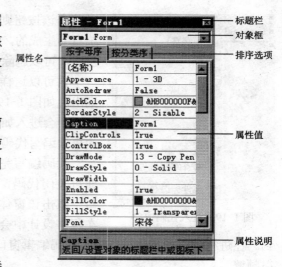

图 1-17　属性窗口

　　还有资源管理器窗口，数据视图窗口，
对象浏览器窗口，调色板窗口，窗体布局窗
口等窗口。通过窗口用户可以方便快捷地使
用 VB 环境所提供的多种功能快速开发应用
程序。

1-6　窗体和代码窗口之间的切换

　　利用控件创建好用户界面后就需要在特
定的地方编写代码，以实现程序功能。如在
窗体上有一个命令按钮，在其下编写代码后，当窗体运行时单击该按钮该段代码就会被执
行。编写代码必须进入代码编辑窗口，且只能在特定的结构中进行。可以这样进入代码窗
口：用鼠标左键双击该命令按钮即出现如图 1-18 所示的代码窗口（注意：进入代码窗口
后要注意观察光标落入点是否是在该对象（控件）的代码结构体内、事件是否是所需要的，
如果不正确必须通过选择进行调整，这一点很重要，尤其是对初学者）。

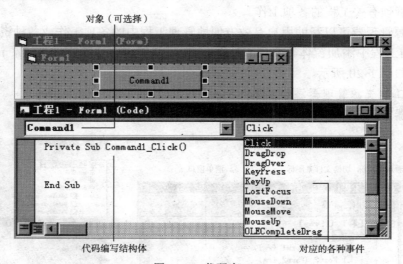

图 1-18　代码窗口

编写代码只能在特定对象（控件）的事件代码结构体中编写，如：
Private Sub Command1_Click()

End Sub
这表示是对象（控件）Command1 的代码编写结构体，事件是 Click 事件，即程序运行

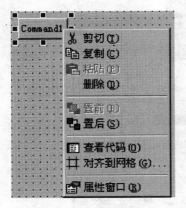

图 1-19　进入代码窗口

时单击该按钮则该结构体中代码段即被执行。事件结构是系统自动生成的，不能随意修改和删除，否则会造成严重后果。当然，可以删除无用的空结构体。

也可以这样进入代码窗口：用鼠标右键单击该命令按钮则出现如图 1-19 所示的菜单，然后选择"查看代码"菜单项即同样会进入如图 1-18 所示的代码窗口。为一个对象或控件的事件编写代码或编辑代码，基本上都采用以上这两种方法。

代码编写完成后点击代码编写窗口右上角的关闭图标図即可关闭代码窗口回到窗体界面，或者在工程资源管理器窗口中双击该窗体名也可以回到窗体界面。打开代码编辑窗口在程序设计中会经常进行，在以后程序设计的章节中还会提到。在进行程序设计的过程中，代码编辑窗口与窗体界面之间的切换是必须的，而且往往很频繁。

1-7　工程资源管理器

要创建一个新的应用程序，首先要创建一个新工程。一般地，一个工程对应一个完整独立的应用程序。开发应用程序的各项工作就在工程中展开，开发完成后的编译和发布也是针对工程实施的。Visual Basic 6.0 开发环境提供了工程资源管理器，使开发人员能以可视化的方式管理有关工程的各项工作。

工程资源管理器可以帮助用户有效方便地管理工程中的各项工作或各种资源 (文件或对象)。可向工程中添加窗体等文件 (对象)，也可从工程中移除文件 (对象)。工程资源管理器窗口如图 1-20 所示。

1. 利用工程资源管理器添加窗体

在管理器窗口的空白处单击右键，则出现如图 1-21 所示的菜单。

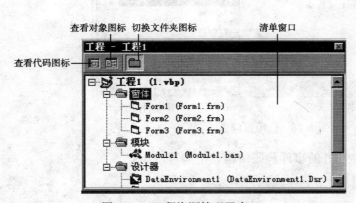

图 1-20　工程资源管理器窗口

图 1-21　添加窗体

选择"添加"菜单项，然后再选择"添加窗体"菜单项就可以将新建窗体添加进工程中或将已存在的窗体文件直接添加进工程中。当然也可以使用"工程"的下拉菜单实现窗体、报表、数据环境等的添加。

2. 利用工程资源管理器添加报表

在图 1-21 所示的菜单中选择"Data Report"即可实现向工程中添加报表对象（文件），然后打开报表文件进行报表的设计。这方面的内容后继章节会详细介绍。

3. 利用工程资源管理器添加数据环境

在图 1-21 所示的菜单中选择"Data Environment"即可实现向工程中添加数据环境对象（文件），然后打开数据环境进行设计。这方面的内容后继章节会详细介绍。

4. 保存或另存工程资源管理器里的对象（文件）

在工程资源管理器窗口中，在要保存或另存的对象（文件）上单击右键则出现如图 1-22 所示的菜单，选择保存或另存菜单项就可以将该对象（文件）存储到任一位置。这时工程资源管理器中的该对象（文件）就对应到了现在这个位置上的该文件，这样就必须断开该关系，即先移除被另存的对象（文件），然后再把工程文件夹里的原有的相同的文件添加进来就可以了。

5. 利用工程资源管理器删除对象（文件）

在工程资源管理器窗口中，在要删除的对象（文件）上单击鼠标右键则出现如图 1-22 所示的菜单。

选择"移除"菜单项即可从工程中删除该对象（文件），但其文件仍然驻留在磁盘上。在编译程序以前要将无用的对象从工程中移除，这样可以使编译出来的文件较小，以提高程序的执行速度。

图 1-22　另存文件或删除文件

1-8　创建应用程序的基本步骤

1. 创建一个新工程（文件）

创建任何一个应用程序都必须从创建新工程开始。编译成 EXE 文件时也只能针对工程文件进行。创建一个新工程时，最好创建一个新的文件夹，文件夹名最好与创建程序的目的和功能一致，如：xueshenxinxiguanli 等，这样便于将工程等相关的所有文件保存在该同一个文件夹下，便于以后查找、打开和编辑。

2. 创建应用程序界面

创建新工程文件以后，第一件要做的事就是创建用户界面。用户是通过程序的用户界面来使用应用程序的，而程序是通过用户对程序界面的操作来对用户提供服务的。用 VB 创建的用户程序界面一般由窗体、按钮、菜单、文本框和图片框等构成。根据程序功能的要求和用户对程序的需要来确定应该有的对象，并合理安排布局。

3. 设置界面上对象的属性

根据需要设置界面对象的属性，如对象的大小、颜色、外观等。属性的设置可以通过属性窗口来设置，也可以通过编写代码在程序运行时设置或修改已有的设置。

13

4. 为对象响应事件编写程序代码

用户界面设计完成后就要通过代码编辑器窗口添加对象的代码段，以实现接受用户的命令操作并作出响应，处理信息，最终向用户作出回应、提交用户所需要的结果。

5. 保存工程文件

一个 VB 应用程序就是一个工程。在创建一个新应用程序时要首先创建一个新工程。创建一个新工程后，VB 系统会自动创建一个扩展名为 .vbp 的工程文件。工程文件中包含有该工程所创建的所有文件的相关信息，保存工程时就同时保存了该工程的所有相关文件。在打开一个工程 (文件) 时，该工程相关的文件同时被加载。如窗体是保存在扩展名为 .frm 的窗体文件中的。

6. 运行和调试程序

通过"运行"菜单中的选项或者工具栏上的运行按钮运行程序，运行到错误时，VB 系统会给出错误信息提示。程序员可根据提示信息修改程序。也可以通过"调试"和"运行"菜单来查找和排除错误。当然不是任何错误都可以通过运行程序就可以发现并加以纠正的。

7. 生成可执行的 EXE 文件

为了使程序能脱离 VB 环境运行，可通过"文件"菜单中的"生成工程 1.exe"命令来生成可执行程序 (.exe 文件)，以后要运行程序即可直接执行该文件了。

8. 打包发布到其他媒介上

可以通过 VB 系统提供的打包发布向导将成功开发完成并编译了的工程打包发布到其他媒介，这样一来就可以在其他计算机上自由安装和使用该应用程序了。这方面的全面详细内容后继章节中会专门作详细介绍。

思考练习题 1

1.VB 的集成开发环境是由哪些部分组成的？

2. 利用 VB 进行程序开发有什么优点？

3. 利用 VB 进行程序开发有哪些基本步骤？

4.VB 标准控件箱是用来做什么的？常用的控件有哪些？

5. 采用资源管理器对开发应用程序有什么便利？

6. 如何向标准控件箱中添加新控件？

7. 将一个工程打包和发布有什么意义？

8. 注意帮助菜单的使用，熟悉掌握检索信息的方法和技巧。

9. 注意创建应用程序的基本步骤，理解每一步骤的重要内容和意义。

第2章 工程的使用

工程是构成应用程序的文件集合，一个 VB 应用程序对应一个工程 (组)。Visual Basic 6.0 用工程来管理构成应用程序的文件，如窗体文件 (frm)、模块文件 (bas)、工程文件 (vbp)、ActiveX 控件文件 (ocx) 等。工程使程序开发人员能直观地管理程序的主要部分，为应用程序的开发提供了便利。工程是用来创建应用程序的，程序文件的详细信息都存储在工程文件里。将工程文件所管理的对象，如窗体、模块以及控件 (ActiveX 控件) 等放在一起，然后编译链接它们，最后就得到一个 VB 应用程序 (一个可执行的 EXE 文件)。工程文件的扩展名是 .vbp。

本章介绍如何创建一个新工程，如何管理一个工程等方面的内容。

2-1 创建一个新工程

在创建一个应用程序时首先要为它创建一个新工程，然后在该工程中编制程序。

创建一个新工程的方法：在"文件"下拉菜单中选择"新建工程"，即出现如图 2-1 所示的界面，点击"确定"按扭后即会创建一个新工程。新创建的工程会自动创建第一个窗体 Form1。在启动 VB 时会首先出现如图 2-1 所示的界面，若不想新建工程而想打开以前保存的工程，则只需点击"取消"按钮，然后在"文件"菜单里选择"打开工程"，接着在出现的窗口里按部就班做就可以了。

创建的新工程，其名称自动命名为"工程 1"。在保存工程时可另给出工程名 (保存窗体的情况也类似)，如图 2-2、图 2-3、图 2-4 所示。

图 2-1 新建工程

图 2-2 新建第一个窗体

保存工程时会同时保存所有各种文件如窗体文件等，在保存文件之前要选择好文件夹，各文件名也可重新给出。一般就取系统默认名，如：Form1，Form2 等 (必要时也可以给以新的名称 (name)，比如按功能等，这样在选择窗体修改设计或调试程序时便于识别)，工程名一般要给出一个与该应用程序功能目的直接相关的名字，便于以后识别记忆。

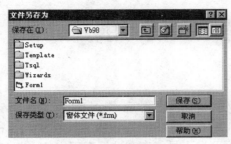
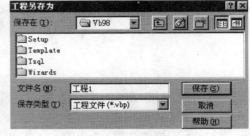

图 2-3　窗体另存　　　　　　　　　　　　　　图 2-4　工程另存

可在工程资源管理器中向工程中添加各种文件。在工程资源管理器窗口中单击鼠标右键，在弹出的菜单中选择所需要的项即可实现向工程中添加各种文件，如图 2-5 所示。

若要添加窗体，则可如此操作并选择：在工程资源管理器窗口中单击鼠标右键，在弹出的菜单中选择菜单项"添加"，然后选择"添加窗体"，则出现如图 2-6 所示的界面。选择"新建"则创建新的窗体文件，选择"现存"则下一步将提示你找到已经存在的窗体文件，然后用鼠标点"打开"之后系统将自动完成创建添加新窗体或将已有的窗体直接添加进工程来。

图 2-5　添加对象　　　　　　　　　　　　　　图 2-6　添加窗体 1

若要添加的窗体已存在于磁盘上，则须在图 2-6 中点击"现存"选项卡，然后在出现的如图 2-7 所示的窗口中找到并选择好文件后，点击"打开"按钮即可实施添加。

管理工程在工程资源管理器中进行，打开工程资源管理器有两种方法：

(1) 在"视图"下拉菜单中选择"工程资源管理器"。

(2) 单击工具栏上的"工程资源管理器"图标：💿。

打开的工程资源管理器窗口如图 2-8 所示。在它里面可以看到该工程所拥有的所有以文件形式独立存在的对象，即各种资源。

向工程中创建添加的每一个窗体、模块以及 ActiveX 控件都是作为一个个独立的文件保存的，各种文件类型如表 2-1 所示。

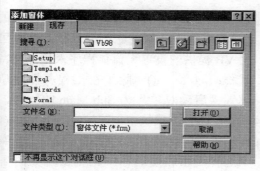

图 2-7　添加窗体 2

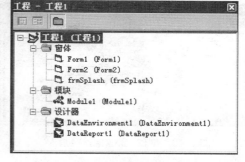

图 2-8　工程资源管理器窗口

表 2-1　　　　　　　　　　　　**VB 工程的通用文件类型**

文件类型	说　　明	文件类型	说　　明
frm	窗体	ocx	ActiveX 控件
bas	模块	cls	类模块
frx	为工程中的每一个图片自动生成的文件	vbp	Visual Basic 工程

这些独立的文件可以复制到其他工程的文件夹下，然后通过"工程"菜单里的"添加窗体"，"添加模块"等项将复制过来的文件添加到工程里去（也可以在工程资源管理器窗口里的空白处单击鼠标右键，然后在弹出的菜单里选择"添加"来实现将文件添加到工程中）。若不这样添加文件，工程就不能识别复制过来的文件，不把它当成自己的文件，在工程资源管理器窗口里也看不到该文件。

例如，添加窗体文件可以在如图 2-7 所示的界面中进行（注意要在"现存"页面里，要向工程里创建新的文件则要在"新建"页面里）。找到文件后用鼠标单击选择它，然后点击"打开"按钮就能完成窗体文件的添加。向工程里添加其他文件，方法完全类似。

2-2　设置工程的属性

1.设置启动对象

在"工程"下拉菜单中选择"工程属性"，则出现如图 2-9 所示的界面。

其中"启动对象"为工程运行时首先运行的对象或文件。该功能在调试程序时非常有用，如可把要调试运行的窗体或报表设置为启动对象，则运行工程时即可直接运行该窗体或报表进行观察调试，而不必每次都运行整个程序。

任何一个工程运行时必须有一个入口点，即启动对象，缺省情况下将从第一个创建的窗体开始执行。如果工程中没有任何窗体（事实上确实存

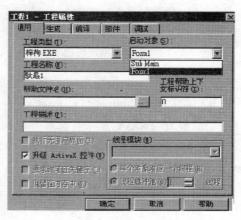

图 2-9　工程属性

17

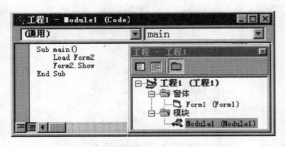

图 2-10　创建 Sub Main() 过程

在这样的情况，如运行在后台服务器上的程序）、或者不希望首先加载窗体，这时可使用 VB 提供的设置无窗体程序入口点的特殊过程：Sub Main()。除了在工程属性窗口中设置"启动对象"为 Sub Main 的同时，必须在一个标准模块中创建这个 Sub Main() 过程。可采用该种方法：在"工程"下拉菜单中选择"添加模块 (M)"，则出现如图 2-10

所示的界面，在左侧窗口中即可创建 Sub Main() 过程。

2. 创建快速显示窗体

如果应用程序较大、启动很慢，可使用 VB 提供的特殊窗体 frmSplash。在工程启动时可先快速显示该窗体，这样能吸引用户的注意力，从而给用户一种应用程序启动很快的感觉。快速显示窗体 frmSplash 可用来显示应用程序名、版权信息和简单的图形等内容。例如，Visual Basic 6.0 启动时首先显示的窗体就是一个快速显示窗体。创建快速显示窗体的方法如下：

(1) 在"工程"下拉菜单中选择"添加窗体"，则出现如图 2-11 所示的界面。

(2) 选择"展示屏幕"图标。然后单击"打开"则出现如图 2-12 所示的快速显示窗体。在此基础上可进行添加和修改，最后定型。快速显示窗体应力求简单、明了，以免降低快速显示窗体的装入速度。

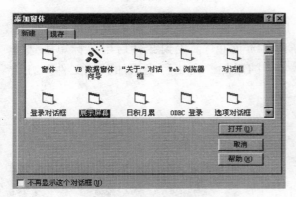

图 2-11　创建快速显示窗体

图 2-12　快速显示窗体

在"工程"下拉菜单中选择"添加模块 (M)"菜单项，则出现如图 2-10 所示的界面，在其中创建 Sub Main() 过程。

然后在工程属性页中设置 Sub Main 做为程序的启动窗体，在 Sub Main() 过程中用 Show 方法快速显示该快速显示窗体 frmSplash，如：

```
Sub Main()
    frmSplash.Show
    ……
End Sub
```

18

3. 设置应用程序图标

在工程属性页中选择"生成"则出现如图 2-13 所示的页面，可以设置工程的版本号、特定版本信息及工程标题和图标。

设置应用程序图标的步骤：

(1) 设置应用程序中每个窗体的图标，通过设置窗体的 Icon 属性来完成。

(2) 打开工程属性对话框，选择"生成"标签。

(3) 从图标下拉列表中选择想使用的图标所对应的窗体 (如图 2-14 所示)。

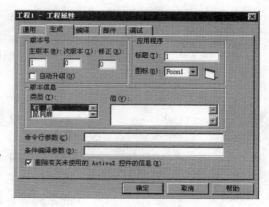

图 2-13　工程属性"生成"页

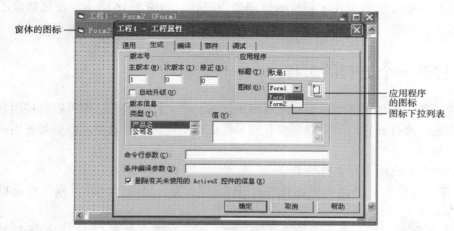

图 2-14　设置应用程序图标

Windows 程序通常会在可执行文件 (.exe) 中嵌入一个图标来象征应用程序。创建一个应用程序时，VB 会自动把程序中的某个窗体的图标分配给应用程序的可执行文件。可以通过设置一个窗体的 Icon 属性来改变 VB 分配给可执行文件的图标。设置窗体的 Icon 属性时可以使用自己创建的图标，也可以使用 Visual Basic 6.0 开发工具的 CD-ROM 中 Graphics 目录下提供的图标。

在 VB 或 Windows 提供的画图程序中无法创建图标文件。可以在 Visual Basic 6.0 开发工具的 CD-ROM 中找到一个 imagedit.exe 应用程序，可以使用该应用程序创建一个图标文件。

4. 设置工程编译方式

在工程属性窗口中选择"编译"则出现如图 2-15 所示的页面，可以设置工程编译的代码格式。代码格式有 P- 代码和本机代码。P- 代

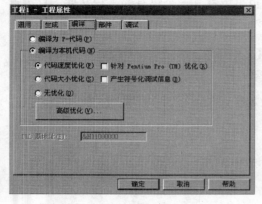

图 2-15　工程属性"编译"页

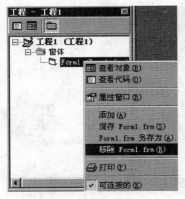

图 2-16　从工程中删除文件

码格式最后生成的可执行文件以解释的方式运行，可执行文件较小；本机代码格式最后生成的可执行文件是能充分发挥处理器能力的二进制代码，运行速度很快，但可执行文件较大。

2-3　从工程中删除文件

工程中不需要的文件需要及时删除掉，若不删除掉，工程在编译后这些文件会被包含进你的程序中去，使你的程序非常臃肿。即使你从工程中删除了这些文件，它们仍然在磁盘上存在，只是在工程编译时不会把它们包含进程序中去。

从工程中删除文件可在工程资源管理器中进行。如图 2-16 所示，在要删除的文件对象上单击鼠标右键，在弹出的菜单中选择"移除"即可从工程中删除该文件。

2-4　打开一个已有的工程

在"文件"菜单底部可以看到最近使用过的一些文件的列表。你可以直接用鼠标点击选择其中之一来打开它。如果想要打开的工程文件不在这个列表中，就必须采用其他方法找到再打开它。

打开一个已有的工程文件的方法：

(1) 在"文件"下拉菜单中选择"打开工程"，将会出现"打开工程"对话框，如图 2-17 所示。

(2) 在"现存"页面中，查找需要打开的工程所在的文件夹 (如果你最近打开过这个工程，则可以从"最新"页面中的工程列表中选择)。

(3) 选择要打开的工程文件，然后单击"打开"即可打开该工程。

启动 VB 时会出现一个"新建工程"对话框，如果你不希望每次启动 VB 时都出现这个对话框，只需要选中该对话框底部左端的那个复选框即可，如图 2-18 所示。

在启动 VB 时出现的"新建工程"对话框中也可以打开一个已有的工程文件，只需点开"现存"页面，其余的操作与上面所叙述的方法一样，如图 2-18 所示。

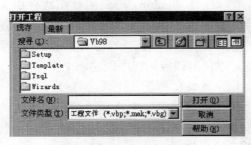

图 2-17　打开一个工程

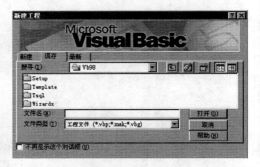

图 2-18　VB 启动后出现的"新建工程"对话框

2–5　工程组的使用

VB 允许你同时编辑多个工程，可通过使用工程组和工程资源管理器实现这一点。工程组是一个工程的集合，它是作为一个独立的文件保存的，其扩展名为 .vbg。在工程资源管理器中管理一个工程组时，其所有的各个工程文件都在其中，就如管理一个单独的工程文件一样，简单方便。

通过使用工程组可以在多个工程之间复制代码等，从而提高现有资源的使用价值，提高开发新系统的速度。

向工程或工程组中添加工程：

(1) 在"文件"下拉菜单中选择"添加工程"。

(2) 在"添加工程"对话框中，从"新建"标签页面中选择新工程的类型，或者从"现存"和"最新"标签页面中选择一个已有的或最近打开过的工程。

(3) 单击"确定"按钮，VB 会自动创建一个工程组，并且把这个新的工程添加到里面去，可以在工程资源管理器中看到这一结果。

利用工程资源管理器管理工程组，其布局如图 2-19 所示。

该工程组包含两个工程，工程资源管理器的标题显示了该工程组的名字。工程组中所有工程中只有一个工程是启动工程。是启动工程的那个工程的工程名颜色是深（黑）色的或颜色加重的。利用工具栏按钮或菜单运行程序时，只能运行启动工程。也可以重新设置工程组中另外一个工程为启动工程。可以这样设置：在想要将其设置为启动工程的工程名上单击鼠标右键，则弹出如图 2-20 所示的菜单，选择"设置为启动"即可实现设置该工程为启动工程。

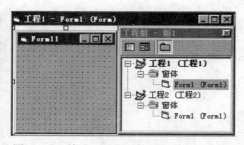

图 2-19　利用工程资源管理器管理工程组

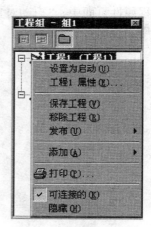

图 2-20　设置启动工程

同一个工程组里的工程，工程名不能相同。工程名不同于工程文件名，如图 2-21 所示。要修改工程名需要选择"工程"菜单项里的"工程属性"项，在出现的工程属性页的"通用"页面里修改工程名称来实现，如图 2-22 所示。

21

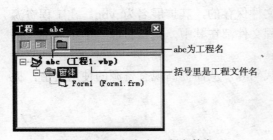

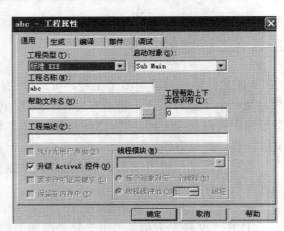

图 2-21 工程名和工程文件名　　　　　图 2-22 修改工程名

思考练习题 2

1. 怎样创建一个新工程?

2. 工程是用来做什么的?

3. 怎样设置工程的属性? 其中较重要而常用的有哪几项?

4. 工程和工程组的区别是什么?

5. 利用工程资源管理器管理应用程序有哪些好处?

6. Visual Basic 6.0 提供的特殊窗体 frmSplash 有什么用途? 如何创建?

7. VB 提供的设置无窗体程序入口点的特殊过程 Sub Main() 有什么用途?

8. 工程属性页面中,"启动对象"的设置一般应注意什么?

9. 使用工程组有什么好处?

第3章 创建用户界面

　　创建用户界面在应用程序开发中至关重要。一个应用系统的好坏，用户界面是一个最可以直接看到的部分。程序通过用户界面与用户实现交互(即操作与响应)。Visual Basic 6.0 提供了方便设计用户界面的方法。用户界面不仅要美观，而且要简洁明了、方便实用。用户界面是由若干个对象元素组成的。VB 应用程序的基本单元就是对象，其中最主要的两类对象就是窗体和控件。整个应用程序就是一个大的对象，而它由许多较小的子对象构成。

　　从本章开始的内容中，在介绍语法格式时使用了以下符号，请注意用法：

　　[]：表示其中的项是可选的，可根据情况取舍，若省略则为默认值。

　　|：用来分隔多个选项，表示可以从中任选一项。

　　本章介绍窗体、内部控件、控件数组、工具栏、状态条等内容以及如何利用它们创建用户界面。

3-1　概念介绍

1.面向对象的程序设计

　　VB 是一种面向对象的程序设计语言。面向对象程序设计，即 OOP(Object Oriented Programming)，是近来发展起来的一种新程序设计技术。要学习和掌握 VB 首先要对面向对象程序设计方法有所了解。

　　较早的程序设计技术是面向数据和代码的，把数据和程序独立地对待，用程序代码来处理数据，不大关注程序和数据之间的内在联系。事实上凡是操作必须是针对某些数据的操作，不针对数据的操作没有任何意义；反之，数据不被操作处理也是死的，不会自己变成用户所需要的结果。面向对象的程序设计方法将关系密切的数据和操作进行了组织封装，从而形成了一个相对独立的个体——对象。在编写程序时，通过对象的方法和属性来使用这些对象。这样一来，编写程序就变得简单容易，而且程序在后继维护时困难也大大减少了。

　　面向对象设计技术方法与传统设计技术方法有本质的不同，它是按照人们的习惯思维方式建立问题的模型，模拟客观世界。客观世界是由一个个具有自身特性或行为的对象构成的，一个复杂的对象由若干个简单的对象组成。对象之间通过传递消息来建立联系。对象所具有的性质和动作，在 VB 中称为对象的属性和方法。

　　Windows 应用程序的用户界面一般都由窗体、菜单和控件等对象构成，整个系统的运行是由事件驱动的。事件驱动的含义是：所有编写的代码只有在用户实施了某些动作，或者 Windows 系统的某些事件发生的时候才会被执行。所有代码的编写都是针对事件展开的，代码必须写在特定事件的结构体内，当事件触发时，该事件结构体内的代码才会被执行。在 VB 系统环境中开发出的应用程序就是由事件驱动的系统。

2. 对象

现实世界中的对象都是一个个相对独立完整的个体，各自有自己的特性，如电视，桌子等。在 VB 环境中，窗体，控件，报表等相对独立的个体都是对象。VB 的对象也是一样，有自己的属性、方法和事件，可以把属性看作一个对象的特性，把方法看作对象的动作。

通过使用对象的属性、方法和事件的编程来实现应用程序的各个功能。

3. 对象的属性

属性是对象的数据，描述对象的特性。可以通过改变对象的属性值来改变对象的特性。

每个对象最重要的属性是对象的名称 (Name)。它是用来唯一区别不同对象的标识。

图 3-1　属性窗口

例如，同一个应用程序工程中不能有两个名称相同的窗体，同一个窗体上不能有两个名称相同的控件，同一个过程里不能有两个名称相同的变量，等等。

属性的设置可以在设计程序时在"属性"窗口中完成，也可以在运行时由代码来实现。

在设计程序时打开对象的"属性"窗口有三个方法：

(1) 先用鼠标选中要设置属性的对象，然后选择 VB 环境工具栏中的按钮 。

(2) 在要设置属性的对象上单击鼠标右键，然后在弹出的菜单里选择"属性窗口"。

(3) 选择 VB 环境工具栏中的按钮 打开属性窗口，然后点击属性窗口顶部的下箭头按钮，在出现的列表里选择要设置属性的对象，如图 3-1 所示。

在运行时可设置的属性称为读写属性，只能读取的属性叫只读属性。

用代码设置对象属性的语法：

对象名.属性名=表达式

窗体对象名.控件对象名.属性名=表达式

如果省略窗体对象名，则窗体对象为当前 (活动) 的窗体。

例如 (命令语句后面的单引号部分为注释部分，注释部分不被执行，以后一样)：

Form1.Label1.Visible = False　' 设置 Label1 控件在程序运行时隐没

Form1.Caption = " 数据浏览窗口 "　' 设置窗体的标题

Caption=" 数据浏览窗口 "　' 设置当前窗体的标题

可以采用 with 结构对一个对象执行一系列的语句，来实现对对象属性的设置等。

with 结构语法：

With 对象名

语句段

End with

使用 With 结构可以对某个对象实施一系列的操作，不用重复指出该对象。

例如：

With Form1

.Caption=" 用户注册 "

.Visible=True

End With

程序进入 With 块后，就不能改变对象。不能用一个 With 语句来对多个对象实施操作，但 With 结构体可以嵌套。

4. 对象的方法

对象的方法就是一个动作或操作。方法中的代码是不可见的，可以通过对象名的调用来使用对象的方法。

语法：[对象名].方法名 [(参数 1, 参数 2,……)]

例如 (命令语句后面的单引号部分为注释部分，注释部分不被执行，以后一样)：

Text1.Refresh   ' Text1 内容重现 (重画 Text1)

Form1.show   ' 显示窗体

5. 对象的事件

事件是在特定时刻引发的一件事情。如窗体加载时引发 Form_Load 事件，用鼠标点击窗体时引发 Form_Click 事件等。又如鼠标按钮在对象上按下，释放，移动会分别触发 MouseDown 事件，MouseUp 事件，MouseMove 事件。当用户实施这些动作时，这些事件就会发生。VB 应用程序是由事件驱动的，即只有当事件发生时程序才会运行，为事件编写的代码才会被执行。如果没有事件发生，则整个程序就处于停滞状态。

如图 3-2 所示为窗体 Form4 上的命令按钮控件 Command1 的 Click 事件的代码编辑窗口。其代码结构体为：

Private Sub Command1_Click()

End Sub

在程序运行时，当用户用鼠标点击命令按钮控件 Command1 时，该结构体内的代码会被执行。

关于事件有两点很重要：①是哪个对象的事件；②是什么事件。不同的对象会有许多相同的事件，也会有许多不同的事件。在编写代码时明确这些非常重要，因为这决定着什么时候执行相应的程序代码段。在如图 3-2 所示的窗口中可以重新选择对象和对应的事件，然后在出现的代码结构中编写代码。对象名 (或控件名) 和事件名之间用下划线

图 3-2 事件的结构体

分隔，这一格式在 VB 环境中是固定的。对象名 (或控件名) 可以通过设置其属性来改变，但事件只能是系统预定的事件之一。

又如窗体的 MouseDown 事件的代码结构体：

Private Sub Form_MouseDown(Button As Integer, Shift As Integer, X As Single, Y As Single)

End Sub

事件的代码结构是系统自动生成的，用户不能随意修改和删除，否则会造成严重后果。当然，可以删除无用的空结构体。

编写代码必须进入代码编辑窗口，且只能在特定对象的特定事件结构中进行。

可以使用以下两种方法进入事件代码编辑窗口：

(1) 在窗体界面上用鼠标左键双击要为之编写代码的对象即出现如图 3-2 所示的代码窗口 (注意：进入代码窗口后要注意观察光标落入点是否是在该对象或控件的代码结构体内、事件是否是所需要的，必要时可以重新选择对象和对应的事件，这一点对初学者很重要)。

(2) 用鼠标右键单击要为之编写代码的对象则出现如图 3-3 所示的菜单 (注意：在不同对象上单击鼠标弹出的菜单会略有不同)，然后选择"查看代码"菜单项即同样会进入类似的如图 3-2 所示的代码窗口。

为一个对象或控件的事件编写代码或编辑代码，基本上都采用以上这两种方法。

6. 编辑器

利用"选项"菜单项可打开一个对话框，通过其中的"编辑器"选项卡，用户可设置代码编辑器的特性。单击"工具"菜单中的"选项"菜单项命令，就会出现"编辑器"选项卡，如图 3-4 所示。

图 3-3　进入代码窗口

图 3-4　"编辑器"选项卡

在"编辑器"选项卡中可设置代码编辑功能，其中：

自动语法检查：设置在键入一行代码时是否自动进行语法检查。

要求变量声明：设置在模块中是否要求显式声明变量。

自动列出成员：设置是否自动列出成员。

自动显示快速信息：设置是否显示有关函数及其变量的说明。

自动显示数据提示：在中断模式下是否在代码窗口中光标位置显示变量或对象属性值。

设置了"自动列出成员"之后，在编写代码时，输入"对象名."系统会自动显示对象的属性、方法和事件列表，这时可以通过鼠标选择列表项来代替键盘的输入，这样既提高了速度，同时也避免了人工操作键盘输入带来的错误。例如，在代码编辑器中输入"text1."后系统会自动显示 Text 控件所具有的合法属性序列，如图 3-5 所示。

利用"选项"对话框中的"编辑器格式"选项卡，用户可设置代码字体大小等特性，如图 3-6 所示。

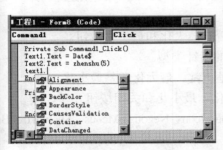
图 3-5　自动显示对象的属性、方法

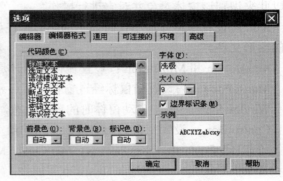
图 3-6　"编辑器格式"选项卡

3-2　创建窗体

窗体是 VB 最重要的对象，是应用程序界面的基本构件，其他的控件只能在窗体上创建和布置。程序运行时，窗体是用户直接面对应用程序并与之进行交互的窗口。新建工程时系统会自动为其创建第一个空窗体 Form1，这个空窗体就像一块画纸，用户可以在其上创建布置所需要的各种元素对象来形成界面。

应用程序一般都包含若干个界面，即若干个窗体，在程序运行时根据需要使不同的窗体呈现给用户。可以通过"工程"菜单里的"添加窗体"向工程里添加窗体，也可以在工程资源管理器窗口里的空白处单击鼠标右键，在弹出的菜单里选择"添加窗体"菜单项向工程里添加窗体。

3-2-1　窗体的属性

在创建新工程时，VB 为自动添加的空白窗体 Form1 设置了默认属性，随着不断向工程内添加窗体，系统会为它们自动给出不同的名称 (Name)：Form2，Form3，…，依此类推。设计窗体时首先要设置它的属性，窗体 Form 的属性窗口如图 3-7 所示。可以用鼠标点击属性窗口中右边

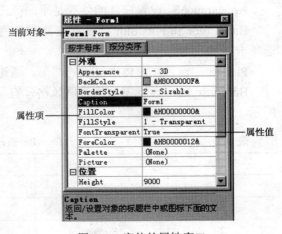
图 3-7　窗体的属性窗口

那一列的项来输入或选择新的内容来实现属性设置。属性窗口顶部的对象栏里是当前被选择的对象，也可以通过点击右边的下箭头来选择其他对象，然后设置其属性。

窗体的属性有很多，按分类序可分为：杂项、外观、位置、行为、字体、DDE 和缩放。

1．杂项属性

Name（名称）：设置窗体名称。在工程新建时会自动创建一个窗体，默认名称为 Form1。窗体名必须以字母开头，可包含数字和下划线，但不能包含空格和标点符号。程序以此来识别该窗体对象并对它进行操作。

Icon：设置作窗体最小化时显示的图标。在属性窗口中可通过单击按钮 ▦ 选择一个合适的图形文件。

MaxButton 和 MinButton：设置窗体显示时是否有最大化和最小化按钮。

MousePointer：设置当鼠标经过窗体时所显示的指针类型。

WindowState：设置启动窗体时的窗口状态，是正常、最大化还是最小化。

ControlBox：设置是否关闭窗体右上角的最大化、最小化和关闭按钮。

还有 HelpContextID、KeyPreview、MDIChild、MouseIcon、NegotiateMenus、ShowInTaskBar、Tag、WhatsThisButton 和 WhatThisHelp 等属性。

设置窗体的 Icon 属性时可以使用自己创建的图标，也可以使用 Visual Basic 6.0 系统的 CD-ROM 中 Graphics 目录下提供的图标。

在 VB 或 Windows 提供的画图程序中无法创建图标文件。可以在 Visual Basic 6.0 系统的 CD-ROM 中找到一个文件名为 imagedit.exe 的应用程序，可以使用该应用程序创建一个图标文件。

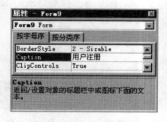

图 3-8　设置窗体属性

2．外观属性

Caption：设置窗体显示的标题，缺省则为窗体名称。如图 3-8 所示将窗体 Form8 的标题设置成了"用户注册"。

Appearance：设置窗体的外观是平面或三维的。

BackColor 和 ForColor：设置窗体背景色和前景色。通过单击 ▼ 按钮可以打开调色板选项卡，然后选择设置颜色。

Picture：设置在窗体中显示的图形。通过单击 ▦ 按钮，可选择一个合适的图形文件。

BorderStyle：设置窗体的边框风格，有无边框等。BorderStyle 属性的设置值如表 3-1 所示。

表 3-1　　　　　　　　　　　　　　　　Borderstyle 属性

设定值	常　量	含　义
0	None	没有边框
1	Fixed Single	有固定单边框，运行时窗体大小不能变
2	Sizable	有可调整的边框，默认设置

设定值	常　量	含　义
3	Fixed Dialog	固定对话框，运行时窗口大小不能变
4	Fixed ToolWindow	固定工具窗口，大小不能改变
5	Sizable ToolWindow	可变大小的工具窗口

外观属性还有 FillColor、FillStyle、FontTransparent 和 Palette 属性。

3. 位置属性

Left 和 Top ：窗体左上角顶点在屏幕上的横、纵坐标。用来设置窗体在屏幕上的位置。

Width 和 Height ：窗体的初始宽度和高度。用来设置窗体的大小。

还有 Moveable 和 StartUpPosition 属性。

4. 行为属性

Visible ：设置窗体运行时是否可见，为 True 则可见，为 False 则不可见。

AutoRedraw ：设置窗体显示的信息是否重画。设置为 True，窗体在运行时被另一对象遮住后，当重新显现时窗体会自动重画。

还有 ClipControls、DownMode、DrawStyle、DrawWidth、Enabled、HasDC、OLEDrapMode、PaletteMode 和 RightToLeft 属性。

5. 字体属性

Font ：设置窗体所显示文字的字体。在字体对话框中可以进行字体、大小等多项设置。该属性的设置会对以后在窗体上创建的控件产生作用，也决定着使用 Print 语句在窗体上打印显示的信息的字体。

可以在设计时在属性窗口中设置窗体的属性，也可以在程序运行时执行代码来设置窗体的属性。

使用代码设置窗体属性的语法格式：

窗体名.属性名=属性值

以后内容中设置控件属性的语法格式也类似。

例如：

Form1.Caption=" 信息管理系统 "

Form3.Caption=" 信息查询 "

3-2-2　窗体的方法

窗体有很多方法，在代码中可以通过窗体对象来使用。

最常用的方法是 Show 和 Print，用来显示窗体和在窗体上打印显示信息。程序运行时若窗体被遮住，通过 Show 方法可将其移到屏幕的最顶层。如果使用 Show 方法时指定的窗体未在内存中，VB 将自动加载该窗体。

例如 (命令语句后面的单引号部分为注释部分，注释部分不被执行，以后一样)：

Load Form1 　' 装入窗体

Form1.Show 　' 显示窗体

Form1.Cls '擦除窗体上所有已打印的内容

Form1.Print 1234 '在窗体上打印内容

窗体的其他常用方法如表 3-2 所示。

表 3-2 窗体的常用方法

方 法	功 能
Hide	隐藏窗体, 使窗体不可见, 但不从内存中清除
Refresh	刷新窗体
Move	移动窗体
Print	在窗体上打印显示信息
Line 和 Circle	在窗体上绘制直线、矩形和圆
Cls	清除通过运行程序显示在窗体上的信息

1. show 方法

语法：窗体名 .Show [风格 n]

其中, 风格决定了窗体是有模式还是无模式。模式窗体是指在继续执行应用程序的其他部分之前, 必须关闭该窗体 (隐藏或卸载), 未关闭以前不允许用户与应用程序的其他窗体交互。无模式的窗体允许在其他窗体之间转移焦点, 而不用关闭该窗体。使用 Show 方法显示无模式窗体与设置窗体 Visible 属性为 True 具有相同的效果。当风格 =0(vbModeless) 或不带风格参数, 窗体是无模式的; 当风格 =1(vbModel), 则窗体是有模式的。

例如：

Form2.Show ' 无模式显示 Form2

Form3.Show ' 显示 Form3

2. Print 方法

Print 方法用于在窗体 (也可在图片框和打印机) 上显示 (输出) 信息。

语法：对象 .Print [表达式列表]

其中, 表达式列表代表显示或打印输出的内容; 如果省略, 则显示 (输出) 一空行。省略对象则将信息默认输出到当前窗体上。表达式列表中的各项用分号分隔表示显示采用连续紧凑格式, 用逗号分隔表示各项显示位置间隔 14 个字符。表达式列表之后若带有逗号或分号, 表示下一个 print 语句输出前不换行, 否则输出前需换行。

例如：

Form1.Print "4555"

Print 1, 2, 3

Print 1; 2; 3

Print 1; 2; 3,

Print 1; 2; 3;

Picture1.Print "gttttt"

(1) 控制函数。Print 方法可以通过下列函数控制显示 (输出) 格式。

(a)Format 函数。

语法：Format(expression,format-string)

expression：是要转换的字符串、数字或日期时间。

format_string：是一个字符串模板，指明了转换后的格式。

各种具体用法如表 3-3、表 3-4 所示。

表 3-3　　　　　　　使用 Format 函数格式化时间和日期

格式化字符串	示　例	返回结果
"Long Date"	Format(Date, "Long Date")	2004 年 4 月 23 日
"Short Date"	Format(Date, "short Date")	04-04-23
"Long Time"	Format(Time, "Long Time")	11:10:59
"Medium Time"	Format(Time,"Medium Time")	AM 11:12
"Short Time"	Format(Time, "Short Time")	11:13

表 3-4　　　　　　　　使用 **Format** 函数格式化数字

格式化字符串	示　例	返回结果
"General Number"	Format(12345,"General Number")	12345
"Currency"	Format(12345, "Currency")	￥12,345.00
"Fixed"	Format(12345, "Fixed")	12345.00
"Standard"	Format(12345, "Standard")	12,345.00
"Percent"	Format(12345, "Percent")	1234500.00%

例如：

Picture1.Print Format(1234567, "Currency")

Form1.Print Format(Date, "long date")

(b)Space(n) 函数。用来生成 n 个空格字符串，常用来分隔不同的字符串。

例如：

Print "Hello" & Space(2) & "World"　' 在窗体上显示"Hello World"

(c)Tab(n) 函数。用来将光标移动到当前行的第 n 列。用来定位输出数据的列位置。

数据的输出一般有两种形式，在显示器界面上输出和在打印机上打印输出。下面将对这方面的技术和方法给予介绍。

(2) 显示输出。从以下代码可以看出用 Print 方法显示输出信息的方法 (以单引号开头的语句为注释说明语句，注释语句不被执行，以后一样)：

Private Sub Command1_Click()

Form4.Print Tab(10); "hhhhhhhhhhh";

' 在当前行的第 10 列位置处显示字符串"hhhhhhhhhhh"

' 语句最后带有分号 (或者逗号)，表示下一个 Print 语句显示信息前不换行，

' 即仍然在当前行显示信息，否则就换行显示信息

Form4.Print "kkkkkkkkkkk", "ppppppppppp", "ttttttttttttt"
' 表示在制表位处同行显示多项信息

Form4.Print Tab(30); "hhhhhhhhhhh";
Form4.CurrentX = 850
Form4.CurrentY = 850
Form4.Print "kkkkkkkkkkk"
' 表示在 (850，850) 坐标位置处显示字符串信息 "kkkkkkkkkkk"

Form4.Print "kkkkkkkkkkk" + Chr(13) + "ppppppppppp"
' 字符串中如果带有回车符，则在显示后面的内容前将自动换行

Picture1.Print "kkkkkkkkkkk"
' 在当前窗体的 Picture1 控件中显示信息
End Sub

也可以为要显示的信息设置字体、字号等，以下代码说明了这方面的用法：
Private Sub Command1_Click()
Form4.Font.Name = " 宋体 "
Form4.Font.Size = 18
Form4.Font.Bold = True
Form4.Print " 我是 "   ' 按前面设置的字体等打印显示信息
End Sub

以上是在计算机屏幕上打印显示信息，在打印机上输出信息方法类似，不过要使用 Printer 对象编写代码，具体用法可参看相关资料。

3-2-3 窗体的事件

窗体对象能响应多种事件，下面介绍较常用的几种。

1. Activate 事件和 DeActivate 事件

当一个窗体变成活动时，会触发 Activate 事件。当另一个窗体或应用程序被激活，窗体不再是活动的时会触发 DeActivate 事件。

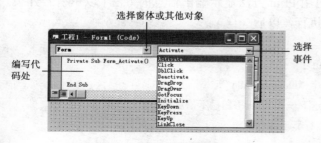

图 3-9　选择窗体和事件

在窗体上空白处双击鼠标左键即可打开代码编写窗口，然后就可以选择窗体或其他对象，然后再选择相应的事件。因为 VB 程序是事件驱动的，所以编写代码只能在事件的代码结构中进行，如图 3-9 所示。也可以在窗体上空白处单击鼠标右键，然后在弹出的菜单中选择 "查看代码" 同样能

打开代码编写窗口，然后再选择需要的对象和事件。

2. Initialize 事件

当窗体第一次被创建时触发。常在该事件中编写对窗体或其他对象的初始化代码。

3. Load 事件

装载窗体时触发。在 Initialize 事件之后，使用 Load 语句或未装载之前使用 Show 方法时触发该事件。常将变量的初始化代码或控件的默认值设置代码放在其中。

4. UnLoad 事件

卸载窗体时触发。单击窗体上的"关闭"按钮或使用 UnLoad 语句时触发该事件。

5. Click 和 DblClick 事件

分别用鼠标单击窗体时和双击窗体时触发。

6. Resize 事件

调整窗体的大小时触发。

3-2-4 窗体的启动、装载和卸载

1. 设置启动窗体

每个应用程序都必须有开始执行的入口，应用程序开始运行时首先出现的窗体称为启动窗体。在默认情况下，创建的第一个窗体为启动窗体，如果想在应用程序启动时首先启动别的窗体，那么就得修改启动窗体的设置。

设置启动窗体的方法：

(1) 选择"工程"菜单中的"工程名属性"菜单项。

(2) 在弹出的"通用"对话框中点开"启动对象"组合框，在下拉列表中选择启动的窗体名。如图 3-10 所示。

(3) 单击"确定"按钮，即设置完成。

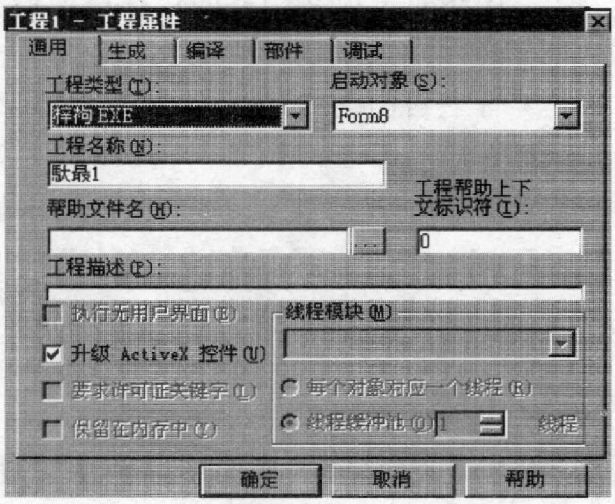

2. 装载和卸载窗体语句

(1) 装载窗体语句。装载窗体语句是用程序代码把窗体(及其所有的对象)装入内存。

图 3-10 设置启动窗体

语法：Load 窗体对象名

装载窗体时，先把窗体属性设置为初始值，再执行 Load 事件。窗体被装载后，它的属性及控件就可以被应用程序访问操作了。

由于 VB 程序在执行时会自动装载窗体，所以对于窗体可以不使用 Load 语句装载。装入内存的窗体，即使不显示，也可以用代码访问它或其上的对象。一般只要显示窗体，窗体就会被装入内存然后显示。

例如：

Load Form1

或者直接执行以下代码，同时完成装入和显示窗体：

Form1.Show

(2) 卸载窗体语句。卸载窗体语句会把窗体及其所有的对象从内存中卸载。

语法：Unload 窗体对象名

卸载将触发对象的 Unload 事件。若卸载的对象是程序唯一的窗体，则将终止程序的执行。

装载 (Load) 和卸载 (Unload) 事件是在系统装载和卸载窗体时自动触发的事件。暂时不需用的窗体可以将其卸载，否则会占用大量内存。

例如：

Unload Form2

3. End 语句

End 语句用于在程序代码中结束整个应用程序的运行 (这时当然会卸载所有的窗体)，控制权返回给操作系统。

语法：End

在任何情况下执行 End 语句都会使整个应用程序立即结束。在 End 语句之后的代码不会被执行，不会再有事件触发，所有对象将被释放。

3-2-5 界面样式

用户界面样式主要有单文档界面 (SDI)、多文档界面 (MDI) 和资源管理器界面。

1. SDI 界面

SDI 界面是单文档界面，指在应用程序中每次只能打开一个文档，想要打开另一个文档时，必须先关闭已打开的文档。不能将一个窗体包含在另一个窗体中，所有的界面都可以在屏幕上自由地移动。

2. MDI 界面

MDI 界面是多文档界面，在应用程序中可以同时操作多个文档。每个文档都有自己的窗口，文档或子窗口被包含在父窗口中，父窗口为应用程序中所有的子窗口提供工作空间。当最小化父窗口时，所有的文档窗口也被最小化，只有父窗口的图标显示在任务栏中。Microsoft Word 和 Microsoft Excel 应用程序就是采用了 MDI 界面。

3. 资源管理器界面

目前在应用程序界面中，资源管理器界面越来越流行，资源管理器界面是指包括有两个窗格或者区域的一个单独的窗口。通常左半部分是一个树型的或者层次型的视图，右半部分是一个显示区。这种样式的界面可用于定位或浏览大量的文档、图片或文件。如图 3-11、图 3-12 所示。

图 3-11　VB 工程资源管理器窗口

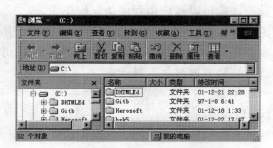

图 3-12　Windows 资源管理器窗口

3-3 MDI 窗体

MDI 界面是多文档界面，在应用程序中可以同时操作多个文档。MDI 窗体是多文档界面的主窗体，称为父窗口。当最小化父窗口时，所有的文档窗口也被最小化，只有父窗口的图标显示在任务栏中。

创建 MDI 窗体的步骤如下：

(1) 从"工程"菜单中选取"添加 MDI 窗体"，窗体的默认名为"MDIForml"，一个应用程序只能有一个 MDI 窗体，可以将启动对象设置为 MDI 窗体。

(2) 创建新窗体 Forml，Form2 等 (或者打开存在的窗体)，然后把它们的 MDIChild 属性设置为 True。

可以通过执行带不同参数的 Arrange 方法语句以不同的方式显示 MDI 子窗体。

语法：MDI 窗体名 .Arrange 参数

MDI 窗体的 Arrange 方法的参数情况如表 3-5 所示。

表 3-5   **MDI 窗体的 Arrange 方法**

常 量	参数数值	说 明
vbCascade	0	层叠排列所有非最小化 MDI 子窗体
vbTileHorizontal	1	水平平铺所有非最小化 MDI 子窗体
vbTileVertical	2	垂直平铺所有非最小化 MDI 子窗体
vbArrangeIcons	3	重排最小化 MDI 子窗体的图标

示例： 在设计时创建多文档窗口。

首先创建一个工程，然后在"工程"的下拉菜单中选择"添加 MDI 窗体"，给工程添加一个 MDI 窗体 MDIForm1；创建窗体 From1，Form2 并把它们的 MDIChild 属性设置为 True，再创建如图 3-13 所示的菜单，并编写代码。然后运行工程，先点击菜单项"打开 Form2"，"打开 Form2"，然后分别点击菜单项"选择窗口排列方式"的下拉菜单项就可以看到相应的效果。(菜单设计方法请参看第四章)

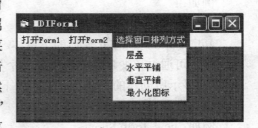

图 3-13 多文档窗口

代码如下：

```
Private Sub cendie_Click()
MDIForm1.Arrange 0    '层叠排列所有非最小化 MDI 子窗体
End Sub
Private Sub chuizhipinpu_Click()
MDIForm1.Arrange 2    '垂直平铺所有非最小化 MDI 子窗体
End Sub
```

35

```
Private Sub dakaiForm1_Click()
Form1.Show
End Sub
Private Sub dakaiForm2_Click()
Form2.Show
End Sub
Private Sub shuipinpinpu_Click()
MDIForm1.Arrange 1    ' 水平平铺所有非最小化 MDI 子窗体
End Sub
Private Sub zuixiaohua_Click()
MDIForm1.Arrange 3    ' 重排最小化 MDI 子窗体的图标
End Sub
```

多个窗体展示的方式：

(1) 静态展示。该种子窗体设计是在应用程序设计时添加多个窗体来完成的。如果想要同时最多打开 4 个窗体，则只需要向 MDI 窗体中添加四个窗体如 Form1，Form2，Form3，Form4 即可。则程序在运行中只能同时最多打开 4 个窗体。

(2) 机动展示。静态展示的特点是比较方便，但比较浪费资源，另外同时最多打开的窗体个数是不可变的，灵活性较差。有时需要程序在运行时能按需要的数量灵活地展示窗体。这一点可通过编写专门的程序代码来实现。机动展示不需要大量的窗体，只需要将一个窗体设置成 MDI 窗体子窗体就可以了，其他子窗体通过代码由该窗体创建。

机动展示包括以下几个步骤：

(a) 定义窗体变量。采用如下语句来实现：

Dim 窗体变量 As New 设置为 MDI 窗体的子窗体的窗体名

例如：

Dim new_form as New Form2

其中 Form2 为 MDI 窗体的子窗体。

程序可通过该变量创建一个或多个与 Form2 相同模式的 MDI 子窗体。

(b) 显示所创建的新窗体。采用如下语句来实现：

窗体变量 .Show

例如：new_form.Show

(c) 设置窗体的标题。由于有多个窗体同时打开，为了便于用户识别打开的窗体，应为其命名为 (按打开次序) "文档 1"，"文档 2"，"文档 3" 等。可通过修改窗体的 Caption 属性来实现这一点。可以用一个变量如 Filenumber 来实现窗体个数的累加。

程序代码如下：

new_form.Caption=" 文档 1" & Filenumber

Filenumber= Filenumber+1

程序运行后，就会看到逐个打开的子窗体标题分别为 "文档 1"，"文档 2"，"文档 3" 等 (按打开次序)。

示例： 在程序运行中创建多文档窗口。

首先创建一个工程，然后在"工程"的下拉菜单中选择"添加 MDI 窗体"，给工程添加一个 MDI 窗体 MDIForm1；将工程中已经创建的一个窗体比如说 Form2 的 MDIChild 属性设置为 True，使 Form2 成为 MDIForm1 的子窗体（当然你不做如此设置也能实现多个窗体的创建与展开，但当关闭 MDI 窗体时，这些窗体不能同时被关闭，而且打开的窗体不能一直都在 MDI 窗体中）。然后在 MDIForm1 中建立如图 3-14 所示的菜单。

在 MDIForm1 窗体的"通用"过程中定义整数变量 g：

Public g As Integer

相关事件中的代码编写如下：

```
Private Sub MDIForm_Load()
g = 2
End Sub
Private Sub new_Click()
Dim ne As New Form2
ne.Caption = "document" & Str(g)
g = g + 1
ne.Show
End Sub
```

将 MDIForm1 设置为启动窗体，运行程序后，点击菜单中的"New"即可创建多个文档窗口，每点击一次就创建一个。结果如图 3-15 所示。

图 3-14　多文档窗口 1

图 3-15　多文档窗口 2

3-4　控件

控件是 VB 通过控件箱提供的、具有特定功能和用途的可视化部件。在窗体上使用控件可以方便地获取用户的输入，可以显示程序的输出，也可以实现各种复杂的功能。必须熟练掌握控件的使用，才能方便快捷地利用 VB 环境开发应用程序。

3-4-1 简介

不同的控件具有不同的属性、方法和事件。使用控件与使用窗体相似，控件的命名规则与窗体相同，控件属性的分类和大多数属性、方法和事件也与窗体基本一致。

1.控件的分类

VB 的控件分为内部控件、ActiveX 控件和可插入对象三类。

(1) 内部控件。内部控件是 VB 本身所具有的控件，也称为常用控件。这些控件一直显示在控件箱中，不能从中删除。内部控件(标准版)如图 3-16 所示。

(2)ActiveX 控件。ActiveX 控件是 VB 标准控件箱的扩充部分，在使用它们之前必须先添加到工具箱中。添加的步骤如下：

(a) 用鼠标右键单击工具箱区域(最好是工具箱区域空白处)，则出现一快捷菜单。

(b) 选择快捷菜单的"部件"项，则出现部件选项卡，如图 3-17 所示。

图 3-16　内部控件

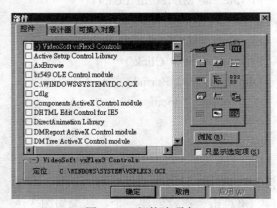

图 3-17　部件选项卡

(c) 单击需要行的复选框，选择需要添加的 ActiveX 控件。(要保证框内出现 √)

(d) 最后单击"确定"按钮，随后在窗体的工具箱中就会看到添加的控件。

(3) 可插入对象。可插入对象是由其他应用程序创建的对象。利用可插入对象，可以在 VB 应用程序中使用其他应用程序的对象。添加可插入对象到工具箱与添加 ActiveX 控件的方法相同。在图 3-17 中选择"可插入对象"选项卡，然后即可实施插入。

2.控件的名称(Name)属性

控件的名称(即名字)是它最重要的属性，即属性 Name。程序通过名字来使用访问控件，窗体上创建的控件名字必须不同。每个控件都有名称属性，用于设置控件的名字。在创建控件后，VB 系统会为它们自动给出不同的名称(Name)，规律是：新对象的默认名字由对象类型加上一个唯一的整数组成。例如，第一个新的 Form 对象的名称是 Form1，第二个为 Form2，第三个为 Form3，…；第一个 TextBox 控件的名称是 Text1，第二个为 Text2，…，等等，依次类推。又如：Label1，Label2，Label3…；Command1,Command2，Command3…；等等。不同种类控件的自动命名依此类推。

控件的名称不宜随便乱改，一般就采用系统给出的名字，因为它们比较规范，而且在程序中调用也很规范方便，另外系统自动给出的 Name 是不会重复的。当然，创建好控件后，用户可以根据需要通过设置属性改变控件的名字 (Name)。可以根据自己的喜好和实际功能需要给出各种不同的名字，或者为了便于识别记忆，或者为了个人嗜好，等等。

3. 控件的值属性

所有的控件都有值属性。在引用该属性时不要求指定属性名，只需要指定控件名即可，它就是值属性。控件的值属性是控件最常用的属性，比如，TextBox 控件的 Text 属性，Label 控件的 Caption 属性和 PictureBox 控件的 Picture 属性都是值属性。

例如：

Text1=" 张三 "　　　　功能等同于　　　Text1.Text=" 张三 "

Label1=" 学号 "　　　　功能等同于　　　Label1.caption=" 学号 "

其他的情况也类似。

4. 焦点 (focus)

窗体上可能有很多对象，但用户某时刻只能操作一个对象，当前可被操作的对象称它具有焦点。当对象具有焦点时，才可接收用户的输入。

可通过以下方法使对象获得焦点：

运行时选择对象。

运行时用快捷键选择对象。

在代码中用 SetFocus 方法。

当对象具有焦点时，会触发 GotFocus 事件。

例如：

Text1.SetFocus　' Text1 获得焦点，即光标出现在 Text1 中

当其他对象获得焦点时，原操作的对象将失去焦点。对象失去焦点时，触发 Validate 和 LostFocus 事件。Validate 事件在失去焦点之前触发，LostFocus 事件在焦点移动之后触发。所以 Validate 事件适合验证数据的有效性。

控件的 TabIndex 属性决定了它在 Tab 键顺序中的位置，敲 Tab 键可将焦点按照控件 TabIndex 属性的顺序在控件间移动。默认方式下，第一个创建的控件其 TabIndex 值为 0，第二个的 TabIndex 值为 1，依此类推。改变了控件的 Tab 键顺序，VB 会自动为其他控件的 Tab 键顺序重新编号。将控件的 TabStop 属性设为 False，可将此控件从 Tab 键顺序中删除。

框架 (Frame)、标签 (Label)、菜单 (Menu)、直线 (Line)、形状 (Shape)、图像框 (Image) 和定时器 (Timer) 控件都不接受焦点。

不能获得焦点的控件，以及无效 (属性 Enabled=False) 的和不可见的控件 (属性 Visible=False) 不包含在 Tab 键顺序中，按 Tab 键时，这些控件将被跳过。

5. Move 方法

Move 方法可以用于窗体或控件。

语法：[对象].Move left[,top[,width[,height]]]

语法说明：

对象：要移动的对象名称。默认对象为要移动当前窗体。

left 和 top：对象的新 left 和 top 值。

Width 和 height：对象的新 width 和 height 值。

例如：

Text1.Move 2000, 2000, 1000, 300

' 将 Text1 移动到的 2000,2000 的位置，宽设置为 1000,高设置为 300

6. 访问键

利用访问键可通过键盘来访问控件。菜单可具有访问键，其他控件也可有。命令按钮 (CommandButton)、复选框 (CheckBox) 和选项按钮 (OptionButton)，都可为其创建访问键。

可在控件的 Caption 属性中设置访问键，将"&"字符置于访问字符前面。运行时该字符会被加上一条下划线，"&"则不可见。按 Alt+ 访问字符与用鼠标左键单击该控件效果一样。例如，在窗体上创建四个 Command 按钮，将它们的 Caption 属性分别设置为"关闭 &Qit)"，"关闭 (&close)"，"关闭 &T"，"返回 &b"，则这四个 Command 按钮显示分

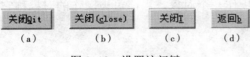
（a）　　　（b）　　　（c）　　　（d）

图 3-18　设置访问键

别如图 3-18(a)，(b)，(c)，(d) 所示。如果"&"后跟的是若干个字母或符号，则只接受第一个字母或符号，而且字母不分大小写。为菜单项创建访问键方法类似，后继章节会介绍到。

7. 容器

框架 (Frame)、窗体 (Form) 和图片框 (PictureBox) 等都可作为其他控件的容器，即在它们中可创建其他控件。VB 的许多控件都具有容器 (Container) 特性。在容器中，控件的 Left 和 Top 属性值由其所在容器的位置决定。当用鼠标按住容器控件或对象拖动时，其上的控件会随之整体移动，上面控件的大小和相对于容器控件的位置不会改变 (即控件的 Left 和 Top 属性值不变)。

首先要创建容器控件或对象，然后在容器控件或对象上创建其他控件。如果将先于容器控件创建的控件拖动到容器控件上，则在拖动容器控件时不会产生整体拖动的效果。

8. 创建控件

在窗体上创建控件和使用 Windows 附件里的画图程序创建图形，其方法几乎完全一样。可以在窗体上通过按下鼠标左键拖动来创建控件。

先在工具箱里用鼠标左键点击选择需要创建的控件，然后移动光标到窗体上，当光标呈"十"型时按下鼠标左键拖动，到达一定位置后释放鼠标，就在窗体上创建了该控件。拖动到达位置的远近决定了创建控件的大小。也可以在创建好控件后再调整它的大小：用鼠标左键点击选择需要的控件，这时被选中的控件四周会出现八个小方块，当鼠标落在小方块上时鼠标箭头会变成双向箭头，这时按下鼠标左键拖动，就可以改变控件的大小。可以用鼠标左键按住一个控件，将它拖动到窗体上的任意位置。如图 3-19 所示。

也可以在工具箱里用鼠标左键双击所需要的控件，随后就会在当前窗体上创建一个该类型的控件。

在任一控件上单击鼠标右键，则该控件被选中的同时会弹出一个菜单，选择其中的"属性"项即可打开该控件的属性列表窗口，如图 3-20 所示。

任何时候属性窗口内显示的内容与被选中的控件是一致的。属性窗口打开后，若再选中其他的控件，属性窗口内的内容将自动改变成被选中控件的属性内容。

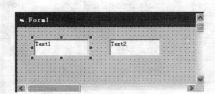

图 3-19　选中控件

图 3-20　打开控件属性列表窗口

3-4-2　Label(标签) A

1. 功能

标签 (Label) 控件一般用来在窗体上特定的位置处显示不能编辑的文字说明信息等。

2. 常用属性

创建好一个标签 (Label) 控件以后即可打开它的属性窗口进行属性项的设置，来实现信息显示的各种效果。标签 (Label) 控件的常用属性如表 3-6 所示。

表 3-6　　　　　　　　　　　　　　**Label 控件的常用属性**

属性	含　　义
Caption	标签中显示的内容，最多可有 1024 个字符
Alignment	标签中文本的对齐方式： 0：(Left Justify) 左对齐 (默认) 1：(Right Justify) 右对齐 2：(Center) 居中
AutoSize	是否可自适应大小，有两个取值： True：可根据文本自动调整标签大小 False：标签大小不能改变，超长的文本被截去 (默认)
BackStyle	有两个取值： 0：透明—在控件后的背景色和任何图片都是可见的 1：(缺省值) 非透明—用控件的 BackColor 属性设置值填充该控件，并隐藏该控件后面的所有颜色和图片
BorderStyle	用于设置边界形式，有两个取值： 0：(None) 为无边界 1：(Fixde Single) 含有宽度为 1 的单线边界 (默认)
Font	设置字体，大小，样式 (是否粗体等)

表中 Font 对象的属性可以进一步具体设置，它的属性如表 3-7 所示。

表 3-7　　　　　　　　　　　　　　**Font 对象的属性**

属　　性	类　　型	含　　义
Name	String	字体的名字
Size	Single	字体的大小

41

续表

属 性	类 型	含 义
Bold	Boolean	为 True 则加粗显示
Italic	Boolean	为 True 则显示为斜体
Strike Through	Boolean	为 True 则在文本中加删除线
Underline	Boolean	为 True 则为文本加下划线

如图 3-21 所示显示了三个标签,从上往下 Alignment 属性分别为 0、1、2,BorderStyle 属性都为 1。

可以在设计时在属性窗口中设置 Label 控件的属性,也可以在程序运行时执行代码来设置 Label 控件的属性。

使用代码设置 Label 控件属性的语法格式:

Label 控件名 . 属性名 = 属性值

以后内容中设置其他控件属性的语法格式也一样,不再强调。

例如,可以在程序运行时,执行以下代码设置 Label 控件的 Caption 属性实现在窗体上显示信息:

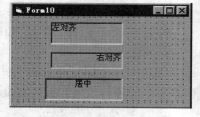

图 3-21 标签 Alignment 属性的不同

Private Sub Command1_Click()

Label1.Caption = "Welcome you !"

End Sub

也可以用来显示多行文本信息:

Label1.Caption = "Welcome you !" + Chr(13) + "New Friend!" + Chr(13) + "come on!"   ' chr(13) 表示回车换行

或者;

Label1.Caption = "Welcome you !" & Chr(13) & "New Friend!" & Chr(13) & "come on!"   ' & 表示字符串的连接

3. 事件和方法

标签的常用方法有 Refresh 和 Move。Refresh 用于刷新标签的内容。应用中很少使用该控件的事件。

4. 创建 Label 控件

在工具箱里用鼠标左键点击选择 Label **A** 控件,然后移动光标到窗体上,当光标呈"十"型时按下鼠标左键拖动,到达一定位置后释放鼠标,就在窗体上创建了一个 Label1 控件。拖动到达位置的远近决定了创建控件的大小。也可以在创建好控件后再调整它的大小:用鼠标左键点击选中创建的控件,这时被选中的控件四周会出现八个小方块,当鼠标落在小方块上时鼠标箭头会变成双向箭头,这时按下鼠标左键拖动,就可以改变控件的大小。可以用鼠标左键按住控件,将它拖动到窗体上的任意位置。如图 3-22 所示。

在创建控件后 VB 系统会为它们自动给出不同的名称 (Name),第一个创建的 Label 的名称 (Name) 是 Label1,第二个创建的 Label 名称 (Name) 是 Label2,第三个创建的 Label

名称 (Name) 是 Label3…等依此类推。创建好控件后，用户可以根据需要通过设置名称属性改变控件的名字 (Name)。

　　其他不同种类控件创建方法和自动命名也遵循这个规律，以后不再强调这一点。

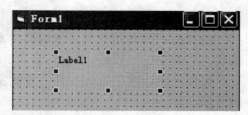

图 3-22　创建 Label 控件

示例：利用 Font 对象用代码实现对 Label1 属性的设置。

可编写如下代码来实现：

```
Private Sub Command11_Click()
Label1.AutoSize = True
With Label1
    .Font.Name = " 幼圆 "
    .Font.Bold = True
    .Font.Size = 30
    .Caption = " 设置字体为幼圆 "
End With
End Sub
```

3-4-3　TextBox(文本框) ![abl]

1. 功能

文本框 (TextBox) 用来接受用户输入的信息，也可以用来显示传给它的文本信息。文本框中的文本在输入时是可编辑的。

2. 常用属性

Text ：显示在文本框中的内容。

PasswordChar ：用来设置如何在文本框中显示输入的字符，即是否为口令框。默认值为空字符，表示显示的文本与输入的文本一样。如果为非空字符 (如 *)，则每输入一个字符就在文本框中显示一个该字符，但不影响实际输入的内容。

Font ：设置字体，大小，样式 (是否粗体等)。

Enabled ：为 False 时文本框处于无效状态 (这时内容不可编辑)，为 True 时文本框处于有效状态 (这时内容可编辑)。

MaxLength ：用来限制在 TextBox 中能够输入的字符数量。如果长度超过 MaxLength 属性设置值的文本从代码中赋给 TextBox，不会发生错误；但是，只有最大数量的字符被赋给 Text 属性，而额外的字符被截去。改变该属性不会对 TextBox 的当前内容产生影响，但将影响以后对内容的任何改变。

MultiLine ：返回或设置一个值，该值指示 TextBox 控件是否能够接受和显示多行文本。在运行时是只读的。为 True 时允许多行文本，为 False 时忽略回车符并将数据限制在一行内。

ScrollBars ：返回或设置一个值，该值指示是有水平滚动条还是有垂直滚动条。在运行时是只读的。

Locked：设置用户是否能编辑文本框里的内容。为 True 时不能编辑，为 False 时能编辑。

可以在设计时在 Text 控件的属性窗口中设置属性，也可以在程序运行时执行代码来设置属性。

使用代码设置 Text 控件属性的语法格式：

Text 控件名 . 属性名 = 属性值

以后内容中设置其他控件属性的语法格式也一样，不再强调。

例如：

Text1.Text = "please input data"

3. 常用方法

文本框常用的方法有 Refresh 和 SetFocus 等。

例如，执行 Text1.SetFocus 语句可使光标出现在 Text1 中。

4. 事件

文本框可识别多个事件，如 Change、GotFocus、LostFocus、KeyDown、KeyUp、KeyPress、MouseUp 和 MouseMove 等。

当文本框内容发生变化时触发 Change 事件。

示例： 编写程序实现每输入两个数值即可自动计算两数的和并显示结果。

按如图 3-23 所示创建窗体：两个 Text 控件用来输入数值，三个 Label 控件分别表示"+"号、"="号和求和的结果，并编写如下代码 (其中，Val() 是将数字字符串转变成数字值的函数，可参看后继章节

5-5-4 类型转换函数)：

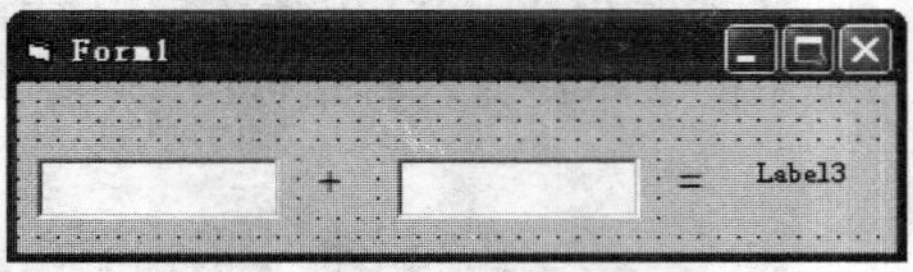

Private Sub Text1_Change()

Label3 = Val(Text1) + Val(Text2)

End Sub

Private Sub Text2_Change()

Label3 = Val(Text1) + Val(Text2)

End Sub

图 3-23　自动求和

工程运行时，只要在任何一个 Text 里输入数值或改变数值，Label3 里都会立刻显示当前两个 Text 里数值的和。

5. 选定文本

与选定文本有关的属性如表 3-8 所示，剪贴板 Clipboard 对象的方法如表 3-9 所示。

表 3-8　　　　　　　　　　与选定文本有关的文本框的属性

属性	含　　义
SelStart	Long，指定选定文本的起始位置
SelLength	Long，指定选定多少个字符
SelText	String，包含已经设置选定的字符

表 3-9　　　　　　　　　　剪贴板 Clipboard 对象的方法

方法	含义
GetText	从剪贴板上取得文本
SetText	将选定的文本放置到剪贴板上
Clear	清空剪贴板

示例： 按如图 3-24 所示创建窗体，并编写如下代码：

```
Private Sub Command1_Click()
Clipboard.Clear
Clipboard.SetText Text1.SelText    ' 将 Text1 中选定的内容复制到剪贴板
End Sub
Private Sub Command2_Click()
Text2.SelText = Clipboard.GetText    ' 将剪贴板上的内容复制到 Text2 中插入点处
End Sub
```

3-4-4　Command(命令按钮)

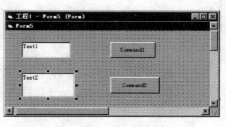

1. 功能

命令按钮 (CommandButton) 通常用于程序运行时用户单击它来完成某种功能。该功能由其下所编写的代码段来完成。单击该命令按钮，该代码段即被执行。

图 3-24　文本复制

2. 常用属性

常用属性如表 3-10 所示。

表 3-10　　　　　　　　　　命令按钮的常用属性

属性	含义
Caption	命令按钮上的文字描述 (针对它的功能)
Cancel	是否为取消按钮： True：是取消按钮，按 ESC 键就相当于单击此按钮 False：不是取消按钮 (默认)
Default	是否为默认按钮： True：是默认按钮，按回车键就相当于单击此按钮 False：不是默认按钮 (默认)
Style	是标准按钮还是图形按钮： 0：(Standard) 标准按钮 (默认) 1：(Graphical) 自定义图片的图形按钮
Picture	当 Style 为 1 时，用来设置按钮中要显示的图形

3. 常用方法

命令按钮控件的常用方法有 SetFocus，用来获得焦点。

例如：

Private Sub Form_Activate()

Command2.SetFocus　' Command2 获得焦点

End Sub

4. 事件

命令按钮控件最基本的事件是 Click(单击)，以下情况可触发 Click 事件：

(a) 用鼠标左键单击命令按钮。

(b) 焦点在命令按钮上时按空格键或回车键。

(c) 用代码将命令按钮 Value 属性设置为 True。

(d) 对于取消命令按钮 (cancel 属性设置为 True 的按钮)，敲 Esc 键相当于用鼠标左键点击它。

(e) 在 Caption 属性中用 & 符号连接一访问键，运行时按 Alt+ 访问键等同于用鼠标左键点击 Command 按钮。

例如，将 Command1 的属性 Caption 设置成 "Command1&w"，这时 Command1 的界面效果会如图 3-25 所示。在窗体运行时敲击组合键 Alt+W 等同于用鼠标左键点击 Command1。

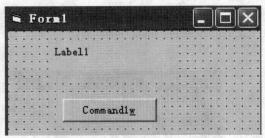

图 3-25　设置 command1 访问键

3-4-5　框架、选项按钮和复选框

1. 功能

(1)Frame(框架)。窗体上可能有许多控件，为了将控件分成若干组可采用框架控件。框架一般按功能和目的把若干控件组合在一起，当框架移动时，其中的控件也跟着整体移动。要先绘制框架控件，然后在其内绘制其他控件，否则不能实现整体移动。

(2)OptionButton(单选项按钮)。单选项按钮用于从一组选项中选取其一。只能选择一项，且必须选择一项，而其他选项按钮将自动变为不可选。

选中选项按钮的方法有以下几种：

(a) 用鼠标左键单击选项按钮。

(b) 按 Tab 键将焦点移到选项按钮组，然后用箭头键将焦点移动到需要的选项按钮。

(c) 若选项按钮有访问键，则按 Alt+ 访问键。例如将 Option1 的 caption 属性设置成 Option1&t，则选中 Option1 的组合键为 Alt+t。

(d) 用代码将选项按钮的 Value 属性设置为 True。

(3)CheckBox(复选框)。复选框与选项按钮不同，可从一组选项中同时选中多个选项。

2. 常用属性

框架、选项按钮和复选框控件的常用属性如表 3-11 所示。

表 3-11 框架、选项按钮和复选框控件的常用属性

控件名	属性	含　义
Frame	Caption	框架的标题名称，可含访问键，为空时控件显示为闭合框
	Enabled	是否为活动状态： True：活动状态（默认） False：非活动状态，框架内所有控件不可使用，标题显示为灰色
OptionButton	Value	设置选项按钮的状态： True：被选中，其他选项的 Value 属性自动为 False False：未被选中（默认）
	Enabled	是否为禁止按钮： True：不是禁止按钮 False：是禁止按钮，表示选项按钮无效，显示为灰色（默认）
CheckBox	Alignment	设置复选框在标题 Caption 的左边还是右边： 0：(Left Justify) 在标题的左边（默认） 1：(Right Justify) 在标题的右边
	Value	设置复选框的状态： 0：(Unchecked) 未选中（默认） 1：(Checked) 选中 2：(Grayed) 暂时不能访问，显示为灰色

3. 事件

框架 (Frame)、选项按钮 (OptionButton) 和复选框 (CheckBox) 的主要事件是 Click(单击)。

例如，按图 3-26 所示创建界面。

在 Command2 控件下编写如下的代码 (其中，If Then 结构表示条件判断，是程序控制结构，请参看第 5 章 5-3 分支结构)：

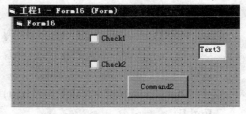

图 3-26　复选框

```
Private Sub Command2_Click()
If Check1.Value = 1 and Check2.Value = 0 Then
    Text3 = 1    '只有 Check1 被选中时，Text3 中显示 "1"
End If
If Check2.Value = 1 and Check1.Value = 0 Then
    Text3 = 2    '只有 Check2 被选中时，Text3 中显示 "2"
End If
If Check1.Value = 1 And Check2.Value = 1 Then
    Text3 = "all 1"   ' Check1 和 Check2 都被选中时，Text3 中显示 "all 1"
End If
End Sub
```

窗体运行时点击"Command2"按钮则出现界面如图 3-27 所示。

Frame 的作用及用法如图 3-28 所示：先创建 Frame 控件，将其作为容器控件，然后在其中再创建其他控件。

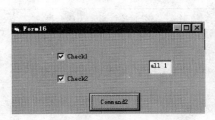

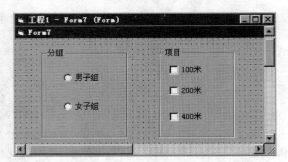

图 3-27　复选框效果　　　　　　　　图 3-28　框架、复选框和单选框

示例：按图 3-29 所示创建界面。先创建 Frame 控件，将其作为容器控件，然后在其中再创建三个 Option 控件：加法，减法，乘法；两个 Text 控件用来输入数据，两个 Label 控件来表示 "=" 和显示计算结果；一个 Command 控件用来实现计算功能。

　　程序运行时，先选择计算类型，然后在 Text1 和 Text2 中输入数据，最后点击 "计算" 按钮，则计算结果就会显示在 Label1 中。

　　"计算" 按钮下的代码如下（其中，Val() 是将数字字符串转变成数字值的函数，请参看第 5 章 5-5-4 类型转换函数）：

```
Private Sub Command1_Click()
If Option1.Value = True Then
    Label1.Caption = Val(Text1.Text) + Val(Text2.Text)
End If
If Option2.Value = True Then
    Label1.Caption = Val(Text1.Text) - Val(Text2.Text)
End If
If Option3.Value = True Then
    Label1.Caption = Val(Text1.Text) * Val(Text2.Text)
End If
End Sub
```

程序运行时效果如图 3-30 所示。

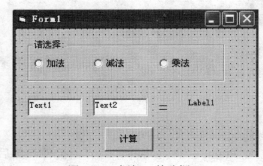

图 3-29　框架、单选框　　　　　　　　图 3-30　框架、单选框

3-4-6　ListBox（列表框）

1. 功能

列表框用于列出可供用户选择的项目列表。用户可从中选择一个或多个列表项。

2. 常用属性

List：用来访问列表框的所有列表项，是一个字符数组。设计时，可在属性窗口中输入列表项。每输入一个列表项后按 **Ctrl+Enter** 键即可换行继续添加输入下一项，最后输入的列表项被添加到列表框的末尾。

ItemData：用来为列表框的每个列表项设置一个对应的数值，是一个整型数组，数组大小与列表项的个数一致，通常用于作为列表项的索引或标识。

Columns：设置列表项按几列显示。为 0 则按单列显示，列表项较多时出现垂直滚动条（默认）；为 1 则按单列显示，列表项较多时出现水平滚动条。大于 1 则按多列显示，先填第一列，再填第二列，依此类推，运行时出现水平滚动条。

ListCount：用来返回列表框中的列表项数，只能在运行时使用。

ListIndex：当前选中的列表项的索引，只能在运行时使用。–1 为当前没有选择项，n 为当前选择项的索引，从 0 开始。

Sorted：设置列表框中的各列表项在运行时是否自动排序。True 为自动排序；False（默认）为不排序，按列表项输入时的顺序显示。

Text：用来获得当前被选中的列表项的内容。

MultiSelect：设置是否允许同时选择多个列表项。0 为不允许（默认），1 为允许，通过鼠标单击或按下空格键在列表中选中或取消选中项。2 为允许，按下 **Shift** 键并单击鼠标左键或按下 **Shift+** 箭头键将连续扩展选择到当前选中的项。按下 **Ctrl** 键并单击鼠标左键可单个选中或取消选中项。

图 3-31　List 属性

如图 3-31 所示为在属性窗口中为 List 控件添加姓名项（要首先在属性窗口中选中 List 项，然后用鼠标点开右边的下箭头，然后在弹出的空白下拉列表中输入列表项数据）。每输入一个列表项后按 **Ctrl+Enter** 键即可换行继续添加输入下一项，最后输入的列表项只能添加到列表框的末尾。

如图 3-32 所示中 List 的内容都为姓名，Columns 属性分别设置为 0，1 和 2 时的页面显示效果。

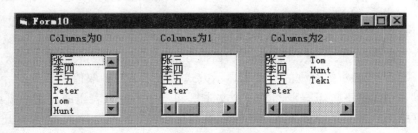

图 3-32　Columns 属性设置

如图 3-33 所示是列表框的 MultiSelect 属性分别设置为 0，1，2 时的显示效果，图中右边两个需要鼠标左键配合 Ctrl 键或 Shift 键来实现选择。

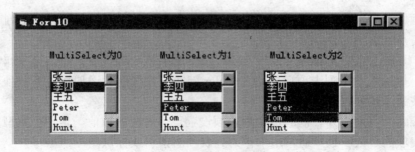

图 3-33　MultiSelect 属性设置

3. 事件

列表框的主要事件有 Click(单击鼠标) 和 DblClick(双击鼠标)。

4. 常用方法

(1)AddItem 方法。AddItem 方法用来使用程序代码添加列表项。

语法：ListBox 控件名 .AddItem 列表项 [, 索引]

例如：

将 "ppp" 添加入 List4，使其成为第一项：List4.AddItem "ppp",0

将 "qqq" 添加入 List4，使其成为第三项：List4.AddItem "qqq",2

(2)Clear 和 RemoveItem 方法。Clear 和 RemoveItem 方法都用于删除列表项。

语法：

ListBox 控件名 .Clear

ListBox 控件名 .RemoveItem 索引

例如：

删除第 1 个列表项：List4.RemoveItem 0

删除第 3 个列表项：List4.RemoveItem 2

删除所有列表项：List4.Clear

3-4-7　ComboBox(组合框)

1. 功能

组合框是文本框和列表框的组合。用户可从文本框输入文本，也可从列表框中选择列表项。

2. 常用属性

组合框的属性 Text、List、ListIndex、ListCount、Sorted 与列表框 (ListBox) 的相同。

Style 属性用于确定组合框的类型和显示方式，有以下几种取值：

0：(默认值) 是下拉组合框，由一个文本框和一个下拉列表组成。用户既可在文本框中输入也可单击列表来选择列表项。组合框获得焦点时，可按 Alt+ ↓ 键来打开列表。

1：是简单组合框，由一个文本框和一个不能下拉的列表组成。可通过增加组合框的

Height 属性值来显示列表的更多部分。组合框获得焦点时，可敲上、下箭头键上下翻阅列表项来选择列表项，也可以直接在文本框中输入内容。

2：是下拉列表框，不允许用户输入文本，只允许从下拉列表中选择。

3. 事件和方法

组合框的事件和方法与列表框基本相似。

3-4-8 Image(图像框) 和 PictureBox(图片框)

1. 功能

图像框圈和图片框圈都可以用来显示图形，可显示 bmp、ico、wmf、jpg、gif 等类型的文件。图片框不仅可显示图像，还可作为其他控件的容器，也可以在其中绘图，功能比图像框强。

2. 常用属性

(1)Picture 属性。用于设置在图像框和图片框中要显示的图像文件名。可在设计时通过属性窗口设置该属性或在程序运行时调用 LoadPicture 函数来设置该属性。

调用 LoadPicture 函数的语法格式：

图像框或图片框控件名 .Picture = LoadPicture(" 图片文件全名 ")

例如：

Private Sub Command1_Click()

Picture1.Picture = LoadPicture("c:\windows\bubbles.bmp")

End Sub

执行下面的语句能清除所装入的图片：

Picture1.Picture = LoadPicture("")

另外也可以调用 SavePicture 语句将 Picture 属性中的图片保存到一个独立的文件中。

SavePicture 语句语法：SavePicture picture, stringexpression

功能：从对象或控件的 Picture 或 Image 属性中将图形保存到文件中。

语法说明：

picture 参数：产生图形文件的 PictureBox 控件或 Image 控件的 Picture 属性。

stringexpression 参数：欲保存入的图形文件名。

说明：

无论在设计时还是运行时图形从文件加载到对象的 Picture 属性，而且它是位图、图标、元文件或增强元文件，则图形将以原始文件同样的格式保存。如果它是 GIF 或 JPEG 文件，则将保存为位图文件。Image 属性中的图形总是以位图的格式保存而不管其原始格式。

例如：

SavePicture Picture1.Picture, "d:\wpp"

SavePicture Image1.Picture, "d:\pptt"

(2)Align 属性。用于设置图片框在窗体中的显示方式。共有 5 种取值：0(默认) 为无特殊显示；1 为与窗体一样宽，位于窗体顶端；2 为与窗体一样宽，位于窗体底端；3 为与窗体一样高，位于窗体左端；4 为与窗体一样高，位于窗体右端。

(3) 图像框的 Stretch 属性。用于确定图像框如何与图像相适应。为 True 时图像框不自动适应图像的大小 (图像大于图像框的部分将被截去)，为 False(默认) 时图像框将自动适应图像的大小。

如图 3-34 所示是 Image 控件的 Stretch 属性不同时的显示效果，在设计时上下两个图像框大小相同，上边的图像框 Stretch 属性为 False，图像框大小随图像发生变化；下边的图像框 Stretch 属性为 True，图像框不随图像大小发生变化，图像大于图像框的部分被截去。

(4) 图片框的 AutoSize 属性。AutoSize 属性用来确定图片框如何与图像相适应。为 False(默认) 时图片框保持原始尺寸，当图形比图片框大时，超出的部分将被截去；为 True 时图片框将根据图形大小自动调整其大小。

如图 3-35 所示是 PictureBox 控件的 AutoSize 属性设置不同时的显示效果。上边的图片框 AutoSize 属性为 False，图像超出的部分被截去；下边的图片框 AutoSize 属性为 True，图片框大小随图像大小自动发生变化。

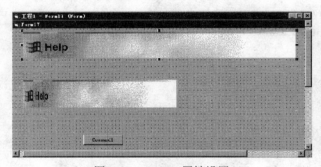

图 3-34　Stretch 属性设置

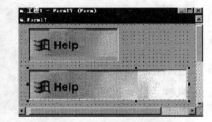

图 3-35　AutoSize 属性设置

(5) 图片框的 AutoReDraw 属性。一个窗体被其他窗体所遮盖，当窗体重新展现时，窗体和其上的控件由系统实施重现，而图片框中的图形和用 Print 方法在其中打印显示的文本要实现重现关键取决于图片框的 AutoReDraw 属性的设置。如果 AutoReDraw 属性设置为 False，则被遮盖窗体重现时，图片框中的图形被遮盖的部分将消失，即当窗体重现时，图片框中的图形被遮盖的部分不能自动实现重现。当 AutoReDraw 属性设置为 True 时，图片框中的图形将能自动重现，即图形具有持久性。

3-4-9　滚动条控件

滚动条控件包括：水平滚动条 (HscrollBar) ◀ ▶ 和垂直滚动条 (VscrollBar) ▲ ▼。滚动条一般是放置在窗体的边缘，用来提供滚动窗口的功能。

1. 功能

水平滚动条和垂直滚动条都用于滚动窗口中的内容，只是两者方向不同。

2. 常用属性

滚动条控件常用属性如表 3-12 所示。

表 3-12　　　　　　　　　　　　　　　滚动条的常用属性

属性	含 义
Value	滚动框在滚动条中的位置，距离左端或顶端的距离数值，在 Max 和 Min 之间
Max	位于滚动条的最右侧或最底端的值，在 −32768~32767 之间
Min	位于滚动条的最左侧或最顶端的值，在 −32768~32767 之间
SmallChange	用鼠标单击滚动框箭头时，滚动框每次移动的长度大小
LargeChange	用鼠标单击滚动框区域时，滚动框每次移动的长度大小

3. 事件

Scroll：拖动滚动框的滑块时触发，用来跟踪滚动条的动态变化。

Change：单击滚动条或滚动框两端的箭头时触发或拖动滚动框的滑块释放时触发。可用来获得滚动条上滑块的最终位置。

当用户不需要输入精确的数据时，使用滚动条控件可以实现一个大致范围的输入，且可清楚地看到当前欲输入的值在设定范围内的比例。

示例：按如图 3-36 所示创建一个窗体并设置滚动条的属性。

针对 HScroll1 控件编写如下代码：

```
Private Sub HScroll1_Change()
Label1 = HScroll1.Value
End Sub
```

该窗体运行时，单击滚动条或滚动框两端的箭头时或拖动滚动框的滑块释放时，在上方即会显示滑块所到达的位置。

若按如下编写代码：

```
Private Sub HScroll1_Scroll()
Label1 = HScroll1.Value
End Sub
```

该窗体运行时，当拖动滑块时，在上方随即会显示滑块所到达的当前位置 (不会等到释放鼠标时才显示)，如图 3-37 所示。

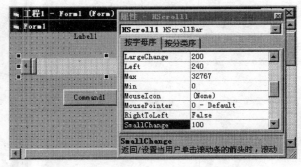

图 3-36　滚动条 SmallChange 属性设置

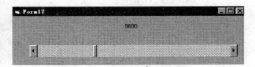

图 3-37　滚动条 (HscrollBar) 运行

3-4-10 Timer(定时器)

1. 功能

定时器 (Timer) 用于每经过特定时间间隔自动触发事件，运行时控件不可见。

2. 属性

Interval 是它最重要的属性，用于设置定时器每次触发事件之间的时间间隔，单位为毫秒 (ms)，即 1/1000 秒，取值在 0~65767 之间。如果设置为 0，则表示定时器无效，即不会触发事件，为事件编写的代码不会被执行。

3. 事件

定时器只支持 Timer 事件，当达到 Interval 属性规定的时间间隔就触发该事件。

按如图 3-38 界面所示创建一个窗体，并给 Timer 控件设置属性，使其运行时显示当前的时间。

为 Timer1 控件编写如下代码 (Time() 是系统时间函数，可参看第 5 章 5-4-3 部分内容)：

```
Private Sub Timer1_Timer()
Label1 = Time()
End Sub
```

该窗体运行时，其效果如图 3-39 所示。

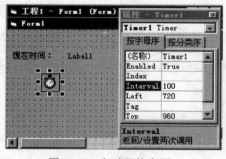

图 3-38　定时器的应用

图 3-39　显示当前时间

示例：创建如图 3-40 所示的窗体并设置属性，编写如下所示的代码，实现使"演员表"这行字从窗体底部向上连续运行到顶部，然后再向下运行到底部，再向上运行，如此往返不止。运动速度的快慢取决于属性 Interval 其值大小的设置和每次移动的步长。

```
Dim s As Integer    ' 在通用过程中
Private Sub Timer1_Timer()
If Label1.Top < 0 Then s = 1
If Label1.Top > 8110 Then s = 0
If s = 0 Then Label1.Top = Label1.Top - 20
If s = 1 Then Label1.Top = Label1.Top + 20
End Sub
```

其中 s=0 代表 Label1 向上移动的状态，s=1 代表 Label1 向下移动的状态。20 为每次移动的步长，较小时，移动连续性较好，但移动速度较慢；较大时，移动连续性较差，但移动速度较快，其最终选取的大小应根据运行效果来决定。代码中的 **If Then** 结构是程序控制结构，表示判断，可参看第 5 章 5-3 的内容。

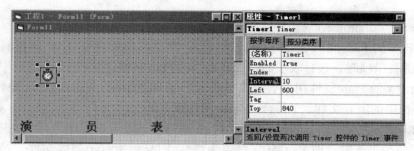

图 3-40　文字运动

3-4-11　文件系统控件

文件系统控件包括：驱动器列表框 (DriveListBox)、目录列表框 (DirListBox) 和文件列表框 (FileListBox)。文件系统控件可以单独使用，也可以组合使用。下面示例中图 3-34 所示为文件系统控件组合使用的效果。

1. 功能

(1)DriveListBox(驱动器列表框) ▣。驱动器列表框用于选择一个驱动器，是一个下拉列表框。默认状态时，顶端突出显示出系统当前驱动器名称。

(2)DirListBox(目录列表框) ▤。目录列表框用于显示一个磁盘的目录结构。显示从根目录起的所有子目录，子目录相对上一级被缩进。程序运行时双击其中的目录项即可打开该目录，列出其中的下一级目录。

(3)FileListBox(文件列表框) ▤。文件列表框用于显示当前目录中的所有文件名。

2. 常用属性

(1)DriveListBox 控件的 Drive 属性。Drive 属性用于指定出现在列表框顶端的驱动器。程序运行时只显示当前的驱动器号，可以通过单击驱动器列表框中的选项选择新驱动器。该属性不能在属性窗口中进行预先设置，只能通过执行程序代码预先设置 Drive 属性来设置当前驱动器号。

设置当前驱动器语句：

语法：驱动器列表框名称 .Drive= 驱动器名

例如：

Drive1.Drive = "d:"

(2)Path 属性。Path 属性可用于 DirListBox 控件和 FileListBox 控件，该属性不能在属性窗口中进行预先设置，只能通过执行程序代码预先设置。

设置当前工作目录语句：

语法：目录列表框名称 .Path= 文件路径

例如:

Dir1.Path = "d:\project1"

也可以类似地设置文件列表框的当前目录:

语法: 文件列表框名称 .Path= 文件路径

例如:

File1.Path = "d:\project1"

DirListBox 的 Path 属性用来设置当前目录路径,当程序运行时用鼠标左键双击 DirListBox 的目录项时,该目录项的路径就返回给 Path 属性。

FileListBox 的 Path 属性用来设置文件路径。窗体运行时,FileListBox 控件内显示该属性指定路径中的所有文件名 (符合 Pattern 属性设置的文件)。

(3)FileListBox 控件的 Pattern 属性。Pattern 属性用来设置在程序运行时 FileListBox 中要显示的文件种类。默认时 Pattern 属性值为 *.*,即显示所有类型的文件,对于文件名,VB 支持通配符 "*" 和 "?",例如,该属性可设置为:*.txt。

(4)ListIndex 属性。ListIndex 属性可以用于这三种文件系统控件,用来设置或返回当前控件上所选择的项目的索引值。

驱动器列表框和文件列表框中当前的第一项索引值为 0,第二项索引值为 1,依次

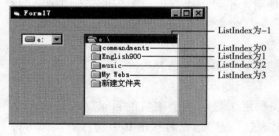

类推,文件列表框中如果没有文件显示则 ListIndex 属性为 -1。

图 3-41 ListIndex 属性

目录列表框的 Path 属性指定的目录索引值为 -1,紧邻其上的目录索引值为 -2,依次类推到最高层目录,相应的当前目录的第一级子目录的索引值为 0,而其他并列的子目录索引值依次为 1、2、3…,如图 3-41 所示。

(5)ListCount 属性。ListCount 属性可以用于这三种文件系统控件,返回控件内所列项目的总数。

(6)FileListBox 控件的 FileName 属性。程序运行时,点击 FileListBox 控件中某个文件名时,该文件名字符串被写入 FileListBox 控件的 FileName 属性。在程序代码中可从 FileName 属性中读取该文件名进行处理。

3. 常用事件

文件系统控件的常用事件如表 3-13 所示。

表 3-13   **文件系统控件的事件**

控件名	事 件	触 发 时 刻
DriveListBox	Change	选择新驱动器或修改 Drive 属性时
DirListBox	Change	双击选择新目录或修改 Path 属性时
FileListBox	PathChange PatternChange	设置文件名或修改 Path 属性时 设置文件名或修改 Pattern 属性改变文件的模式时

段落头

开始

通常，DriveListBox、DirListBox 和 FileListBox 控件在一起搭配使用。在改变驱动器列表框中的驱动器时，目录列表框中显示的目录也应同步变化，可通过 DriveListBox 控件的 Change 事件使用以下语句来实现同步：

```
Private Sub Drivel_Change()
Dirl.Path=Drivel.Drive
End Sub
```

同样，目录列表框中目录改变了，应同时使文件列表框也同步改变，可通过 DirListBox 控件的 Change 事件使用以下语句来实现同步：

```
Private Sub Dirl_Change()
File1.Path=Dirl.Path
End Sub
```

示例： 按图 3-42 所示创建窗体并创建 Drive1 控件、Dir1 控件和 File1 控件。

为 Drive1 控件和 Dir1 控件编制代码如下，以实现 Drive1 控件、Dir1 控件和 File1 控件的内容同步变化：

```
Private Sub Drive1_Change()
Dir1.Path = Drive1.Drive
End Sub


Private Sub Dir1_Change()
File1.Path = Dir1.Path
End Sub
```

该窗体运行时效果如图 3-43 所示。

图 3-42　文件系统控件组合使用

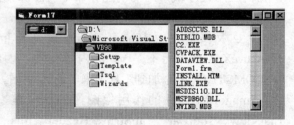

图 3-43　文件系统控件的同步

示例： 创建如图 3-44 所示的窗体，创建 Drive1、Dir1、File1 控件，创建一个 Image1 控件，并编写如下代码：

```
Private Sub Dir1_Change()
File1.Path = Dir1.Path
End Sub


Private Sub Drive1_Change()
Dir1.Path = Drive1.Drive
```

End Sub

Private Sub File1_Click()

Image1.Picture = LoadPicture(File1.Path & "\" & File1.filename)

   ' & 符号表示字符串的连接，可参看后继章节中运算符部分内容

End Sub

该窗体运行时效果如图 3-45 所示。

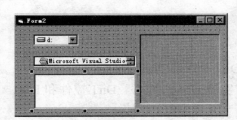

图 3-44　显示 BMP 图的窗体

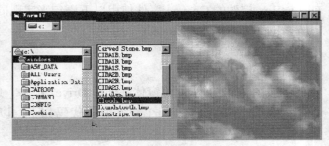

图 3-45　显示 BMP 图

只要在界面上文件名列表中用鼠标左键点击选择图片文件名，则图片就会自动在右边 Image1 控件显示出来。

3-5　工具栏

工具栏是 Windows 应用程序界面常见的组成部分。工具栏包含一组图像按钮，是用户访问应用程序最常用的功能和命令的图像集合。

为窗体添加工具栏，应使用工具条控件 (Toolbar) ▥ 和图像列表控件 (ImageList) ▤。VB 专业版和企业版中都有 Toolbar 控件和 ImageList 控件。Toolbar 控件和 ImageList 控件是 ActiveX 控件，而不是 VB 的内部控件，因此，在使用时必须要先将对应的部件文件 MSCOMCTL.OCX 添加到工程中来，使这两个控件出现在工具箱中。

ImageList 控件的作用像图像的储藏室，它不能单独使用，需要 Toolbar 控件 (或 ListView、ToolBar、TabStrip、Header、ImageCombo 和 Treeview 控件) 来显示所储存的图像。

Imagelist 控件的 ListImage 属性是对象的集合，每个对象可存放图像文件。图像文件类型有 .bmp、.cur、.ico、.jpg 和 .gif，并可通过索引或关键字来引用每个对象。在设计时，可以在 ImageList 控件的属性页中添加图像，按照顺序将需要的图像插入到 ImageList 中。

创建工具栏的步骤：

(1) 添加 MSCOMCTL.OCX 文件。用鼠标右键单击控件箱，在弹出的菜单中选择"部件"项，在出现的图 3-46 所示的"控件"选项卡中选择"Microsoft Windows Common Controls 6.0"，然后单击"确定"按钮，则在控件箱中就会出现 ImageList 控件 ▤ 和 Toolbar 控件 ▥。事实上这样一来不仅仅添加了 ImageList 控件和 Toolbar 控件，而是添加

了一组控件 ProgressBar，Statusbar 等。

(2) 创建 ImageList 控件作为要使用的图形的集合。

(3) 创建 Toolbar 控件，并将 Toolbar 控件与 ImageList 控件相关联，创建 Button 对象。

(4) 在 ButtonClick 事件中添加代码。

1. 创建 ImageList 控件

像在窗体上创建其他控件一样，先创建一个控件 Imagelist1。然后用鼠标右键单击 Imagelist1 控件则出现弹出式菜单，选择"属性"项，则出现"属性页"，如图 3-47 所示。在属性页中点击"插入图片 (P)"按钮可将图片文件一个一个添加到 ImageList1 中去。

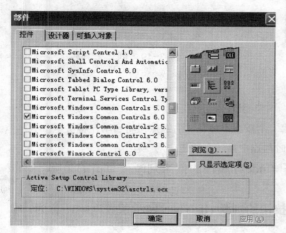

图 3-46　部件选项卡

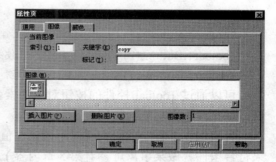

图 3-47　ImageList 控件属性页

2. 创建 ToolBar 控件并与 ImageList 控件相关联

Toolbar 控件包含一个按钮 (Button) 对象集合，可以通过添加按钮 (Button) 对象来创建工具栏，Toolbar 与 ImageList 控件关联的步骤如下：

(1) 创建一个 Toolbar 控件 ToolBar1。

(2) 用鼠标右键单击 ToolBar1 控件则出现弹出式菜单，选择"属性"项，则出现"属性页"。

(3) 在"属性页"的"通用"选项卡的"图像列表"中，单击下拉箭头，选择"ImageList1"。

(4) 将"属性页"切换到"按钮"选项卡，创建按钮 (Button) 对象，如图 3-48 所示。单击"插入按钮"来添加新 Button，设置标题 (Caption)，关键字 (Key) 等属性。设置图像 (Image) 属性值为 ImageList 控件中图像索引值的某一个，则按钮索引值所代表的按钮图标将是 ImageList 控件中图像索引值等于 ToolBar 控件图像 (Image) 属性值的那个图像。

(5) 重复创建其他按钮。最终创建的工具栏如图 3-49 所示。

3. 编写 ButtonClick 事件代码

ButtonClick 事件是当用鼠标左键单击 Toolbar 的某个按钮时触发的。可以通过按钮的索引值对 Toolbar 中的某一个按钮实施操作。

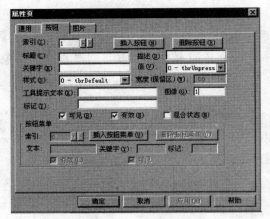

图 3-48　ToolBar 控件属性页

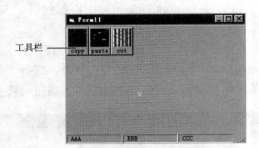

图 3-49　创建工具栏

例如：

Toolbar1.Buttons(1).Enabled = False　　' 第一个按钮失效

Toolbar1.Buttons(2).Visible = False　　' 使第二个按钮不可见，后继按钮将自动左移

Toolbar1.Buttons(1).Value = 1　　' 程序运行时与点击第一个按钮作用一样

可以通过 Toolbar 控件的按钮对象的索引 (index) 属性的值来判断被点击的是哪一个按钮，以执行不同功能的代码。

可通过以下程序代码实现对不同索引值按钮的判断 (If Then 表示条件判断，意为：如果符合条件就做某事，可参看第 5 章内容)：

Private Sub Toolbar1_ButtonClick(ByVal Button As MSComctlLib.Button)

If Button.Index=1 Then Label1="button1 被点击 "

If Button.Index=2 Then Label1= "button2 被点击 "

If Button.Index=3 Then Label1="button3 被点击 "

End Sub

3-6　状态条

状态条 (StatusBar) 🔳通常位于窗口的底部，主要用于显示应用程序的各种状态信息。StatusBar 控件是 ActiveX 控件，包含在 MSCOMCTL.OCX 文件中，添加的方法与添加 Toolbar 控件相同，添加以后控件箱中会出现控件 StatusBar。

StatusBar 控件由面板 (Panel) 组成，每一个面板 (Panel) 包含文本和图片。StatusBar 最多能分成 16 个 Panel 对象。

在窗体上创建 StatusBar1，用鼠标右键单击 StatusBar1 控件，在弹出的快捷菜单中选择"属性"项，则出现"属性页"，然后选择"窗格"选项卡，则出现如图 3-50 所示的页面。

在属性页的"窗格"选项卡中插入窗格，并设置各窗格的文本，宽度 (Width)、对齐 (Alignment) 和斜面 (Bevel) 等属性。此外，能使用样式 (Style) 属性的七个值自动地显示公共数据，诸如日期、时间和键盘状态等，也可在程序代码中设置窗格的属性。

如果用鼠标左键单击"插入窗格"三次，则可插入三个窗格，使索引的最大值为 3，这样就可通过编写代码在三个窗格中显示不同的信息。

执行以下程序代码会出现如图 3-51 所示的效果：

Private Sub Form_Load()

StatusBar1.Panels.Item(1) = "AAA"

StatusBar1.Panels.Item(2) = "BBB"

StatusBar1.Panels.Item(3) = "CCC"

End Sub

图 3-50　状态条属性页

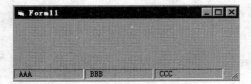

图 3-51　状态条运行效果

思考练习题 3

1. 简述事件驱动程序的设计思想。

2. 窗体的常用属性有哪些？ Caption 属性和 Name 属性有什么区别？

3. 控件的值属性是指什么？

4. 方法、事件和语句有什么不同？ 可通过举例说明。

5. 用 Timer 控件实现在固定位置定时轮换显示 3 张不同的图片。

6. 在同一个窗体上如何利用文件系统控件驱动器列表框、目录列表框和文件列表框，并且实现它们的同步。

7. 窗体的 Load 事件一般主要用来做什么的？

8. 注意创建工具栏的方法和步骤，特别要注意图像索引值与按钮之间的对应。

第4章 菜单设计与对话框

菜单大量频繁地出现在系统软件和应用软件中，为广大用户所熟知和喜爱。大多数应用程序都含有菜单，通过菜单为用户提供功能使用界面。如果应用程序要为用户提供一组操作命令，那么菜单是一种能方便地给操作命令分组并使它们容易访问的有效方法。每个操作命令对应一个菜单功能项。用户通过选择点击功能项来向程序发布命令，程序则启动运行相应的代码段完成相应的任务。一个大的应用程序如果没有菜单，就会让用户感到无从下手。现在的大多数用户已经习惯于使用快捷方便的菜单对各种软件系统进行操作了。

本章介绍菜单的设计方法和技巧，以及如何使菜单与代码或程序功能模块相连（即用菜单如何驱动应用程序系统的各个功能）。

4-1 菜单简介

菜单分两种：下拉式菜单和弹出式菜单。最常见、最普遍使用的是下拉式菜单，如图4-1所示就是 VB 应用程序中常见的下拉式菜单及其基本组成。

1.下拉式菜单

下拉式菜单的组成：

(1) 菜单栏。菜单栏，即菜单条，位于窗体的标题栏下面，由一个或多个菜单标题组成。如图4-1中的菜单栏是由文件、编辑、工具三个菜单标题组成的。用鼠标左键单击一个菜单标题（如"文件"），则它包含的菜单项的列表就下拉显示出来。

(2) 菜单标题。位于菜单栏上，通常由多个菜单项组成。

(3) 菜单项。菜单栏的每个下拉列表项称为一个菜单项。菜单项可以包括命令、分隔条和子菜单项。有的菜单项可直接执行动作，如"文件"菜单中的"退出"菜单项；有的菜单项单击之则显示一个对话框，在这些菜单项后应加上省略符(⋯)。

(4) 子菜单。子菜单又称"级联菜单"，是指一个下拉菜单项下面是又一个菜单。凡是带子菜单的菜单项，其后都有一个箭头。通常，当菜单条太多或某菜单不常用或要突出与上一级菜单项的关系时使用子菜单。

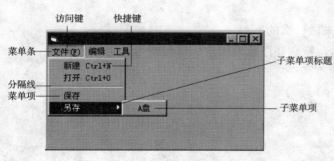

图 4-1　下拉菜单

(5) 分隔线。它是一个特殊的菜单项，其作用是对菜单项分组。如图 4-1 所示中的菜单项 "新建" 和 "打开" 分成了一组。分组是对功能更近的菜单项的进一步细化分类。

菜单有隐藏、无效和正常三种状态。

隐藏是指运行时菜单项不出现，即不可见，其 Visible 属性为 False。

无效是指运行时菜单项暗淡显示，表示该菜单项不可操作，其 Enabled 属性为 False。

正常是指运行时菜单项出现，且该菜单项可操作，其 Visible 属性和 Enabled 属性皆为 True。

2. 弹出式菜单

弹出式菜单又称为快捷菜单，弹出式菜单一般是指当单击鼠标右键时出现的菜单，是显示在窗体上独立于菜单栏的浮动式菜单。弹出式菜单显示的位置取决于鼠标按键按下时鼠标指针所在的位置。与下拉式菜单相比，它的好处是平时不占显示空间，在需要的时候才弹出使用。

4-2　菜单编辑器

在 VB 环境中设计菜单必须在 VB 提供的菜单编辑器中进行。在 "工具" 下拉菜单中选取 "菜单编辑器" 菜单项即可打开菜单编辑器，也可在 "工具栏" 上单击 "菜单编辑器" 按钮 打开菜单编辑器。用菜单编辑器可以创建新的菜单，也可以打开已有的菜单进行编辑、添加和删除等工作。

通过菜单编辑器建立菜单体系，需要在菜单编辑器对话框中设计其结构并进行相应的设置。

例如，如图 4-2 所示是一个菜单体系结构设计结果。靠最左边的那一列是菜单条菜单项，即图中的 "文件"、"编辑"、"工具"；"新建"、"打开"、"保存"、"另存" 是 "文件" 的下拉菜单项；"A 盘" 是 "另存" 的子菜单项。任何菜单项的下一级菜单项都向右缩进一个单位，在同一列的都是同一级菜单项。

在菜单编辑器中需要设计的具体内容如下。

1. 标题

"标题" 文本框用于设置在菜单栏上显示的文本。

如果菜单想打开的是一个对话框，在标题文本的后面应加 "…"。

如果想通过键盘访问菜单，可使某一字符成为该菜单项的该问键，可以用 "(&+ 访问字符)" 的格式，将该括号表达式放在标题文本之后即可。访问字符一般应当是菜单标题的第一个字母，除非别的字符更易记，两个同级菜单项不能使用同一个访问字符。在运行时访问字符会自动加上一条下划线，"&"

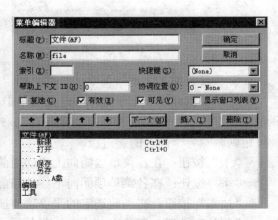

图 4-2　菜单体系结构

63

字符则不可见。程序运行时通过键盘敲组合键：Alt+ 访问字符，其效果与用鼠标点击该菜单项相同。

如图 4-2 所示，按 Alt+F 即可打开"文件"菜单。

2. 名称

"名称"文本框用来设置在代码中引用或访问该菜单项的名字。同一窗体的菜单项名称必须唯一，包括同一窗体上创建的控件的名称或变量的名称在内都不可重名。

菜单项的名称一般要与他的功能基本相一致，这样便于识别记忆。名称可以使用拼音或英文，例如："打开"菜单项的名称可为：dakai ；"编辑"菜单项的名称可为：bianji 等。

3. 快捷键

可在如图 4-2 所示的快捷键组合框中选取功能键或键的组合来设置。快捷键将自动出现在菜单上，要删除快捷键应选择列表顶部的"(none)"。

4. 复选 (Checked) 属性

如果选中 (√)，在设计时打开菜单，该菜单项的左边显示"√"；菜单运行时，该菜单项的左边也显示"√"。在菜单条上的菜单项不能使用该属性。

5. 有效 (Enabled) 属性

如果选中 (√)，在运行时菜单项以清晰的文字显示；未选中则在运行时以灰色的文字显示，表示不能使用该菜单项。

以上属性可以在菜单编辑器中设置，也可以在属性窗口中设置。

在属性窗口里选择菜单项，则可进行属性设置，如图 4-3、图 4-4 所示。

图 4-3　选择菜单项

图 4-4　设置菜单项属性

6. 移动、插入、删除菜单项

当需要创建下一个子菜单项时，可单击"下一个"按钮，或者单击"插入"按钮。单击"→"按钮，则当前被选择的菜单项向右缩进，前面出现四个点 (....) ；单击一下"←"按钮则删除一个向右的缩进级。

"↑"按钮：在各菜单项间向上移动当前选定的菜单项。

"↓"按钮：在各菜单项间向下移动当前选定的菜单项。

"插入"按钮：在当前选定的菜单项前插入一个菜单项空位置。

"删除"按钮：删除当前选定的菜单项。

7. 分隔条

分隔条为菜单项间的一个水平线，当菜单项很多时，可以使用分隔条将菜单项按功能或用途划分成一些逻辑组。

如果想增加一个分隔条，单击"插入"按钮，在"标题"文本框中键入一个连字符"-"（注意，不是下划线"_"），名称不可为空。虽然分隔条是当作菜单项来创建的，但菜单运行时它不能被选取。

例如，使用以上方法可以创建如图 4-5 所示的菜单体系。

如图 4-6 所示，菜单编辑器的下部列出了所有如图 4-5 所示的菜单体系的菜单项，请注意两者之间的对应关系，这些在设计菜单时可以直接仿照。设计完成后，单击菜单编辑器的"确定"按钮，所创建的菜单标题将显示在窗体上。

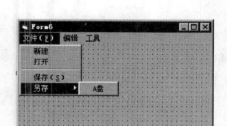

图 4-5　菜单体系

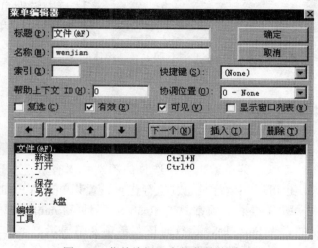

图 4-6　菜单编辑器中的菜单体系

如图 4-6 所示的各菜单项属性设置如表 4-1 所示。

表 4-1　　　　　　　　　　　　　菜单项标题、属性、访问键

菜单级	标题	名称	快捷键
菜单栏	文件 (&F)	wenjian	
子菜单	新建 打开	xinjian dakai	Ctrl+N Ctrl+O
分隔条	–	L	
子菜单	保存 (&S) 另存	baocun Lincun	
下一级子菜单	A 盘	apan	
菜单栏	编辑	bianji	
菜单栏	工具	gongju	

4-3　菜单的 Click 事件

菜单设计好后，必须为菜单项编写事件代码，使菜单成为启动应用程序的功能界面。菜单项只具有一个事件，即 Click 事件。当用鼠标单击或用键盘选中菜单项后按"回车"键时触发该事件，除分隔条以外的所有菜单项都能识别 Click 事件。

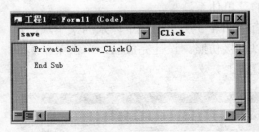

图 4-7　菜单项 Click 事件代码编写结构体

对于菜单栏，单击菜单标题时将自动地显示出下拉菜单，因此不需要为菜单栏菜单项的 Click 事件编写代码。

在窗体上菜单中的某一个菜单项上单击鼠标左键即可进入相应菜单项的 Click 事件代码编写结构体内，即可编写功能代码。如在"保存"菜单项上单击鼠标即可进入如图 4-7 所示的代码编写窗口。

4-4　运行时改变菜单属性

1. 使菜单命令有效或无效

可以在菜单编辑器中选择或不选择"有效"复选框来使当前选择的菜单项有效或无效，也可以在运行时通过执行代码设置菜单项的 Enabled 属性实现这一点。

所有的菜单项都具有 Enabled 属性，Enabled 属性默认值为 True(有效)。当 Enabled 属性设为 False 时，运行时该菜单项变暗显示，菜单项不可操作，快捷键也无效。上级菜单无效会使得整个下级菜单无效。

在运行时执行代码设置菜单项的 Enabled 属性的语句：

语法：菜单项名 .Enabled=True|False

也可以用类似的方法设置菜单项的其他属性。

例如，执行以下语句可使"编辑"菜单项变暗显示，菜单项不可操作。

edit.enabled=False

2. 使菜单项不可见

在运行时，要使一个菜单项可见或不可见，可以使用代码设置其 Visible 属性。当下拉菜单中的一个菜单项不可见时，则其余同级菜单项会上移以填补空出的空间。如果菜单条上的菜单不可见，则菜单条上其余的菜单项会左移以填补该空间。

例如，执行以下语句可使"编辑"菜单项不可见：

edit.visible=False

使菜单项不可见也产生使之无效的作用，通过菜单、访问键或者快捷键都无法访问该菜单项。

3. 运行时添加菜单项

运行时可以添加菜单项。添加菜单项必须使用控件数组，请参看 5.6 节控件数组部分内容。要在运行时在某一菜单项下添加菜单项，必须在设计菜单时设置该菜单项的 Index 属性为 0，使它自动地成为控件数组的一个元素。添加菜单项的同时最好也创建菜单分隔条。

要添加或删除一个控件数组中的菜单项，须使用 Load 或 Unload 语句。

可通过该方法在菜单中动态地显示一些需要显示的信息。例如，可以实现在文件下拉菜单的最下部动态显示最近打开过的几个文件名，如图 4-8 所示。

示例：假设已经有一个创建好的菜单，如图 4-9 所示。通过编辑菜单，将菜单项 save 的 index 属性设置为 0。

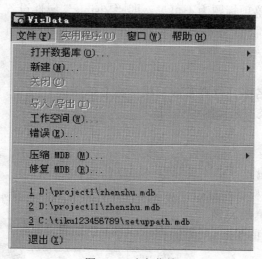

图 4-8　动态菜单

图 4-9　下拉菜单

然后编写如下代码：

```
Private Sub Command4_Click()
Load save(1)
save(1).Caption = "-"
Load save(2)
save(2).Caption = "file1"
Load save(3)
save(3).Caption = "file2"
Load save(4)
save(4).Caption = "file3"
Load save(5)
save(5).Caption = "-"
End Sub
```

以上代码执行后，File 的下拉菜单就会变成如图 4-10 所示。

从以上代码段可以看出，只能在 Index 属性设置为 0 的菜单项下面动态地添加或删除菜单项。

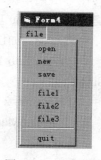

图 4-10　动态菜单

67

4-5 弹出式菜单

弹出式菜单是单击鼠标键时弹出的菜单。

弹出式菜单必须是包含在下拉菜单里的某一菜单项的下拉菜单，通过将其菜单栏项的"Visible"属性设置成 False 来实现。如果弹出式菜单不在菜单栏中，则按如下的步骤创建弹出式菜单：

(1) 在"菜单编辑器"重新创建菜单。

(2) 设置顶级菜单项即菜单条菜单项标题为不可见，即"Visible"属性设置为 False。

(3) 编写相应与弹出式菜单相关联的 MouseUp(释放鼠标) 或 MouseDown(按下鼠标) 事件代码，需要使用 PopupMenu 方法。

PopupMenu 方法语法：

 [对象 .]PopupMenu 菜单名称 [, 位置常数 [, 横坐标 [, 纵坐标]]]

对象一般都省略，一般指当前获得焦点的窗体。

其中位置常数有以下几种：

vbPopupMenuLeftAlign：用鼠标横坐标位置定义该弹出式菜单的左边界 (默认)。

vbPopupMenuCenterAlign：弹出式菜单以鼠标横坐标位置为中心。

vbPopupMenuRightAlign：用鼠标横坐标位置定义该弹出式菜单的右边界。

横坐标：指定显示弹出式菜单的 x 坐标。如果该参数省略，则使用鼠标的坐标。可选。

纵坐标：指定显示弹出式菜单的 y 坐标。如果该参数省略，则使用鼠标的坐标。可选。

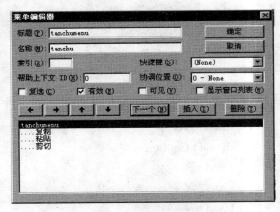

图 4-11 菜单项属性设置

直到弹出菜单中被选取一项或者取消这个菜单时，程序中调用 PopupMenu 方法语句后面的语句才会被执行。

如图 4-11 所示建立了一个菜单，并将 tanchu 菜单项的"可见"选中标记取消，使其在单击菜单编辑器的"确定"按钮后，创建的菜单 tanchu 项标题不显示在窗体上。

然后编写如以下代码：

```
Private Sub Form_MouseDown(Button As Integer, Shift As Integer, x As Single, Y As Single)
    If Button = 2 Then    ' 用 button 判断按下了鼠标左键还是右键，2 代表右键，1 代表右键
        PopupMenu tanchu, vbPopupMenuLeftAlign
    End If
End Sub
```

窗体运行时，在窗体上单击鼠标右键时则该代码段被执行，就会出现如图 4-12 所示的弹出式菜单。

如图 4-13 所示的菜单体系，也将 tanchu 菜单项的"可见"选中标记取消，作为弹出菜单使用，菜单项 tanchu 标题平时不显示在窗体上。

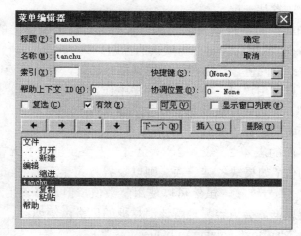

图 4-12　弹出式菜单　　　　　　　图 4-13　弹出式菜单体系

也可以在当前窗体调用弹出其他窗体上的菜单，例如：

PopupMenu Form2.bianji

4-6　对话框

Label 和 Text 控件能够用来输出和接受用户信息，但不适合在程序运行期间显示诸如错误信息和警告框这类的信息或接受用户信息。例如，打印之前确认打开打印机，确信打印机上有纸并确保联机指示灯亮。然后询问用户打印机是否准备好，如果回答肯定，就可以开始打印。使用窗体的控件提供这样的交互并不合适，可以通过对话框来实现，如图 4-14 所示就是一个常用的对话框。

图 4-14　对话框

1. 消息框

消息框是一个 VB 程序运行时用来等待用户回应的窗口，如图 4-14 所示即为一消息框，类似这样的窗口在应用程序中会经常用到，统称它们为消息框。

2. MsgBox() 函数

设计一个消息对话框很容易，只需使用消息对话框函数 MsgBox()，它的语法格式如下面的通用表达式：

R=MsgBox(Message,[Buttons],[title])

参数说明：

Message：字符型参数，用来显示对话框的提示消息，最大长度为 1024 字节。如果要表达的信息太多一行写不完时，则可以在字符串中加换行符 (Char(13)) 进行换行，例如："Welcome you !" + Chr(13) + "New Friend!" + Chr(13) + "come on!"。

Buttons：用来设定要显示的按钮和图标。由三项内容构成，每一项分别来自表 4-2、表 4-3 和表 4-4。三项内容之间需用"+"号连接，各项无先后顺序要求。可以整个缺省，也可以缺省某一项。

Title：为字符串表达式，用来指定对话框窗体上的标题内容。如果忽略此参数，则 MsgBox 以应用程序名作为默认的标题。

R：返回值，当用户按下对话框按钮时，系统将返回按键相对应的数值，利用这个返回值信息，用户可以在以后的程序中作出不同的响应。假设在打印文件时，如果用户选择"确定"，那么程序就应该打印文件；如果选择"取消"，那么程序就知道用户不想打印文件了；如果选择"重试"，则应用程序应该重新开始打印文件。

下面的表 4-2、表 4-3、表 4-4、表 4-5 包含了所有能够用来显示消息框类型的所有可能的值 (如果缺省某一项，则以缺省方式显示)。Buttons 的设置要使用的三个表中的值需用"+"号连接，虽然可以使用整数值，但最好使用 VB 提供的内置常数，将来一旦要改变消息框，会更容易理解该消息框的风格，例如：

i = MsgBox("wwww", vbQuestion, "")

i = MsgBox("wwww", 2 + 256 + 48, "")

i = MsgBox("wwww", vbYesNoCancel + vbDefaultButton2 + vbExclamation, "")

当输入 Message 项以后敲入逗号后，系统即会弹出一个列表，只需参照表 4-2、表 4-3、表 4-4 的内容用鼠标选择完成输入一项，然后输入一个加号后即会弹出一个列表，再用鼠标选择完成输入，依此类推，直到完成输入为止。

表 4-2   显示在消息框中的按钮

常　量	值	含　义
vbOkOnly	0	只有"确定"按钮 (默认值)
vbOkCancel	1	有"确定"和"取消"按钮
vbAbortRetryIgnore	2	有"终止"、"重试"和"忽略"按钮
vbYesNoCancel	3	有"取消"、"是"和"否"按钮
vbYesNo	4	有"是"和"否"按钮
vbRetryCancel	5	有"重试"和"取消"按钮

表 4-3   显示在消息框中的图标

常　量	值	含　义
vbCritical	16	关键消息图标
vbQuestion	32	警告询问图标
vbExclamation	48	警告消息图标
vbInformation	64	通知消息图标

表 4-4 　　　　　　　　　　　　　显示在消息框中的默认按钮

常　　量	值	默认按钮
vbDefaultButtonl	0	第一个按钮
vbDefaultButton2	256	第二个按钮
vbDefaultButton3	512	第三个按钮
vbDefaultButton4	768	第四个按钮

表 4-5 列出了消息框的 7 个可能的返回值，可以用代码检测返回的数值或者常数来确定用户的选择。

表 4-5 　　　　　　　　　　　　　MsgBox 函数返回值

常　　量	值	操　　作
vbOk	1	按下"确定"按钮
vbCancel	2	按下"取消"按钮
vbAbort	3	按下"终止"按钮
vbRetry	4	按下"重试"按钮
vblgnore	5	按下"忽略"按钮
vbYes	6	按下"是"按钮
vbNo	7	按下"否"按钮

例如，在用户点击"退出"按钮后出现下面图 4-15 所示的消息框，若选择"是"则结束程序，选择"否"则无动作。

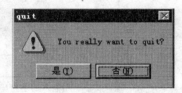

图 4-15 "退出"对话框

实现代码：

```
Private Sub Command2_Click()
Dim s As Integer
s = MsgBox("You really want to quit?", vbYesNo + vbExclamation + vbDefaultButton2, "quit")
If s = 6 Then End   '当选择"是"按钮时
End Sub
```

下面的代码可实现相同的功能：

```
Private Sub Command2_Click()
Dim s As Integer
s = MsgBox("You really want to quit?", 4 + 48 + 256, "quit")
If s = 6 Then End
End Sub
```

3. MsgBox 语句

有时函数 MsgBox() 实现的功能也可以采用它的变形 MsgBox 语句来实现，而显得更简洁明了。MsgBox 语句的语法格式如下面的通用表达式 (与 MsgBox() 函数几乎一样，只是不带括号，因此也不返回值)：

MsgBox Message,[Buttons],[title]

例如：

MsgBox " 请注意选择 "," 对话框 "

又例如：

MsgBox " 请注意选择 ", vbExclamation + ybYesNoCancel + vbDefaultButton2, " 对话框 "

它们执行后的显示效果与 MsgBox() 函数也几乎一样，只是常用来显示简单的信息。

4. 输入框

输入框是从用户获得输入信息的文本框，如图 4-16 所示即是一个简单的输入对话框。从图 4-16 所示可知，输入框与消息框类似，都具有标题和提示信息，但输入框中只有两个固定的按钮，即"确定"和"取消"，还有一个等待用户输入信息的输入框。

VB 为了使用输入框提供了一个函数 InputBox()，它与 MsgBox() 函数有许多相似之

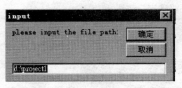

图 4-16　输入框

处，MsgBox() 函数返回 7 个值中的一个，表示用户按下的命令，而 InputBox() 函数用来返回输入的字符串数据，用于保存用户应答的诸如文件名之类的字符串信息。如果输入的是数值数据，则 InputBox() 返回该数值数据，可以直接用于数学计算等。InputBox() 在程序执行时在对话框中显示提示，等待用户输入数据或单击按钮，并返回输入框的内容。

InputBox() 函数的语法格式：

r=InputBox(prompt[, title][, default][, xpos][, ypos][, helpfile, context])

InputBox 函数的语法参数说明如表 4-6 所示。

表 4-6　　　　　　　　　　　　　InputBox 函数的语法参数

参数	说　　明
r	返回输入的字符串
prompt	字符串表达式，作为消息显示在对话框中。prompt 的最大长度大约是 1024 个字符，这取决于所使用的字符的宽度。如果 prompt 中要包含多个行，则可在要分行显示的字符串之间用回车符 (Chr(13))、换行符 (Chr(10)) 或回车换行符的组合 (Chr(13) & Chr(10)) 来分隔各行，例如："Please input data" + Chr(13) + "What you want " + Chr(13) + "come on"
title	显示在对话框标题栏中的字符串表达式。如果省略 title，则应用程序的名称将显示在标题栏中
Default	显示在文本框中的字符串表达式，在没有其他输入时作为默认的响应值。如果省略 default，则文本框为空
xpos	数值表达式，用于指定对话框的左边缘与屏幕左边缘的水平距离 (单位为缇)。如果省略 xpos，则对话框会在水平方向居中
ypos	数值表达式，用于指定对话框的上边缘与屏幕上边缘的垂直距离 (单位为缇)。如果省略 ypos，则对话框显示在屏幕垂直方向距下边缘大约三分之一处
Helpfile	字符串表达式，用于标识为对话框提供上下文相关帮助的帮助文件。如果已提供 helpfile，则必须提供 context
context	数值表达式，用于标识由帮助文件的作者指定给某个帮助主题的上下文编号。如果已提供 context，则必须提供 helpfile。如果同时提供了 helpfile 和 context，就会在对话框中自动添加"帮助"按钮

除了 Message 为必要的参数外，其他几项都为可选项。一般情况下都省略使用 helpfile，context 参数项。

如果用户单击确定或按下 ENTER 键，则 InputBox 函数返回文本框中的内容。如果用户单击取消，则函数返回一个零长度字符串 ("")。

如图 4-16 所示的输入对话框由以下代码实现：

```
Private Sub Command3_Click()
Dim s As String
s = InputBox("please input the file path:", "input", "d:\project1")
End Sub
```

执行代码后用户输入的字符串保存在变量 S 中，可由后继代码取出使用。

例如：

```
Private Sub Command1_Click()
Dim s As String
s = InputBox(" 请输入姓名：", " 输入姓名 ", " 张三 ", 4000, 4000)
Label1 = s
End Sub
```

执行代码后用户输入的字符串将显示在 Label1 中。

又例如：

```
Private Sub Command1_Click()
Dim s As String
s = InputBox("Please input data" + Chr(13) + "What you want " + Chr(13) + "come on", "input data", "Chinese")
End Sub
```

4-7　通用对话框

通用对话框 (CommonDialogbox) 控件可以产生 6 个标准的对话框，它们是"打开"、"另存为"、"打印"、"颜色"、"字体"和"Windows 联机说明"对话框。通用对话框控件是 ActiveX 控件，而不是 VB 的内部控件，因此，在使用前必须要先将对应的部件文件添加到工程中来，使该控件出现在工具箱中。可选择"工程"菜单下的"部件"命令打开"部件"对话框，如图 4-17 所示。选择"控件"选项卡，在列表中选择"Microsoft Common Dialog Control 6.0"，最后单击"确定"按钮后，在工具箱中就会出现 CommonDialog 控件。

CommonDialog 控件在工具箱和窗体上的外观及其属性窗口如图 4-18 所示。

CommonDialog 控件是一个能给用户提供标准的可响应对话框的前端外壳。通过通用对话框可以输入或设置相关的信息，然后通过程序代码读取这些信息 (或检查用户所选择的值) 并针对它们做所需要的处理。在打开文件的对话框中选择一个文件并不意味着一单击"确定"就能打开那个文件，只是所选择的文件名被保存在对话框的属性 Filename 中，必须编写代码用保存命令语句以 Filename 为文件名保存才能真正实现保存。通用对话框的作用只是提供一个典型的对话框接口，通过它可以方便地选择文件名 (包括路径)。当对话框关闭时，就必须检查对话框的返回值，然后运行所编写的相应功能的代码来实现需要的功能。只要在程序中使用恰当的方法就可以做到这一点。通用对话框常用的方法如表4-7 所示。

图 4-17　添加通用对话框控件　　　　　图 4-18　CommonDialog 控件外观及其属性

表 4-7　　　　　　　　　　　　　　　通用对话框的类型和方法

对话框的类型	方　　法	说　　明
Open(打开文件)	ShowOpen	显示打开文件对话框
Svave As(保存文件)	ShowSave	显示保存文件对话框
Color(色彩设置)	ShowColor	显示色彩设置对话框
Font(字体设置)	ShowFont	显示字体设置对话框
Printer(打印设置)	ShowPrinter	显示打印设置对话框
Winhelp (帮助)	ShowWinhelp	显示帮助文件

例如，假如有一个通用对话框控件的名字为 CommonDialog1，如果要显示打开对话框，则可以使用如下的代码：

CommonDialog1.ShowOpen

1.“打开”对话框

CommonDialog 控件所创建的“打开”对话框和其他应用程序中的“打开”对话框是完全一样的。例如，可以用鼠标右键单击对话框窗口内的任何文件或文件夹，使用弹出的快捷菜单可以重命名文件，也可以打开对象、复制、粘贴或进行其他一系列操作。

“打开”对话框最重要的属性是 Filename 和 Filter，它们是使用程序代码与对话框进行沟通的重要角色。这两个属性的说明如下：

Filename 属性：用户在“打开”对话框的“文件名”框中输入的文件名会保存在该属性中。此属性的内容包含了完整的路径数据，利用此属性可以找到该文件。

Filter 属性：用来设置在“打开”对话框中“文件类型”列表框中出现的文件类型列表，利用分隔号“|”一次可以设定多种文件类型。假设想要限定的文件类型为(*.BAT)，则在 Filter 属性栏中可以输入：*.BAT|*.BAT，即相当于使用如下代码设置：

CommonDialog1.Filter="*.bat|*.bat"

"|"前的字符串内容将显示在"打开"对话框上文件类型 (T) 文本框中，"|"后边的字符串内容指定显示在文件列表中的文件类型 (只过滤显示出该类型的文件，文件夹除外)。

如执行代码行：CommonDialog1.ShowOpen，即会出现如图 4-19 所示的界面。

最终选择文件名后，点击"打开"按钮即可关闭该对话框，而已选择的文件名字符串则保存在 CommonDialog1.Filename 中，可用代码取出后进行处理。

如果执行以下代码即会出现如图 4-20 所示的界面，打开任一文件夹后其中只显示 *.doc 形式的文件：

```
Private Sub Command1_Click()
CommonDialog1.Filter = "*.doc|*.doc"
CommonDialog1.ShowOpen
End Sub
```

图 4-19 "打开"对话框 1

图 4-20 "打开"对话框 2

如果限定的文件类型为二种以上，则针对各个类型的对与对之间还应以"|"符号分隔开。

如执行以下代码即会出现如图 4-21 所示的界面。

```
Private Sub Command1_Click()
CommonDialog1.Filter = "*.doc|*.doc|*.bat|*.bat"
CommonDialog1.ShowOpen
End Sub
```

2."另存为"对话框

使用 ShowSave 方法可以显示"另存为"对话框 (如图 4-22 所示)，该对话框的使用方法与"打开"对话框的使用方法类似，利用对话框的 FileName 属性可读取用户想要保存的文件名和路径。所以"打开"对话框的应用技巧也可以用在"另存为"对话框上。

例如，执行以下代码即会出现如图 4-22 所示的界面，打开任一文件夹后其中只显示 *.doc

图 4-21 "打开"对话框 3

形式的文件：

```
Private Sub Command2_Click()
CommonDialog1.Filename = "abc.doc"    ' 设定对话框的默认文件名
CommonDialog1.Filter = "*.doc|*.doc"    ' 设定需要显示的文件类型
CommonDialog1.ShowSave
End Sub
```

最终选择或输入文件名后，点击"保存"按钮即可关闭该对话框，而已选择或输入的文件名字符串则保存在 CommonDialog1.Filename 中，可用代码取出后进行处理。

3．"颜色"对话框

有设定颜色需求时，可使用通用对话框的 ShowColor 方法产生的"颜色"对话框来选择颜色。用户也可以从对话框中单击"规定自定义颜色"按钮来定义自己的颜色。"颜色"对话框非常简单，用户在对话框中选定的颜色将会存在 Color 属性中。

执行以下代码将会把如图 4-23 对话框中选定的颜色设置为 Text1 的前景色：

```
Private Sub Command3_Click()
CommonDialog1.ShowColor
Text1.ForeColor = CommonDialog1.Color
End Sub
```

 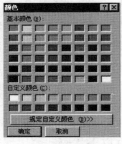

图 4-22 "另存为"对话框　　　　　图 4-23 "颜色"对话框

4．"打印"对话框

在程序中使用该对话框前必须保证打印机已经安装好，否则使用该对话框将出错。使用通用对话框的 ShowPrinter 方法产生的"打印"对话框可以在任何打印信息到达打印机前显示一个通用的"打印"对话框。该对话框提供了选择打印选项的界面，用户可以在上面输入打印的份数，选择已安装的打印机类型、打印范围等打印信息。

显示"打印"对话框的方法为 ShowPrinter，其主要的属性如下：

Copies ：打印的份数。

Frompage ：起始页，也就是从哪一而开始打印。

ToPage ：终止页，也就是打印到哪一页为止。

下面的代码利用"打印"对话框来实现打印份数的控制：

```
For i=1 to CommonDialog1.Copies    ' 设置打印份数
    Printer.print Text1.Text    ' 打印输出
```

Next i

Printer.EndDoc　'开始向打印机输出

5.“字体”对话框

Font 对话框可以完成所有关于字体方面的设置，非常方便。该对话框的主要属性有：

Fontname：存放用户选定的字体名称。

Fontsize：存放用户选定的字体大小。

Fontbold：指出用户是否作粗体设置。

Fontialic：指出用户是否作斜体设置。

Flags：控制所显示的内容，VB 将按照 Flags 属性的设置来显示关于字体的选项，其常用值有：Cdlcfscreenfonts，使对话框只列出系统支持的屏幕画面字体；Cdlcfprinterfonts，使对话框只列出由 Hdc 属性指定的打印机所支持的字体；Cdlcfboth，它指定对话框只允许选择在打印机和屏幕上均可用的字体。

下面代码通过取出“字体”对话框中设置的字体属性对 Text1 的字体属性进行设置：

CommonDialog1.Flags=cdlCFBoth

CommonDialog1.ShowFont　'显示字体设置对话框

Text1.FontName = CommonDialog1.FontName

Text1.FontSize = CommonDialog1.FontSize

Text1.FontBold = CommonDialog1.FontBold

Text1.FontItalic = CommonDialog1.FontItalic

点击对话框的“确定”按钮后，“字体”对话框中所设置的属性被保存下来，可用代码读取它们使用。例如上面的代码执行时，在“字体”对话框中选择字体选项并确定后，文本框 Text1 中的文本将改变为所选取的字体。

思考练习题 4

1. 启动菜单编辑器一般有哪几种方法？

2. 菜单编辑器中主要较常用的项有哪些？应注意哪些事项？

3. 菜单项的分组（划分组线）是如何实现的？有什么意义？

4. 创建弹出式菜单使用什么事件？一般有哪些命令和参数？

5. 如何设计菜单项的访问键和快捷键？

6. 如何通过代码在程序运行时使某菜单项变为不可用？

7. 通用对话框在 VB 程序设计中有哪些主要应用？

第5章 VB语言基础

使用一种程序设计语言进行应用程序设计前，首先必须掌握它的语法规则以及可使用的基本成分。这包括如何定义和使用变量、常量和数组，以及该语言所具有的内部常用函数及其用法，还有语句格式、功能等。程序设计必须遵循既定的语法结构和规则，否则将被视为非法，对于 Visual Basic 6.0 来说也是这样。如果学习过其他程序设计语言，那么这一部分内容应该是很容易。

本章内容是 VB 程序设计的基础，要进行程序设计或复杂程序的设计，必须首先熟悉和掌握这一部分内容。本章介绍数据类型、语句、变量的定义、程序控制结构与内部常用函数等。

5-1 数据类型

像其他语言一样，VB 使用变量来存储数据。每个变量都有自己的名字和数据类型。如果使用的多个变量之间相互关联，可以使用数组变量来存储这些数据；如果在程序运行过程中数据始终保持不变，可以用常量来存储数据。变量在使用以前必须定义其类型，以便系统为其分配存储空间，不同的数据类型占用的存储空间是不一样的。向同一个变量可以多次存入数据，但只保留最后一次存入的数据。

VB 常用的数据类型如表 5-1 所示。

表 5-1　　　　　　　　　　　　　常用的数据类型

数据类型	存储空间（字节）	说明符	范　　围
Byte	1		0~255
Boolean	2		True 或 False
Currency	8		−922,337,203,685,477.5808~922,337,203,685,477.5807
Date	8		100 年 1 月 1 日~9999 年 12 月 31 日
Decimal	14		没有小数点时为 +/−79,228,162,514,264,337,593,543,950,335，而小数点右边有 28 位数时为 +/−7.9228162514264337593543950335；最小的非零值为 +/−0.0000000000000000000000000001
Double	8	#	负数范围：−1.79769313486232E308~−4.94065645841247E−324 正数范围：4.94065645841247E−324~1.79769313486232E308
Integer	2	%	−32,768~32,768

78

数据类型	存储空间（字节）	说明符	范　　围
Long	4	&	−2,147,483,648~2,147,483,647
Single	4	!	负数范围：−3.402823E38~−1.401 298E−45 正数范围：1.401298E−45~3.402823E38
String(变长)	10+ 串长	$	0~20 亿
String(定长)	串长	$	1~ 64K
Variant(字符)	22+ 串长		与变长 String 有相同的范围
Variant(数字)	16		任何数值，最大可达 Double 类型的范围

1．常量

在程序运行过程中常量始终保持不变，定义常量可以使它在代码中使用比较方便。

常量声明语句语法格式：

Const 变量名 = 表达式

例如：

Const pai=3.1415926

Const xinmin="zhangsan"

常量声明时不需要说明数据类型，因为程序根据表达式右边的值可以判断出来。常量定义以后，程序中要使用它代表的数据时就可以直接使用该常量。

例如：

s = 12 + pai

2．变量

在程序运行过程中可改变其存储内容的量称作变量。变量在使用以前必须显式地声明，声明后的变量系统就为之分配存储空间。显式地声明一个变量是指必须用一个语句来明确地定义一个变量。

(1) 变量名定义规则。

(a) 变量名必须以字母开头而不是以数字或其他字符开头。

(b) 变量名必须由字母、数字或下划线 "_"组成。

(c) 变量名不能包含句号、空格或者类型声明符 ($，%，@，#，&，!)，且不超过 255 个字符。

(d) 变量名不能使用 VB 系统的关键字、属性名、对象名、过程、函数或方法名，如：Form，Text，If，Loop，Len，Print 等。

(e) 变量名在同一范围内必须唯一。

(2) 变量名的声明或定义。变量名的声明一般有两种方法：

(a) 用关键字 Dim|Private|Static|Public 来声明变量。

语句语法格式：Dim|Private|Static|Public 变量名 As 数据类型名

例如：

Dim s as Integer 　' 声明 s 为整型变量

Dim m as String　　' 声明 m 为字符串变量

Public s as Integer　　' 声明 s 为全局整型变量

(b) 直接在变量后加上类型说明符号，声明变量为某种数据类型。

例如：

abc%　　　　等同于　　　　　　Dim abc as integer

ab$　　　　　等同于　　　　　　Dim ab as string

变量被声明或定义以后就可以使用变量来存储数据，或者叫赋值，也可以用表达式赋值。

赋值语句语法格式：变量名 = 值或表达式。

例如：

Dim s As Integer

s = 999

Dim a, b, c As Integer

a = 10

b = 30

c = a + b

在程序中可以对同一个变量进行多次赋值，但变量只保存最后一次的赋值，前面数次赋值而保存的数据都被冲没，这也是电子数据的特点。

按照缺省规定，String 变量或参数是一个可变长度的字符串，随着对字符串赋予新数据，它的长度可增可减。也可以声明字符串具有固定长度。

声明定长字符串的语法格式：

Dim|Private|Static|Public 变量名 As String * size

其中 size 为字符长度值。

例如，为了声明一个长度为 50 字符的字符串，可用以下语句：

Dim Emp As String * 50

如果赋予字符串的字符少于 50 个，则用空格将 Emp 的不足部分填满。如果赋予字符串的长度太长，则 VB 会截去超出部分的字符。

(3) 变量的初始值。VB 有自动初始化变量的特性，即在声明变量以后，VB 将变量的初始值设置为默认的值。

被定义以后，数值类型的变量被设置初始值为 0。

被定义以后，String 类型的变量被设置初始值为空字符串，即 ""。

被定义以后，Boolean 类型的变量被设置初始值为 False。

被定义以后，Date 类型的变量被设置初始值为 0:00:00。

3. 自定义数据类型

VB 允许用户自己定义数据类型。当需要一个变量能包含几个相关信息时，可采用自定义数据类型，以实现相关数据的整体性效果。自定义数据类型必须在模块 (可在工程资源管理器中添加模块) 的变量声明部分用 Type 语句声明，其类型有两种：Private 和 Public。

例如，定义学校中每个学生三方面信息的自定义数据类型 Students 可这样实现：

```
Public Type Students
Name As String * 8    '姓名
Code As String * 5    '学号
Age As Integer    '年龄
End Type
```

定义完成后就可以用它来声明变量了。

例如：

```
Dim Stud as Students
```

其用法与其他类型的变量一样。由上面的定义可看出，每个学生的信息都有固定的长度 (15 个字节)。这样，就可以计算出某个记录在文件中所处的位置，从而随机地存取信息。

使用自定义数据类型变量中的某个具体信息与使用对象的属性方法一样。例如可以用如下的方式为上面所定义的 Students 类型的变量 Stud 赋值：

```
Stud.Name=" 李四 "
Stud.Code="2001003"
Stud.Age=33
```

也可以以同样的方式读取变量 Stud 的值。

4. Option Explicit 语句

为了避免写错变量名引起麻烦，可使 VB 只要遇到一个未经声明的变量名，就发出错误警告。可采用以下两种方法实现这一点：

(1) 在代码窗口中的通用部分加入语句 Option Explicit。可在如图 5-1 所示的位置写入该语句。

(2) 在 " 工具 " 下拉菜单中选择 " 选项 "，再选择 " 编辑器 "，则出现选项卡，

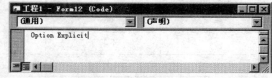

图 5-1　代码窗口的 " 通用 " 过程

选择 " 要求变量声明 " 复选框。这样 VB 系统就会在创建任何新模块时自动插入 Option Explicit 语句。一般在创建一个新工程前实施该项设置，以便对整个工程生效。

可以使用 Option Explicit 语句来强制显式定义变量。使用 Option Explicit 语句后，必须使用 Dim、Private、Public 或 ReDim 语句显式声明所有变量。如果试图使用未经声明的变量名，则会出现错误。

可用 Option Explicit 避免拼错但已存在的变量名称。对于作用范围不清楚的变量，使用此语句可避免发生混淆。

5-2　运算符及表达式

常见的运算包括算数运算、比较运算、连接运算和逻辑运算等。使用运算符号对常量、变量进行运算就构成了表达式。

例如，((a+b)*100-45)/20 就是一个算数运算表达式。

1．算数运算符

算数运算符是用来进行数值计算的运算符号，包括 +、*、/、\、-、Mod、∧，详细说明如表 5-2 所示。

表 5-2　　　　　　　　　　　算数运算符

运算符	含　义	表达式举例	表达式结果（设 a=5，b=2）
+	加	a+b 或 5+2	7
-	减	a-b 或 5-2	3
*	乘	a*b 或 5*2	10
/	除	a/b 或 5/2	2.5
^	乘方	a^b 或 5^2	25
\	除后返回整数商	a\b 或 5\2	2
Mod	除后返回余数	a Mod b 或 5 Mod 2	1
-	取负	-a 或 -5	-5

2．比较运算符

比较运算符是用来进行比较的运算符号，包括 =(等于)、<(小于)、>(大于)、>=(大于或等于)、<=(小于或等于)、<>(不等于)，详细说明如表 5-3 所示。

表 5-3　　　　　　　　　　　比较运算符

运算符	含　义	表达式举例	表达式结果（设 a=5，b=2）
=	等于	a=b 或 5=2	False
<>	不等于	a<>b 或 5<>2	True
>	大于	a>b 或 5>2	True
<	小于	a<b 或 5<2	False
>=	大于或等于	a>=b 或 5>=2	True
<=	小于或等于	a<=b 或 5<=2	False

如果 a 和 b 的值相等，则表达式 a=b 的值为真，即 True，否则值为 False，而表达式 a<>b 的值为假，即 False。其他的情况类似。

例如：

If x>=20 then

　　Print "x>20"

End If

3．连接运算符

连接运算符用来将几个字符串连接在一起而形成一个字符串。连接运算符有两种："+" 和 "&"。

为了避免和算数运算的 "+" 混淆，一般使用 "&" 较好。

例如：Print "I am" & "a good student. "

结果：I am a good student.

4. 逻辑运算符

由逻辑运算符形成的表达式的值只能是 True 或 False。一般常用的逻辑运算符有三种：与运算 And，或运算 Or，非运算 Not，异或运算 Xor，详细说明如表 5-4 所示。

表 5-4　　　　　　　　　　　　　　　　逻辑运算符

a	b	Not a	a And b	a Or b	a Xor b
True	True	False	True	True	False
True	False	False	False	True	True
False	True	True	False	True	True
False	False	True	False	False	False

用 And 连接的两个条件都成立时，即 And 两边的逻辑值都为 True 时，整个表达式的值才为 True；用 Or 连接的两个条件中至少有一个成立时，即 Or 两边的逻辑值中至少有一个是 True 时，整个表达式的值就为 True；用 Xor 连接的两个条件中当且仅当只有一个是 True 时，整个表达式的值才为 True。

例如：

If yuwen>60 And shuxue>60 Then

　　Print " 成绩合格！ "

End If

又例如：

Private Sub Command1_Click()

Dim yuwen As Integer

yuwen = 80

If Not (yuwen < 60) Then

　　Print " 语文及格了！！！ "

End If

End Sub

5-3　基本语句

1. 赋值语句

赋值语句用于将表达式的值赋给变量或属性。

语法：变量或属性名 = 变量或属性的值

例如，给文本框的 Text 属性赋值：

Textl.Text=" 你好 "

例如，给 ss 变量赋值：

Dim ss As String

ss="Hello World"

只有当值是与变量兼容的数据类型时，该值才可以赋给变量或属性，否则系统会强制将该值转换为变量的数据类型。

不能将字符串表达式的值赋给数值变量，否则在编译时会出现错误，反过来也不行。可以将字符串或数值表达式赋值给 Variant 变量。

2. 注释语句或语句注释

注释语句用于在代码中添加注释，起说明或附加解释的作用，是非可执行部分。代码中的注释能提高程序的可读性，能方便程序开发者以后阅读，也可方便与其他人交流。程序具有较好的可读性是程序结构优良的表现。VB 提供了两种方法来添加注释：

(1)Rem 语句。

语法：Rem 注释文本

Rem 语句可以占据一整行，也可以在语句之后用冒号隔开。

例如：

Private Sub Command1_Click() :Rem 单击按钮

End Sub

或者：

Private Sub Command1_Click()

Rem 单击按钮

s = a + b: Rem 计算两数的和

End Sub

(2) 单引号。

语法：' 注释文本

其中，注释符号"'"告诉 VB 其后是注释部分、为非可执行部分。该注释可以占据一整行，也可以直接写在某语句的后面用于对该语句进行注释。该方式的注释具有较大的灵活性。

例如：

Private Sub Command1_Click()

Rem 单击按钮

End Sub

或者：

Private Sub Command1_Click

' 单击按钮

s = a + b   ' 计算两数的和

End Sub

3. 程序控制语句

(1) 结束语句。

End ：结束整个程序的执行，退到操作系统环境中。

End Sub ：结束 Sub 过程。

End Function：结束 Function 过程。

End If：结束 If 结构。

End Select：结束 Select case 结构。

End 语句往往都和特定的结构配对使用，例如：

Private Sub Command1_Click()

End Sub

If a > 10 Then

End If

Private Function sum(a As Integer, b As Integer)

End Function

(2) 退出语句。

Exit Sub：退出 Sub 过程。

Exit Function：退出 Function 过程。

Exit Select：退出 Select case 结构。

Exit For：退出 For 结构。

Exit Do：退出 Do 结构。

语句 End：当程序执行该语句后则立即结束当前运行的整个程序，不管现在处于什么位置、什么时刻。往往在应用程序系统执行"退出系统"指令时执行该语句。例如：

Private Sub Command3_Click()

End

End Sub

(3) 转向语句 Goto。使用 GoTo 语句能在一个过程内的不同程序段间实现流程控制，不同程序段需用不同的"程序标签"来区隔，"程序标签"应是简单明了、易读易懂、易记易识的文字信息。执行 GoTo 语句后程序就转向 GoTo 语句后所跟的程序标签所标示的程序段开始执行。

实践证明，在程序中过多或不恰当地使用 GoTo 语句会导致程序逻辑混乱，最终使程序的易读性下降，从而导致程序质量的下降。因此，在程序设计中一般要尽可能地避免过多使用 Goto 语句，要合理恰当地使用它。事实上，有时候使用该语句会非常直接和有效。

程序段标示语法：

　　　　程序标签：

　　　　程序段

Goto 语句语法：

　　　　Goto 程序标签

通过下面的例子可以看出 Goto 语句的用法及功能：

```
Private Sub Command2_Click()
Dim Number As Integer
Dim MyString As String
Number = 1
If Number = 1 Then GoTo Line1 Else GoTo Line2
        ' 判断 Number 的值以决定要转向那一个程序区段 ( 以 "程序标签" 来标示 )
Line1:   ' 以程序标签 Line1 来标示程序段
    MyString = "Number equals 1"
    GoTo LastLine   ' 转向执行最后一行
Line2:   ' 以程序标签 Line2 来标示程序段
    MyString = "Number equals 2"   ' 该语句根本不会被完成
LastLine:   ' 以程序标签 LastLine 来标示程序段
    Debug.Print MyString   ' 将 "Number equals 1" 显示在 "立即" 窗口里
End Sub
```

另外，可以在 "代码" 窗口中用续行符 "_" (即下划线) 将长语句分成多行。在同一行内，续行符后面不能加注释。利用它可以分行书写很长的语句，功能和一行语句一样。

例如：

```
Private Sub Command6_Click()
Text1.Text = "wer567896555444343333" _
& "sdfrtyhbmndjfkty89877777"
End Sub
```

还可以将两个或多个语句放在同一行，语句之间用冒号 "：" 隔开。

例如：

```
A=10:B=8:C=6
```

5-4 基本控制结构

VB 属于结构化程序设计语言，结构化程序设计中有三种基本控制结构：顺序结构、分支结构和循环结构。这三种基本结构具有单入口、单出口的特点，其他复杂的程序结构都可以由若干个基本结构构成。三种基本结构的程序流程图如图 5-2 所示，其中 A 和 B 为程序块。

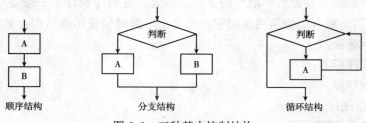

图 5-2　三种基本控制结构

5-4-1　分支结构

分支结构用于对逻辑条件进行判断，根据判定的结果 (True 或 False) 决定程序执行的走向而执行不同的语句段。它有以下三种形式。

1. If…Then 结构

If…Then 结构表示"如果…就"，根据条件测试后的结果，决定程序转向执行的语句。

语法：

If 条件 Then 语句

或者：

If 条件 Then

　　语句块

End If

其中，条件 (表达式) 的值应为 Boolean(布尔型)。若条件为 True，则执行 Then 关键字后面的语句或语句块；否则，直接执行下一条语句或"End If"下面的语句。若条件的值为数值，则当值为零时等同于 False，而非零数值都等同于 True。

例如，当满足条件 x<1 时，执行 x=x+1 :

If x<1 Then x=x+1

如果条件为 True 时要执行多行代码，则必须使用 If…Then…End If 结构，例如 :

```
If x<1 Then
    x=x+1
    print x
End If
```

2. If…Then…Else 结构

If…Then…Else 结构表示"如果…就…否则"。

语法：

If 条件 1 Then

　　语句块 1

Else

　　语句块 2

End If

执行过程：

首先测试条件 1，如果它为 True，执行语句块 1，否则执行 Else 后的语句块 2。

该结构可在语句块 1 和语句块 2 中嵌套使用。

例如：

```
Private Sub Command1_Click()
Dim s As Integer
s = Val(Text1)
If s >= 60 Then
```

```
    Label1 = " 及格 "
Else
    Label1 = " 不及格 "
End If
End Sub
```

还有另外一种语法结构：

If 条件 1 Then
语句块 1
Elseif 条件 2 then
语句块 2

Else
   语句块 n
End If

执行该结构时首先测试条件 1，如果它为 False 则测试条件 2，依此类推，直到找到一个条件为 True 则执行其后的语句块，否则执行 Else 后的语句块 n。

示例：根据输入的成绩判断所在的分数段，并显示相应的判断结果信息。

```
    Private Sub Command1_Click()
    Dim chenji As Integer
    chenji =Val (Text1.Text)
    If chenji <= 100 And chenji > 90 Then
        Print "BEST!!!"
    ElseIf chenji <= 90 And chenji > 80 Then
            Print "GOOD!!!"
        ElseIf chenji <= 80 And chenji > 70 Then
                Print "OK!!!"
            ElseIf chenji  <= 70 And chenji >= 60 Then
                    Print "OK ONLY!!!"
    Else
        Print "NOT GOOD!!!!"
    End If
    End Sub
```

3. Select Case 结构

Select Case 结构与 If…Then…Else 结构类似，但对多种类似情况的选择，用 Select Case 结构效率较高，且代码简洁易读。

语法：
Select Case 变量或表达式

Case 值 1
　　语句块 1
Case 值 2
　　语句块 2
……
……
Case Else
　　语句块 n
End Select

其中值 1，值 2…可以取以下几种形式：

具体常数，例如，1、2、"A" 等。

连续的数据范围，例如，1 To 100、A to Z 等。

满足某个条件的表达式，例如，I>0 等。

也可以同时设置多个不同的范围，用逗号将它们分隔开。例如，-10，1 T0 100。

Select Case 只计算一次表达式值，然后将表达式的值与结构中的每个 Case 后的值进行比较。如果变量或表达式的值与某一个 case 后面的值相等，就执行该 Case 下面的语句块。如果变量或表达式的值与任何一个 case 后面的值都不相等，则执行 Case Else 下面的语句。

例如：

```
Private Sub Command5_Click()
Dim s As Integer
s = Val(Text1)
Select Case s
Case 1
    Print 1
Case 2
    Print 2
Case Else
    Print "??????"
End Select
End Sub
```

4. 控制结构的嵌套

嵌套是指一个控制结构中包含有另一个控制结构。一个控制结构可以包含另一个不同的控制结构，也可以包含另一个相同的控制结构，嵌套层数没有限制。

在嵌套的 If then endif 结构中，End If 语句自动与最靠近的前一个 If 语句配对。

为了便于检查判定结构和循环结构等控制结构的语法结构是否正确、相应语句是否配对，编写程序时总是采用缩进方式书写判定结构或循环结构的语句块。

例如：

```
If 条件 Then
    语句块
    If 条件 Then
        语句块
        If 条件 Then
            语句块
        End If
    ·············
    End If
End If
```

另如：
```
Do While 条件
    语句块
    Do While 条件
        语句块
        Do While 条件
            语句块
        Loop
    ······
    Loop
·········
Loop
```

对于其他类型的控制结构，编写程序时最好也遵循这样的规则，以后不再强调。

编写代码时可使用 VB IDE 环境中"编辑"下拉菜单里的"缩进"和"凸出"菜单项实现缩进控制结构。

5-4-2 循环结构

循环结构用来控制对特定语句块的重复执行。

1.Do 循环结构

Do 循环有两种形式。即"当型"循环 (Do While---Loop 结构)----- 当条件满足时则执行循环体和"直到型"循环 (Do---Loop While 结构)--- 执行循环体直到条件不满足时为止。

"当型"循环的语法：

```
Do While | Until 条件
        语句块
        [ Exit Do ]
        语句块
Loop
```

"直到型"循环的语法：

```
Do
        语句块
        [ Exit Do ]
        语句块
Loop While | Until 条件
```

"当型"循环的执行步骤：首先测试条件，条件为 True 就执行语句块，然后再测试条件；如果条件为 False，则结束循环，然后开始执行循环体下面的语句。

"直到型"循环与"当型"循环所不同的是先执行语句块，然后测试条件，只要条件为 True 就执行语句块，然后再测试条件；如果条件为 False，则结束循环。"直到型"循环环使循环体中的语句块至少被执行一次。

Until 和 While 不同，Until 结构是只要条件为 False(而不是 True)，就执行循环体中的语句块，否则结束循环。例如，以下两个程序段功能是一样的：

```
Private Sub Command1_Click()
Dim i, s As Integer
Do While i < 10
    s = s + i
    i = i + 1
Loop
Print s
End Sub


Private Sub Command2_Click()
Dim i, s As Integer
Do Until i >= 10
    s = s + i
    i = i + 1
Loop
Print s
End Sub
```

示例：编写代码计算 1 到 10 的整数的和。

```
Private Sub Command6_Click()
Dim i, s As Integer
i = 1
s = 0
Do While i <= 10
    s = s + i
    i = i + 1
```

```
Loop
Print s      ' 打印显示结果
End Sub
```

以上代码段等效于下面的代码段：

```
Private Sub Command6_Click()
Dim i, s As Integer
i = 1
s = 0
Do
    s = s + i
    i = i + 1
Loop While i <= 10
Print s      ' 打印显示结果
End Sub
```

与它等效的还有下面的代码段：

```
Private Sub Command6_Click()
Dim i, s As Integer
i = 1
s = 0
Do While True
    s = s + i
    i = i + 1
    If i > 10 Then
        Exit Do
    End If
Loop
Print s
End Sub
```

2. For 循环结构

For 循环使用一个计数器变量，每循环一次，该变量的值就会按设定或缺省的步幅增加或者减少。

语法：

For 计数器变量 = 初始值 To 终止值 [Step 步长]

    语句块

    [Exit For]

Next [计数器变量]

如果步长为正，则测试计数器的值是否大于终止值；若步长为负，则测试计数器的值是否小于终止值，如果是，则退出循环。每循环一次后计数器变量值自增一个步长，即：

计数器变量＝计数器变量＋步长，如此循环直到计数器变量越出终止值后退出。Next 后面的计数器变量可以省略，任何一个 Next 语句总是自动和前面离它最近的那个 For 语句配对。For 循环结构如图 5-3 所示。

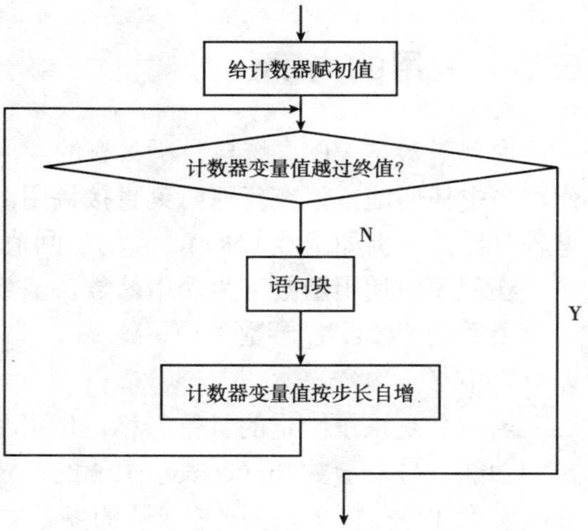

步长可正可负。如果为正，则初始值必须小于等于终止值，否则不能执行循环体内的语句；如果为负，则情况恰好相反。如果没有设置 Step，则步长缺省值为 1。

图 5-3　For 循环结构

示例：编写代码计算 1 到 10 的整数的和。

```
Private Sub Command3_Click()
Dim s, i As Integer
For i = 1 To 10
    s = s + i
Next i
Print s    '打印显示结果
End Sub
```

在循环结构中可以嵌套任何其他循环结构，也可以嵌套其他类型的分支结构。

用 Exit 语句可以直接退出 For 循环、Do 循环。程序执行时遇到 Exit 语句，就不再执行循环结构中的任何语句立即退出，转到循环结构的下面语句继续向下执行。

Exit 语句的语法：

Exit For

Exit Do

这样的语句往往需要使用在循环体内嵌套的 If 语句或 Select Case 语句结构中。

例如：

```
Private Sub Command7_Click()
Dim i, s As Integer
i = 1
s = 0
Do While True
    s = s + i
    i = i + 1
    If i > 10 Then
        Print s
        Exit Do    '退出循环
    End If
Loop
End Sub
```

5-5　常用的内部函数

内部函数是 VB 系统自身所具有的，用来实现某些特定功能的函数。内部函数可在任何程序中任何地方、在任何时刻直接调用。函数一般都具有返回值，函数返回值的数据类型各有异同，例如函数 val(x)，它的返回值是 double 型。

在程序中使用函数称为调用函数，函数调用的语法格式：
函数名 (参数 1, 参数 2,……)
其中：

函数名是系统给定的函数名称，调用函数时必须给出正确的函数名，否则不能实现特定的功能。如，函数 Sin(x) 表示求 x 的正弦值。

参数 1，参数 2，……是函数的参数，参数的个数、排列次序和数据类型都应与系统规定的函数参数要求完全相同。

1. 算术函数

算术函数是系统提供的进行算术运算的函数。

如表 5-5 所示为常用算术函数的功能及举例。

表 5-5　算　术　函　数

函数名	返回值类型	功　　能	例　子	返回值
Abs(x)	与 x 同	x 的绝对值	Abs(-50.3)	50.3
Asc(x)	Integer	字符串首字母的 ASCII 代码	Asc("a")	97
Chr(x)	Single	ASCII 代码指定的字符	Chr(65)	A
Cos(x)	Double	角度 x 的余弦值	Cos(60*3.14/180)	0.5
Exp(x)	Double	E(自然对数的底) 的幂值	Exp(x)	E 的 x 次幂
Fix(x)	Double	x 的整数部分	Fix(-99.6)	-99
Int(x)	Double	x 的整数部分。x 为正时结果与 Fix() 一样，为负时结果不一样	Int(-99.1) Int(-8.8)	-100 -9
Log(x)	Double	x 的自然对数值	Log(10)	以 10 为底的 x 对数
Rnd(x)	Single	一个小于 1 但大于等于 0 的随机数值	Int(6*Rnd+1)	1~6 之间的随机整数
Round(x,n)	与 x 同	对 x 进行四舍五入，n 为小数部分保留个数	Round(234.577,2)	234.58
Sgn(x)	Variant Integer	x>0 返回 1 x=0 返回 0 x<0 返回 -1	Sgn(2) Sgn(0) Sgn(-2)	1 0 -1
Sin(x)	Double	x 的正弦值	Sin(30*3.14/180)	0.5
Sqr(x)	Double	x 的平方根	Sqr(4)	2
Tan(x)	Double	角度 x 的正切值	Tan(60*3.14/180)	1.73

2. 字符串函数

字符串函数用于进行字符串处理。表 5-6 所示为常用的字符串函数、功能及举例。

表 5-6   字 符 串 函 数

函数名	返回类型	功 能	例 子	返回值
InStr(开始位置 , 字符串 1, 字符串 2)	Integer	从开始位置起串 2 在串 1 中最先出现的位置	InStr(4,"12343","3")	5
Lcase(字符串)	String	转换成小写	LCase("ABC")	"abc"
Left(字符串 , 长度)	String	从左起取指定数的字符	Left("abcd",3)	"abc"
Len(字符串)	Integer	字符串长度	Len("Hello!")	6
Ltrim(字符串)	String	去掉左面空格	Ltrim("word")	"word"
Mid(字符串 , 开始位置 , 长度)	String	从开始位置起取指定数的字符	Mid("computer",3,4)	"mput"
Replace(字符串 1, 字符串 2, 字符串 3, 开始查找位置 ,intCompare)	String	在字符串 1 中找到字符串 2，用字符串 3 替换 ;intCompare 为 0，大小写敏感；为 1，大小写不敏感	Replace("Godud", "d", "q", 1)	"Goquq"
Right(字符串 , 长度)	String	从右起取指定数的字符	Right("abcd",1)	"d"
Rtrim(字符串)	String	去掉右面空格	Rtrim("word ")	"word"
Space(长度)	String	产生指定长度的空格字符串	"a" & Space(1) & "boy"	"a boy"
StrComp(字符串 1, 字符串 2,intCompare)	Integer	串 1< 串 2 返回 -1；串 1= 串 2 返回 0；串 1> 串 2 返回 1。IntCompare 的情况如上	StrComp("abcd","ab")	1
String(长度 , 字符)	String	重复数个字符	String(4,"b")	"bbbb"
StrReverse(字符串)	String	对字符串取反	StrReverse("Please")	"esaelp"
Trim(字符串)	String	去掉字符串前后的空格	Trim(" word ")	"word"
Ucase(字符串)	String	字符串转换成大写	UCase("abc")	"ABC"

3. 日期与时间函数

日期时间函数用于进行日期和时间处理。表 5-7 所示为常用的日期和时间函数及功能和例子。

表 5-7   日期与时间函数

函数名	返回值类型	功 能	例 子	返回值
Day	Integer	返回日期，1~31 的整数	Day(#5/19/2004#)	19
Month	Integer	返回月份，1~12 的整数	Month(#5/19/2004#)	5
Year	Integer	返回年份	Year(#5/19/2004#)	2004
Weekday	Integer	返回星期几	Weekday(#5/19/2004#)	4
Time	Date	返回当前系统时间	Time	系统时间
Date	Date	返回系统日期	Date	系统日期

函数名	返回值类型	功　能	例　子	返回值
IsDate	Boolean	检查一个字符串或日期值是否是合法的日期	IsDate("Birthday") IsDate("9/16/2000")	False True
Now	Date	返回系统日期和时间	Now	系统时间日期
Hour	Integer	返回钟点，0~23 的整数	Hour(#4:35:17PM#)	16
Minute	Integer	返回分钟，0~59 的整数	Minute(#4:35:17PM#)	35
Second	Integer	返回秒钟，0~59 的整数	Second(#4:35:17PM#)	17

Date 获得的系统日期，年为两位数；Date$ 获得的系统日期，年为四位数。显示格式或位数会因操作系统的不同而略有不同。

例如，在窗体上打印显示系统日期，年份，月份，天数：

```
Private Sub Command1_Click()
Print Date, Year(Date), Month(Date), Day(Date)
End Sub
```

执行代码则打印显示结果为：

2011-3-25　　　　2011　　　　　　3　　　　25

4. 类型转换函数

VB 提供了几种转换函数，每个函数都可以强制将一个表达式转换成某种特定的数据类型，如表 5-8 所示。

表 5-8　　　　　　　　　　　　类型转换函数

转换函数	转换结果类型	例　子	转换结果
Cbool(数值表达式)	Boolean	Cbool(0)	False
Cbyte(数值表达式)	Byte	CByte(97.88)	98
Ccur(数值表达式)	Currency	CCur(55.23477)	55.2348
Cdate(数值表达式)	Date	CDate(56)	1900-2-24
CDbl(数值表达式)	Double	CDbl(4 * 8.2)	32.8
Cint(数值表达式)	Integer	Cint(2345.5678)	2346
Clng(数值表达式)	Long	CLng(577.789)	578
Str(数值表达式)	String	Str(-459.65)	"-459.65 "
Val(数字字符串)	Double	Val("24")	24

转换函数的参数值必须对目标数据类型有效，否则会发生错误。例如，如果把 Long 型转换成 Integer 型数，Long 型数必须在 Integer 数据类型的有效范围之内。

所有数值变量都可相互赋值，在将浮点数赋予整数之前，VB 要将浮点数的小数部分四舍五入，而不是将小数部分去掉。

当将其他类型转换为 Boolean 型时，0 会转成 False，而其他非零的值则为 True。当将 Boolean 型转换为其他的数据类型时，False 会转成 0，而 True 会转成 -1。

当其他的数值类型要转换为 Date 型时，小数点左边的值表示日期信息，而小数点右边的值则表示时间。

通过执行以下语句，根据结果能看出函数 Val() 和函数 Str() 的作用：

Print 15 + 15

Print Str(15) + Str(15)

Print Val("15") + Val("15")

示例： 编制程序输入两个整数，求出和并显示。

窗体上各控件的布局与设计如图 5-4 所示，创建三个 Label 控件、三个 Text 控件和一个 Command 控件。

命令按钮"求和"下所挂的代码如下：

Private Sub Command1_Click()

Text3.Text = Val(Text1.Text) + Val(Text2.Text)

End Sub

程序运行时，先给 Text1 和 Text2 输入两个数，然后点击"求和"按钮，则该两数的和即会显示在 Text3 中。

可以通过执行以下语句，将结果与以上示例的结果作比较能看出函数 Val() 的作用：

Text3.Text = Text1.Text + Text2.Text

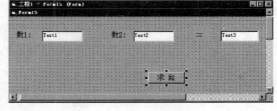

图 5-4 求两个数的和

5. 验证函数

验证函数用来检查判断数据的类型，VB 提供的常用的验证函数如表 5-9 所示。

表 5-9 验 证 函 数

函 数	返回值状况
IsArray()	变量是一个数组时返回值是 True，否则为 False
IsDate()	表达式是一个合法的日期时返回值是 True，否则为 False
IsEmpty()	变量未初始化或被置为空时返回值是 True，否则为 False
IsNull()	表达式是 Null 或被置为 Null 时返回值是 True，否则为 False
IsNumeric()	表达式是一个数值时返回值是 True，否则为 False
IsObject()	表达式是一个对象时返回值是 True，否则为 False

示例： 按如图 5-5 所示创建窗体，并在 Command1 控件 (即"验证"按钮) 下编写如下代码：

图 5-5 数值验证

Private Sub Command1_Click()

Label1 = IsNumeric(Text1)

End Sub

该窗体运行时，给 Text1 输入不同的内容，比如：2345 或者 456tyu34，然后点击"Command1"按钮 (即"验证"按钮)，则会在

Label1 中显示验证的结果。

6. 时间差函数

使用时间差函数 DateDiff() 可以计算两个指定日期间的时间间隔。

语法：DateDiff(Interval,Date1,Date2)

语法说明：

Interval ：是一个字符串，预定时间差最后的单位。

Date1 ：是开始日期。

Date2 ：是结束日期。

常用时间差函数如表 5-10 所示。

表 5-10   **DateDiff() 函数的 Interval 参数的不同设置值**

时间单位	例　子	返回值
年	DateDiff("yyyy", "6/4/86", "6/4/96")	10
季度	DateDiff("q", "6/4/86", "6/4/96")	40
月	DateDiff("m", "6/4/86", "6/4/96")	120
天	DateDiff("d", "6/4/86", "6/4/96")	3653
周	DateDiff("ww", "6/4/86", "6/4/96")	522
时	DateDiff("h", "6/4/86", "6/4/96")	87672
分	DateDiff("n", "6/4/86", "6/4/96")	5260320
秒	DateDiff("s", "6/4/86", "6/4/96")	315619200

5-6　数组

数组是为了存储一类相似数据而定义的一组非常有规律的特殊变量。数组中的元素称为数组元素，数组元素具有相同名字和数据类型，通过下标 (索引) 来唯一地识别区分它们。

数组元素的表示：数组名 (下标 1, 下标 2,……)

下标 1 为一维数组下标，下标 2 为二维数组下标，……。

1. 数组声明

在使用数组前，必须声明数组。

声明语法：Private|Public|Dim 数组名 (数组元素上下界，…) As 数据类型

其中：

数组元素上下界中，上界由关键字 To 提供，上下界不得超过 Long 数据类型的范围，省略下界时下界取值为 0。

数组元素上下界个数表示数组的维数，只有一个时表示一维数组。

数组中所有元素具有相同的数据类型。但当数据类型为 Variant 时，各元素能够包含不同类型的数据，例如对象、字符串、数值等。

定义数组类似于定义变量，例如：

Dim a(14) As Integer　　　　　' 15 个元素，从 a(0) 到 a(14)

Dim b(1 T0 15) As Integer　　' 15 个元素，从 b(1) 到 b(15)

Dim k(2,3) As Integer　　　　　' 3*4=12 个元素，从 k(0,0) 到 k(2,3)

使用数组可以大大地缩短和简化程序，通常使用循环控制，通过改变数组元素的下标，对数组元素依次进行处理。

针对数组有两个有时要用到的函数：LBound() 和 Ubound()，它们分别用于确定数组的下标的下界和上界。

它们的语法格式为：

LBound|Ubound(数组名 [，数组维序号])

例如：

对于一个数组 a(30)，则 LBound(a)=0 而 Ubound(a)=30。

对于一个数组 b(10, 9) ，则有：

LBound(b, 1)=0 而 UBound(b, 1)=10

LBound(b, 2) =0 而 UBound(b, 2)=9

2. 静态数组和动态数组

静态数组其大小固定，维数和大小在定义以后将不得改变。动态数组是在定义以后大小可以改变的数组。有时用户希望在运行时根据需要改变数组的大小，如果不用动态数组，就要声明一个数组，使它的大小尽可能足够大。但是，使用这种方法会导致内存的过多消耗。使用动态数组灵活、方便，并可避免这个缺点。

数组到底应该有多大才合适，有时可能不得而知。所以希望能够在运行时具有改变数组大小的能力。动态数组就可以在任何时候改变大小。在 VB 中，动态数组最灵活、最方便，有助于有效管理内存。例如，可短时间使用一个大数组，然后，在不使用这个数组时，将内存空间释放给系统。

对于每一维数，每个 ReDim 语句都能改变元素数目以及上下界。但是，数组的维数不能改变。

有时希望改变数组大小又不丢失数组中的数据。使用具有 Preserve 关键字的 ReDim 语句就可做到这点。例如，使用 UBound 函数引用上界，使数组扩大、增加一个元素，而现有元素的值并未丢失：

ReDim Preserve DynArray (UBound (DynArray) + 1)

在用 Preserve 关键字时，只能改变多维数组中最后一维的上界；如果改变了其他维或最后一维的下界，那么运行时就会出错。所以可这样编程：

ReDim Preserve Matrix (10, UBound (Matrix, 2) + 1)

而不可这样编程：

ReDim Preserve Matrix (UBound (Matrix, 1) + 1, 10)

动态数组声明语法：

ReDim [Preserve] 数组名 (数组上下界 ,…) As 数据类型

其中：

ReDim：用于为动态数组重新分配存储空间。对于每一维数，ReDim 语句都能改变其大小，但是不能改变数组的维数。

Preserve：当改变原有数组时，使用此关键字可以保持数组中原来的数据。使用 Preserve 关键字的 ReDim 语句，既可以改变数组大小，又可实现不丢失数组中的原有数据。

ReDim 语句只能出现在过程中，与 Dim 语句、Static 语句不同。ReDim 语句是一个可执行语句，程序在运行时可以执行这个操作。每次执行 ReDim 语句时，当前存储在数组中的值都会全部丢失 (若不同时使用 Preserve)。VB 重新将数组元素的值初始化，置为 Empty(Variant 型)、置为 0(数值型)、置为零长度字符串 (String 型) 或者置为 Nothing(Object 型)。

例如，声明 k 为动态数组：

ReDim k(5, 9) As Integer

ReDim Preserve k(5, 9) As Integer

或者这样声明：先定义一个不指名大小的数组，然后用 ReDim 改变大小：

Dim m() As Integer

Dim x,y As Integer

x=5:y=9

ReDim m(x,y)　　' 分配 60 个元素

可以使用 ReDim 语句反复改变数组大小，但是，不能在将一个数组定义为某种数据类型之后，再使用 ReDim 改变该数组的数据类型，除非是 Variant 数组。如果使用 ReDim 将数组改小了，则被删除元素的数据就会丢失。

示例：设计程序使它在运行时能改变数组的大小而不丢失原有的数组数据。

```
Private Sub Command1_Click()
ReDim a(5) As Integer
Dim i As Integer
Print
Print "------------------------------------------"
For i = 0 To 4
    a(i) = 9
    Print a(i);
Next
Print
ReDim Preserve a(10) As Integer
For i = 5 To 9
    a(i) = 8
    Print a(i);
Next
Print
For i = 0 To 9
```

```
        Print a(i);
    Next
    End Sub
```
该代码段运行时其结果如图 5-6 所示：

3. 多维数组

在编程过程中往往一维数组不够用，例如，屏幕上像素需要 X、Y 坐标。这时应该用多维数组来存储数据。

定义多维数组和定义一维数组方法一样，例如：

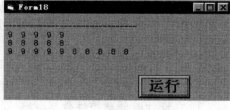

图 5-6　ReDim 语句效果

Dim a(9,9)　 ' 二维数组大小为 10×10

可以使用循环嵌套结构来处理多维数组，二维数组中元素的存储顺序是按行存储的（先变列后变行），因此一般外循环对应于行的变化，内循环对应于列的变化。

例如，定义一个整型二维数组 a(1 To 10,1 To 10)，然后将其初始化：

```
Dim i As Integer, j As Integer
Dim a(1 To 10,1 To  10) As integer
For i =1 To 10
    For j=1 To 10
        a(i,j )=10
    Next J
Next I
```

示例： 设计程序实现从键盘输入完成对数值数组变量的赋值。

```
Private Sub Command1_Click()
Dim i As Integer
Dim s(10) As Integer
Dim k As String
For i = 0 To 10
   shuru:    ' 以程序标签 shuru 来标示程序段
      k = InputBox(" 请输入第 " & Str(i + 1) & " 个数据：")
      If IsNumeric(k) Then    ' 判断输入的是否是数值数据，不是则要求重新输入
          s(i) = Val(k)
      Else
          MsgBox " 输入了非数值数据，请重新输入！ "
          GoTo shuru    ' 转向以程序标签 shuru 标示的程序段执行
      End If
      Print s(i),
Next i
End Sub
```

5-7 控件数组

控件数组是一组具有相同名称、类型和事件过程的控件，能通过控件的属性 Index 值来分辨控件数组里的不同控件。控件数组里的所有控件都共用相同的事件代码。一个控件数组至少要有一个元素，元素的个数最多 32767 个。控件数组中的每一个控件，即元素，可以设置成不同的属性值。

在设计时，使用控件数组比直接向窗体添加多个相同类型的控件占用的资源少，控件数组中的控件元素可共享代码。控件数组常用于实现菜单控件和选项按钮分组。

1. 在设计时创建控件数组

在设计时有三种方法可以创建控件数组：

(1) 复制现有的控件并将其粘贴到窗体上。

(2) 将控件的 Index 属性设置为非 Null 数值，如设置为 1，这时系统会自动创建一个控件数组。

(3) 将相同名字赋予多个控件。

示例：在设计时创建一个 Text1 控件数组。

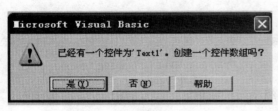

图 5-7 创建控件数组

先创建一个 Text1 控件，然后在控件 Text1 上单击鼠标右键，在弹出的菜单里选择"复制"，然后在窗体空白处单击鼠标右键，在弹出的菜单里选择"粘贴"项，然后在出现的如图 5-7 所示的界面里选择按钮"是"即可实现创建一个 Text1 控件数组元素。重复该过程，直到满足需要的控件数组元素数量。

2. 在运行时创建新控件

在运行时要创建一个新控件，则它必须是控件数组的元素，不用控件数组就不能在运行时创建新控件，每个新控件都与已有的控件数组元素的事件过程相同。

由于新控件必须是已有控件的元素，因此，在设计时首先要创建一个 Index 属性为 0 的控件，然后在运行时，可用 Load 和 Unload 语句依靠该控件添加和删除控件数组中的控件。新控件是控件数组中第一个元素的原样拷贝，因此，除了 Index 和 Visible 外的其他属性值都完全相同，包括属性 Left 的值、属性 Top 的值和属性 Height 的值在内。

添加或删除控件数组中控件的语法：

Load 对象 (Index)　' 添加控件数组元素

UnLoad 对象 (Index)　' 删除控件数组元素

例如：

Load Text1(3)　' 添加控件数组 Text1(3) 元素

UnLoad Text1(3)　' 删除控件数组 Text1(3) 元素

控件数组的使用有时会带来许多方便，例如为多个 Text 控件赋值：

```
Private Sub Command1_Click()
Dim i As Integer
For i = 0 To 5
    Text1(i) = i
Next i
End Sub
```

示例：在程序运行时创建一个 Command 按钮。

如图 5-8 所示在窗体上创建两个 Command 控件 Command1 和 Command2。 将 Command1 的 Index 属性值设置为 0。

编写如下代码：

```
Private Sub Command2_Click()
Load Command1(1)
Command1(1).Left = Command1(0).Left
Command1(1).Top = Command1(0).Top + Command1(0).Height * 2
Command1(1).Visible = True
Command1(1).Height = 2 * Command1(0).Height
Command1(1).Caption = " 新按钮 Command1(1)"
End Sub
```

程序运行后，点击 "Command2" 按钮则出现如图 5-9 所示的效果。

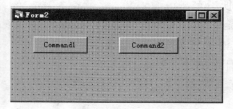

图 5-8　创建一个 Command 按钮 1

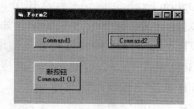

图 5-9　创建一个 Command 按钮 2

示例：设计程序使一幅小图片在窗体上沿一个圆周运动。

窗体设计如图 5-10 所示。

在窗体上创建六个图片框: picture1(0), picture1(1)，picture1(2)，picture1(3)，picture1(4)，picture1(5)， 它 们 的 Visible 属性全部设置为 False，使它们在窗体上按下标 0，1，2，3，4，5 的顺序沿一个圆周摆放，它们是一个控件数组；一个 Timer 控件，interval 为 100，并编写如下代码：

在窗体的 "通用" 过程中定义变量：

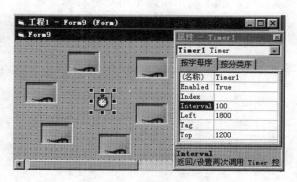

图 5-10　使用控件数组

```
Dim i As Integer

Private Sub Timer1_Timer()
Dim s As Integer
For s = 0 To 5
      Picture1(s).Visible = False
Next
Picture1(i).Visible = True
i = i + 1
If i > 5 Then i = 0
End Sub
```

当该窗体运行时就会出现小图片在窗体上沿一个圆周运动的效果。

利用实现该效果的代码和技巧可实现让一个鸽子在天空中盘旋飞翔。

思考练习题 5

1. 在 VB 中如何定义常量？

2. 定义变量时应注意什么？

3. 变量有哪些类型？

4.Option Explicit 语句有什么作用？如何使用？

5. 对语句进行注释有哪些方法？如何实施？

6.VB 有哪些基本控制结构？具体用什么语句来实现？

7.Goto 语句有什么用处？使用时应注意什么？

8.VB 常用的算数函数有哪些？

9.VB 常用的字符串函数有哪些？

10.VB 常用的日期、时间函数有哪些？ Date 与 Date$ 有什么区别？

11. 如何定义和重定义数组？应注意什么？

12. 设计程序实现由用户输入的三个数求和并显示结果，同时实现当用户输入的不是数值时，程序能报错提示用户重新输入。

13. 使用数组变量有哪些好处？

14. 一般在什么时候使用控件数组？如何使用？有哪些好处？

第6章 程序设计

不同的程序设计语言在许多方面具有大量的相似之处，如果学习过其他程序设计语言，那么学习这一部分内容应该不会有大的困难。在利用窗体和控件为应用程序创建界面之后就要按程序的功能要求编写代码以实现具体的数据处理功能。

VB 通过工程来管理构成应用程序的所有不同文件，VB 的代码存储在不同的模块文件中。对于功能复杂、规模较大的应用程序，要对复杂功能进行分解，按功能用相对独立的过程来实现，给每个过程分别编写代码，这样可以简化程序开发工作，也便于调试管理和维护。本章介绍如何利用过程、模块与函数等进行程序的编写。

6-1 过程

将较复杂、规模较大的程序分割成较小的逻辑部件，这些部件称为过程。每个过程编写一段程序，一个过程可以被另一个过程调用，用这些过程可以构造成一个完整、复杂的应用程序。因此，将应用程序分解成过程使整个程序开发变得容易，极大地简化了程序设计任务以及对程序开发的管理。

在 VB 环境中一般有这样两种过程：子程序过程 (Sub Procedure) 和函数过程 (Function Procedure)。

Sub 过程不返回值，Function 过程返回一个值。

在 VB 开发环境中，所有的可执行代码都必须存在于某个过程内。过程的定义是平行的，不能在 Sub 或 Function 过程中另外定义过程。

6-1-1 Sub 过程

Sub 过程可以放在标准模块和窗体模块中。VB 中有两种 Sub 过程，即事件过程和通用过程。

定义过程的语法：

[Private | Public] [Static] Sub 过程名 ([参数列表])

[局部变量和常数声明]

语句块

End Sub

Sub 和 End Sub 之间的语句块是每次调用该过程时要执行的部分。

1．事件过程

VB 是事件驱动的，所谓事件是能被对象 (窗体和控件) 识别的动作。例如，对象的事件有单击事件 (Click)、双击事件 (DblClick)、内容改变事件 (Change) 和定时事件 (Timer) 等。为一个事件所编写的程序代码模块称为事件过程。当 VB 中对象的某个事件发生时，该事件所对应的过程代码就被执行。

事件过程有窗体事件过程和控件事件过程两种。对事件过程的声明都是使用 Private 保留字。

(1) 窗体事件过程。

窗体事件过程名的语法定义格式是 "Form_ 事件名"。

窗体事件过程定义语法：

Private Sub Form_ 事件名 ([参数列表])

[局部变量和常数声明]

语句块

End Sub

不管窗体名称如何定义，但在事件过程中的只能使用 Form，而在程序中对窗体进行引用必须要使用窗体名称。如果正在使用 MDI 窗体，则事件过程名定义为 "MDIForm_ 事件名"。

例如，如果单击窗体 Form1 的事件是要将本窗体隐藏而显示窗体 Form2，则代码如下：

Private Sub Form_Click()　' 单击窗体

Form2.Show　' 显示窗体

Form1.Hide　' 隐藏窗体

End Sub

(2) 控件事件过程。

控件的事件过程名的定义是 "控件名 _ 事件名"。

控件的事件过程定义语法：

Private Sub 控件名 _ 事件名 ([参数列表])

[局部变量和常数声明]

语句块

End Sub

例如，单击 Commandl 按钮，运行其事件过程中的代码在文本框 Textl 中显示 "你好！"，代码如下：

Private Sub Commandl_Click()　' 单击按钮

Textl.Text=" 你好 "

End Sub

(3) 创建事件过程。

在 VB 系统中，不同的对象会响应特定的事件。对象响应特定事件的结构是由系统自动创建的，用户为特定事件编写代码只能在对应的结构内进行。每个事件的代码结构连同写在其中的代码段一起叫做一个事件过程。为事件编写代码必须打开特定事件的代码编辑器窗口，然后才能在其中编写代码。

打开一个对象的特定事件的代码编写窗口，有以下几种方法：

(a) 用鼠标左键双击对象 (窗体或其上的控件)。

(b) 用鼠标选中对象，然后按 F7。

(c) 用鼠标选中对象，然后在"视图"菜单中选择"代码窗口"。

(d) 在工程资源管理器中用鼠标右键单击要选择的窗体，然后在弹出的菜单中选择。"查看代码"即可打开该窗体对象 (包括窗体上所有对象 (控件)) 的代码窗口，然后在窗体的代码窗口中选择需要对象的特定事件代码结构。

在设计的窗体空白处双击鼠标左键，也可以打开了窗体的"代码编辑器"窗口，并会出现该窗体的默认过程代码结构：

Private Sub Form_Load()

End Sub

这样做的缺点是有时候并不需要在窗体的 Load 事件中编写代码，而在窗体的空白处双击鼠标左键后，在打开窗体的代码编辑器窗口的同时，系统会自动创建如上所示的空结构体，但它却是多余的。不过这时可在如图 6-1 所示的窗口中，点开左边的下拉列表选择对象或控件，然后再点开右边的下拉列表选择对象或控件的事件，这样就能创建需要的事件代码结构体，最后删除窗口中多余的空白代码结构体即可。

要编辑已经创建好的事件过程可这样做：单击工程资源管理器窗口的"查看代码"按钮，再从"对象列表框"中选择一个对象，再从"过程列表框"中选择一个过程。这样编辑光标即会落入所需要的过程中。也可以在代码编辑窗口中通过移动光标或使用鼠标查找需要的事件代码结构体。

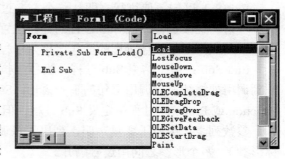

图 6-1　打开事件代码结构

可以在代码编辑器窗口中直接编写事件过程，换句话说就是：在代码编辑器窗口中将自己所要编写的代码连同系统能自动生成的事件代码结构一起写进去。例如，在代码编辑器窗口中直接写入如上所述的"Private Sub Form_Load()"代码行及与之配对的"End Sub"代码行。当然，这并不是一个好办法。在代码窗口中不要随意改变事件或对象的名称，如果想改变对象名称，则应该通过属性窗口来改变。

2. 通用过程

当几个不同的事件过程要完成一个相同的功能时，为了避免重复编写代码，可以采用通用过程来实现该功能，然后由需要的事件过程来调用该通用过程。通用过程可以保存在两种模块中：窗体模块 (.frm) 和标准模块 (.bas)。窗体级的通用过程对所属窗体的所有过程有效，模块级的通用过程对整个工程的所有过程有效。

一个通用过程一般不和用户界面中的对象联系，通用过程直到被调用时才起作用。因此，事件过程是必要的，但通用过程不是必要的，只是为了方便和简洁而单独建立的。

(1) 通用过程的定义。

定义通用过程的语法：

[Private | Public] [Static] Sub 过程名 ([参数列表])

[局部变量和常数声明]

语句块

[Exit Sub]

语句块

End Sub

其中：

Private 和 Public：用来声明该 Sub 过程是私用的 (局部的)，还是公有的 (全局的)，系统默认为 Public。

Static：表示局部静态变量。"静态"是指在调用结束后仍保留 Sub 过程的变量值，保留的结果会对下一次调用该过程有效。Static 对于在 Sub 外声明的变量不会产生影响，即使过程中也使用了这些变量名。

过程名：与变量名的命名规则相同。在同一模块中，同一名称不能既用于 Sub 过程又用于 Function 过程。无论有无参数，过程后面的 ( ) 都不可省略。

局部变量和常数声明：用来声明在过程中定义的变量和常数。可以用 Dim 等语句声明。

Exit Sub 语句：使执行立即从一个 Sub 过程中退出，程序接着从调用该 Sub 过程语句的下一语句继续执行。在 Sub 过程的任何位置都可以用 Exit Sub 语句。

语句块：用于描述过程的操作，称为子程序体或过程体。

End Sub：用于结束 Sub 过程。当程序执行 End Sub 语句时，退出该过程，并立即返回到调用处继续执行调用语句的下一语句。Sub 过程不能嵌套定义，即：不能在别的 Sub、Function 或 Property 过程中定义 Sub 过程。但 Sub 过程可以嵌套调用。

参数列表：类似于变量声明，列出了从调用过程传递来的参数值，称为形式参数 (简称形参)，多个形参之间用逗号隔开。

定义形参的语法：

[ByVal|ByRef] 变量名 As 数据类型

形参定义中各部分内容的说明如表 6-1 所示。

表 6-1   形 式 参 数

参数部分	描　　述
ByVal	表示该参数按值传递
ByRef	表示该参数按地址传递 (默认方式)
变量名	代表参数的变量名称
数据类型	用于说明传给该过程的参数的数据类型

(2) 通用过程的建立。

(a) 创建窗体级通用过程的两种方法

方法一的步骤：

打开"代码编辑器"窗口。

选择"工具"下拉菜单的"添加过程"菜单命令。

在"添加过程"对话框 (如图 6-2 所示) 中输入过程名，例如"talk"，在"类型"选项中选定过程类型为"子程序"，在"范围"选项中选定是"公有 (Public)"还是"私有 (Private)"，最后单击"确定"按钮。

这样在代码编辑器窗口中就会创建一个名为 talk 的过程代码结构体：

Public Sub talk()

End Sub

方法二的步骤：

打开"代码编辑器"窗口，选择"对象列表框"中的"通用"选项。如图 6-3 所示。

图 6-2　添加过程

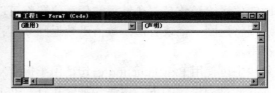

图 6-3　建立窗体级通用过程

在文本编辑区的空白行处输入"Public Sub talk()"然后回车，就出现"End Sub"语句。

例如，在程序代码中添加一个通用过程，然后在代码编辑器窗口中输入：

```
Public Sub talk()
Dim s As Integer
s = MsgBox(" 警告 ?", vbOKOnly, "quit")
End Sub
```

创建的窗体级通用过程，对整个窗体有效，即在创建窗体的任何代码结构中都能调用它。

(b) 创建模块级通用过程的方法。

通过菜单"工程"下拉菜单项"添加模块"来添加模块，然后在添加的标准模块 (Modulel) 的顶部定义通用过程，如图 6-4 所示。也可在工程资源管理器窗口中用鼠标在空白处单击右键，然后在弹出菜单中选择"添加"→"添加模块"→新建模块，来打开这样的窗口，来创建通用过程。

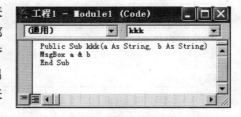

图 6-4　建立模块级通用过程

在标准模块中创建的通用过程，对整个工程都有效，即在整个工程中任何地方都能调用它。

6-1-2　Function 过程

在前面章节中已经介绍了 VB 系统提供的诸多内部函数，如 Sin()、Date()、Left() 和

Cbool() 等。现要介绍用户如何利用 Function 过程编写自己的函数过程。

定义 Function 过程的语法:

[Private| Public] [Static] Function 函数名 ([参数列表])[As 数据类型]

  语句块

  [函数名 = 表达式]

End Function

与 Sub 过程一样, Function 过程也是一个独立的过程, 但是, 与 Sub 过程不同的是, Function 过程可返回一个值到调用的过程。

其中:

As 数据类型: 说明函数返回值的数据类型, 与变量一样。如果没有 As 子句, 默认的数据类型为 Variant。

语句块: 是描述过程的操作, 称为子函数体或函数体。

函数名 = 表达式: 在函数体中用该语句给函数返回值。要从函数返回一个值, 只需将要返回的值赋给函数名。在过程的任意位置都可以出现这种赋值。如果没有对函数名赋值, 则过程将返回一个缺省值: 数值函数返回 0, 字符串函数返回一个零长度字符串 (""), 即空字符串。

语句块中可使用 Exit Function 语句, 用于提前从 Function 过程中退出, 程序接着从调用该 Function 过程语句的下一条语句继续执行。在 Function 过程的任何位置都可以有 Exit Function 语句。但用户退出函数之前, 必须保证为函数赋值, 否则会出错。

和 Sub 过程一样, Function 过程不能嵌套定义, 但可以嵌套调用。

例如, 在如图 6-5 所示的窗体的通用过程中建立了计算两个数和的自定义函数 jiafa(), 所有代码内容 (包括语法结构) 必须全部人工输入, 所建立的自定义函数 jiafa() 可以在该窗体的任何过程中调用。也可以通过菜单"工程"下拉菜单项"添加模块"来添加模块, 然后在添加的标准模块中创建自定义函数 jiafa(), 如图 6-6 所示。这时所建立的自定义函数 jiafa() 可以在整个工程被任何过程调用。

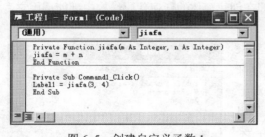
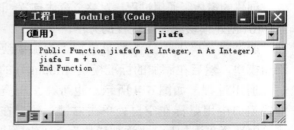

  图 6-5　创建自定义函数 1   图 6-6　创建自定义函数 2

6-2　过程的调用

1. 调用 Sub 事件过程

通过执行一个独立的语句调用 Sub 过程。Sub 事件过程可以由一个发生在 VB 中的事件自动调用，或者在同一模块中的其他过程使用语句来调用。调用语句调用 Sub 过程有两种方式：使用 Call 语句，或直接用 Sub 过程名。

调用 Sub 事件过程的语法：Call 过程名 [(参数列表)]

或者：过程名 [参数列表]

其中：

参数列表：在调用语句中的参数称为实在参数 (简称实参)。实参可以是变量、常数、数组和表达式。

使用 Call 语句调用时，参数必须在括号内，当被调用过程没有参数时，则 () 也可省略。用过程名调用时，则必须省略参数两边的 ()。

执行调用语句时，VB 将控制传递给 Sub 过程。

例如，在程序代码中添加一个窗体 Form_Click 事件，在该事件中调用 Commandl_Click 事件过程，代码如下：

```
Private  Sub Commandl_Click()    '单击按钮
Textl.Text = " 你好 "
End Sub
Private Sub Form_Click()
Call Commandl_Click    ' 调用 Commandl_Click 事件过程
End  Sub
```

在运行时单击窗体和单击 Command1 按钮的效果一样，会在文本框 Textl 中显示"你好！"。

Form_Click() 事件采用 Call 语句调用 Sub 过程，Form_Click 事件过程没有参数，则 () 可省略。

如果直接用 Sub 过程名调用，则 Form_Click 事件的代码如下：

```
Private Sub Form_Click()    '单击窗体
Commandl_Click    ' 调用 Commandl_Click 事件
End Sub
```

2. 调用 Sub 通用过程

调用 Sub 通用过程的语法与调用 Sub 事件过程的相同。不同的是，通用过程只有在被调用时才起作用，否则不会被执行。

例如，在窗体上添加一个按钮 Command2，在 Command2_Click 事件中调用通用过程 Warning 事件，代码如下：

```
Private Sub  Command2_Click()
 ' 单击按钮调用通用过程 Warning
Call Warning
End Sub
Public Sub Warning()
 ' 通用过程 Warning，默认为 Public
    Dim s As Integer
```

s = MsgBox(" 警告 !", vbOKOnly, "quit")

End Sub

带参数列表调用 Sub 通用过程的例子如下：

Private Sub Cd(m As Integer, n As Integer)

' 可以在窗体的通用过程中创建该过程

Print m + n

End Sub

Private Sub Command2_Click()

Cd 6, 5   ' 也可以是 call cd(6,5)

End Sub

3. 调用 Function 过程

调用函数 Function 过程的方法和调用 VB 内部函数方法一样 (例如 Sin(X)，在语句中直接使用函数名，Function 过程可返回一个值到调用的过程。

调用函数 Function 过程的语法：变量 =Function 函数名 ([参数列表])

另外，采用调用 Sub 过程的语法也能调用 Function 函数。当用这种方法调用函数时，就放弃了函数的返回值。

该方法调用函数的语法：Call 过程名 ([参数列表])

或者：过程名 [参数列表]

注意：调用 Function 过程与调用 Sub 过程不同，当无参数时 () 不能省略。

带参数列表调用 Function 过程的例子如下：

Private Function Cd(m As Integer, n As Integer)

Cd = m + n

End Function

Private Sub Command2_Click()

Cd 6, 5

Print Cd(6, 5)

End Sub

4. Shell 函数调用

VB 程序可以调用可执行文件，使用 Shell 函数能实现调用一个可执行文件。执行一个可执行文件，返回一个 Variant (Double) 值。如果执行成功的话，该值代表这个程序的任务 ID，若不成功，则会返回值为 0。

Shell 函数调用语法：Shell(pathname[,windowstyle])

参数说明：

Pathname：必要参数。Variant(String)，要执行的程序名，以及任何必需的参数或命令行变量，可能还包括目录或文件夹，以及驱动器。

Windowstyle：可选参数。Variant(Integer)，表示在程序运行时窗口的样式。如果 windowstyle 省略，则程序是以具有焦点的最小化窗口来执行的。它的取值情况如表 6-2 所示。

表 6-2 windowstyle 参数的取值

常　量	值	描　述
vbHide	0	窗口被隐藏，且焦点会移到隐式窗口
vbNormalFocus	1	窗口具有焦点，且会还原到它原来的大小和位置
vbMinimizedFocus	2	窗口会以一个具有焦点的图标来显示
vbMaximizedFocus	3	窗口是一个具有焦点的最大化窗口
vbNormalNoFocus	4	窗口会被还原到最近使用的大小和位置，而当前活动的窗口仍然保持活动
vbMinimizedNoFocus	6	窗口会以一个图标来显示。而当前活动的窗口仍然保持活动

如果 Shell 函数成功地执行了所要执行的文件，则它会返回程序的任务 ID。任务 ID 是一个唯一的数值，用来指明正在运行的程序。如果 Shell 函数不能打开命名的程序，则会产生错误。

注意，缺省情况下，Shell 函数是以异步方式来执行其他程序的。也就是说，用 Shell 启动的程序可能还没有完成执行过程，就已经执行到 Shell 函数之后的语句了。

例如，要运行 winword.exe 程序，代码如下：

```
Private Sub Command1_Click()
Dim s Double
s = Shell("C:\Program Files\Microsoft Office\office11\winword.exe")
End Sub
```

示例：建立一个自定义函数，函数名为 Max，函数的数据类型为 Integer，函数的形参为两个整型变量 a 和 b，函数返回值为两个参数中最大的数。创建如图 6-7 所示的界面，形参 a 和 b 的值由 Text1 和 Text2 的输入取得。求出的结果显示在 Label1 中。

图 6-7　求最大数 1

建立自定义函数 (可以在窗体的通用过程中建立它，则该窗体的任何过程都可以调用它；也可以在标准模块中建立它，则整个程序都可以调用它)：

```
Private Function max(a As Integer, b As Integer) As Integer
If a >= b Then
    max = a
Else
    max = b
End If
End Function
```

为"求最大数"按钮编写如下代码：

```
Private Sub Command4_Click()
```

113

Label1 = max(Val(Text1),Val(Text2))

End Sub

该窗体运行后为 Text1 和 Text2 的输入两个数值，点击"求最大数"按钮，则出现如图 6-8 所示的界面。

图 6-8　求最大数 2

6-3　参数的传递

参数是在本过程有效的局部变量，用于传递数据。在调用一个有参数的过程中，首先进行的是"形参和实参结合"，实现调用过程的实参与被调用过程的形参之间的数据传递。数据传递有两种方式：按值传递和按地址传递。

6-3-1　形参和实参

1. 形参

在被调用过程中的参数是形参，出现在 Sub 过程和 Function 过程中。在过程被调用之前，形参并未被分配内存，只是说明形参的类型和在过程中的作用。形参列表中的各参数之间用逗号","分隔，形参可以是变量名和数组名，定长字符串变量除外。

2. 实参

实参是在主调过程中的参数，在过程调用时实参将数据传递给形参。

形参列表和实参列表中的对应变量名可以不同，但实参和形参的个数、顺序以及数据类型必须相同。因为"形实结合"是按照位置结合，即第一个实参与第一个形参结合，第二个实参与第二个形参结合，依次类推。

例如，从两个数中求最大数的自定义函数 max 和调用过程如下：

```
Private Function max(ByVal a As Integer, b As Integer)
If a > b Then
    max = a
Else
    max = b
End If
End Function


Private Sub Command1_Click()
Dim q, w As Integer
q = Val(Text1)
w = Val(Text2)
Label1 = max(q, w)
End Sub
```

其中 a，b 是形参，而 q，w 是实参。执行该过程时，首先进行"形实结合"，形参与实参结合的对应关系是：q→a，w→b。

3. 形参的数据类型

在创建过程中，如果没有声明形参的数据类型，则默认为 Variant 型。

当实参数据类型与形参定义的数据类型不一致时，VB 会按要求对实参进行数据类型转换，然后将转换值传递给形参。

例如，定义自定义函数 sum 然后调用它求和：

```
Private Function sum(a As Integer, b As Integer) As Integer

sum = a + b

End Function
```

调用函数过程如下：

```
Private Sub Command1_Click()

Label1 = sum(Text1,Text2)

End Sub
```

创建窗体并运行之，结果如图 6-9 所示：

运行上述程序时，VB 会将 string 型的"23"转换成 Integer 型的 23，将 string 型的"10"转换成 Integer 型的 10，然后实现 23→a，10→b，运行结果为：23+10=33。

6-3-2　参数按值传递和按地址传递

在 VB 中传递参数有两种方式：按值传递 (Passed By Value) 方式和按地址传递 (Passed By Reference) 方式。

1. 按值传递参数

按值传递参数使用 ByVal 关键字。按值传递参数时，VB 给传递的形参分配一个临时的内存单元，将实参的值传递到这个临时单元去。实参向形参传递是单向的，如果在被调用的过程中改变了形参值，则只是临时单元的值变动，不会影响实参变量本身。当调用过程结束后，VB 即释放形参所占用的内存。

参看下面按地址传递参数中的窗体及代码段（代码段与下面 2 中示例的代码段一样），只做这样的改变：Private Function max(ByVal x As Integer, ByVal y As Integer) As Integer。

通过函数调用，给形参分配临时内存单元 x 和 y，将实参 a 和 b 的数据传递给形参，在被调函数中 x、y 和 z 交换数据，调用结束后实参单元 a 和 b 仍保留原值，参数的传递是单向的。

运行结果如图 6-10 所示，被调函数 Max 中的 x 和 y 已经交换分别变为 22 和 11，而主调函数中的 a 和 b 仍为 11 和 22。

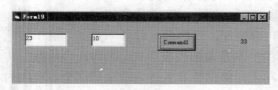

图 6-9　求和

图 6-10　按值传递参数

2. 按地址传递参数

在定义过程中，如果没有 ByVal 关键字，默认的是按地址传递参数，或者用 ByRef 关键字指定按地址传递。

按地址传递参数，是指把形参变量的内存地址传递给被调用过程，形参和实参具有相同的地址，即：形参、实参共享相同的存储单元。因此，在被调过程中改变形参的值时，则相应实参的值也被改变了。也就是说，与按值传递参数不同，按地址传递参数可以在被调过程中改变实参的值。

示例：创建如图 6-11 所示的窗体，并编写如下的代码：

```
Private Function max(x As Integer, y As Integer) As Integer
Dim z As Integer
If x <= y Then
    z = x: x = y: y = z
End If
max = x
End Function


Private Sub Command1_Click()
Dim a As Integer, b As Integer
a = Val(Text1): b = Val(Text2)
Print "_____"
Print a, b
Label1 = max(a, b)
Print a, b
End Sub
```

该窗体运行时给 Text1 和 Text2 输入值，然后点击 "Command1" 按钮，则结果如图 6-12 所示。

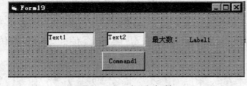

图 6-11　求最大数 1

图 6-12　求最大数 2

由于形参和实参共用相同的内存单元，因此在被调函数中交换 x 和 y 的内容后，a 和 b 的内容也同样发生了变化。运行结果如图 6-9 所示，a 和 b 的数据也交换了。

按地址传递参数比按值传递参数更节省内存空间，程序的运行效率更高。对于按地址传递的形参，如果在过程调用时与之结合的实参是常数或表达式，则 VB 会用按值传递的方法处理，给形参分配一个临时的内存单元，将常数或表达式传递到这个临时的内存单元去。

116

6-3-3　数组参数

在定义过程时，数组可以作为形参出现在过程的形参列表中。

声明数组参数的语法：形参数组名 ()[As 数据类型]

形参数组对应的实参必须也是数组，数据类型与形参一致，实参列表中的数组不需要用 "()"。过程传递数组只能按地址传递，形参与实参共有相同的内存单元。

在被调过程中不能用 Dim 语句声明形参数组，否则会产生 "重复声明" 的编译错误。但是在使用动态数组时，可以用 Redim 语句改变形参数组的维数，重新定义数组的大小，当返回调用过程时，对应的实参数组的大小随之发生变化。

例如，可以这样使用数组参数：

```
Private Function abc(m() As Integer, b As Integer)
Dim s, i As Integer
s = 0
For i = 1 To b
    s = s + m(i)
Next i
abc = s
End Function


Private Sub Command1_Click()
Dim f() As Integer
Dim k As Integer
k = 10
ReDim f(k)
For i = 0 To k
    f(i) = i
Next
Text1 = abc(f(), k)
End Sub
```

6-4　过程的递归调用

过程可以进行递归调用。递归调用是指在过程中直接或间接地调用过程本身。

例如：

```
Private Function digui(x As Integer) as integer
Dim y As Integer , z As Single
……
z=digui(y As Integer)
```

......

End Function

在如上代码段中，在函数 digui 的过程中，该函数调用了函数 digui 本身。

递归调用是一种十分有用的程序设计技术，很多数学模型和算法设计本身就是递归的。因此，用递归过程描述它们比用非递归方法要简洁，可读性好。

从上例中看到，在函数 digui 中调用函数 digui 本身，似乎是无终止的自身调用。显然，程序不应该有无终止的调用，而只应该出现有限次数的递归调用。因此，应该用 if 语句 (条件语句) 来控制终止的条件 (称为边界条件或结束条件)。只有在某一条件成立时才继续执行递归调用，否则不再继续。若一个递归过程无边界条件，则它就是一个无穷的递归过程，对它的调用执行就没有结束，这是一个错误，必须避免。

在编写递归程序时应考虑两个方面：递归的形式和递归的结束条件。如果没有递归的形式就不可能通过不断的递归来接近目标；如果没有递归的结束条件，递归就不会结束。

示例： 设计自定义函数 di 使其返回值为乘积：x!(即：1*2*3*4*5*…x)

```
Private Function di(x As Integer) As Double
If x = 1 Then
        di = 1
 Else
        di = di(x - 1) * x
End If
End Function


Private Sub Command1_Click()
Label1 = di(Val(Text1))
End Sub
```

下面代码段执行后产生的结果值 s 与上面自定义函数 di 的返回值相等：

```
Private Sub Command5_Click()
Dim i As Integer, s As Integer
 x = Val(Text1)
 s = 1
 For i = 1 To x
    s = s * i
 Next i
Label5 = s
End Sub
```

示例： 设计自定义函数 s 使其返回值为和：1!+2!+3!+………+x!

```
Private Function s(x As Integer)
    If x = 1 Then
        s = 1
```

```
    Else
        s = s(x - 1) + di(x)
End If
End Function
```

下面定义的函数 digui 返回值与上面自定义函数 s 的返回值相等：

```
Private Function digui(x As Integer)
Dim s As Integer, i As Integer, k As Integer
s = 0
For i = 1 To x
    k = 1
    For j = 1 To i
        k = k * j
    Next j
    s = s + k
Next i
digui = s
End Function
```

示例：如图 6-13 所示，有三根细柱子：A，B，C，其中 A 上套放着 15 个中间有一个空洞的大小都不等的圆盘，圆盘必须是放置在上面的比下面的小。设计一套步骤，每次只移动一个圆盘，通过细柱子 B 作中转将 15 个圆盘从 A 上移动到 C 上，且移动过程中每个细柱上的圆盘一直必须是放置在上面的比下面的小。这其实就是所谓的 Hannoi 塔问题。

对于 n 个圆盘的情况，可以用数学归纳法证明这是可行的。

(1) 当 n=2，即有两个圆盘时，显然能将 2 个圆盘从 A 上移动到 C 上，且满足规则。

(2) 假定当圆盘数为 n-1 时，能将 n-1 个圆盘从 A 上移动到 C 上，且满足规则。

(3) 下面证明圆盘数为 n 时，也能将 n 个圆盘从 A 上移动到 C 上，且满足规则。

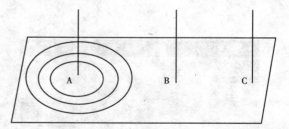

图 6-13 Hannoi 塔

按假定 (2)，可以通过细柱子 C 作中转将 A 上最上面的 n-1 个圆盘从 A 上移动到 B 上，且符合规则。这时 A 上就剩一个最大的圆盘了，直接将它移动到 C 上。这时，按假定 (2)，可以通过空细柱子 A 作中转将 B 上面的 n-1 个圆盘移动到 C 上。至此所有的 n 个圆盘就通过细柱子 B 作中转从细柱子 A 上移动到了细柱子 C 上，且移动过程中每个细柱上的圆盘一直是放置在上面的比下面的小。问题证毕。

下面用递归调用来实现该圆盘移动过程，并显示每一步如何移动一个圆盘：

```
Private Sub Command1_Click()
Call yidong(4, "A", "B", "C")
```

End Sub

```
Private Sub yidong(n As Integer, a As String, b As String, c As String)
If n = 2 Then
    Print a; "--->"; b, a; "-->"; c, b; "-->"; c
 Else
    Call yidong(n - 1, a, c, b)    ' 将 a 上的 n-1 个圆盘通过 c 移动到 b 上
    Print a; "-->"; c    ' 将 a 上的 1 个圆盘移动到 c 上
    Call yidong(n - 1, b, a, c)    ' 将 b 上的 n-1 个圆盘通过 a 移动到 c 上
End If
End Sub
```

n=2 或 3 是两种最简单的情况，移动圆盘达到目的的步骤分别如图 6-14 和图 6-15 所示，按图中的步骤很容易验证它的正确性。n=4 时移动圆盘达到目的的步骤如图 6-16 所示。

图中 A→B 表示将细柱子 A 上最上面的那一个圆盘移动到细柱子 B 上，B→C 则表示将细柱子 B 上最上面的那一个圆盘移动到细柱子 C 上，其他的情况依此类推。

n=2 时按图 6-14 所示的步骤可以这样移动圆盘达到目的：将细柱子 A 上最上面的那一个圆盘移动到细柱子 B 上，然后再将细柱子 A

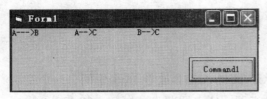

图 6-14　n=2 时圆盘移动的步骤

上最上面的那一个圆盘移动到细柱子 C 上，最后将细柱子 B 上最上面的那一个圆盘移动到细柱子 C 上。

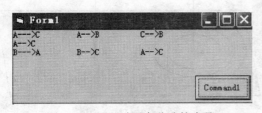

图 6-15　n=3 时圆盘移动的步骤

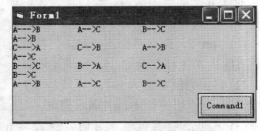

图 6-16　n=4 时圆盘移动的步骤

n=3 时的情况非常类似。可以看出，随着 n 的值的增大，圆盘移动的情况急剧复杂化。

6-5　变量和过程的作用范围

6-5-1　变量的作用范围

变量的作用范围是指变量发挥作用的有效范围。根据定义变量的位置和定义变量的语

句的不同，VB 中的变量可以分为过程级变量、模块级变量和全局变量。

1. 过程级变量

过程级变量只在声明它们的过程中有效，称为局部变量。用户无法在其他过程中访问或改变该类变量的值。使用 Dim 或者 Static 关键字来声明该类变量。

过程级变量定义语法：

Dim 变量名 As 数据类型

Static 变量名 As 数据类型

对于临时性的计算，应采用局部变量存储数据，过程运行完成后随即释放它们，这样对其他位置处所定义的变量没有什么影响。例如，有多个不同的过程，每个过程都包含变量名为 Q 的变量。只要每个 Q 都被声明为局部变量，那么每个过程只识别它自己的变量 Q，改变它自己的变量 Q 的值，而不会影响别的过程中的变量 Q，就像其他过程中的变量 Q 不存在一样。

在 Sub 过程中显式定义的变量（例如，使用 Dim 语句）都是局部变量，而没有在过程中显式定义的变量，除非其在该过程外更高级别的位置显式定义过，否则也是局部变量。可以使用 Option Explicit 语句来强制显式定义变量。使用 Option Explicit 语句后，必须使用 Dim、Private、Public 或 ReDim 语句显式声明所有变量。如果试图使用未经声明的变量名，则会出现错误。这样能有效地避免变量使用的混乱情况。

可以通过设置 VB 开发环境来自动完成这一功能：在"工具"下拉菜单中选择"选项"，然后在出现的界面中选择"编辑器"，然后在出现的选项卡中选择"要求变量声明"复选框。这样 VB 系统就会在创建任何新模块时自动插入 Option Explicit 语句。一般在创建一个新工程前实施该项设置，以便对整个工程代码生效。

使用 Option Explicit 也可避免拼错已存在的变量名称。对于作用范围不清楚的变量，使用此语句可避免发生混淆。

2. 模块级变量

按照默认规定，模块级变量对该模块的所有过程都有效，在模块中的任何过程都可以访问该变量，但其他模块的过程则不可用。可在窗体模块和标准模块顶部用 Dim 或者 Private 关键字声明模块级变量。

语法：

Dim 变量名 As 数据类型

Private 变量名 As 数据类型

通过在窗体代码窗口中选择过程列表框的"通用"后，在窗体模块 (Forml) 中声明模块级变量 Temp，如图 6-17 所示。

这样定义的窗体级变量 Temp 可以在该窗体的任何过程中使用它（包括窗体上所有控件的所有事件过程等），而且会保留每一次使用后存储在它中的（本次产生的）结果。

示例： 在窗体上创建两个 Command 控件，然后定义一个窗体级变量 Temp，然后编写如

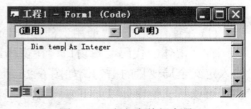

图 6-17 定义窗体级变量

下代码。窗体运行时,先点击"Command1"按钮,然后点击"Command2"按钮,再点击"Command1"按钮,然后再点击"Command2"按钮则会看到如图 6-18 所示的结果,从该结果可以看出模块级变量的作用。

Dim temp As Integer   ' 在窗体的通用过程中定义模块级变量,如图 6-17 所示

```
Private Sub Command1_Click()
  temp = temp + 10
  Print temp, "command1"
End Sub

Private Sub Command2_Click()
  temp = temp + 10
  Print temp, "command2"
End Sub
```

通过菜单"工程"下拉菜单项"添加模块"来添加标准模块,然后在添加的标准模块 (Module1) 的顶部声明模块级 s,如图 6-19 所示。也可在工程资源管理器窗口中用鼠标在空白处单击右键,然后在弹出的菜单中选择"添加"→"添加模块"→新建模块,来打开这样的窗口,来定义模块级变量 s。这样定义的变量只能在该模块内有效。

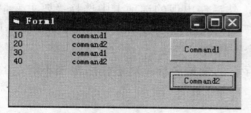

图 6-18　窗体级变量的作用

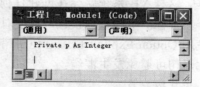

图 6-19　在标准模块中定义模块级变量

3. 全局变量

全局变量的作用范围是应用程序的所有过程,在整个工程的任何地方、任何时候使用它以后都会保留存储在它中的 (本次产生的) 结果,这类变量也称为公用变量。

在开发程序时,一般应尽可能避免使用全局变量,因为它被程序的所有过程所共有,被频繁使用后,其中存储的结果往往变得难以预见,这可能会导致严重的错误结果。

全局变量可以在窗体顶部的"通用"部分或标准模块顶部的声明部分用 Public 关键字来声明。

语法: Public 变量名 As 数据类型

(1) 在窗体顶部的"通用"部分用 Public 关键字来声明全局变量。

打开窗体的代码编辑窗口,在窗体顶部的"通用"部分 (选择"(通用)"即可进入) 输入定义全局变量的语句,如图 6-20 所示。

可以从其他窗体以如下方式访问这样创建的全局变量:

Private Sub Command1_Click()

Print Form1.s

End Sub

(2) 在标准模块顶部的声明部分用 Public 关键字来声明全局变量。

按前面说明的方式添加一个标准模块，然后在添加的标准模块 (Module1) 的顶部声明全局变量 s，如图 6-21 所示。

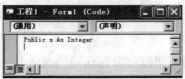
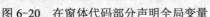
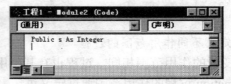

图 6-20　在窗体代码部分声明全局变量　　　图 6-21　在标准模块中声明全局变量

这样定义的全局变量可以在整个工程中的任何地方能像访问局部变量那样的方式访问该全局变量，除非出现了变量名重复的情况。

6-5-2　静态变量

变量除了使用范围外，还有存活期，也就是变量能够保持其值的时期。模块级变量和全局变量的存活期是整个应用程序的运行期间。

局部变量即过程级变量包括动态变量和静态变量两种。

(1) 动态变量用 Dim 关键字声明。对于在过程中用 Dim 声明的局部变量仅当本过程执行期间存在，当一个过程执行完毕，它的局部变量的值就不存在了。当下一次执行该过程时，所有局部变量将重新初始化。

(2) 静态变量在所定义的过程执行结束后仍保留变量的值，即其占用的内存单元未释放。当以后无论在什么条件下、什么时候再次执行该过程时静态变量上一次的结果值仍然有效。将局部变量定义成静态变量可以在过程中使用 Static 关键字来声明变量，其用法和 Dim 语句完全一样。通常 Static 关键字和递归的 Sub 过程不能在一起使用。

例如，编写以下代码，在窗体运行时用鼠标左键点击 "Command1" 按钮两次，就会出现如图 6-22 所示的结果。

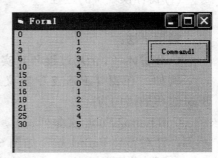

图 6-22　静态变量

界面上右边那一列是动态变量 i 的值的变化情况，每一次执行该过程时 i 都重新被初始化，上一次运行的结果都不会对下一次的执行产生影响。左边那一列是静态变量 a 的值的变化情况，上一次运行该过程后 a 的结果都会对下一次该过程的执行结果产生影响，上一次运行该过程后 a 的结果值都是下一次执行该过程时的初始值。

```
Private Sub Command1_Click()
Static a As Integer
Dim i As Integer
```

```
For i = 0 To 5
    a = a + i
    Print a, i
Next
End Sub
```

6-5-3 过程的作用范围

1.定义不同作用范围的过程

与变量的作用范围相同，过程也有其作用范围，即过程发挥作用的有效范围。Sub 过程和 Function 过程的作用范围通过定义语句来声明。

定义不同作用范围的过程的语法：

[Private|Public][Static] Sub 过程名 ([参数列表])

[Private|Public][Static] Function 函数名 ([参数列表])[As 数据类型]

Public 用来定义全局过程 (公用过程)，所有其他过程都可访问这个过程。按照默认规定，所有标准模块中的子过程都为 Public 过程，因此在整个应用程序中可随处调用。

Private 用来定义局部过程 (私用过程)，只有本模块中的过程才可以访问它。

Static 用来定义静态过程，表示在调用之间将保留过程中的局部变量值，这些值对再次调用本过程产生作用。

2.过程的外部调用

外部调用是指调用其他模块中的全局过程。调用其他模块中的过程的方法取决于该过程所属的模块是在窗体模块、标准模块还是类模块。

(1) 窗体模块中的过程。

外部调用窗体中的全局过程，必须以窗体名为调用的前缀。

调用语法：

Call 窗体名 . 全局过程名 [(实参列表)]

例如，在窗体 Form2 中定义一个全局过程 Subl，在窗体 Forml 中调用 Form2 中的 Subl 过程的语句为：

Call Form2.Subl(实参列表)

示例：针对窗体 Form1 编写如图 6-23 所示的代码，并定义 Public 过程 m()，然后通过以下的代码从窗体 Form2 调用窗体 Form1 的 Public 过程 m()：

Private Sub Command1_Click()

Call Form1.m

End Sub

在这种情况下，通用过程 m() 必须定义成 Public 型而不是 Private，否则调用会出错。

(2) 标准模块中的过程。

标准模块 (.bas) 中的过程，如果过程名是

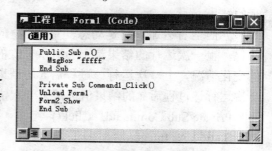

图 6-23　调用窗体 Public 过程

唯一的，则不必在调用时加模块名。如果有两个以上的标准模块包含同名的过程，则调用本模块内过程时不必加模块名，而调用其他模块的过程时必须以模块名为前缀。

调用语法：Call [标准模块名]. 全局过程名 [(实参列表)]

例如，对于 Modulel 和 Module2 中名为 Subl 的过程，从 Modulel 中调用 Module2 中的 Subl 语句如下：

Call Module2.Subl(实参列表)

而不加 Module2 前缀时，则运行 Module1 中的 Sub1 过程。

(3) 调用类模块的过程。

调用类模块中的全局过程，要求用指向该类的某一实例作前缀。首先声明类的实例为对象变量，并以此变量作为过程名前缀，不可直接用类名作为前缀。

调用语法：Call 变量 . 过程名 ([实参列表])

例如，类模块为 Class1，类模块的过程 ClassSub，变量名为 ExaClass，调用过程的语句如下：

Dim ExaClass As New Class1

Call ExaClass.ClassSub([实参列表])

3. 静态过程

在过程定义中可以用 Static 关键字来声明静态过程，或者，在窗体代码编辑窗口打开的情况下选择"工具"菜单→"添加过程"菜单项，则出现如图 6-24 所示的界面，然后选中"所有本地变量为静态变量"，同时输入过程的名称：jintai。最后点击"确定"按钮，则出现如图 6-25 所示的代码编辑窗口，然后在其中创建静态过程 jintai()。

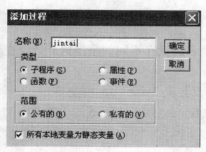

图 6-24　创建静态过程 1

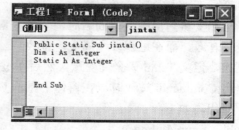

图 6-25　创建静态过程 2

声明一个过程为静态过程，则使该过程中的所有局部变量都成为静态变量，不管它们以前是以什么方式声明的，不管它们以前是什么类型的变量。Static 表示在调用之间将保留过程中的局部变量值。

4. Sub Main 过程

VB 提供了设置无窗体程序入口点的特殊过程：Sub Main()。每个工程只能有一个 Sub Main 过程。要想使程序从 Sub Main() 开始执行，必须事先在工程属性窗口中设置"启动对象"为 Sub Main。使用以前必须在标准模块中创建这个 Sub Main() 过程。可这样创建 Sub Main() 过程：在"工程"下拉菜单中选择"添加模块 (M)"，则出现如图 6-26 所示的窗口，在其中即可人工输入所有完整的代码 (包括过程结构) 来创建 Sub Main() 过程。也

图 6-26　创建 Sub Main() 过程

可在工程资源管理器窗口中用鼠标在空白处单击右键，然后在弹出菜单中选择"添加"→"添加模块"，然后在出现的同样的窗口中创建 Sub Main() 过程。

6-5-4　使用同名的变量

在不同的范围内应用程序可能会使用多个同名的变量，例如可能有几个同名的局部变量，局部变量与模块变量同名，局部变量、模块变量与全局变量同名等情况出现。

1. 不同模块中的全局变量同名

如果不同模块中的全局变量使用同一名字，则通过引用"模块名 . 变量名"来加以区别。

例如，在一个新工程中插入一个标准模块 Module1，并在窗体 Form1 上添加两个命令按钮 Command1 和 Command2。在标准模块 Module1 中声明全局变量 Max，在窗体模块 Form1 中也声明全局变量 Max。可以通过以下代码区别访问这两个 Max 变量：

```
Private Sub Command1_Click()
Print Form1.Max
End Sub
Private Sub Command2_Click()
Print Module1.max
End Sub
```

2. 全局变量与局部变量同名

当全局变量与局部变量同名时，全局变量和局部变量在不同的范围内有效。在过程内局部变量有效，而在过程外全局变量有效。

例如，定义 Temp 为全局变量，然后在过程中又定义 Temp 为局部变量。

单击 Command1 按钮时，在窗体上显示 Form1.Temp 为 1 而 Temp 的值为 2。

程序代码如下：

```
Public Temp As Integer
Sub Test()
Dim Temp As Integer
Temp=2    ' Temp 的值为 2
Print Form1.Temp    ' Temp 的值为 1
Print Temp    ' Temp 的值为 2
End Sub

Private Sub Form_Load()
Temp=1    ' 将 Form1.Temp 的设置成 1
End Sub
```

```
Private Sub Command1_Click()
Test
End Sub
```

3. 窗体的属性、控件名与变量同名

窗体的属性、控件名都被视为窗体模块中的模块级变量。窗体属性名、控件名与模块级变量名相同是不合法的，因为它们的作用范围相同。因此，在窗体模块中应尽量使变量名和窗体中的控件名不一样，养成对不同变量使用不同名称的设计习惯。

在窗体模块中，与窗体上控件同名的局部变量将遮住同名控件。因此必须引用窗体名称来限定控件，才能设置或得到该控件的属性值。

例如，在窗体上有一个文本框 Textl，也有一个局部变量 Textl。

```
Private Sub Form_click()
Dim Textl as string
Textl="Variable"    ' 变量值为 "Variable"
Form1.Textl="Control"    ' 控件必须用 Form 限定
Form1.Textl.Top=0    ' 设置文本框的位置
End Sub
```

6–6   常用的排序算法

排序是日常生活和工作中经常要用到的方法，排序使查找数据变得方便容易，下面介绍两种简单常用的排序算法。

1. 冒泡排序（交换排序）

设有 n 个数据元素：r[1],r[2],r[3],……,r[n-2],r[n-1],r[n]。

设 r[i].key 是元素 r[i] 的关键字。

排序过程：从第一个元素开始，比较相邻的两个元素的值，若 r[1].key>r[2].key 则交换二元素 r[1],r[2] 的内容，否则不交换；继续，若 r[2].key>r[3].key 则交换二元素 r[2],r[3] 的内容，否则不交换，……，；最后，若 r[n-1].key>r[n].key 则交换二元素 r[n-1],r[n] 的内容，否则不交换，这样第一趟排序结束。

第二趟排序：开始与第一趟排序一样，最后，若 r[n-2].key>r[n-1].key 则交换二元素 r[n-2],r[n-1] 的内容，否则不交换，第二趟排序结束。

……

这样每一趟排序结束就有一个元素排列到位，经过 n-1 趟排序后所有的元素都将按升序排列到位。

示例：编写代码用冒泡排序法将数列：3，2，1，4，5，6，10，9，8，7 按由小到大排序。

编写代码如下：

```
Private Sub Command1_Click()
Dim s(9) As Integer, i As Integer, j As Integer, k As Integer
s(0) = 3: s(1) = 2: s(2) = 1: s(3) = 4: s(4) = 5: s(5) = 6: s(6) = 10: s(7) = 9: s(8) = 8: s(9) = 7
```

```
Print " 排序前的数列 "
For i = 0 To 9
    Print s(i);
Next
For i = 0 To 9
    For j = 0 To 9 - i - 1
        If s(j) > s(j + 1) Then    ' 交换逆序相邻元素
            k = s(j): s(j) = s(j + 1): s(j + 1) = k
        End If
    Next j
Next i
Print
Print "-----------------------------"
Print " 排序后的数列 "
For i = 0 To 9
    Print s(i);
Next
End Sub
```

该代码段运行后的结果如图 6-27 所示。

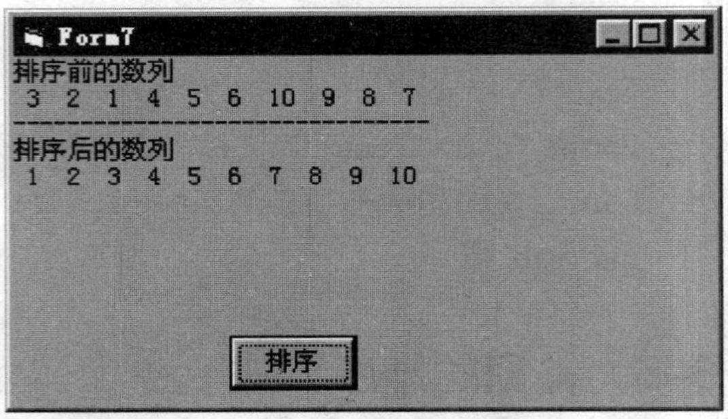

图 6-27 冒泡排序

2. 选择排序

设有 n 个数据元素：r[1],r[2],r[3],……,r[n-2],r[n-1],r[n]。

设 r[i].key 是元素 r[i] 的关键字。

排序过程：从所有元素中选择出关键字最小的元素，将该元素与第一个元素交换；去掉关键字最小的元素，在剩余元素中选择出关键字最小的元素，将该元素与第二个元素交换；这样继续……；这样每选择交换一次就有一个元素排列到位，经过 n-1 次选择交换后所有的元素都将按升序排列到位。

示例：编写代码用选择排序法将数列：3，2，1，4，5，6，10，9，8，7 按由小到大排序。

编写代码如下：

```
Private Sub Command4_Click()
Dim s(9) As Integer, i, j, k, p As Integer
s(0) = 3: s(1) = 2: s(2) = 1: s(3) = 4: s(4) = 5: s(5) = 6: s(6) = 10: s(7) = 9: s(8) = 8: s(9) = 7
Print " 排序前的数列 "
For i = 0 To 9
    Print s(i);
Next
For i = 0 To 9
    k = i
    For j = k To 8    ' 确定最小元素
```

```
        If s(k) > s(j + 1) Then
            k = j + 1
        End If
    Next j
    p = s(i)    ' 与最小元素交换
    s(i) = s(k)
    s(k) = p
Next i
Print
Print "------------------------------"
Print " 排序后的数列 "
For i = 0 To 9
    Print s(i);
Next
End Sub
```

思考练习题 6

1.Sub 过程和 Function 过程有什么不同？调用的方法各有什么不同？

2. 调用过程时参数的传递有哪几种方式？它们有什么区别？

3. 变量的作用范围和过程的作用范围主要是指什么？

4. 静态变量和模块级变量有什么区别？

5. 什么是递归过程调用？试采用递归过程调用法求两个正整数的最大公约数。

6. 定义变量要有规律，要便于识别记忆，要尽量少定义或不定义全局变量，以免引起交叉影响，对调试程序造成麻烦。请分析思考这一点。

7. 全局变量在什么位置处声明？使用时应注意什么？

8. 使用过程级变量、模块级变量和全局变量三种变量时，一般应遵循什么规则？

第7章 数据库程序设计

　　数据库程序设计一直是应用程序设计领域中非常活跃的一部分，尤其是在现在这个信息时代。信息管理系统往往都是以数据库为中心展开的，因此对数据库操作能力的大小很大程度上决定着一个应用开发平台功能的强弱及其应用领域的广泛程度。Visual Basic 6.0是一个功能强大的编程语言，同时它也提供了强大的数据库编程能力，依靠它可以快速高效地开发数据库应用系统。它与其他许多专门的数据库开发平台相比毫不逊色，甚至使用起来更加快捷、便利。

　　本章介绍数据库、数据表以及开发数据库应用系统常用必备的控件、技术和方法，其中包括 SQL 语言等关键内容。

7-1　VB 数据库基础

　　VB 提供了强大的数据库编程能力，完全可以与其他数据库编程语言相媲美。所有的数据库编程语言都是针对数据库进行操作的，它们都有自己特定结构的数据库，VB 可以对多种数据库进行操作，它默认的数据库是 Access 数据库。

　　1. VB 支持的数据库类型

　　VB 数据库：即本地数据库或 Access 数据库。在 VB 环境的可视化数据管理器中即可创建和管理它，文件名后缀为 .mdb。一般情况下大多使用该种数据库。

　　外部数据库：dBase、Foxpfro、Paradox、ODBC、Text Files 格式的数据库。在 VB 中用户能创建以上所述的各种数据库。

　　2. VB 对数据库的操作

　　VB 不直接对数据库进行操作，而是通过数据库引擎实现对数据库的操作。应用程序将操作指令传给数据库引擎，向数据库引擎提出操作请求，由数据库引擎对数据库进行操作，这一过程如图 7-1 所示。

　　3. 关系数据库简介

　　关系数据库是目前最为流行的数据库类型，它不仅功能强大而且提供了结构化查询语言 (SQL) 的标准接口。关系数据库存储由行和列组成的二维表格数据，这种类型的数据在实际生活和工作中大量广泛地存在，为广大用户所熟知。关系数据库的每一个数据表存储一个由行和列组成二维表格数据，列称之为字段（每

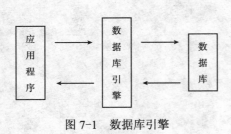

图 7-1　数据库引擎

一列有一个名称，称之为字段名），而行则称之为记录，任何两行可以交换位置，任何两列可以交换位置。关系数据库常用术语及其解释说明如表 7-1 所示。

　　数据库一般是一个独立存在的文件，它相当于一个数据容器，一般包含有若干个相关的数据表，每一个数据表则包含一个针对某一具体事物的二维数据表格。数据库并不直接存储数据，数据表直接存储数据，数据即记录集合。程序在访问用数据以前必须先打开数据库，然后再打开数据表。要存储数据先要创建数据库，然后在其中创建数据表。

表 7-1　　　　　　　　　　　　　　关系数据库常用术语

术语	描　　述
表	即数据表，一个表即对应一个二维表格数据集合
字段	数据表中的每一列称做一个字段，同一个表中不能有两个相同的字段。字段由字段名，数据类型，长度等定义而成
记录	数据表中的一行数据称做一个记录，同一数据表中任意两个记录不能完全相同
索引	为了快速检索数据而为数据表设置索引，是另一种排序，是逻辑排序而非物理排序。在数据记录量很大时，索引查找比非索引查找速度显著地快
关键字	表中的一个或多个字段，为快速检索而被索引。可以不唯一，唯一时称之为主关键字，它能唯一地标识每一个记录
记录集	由一个表或多个表中过滤出的数据子集，通常也叫虚表

7-2　可视化数据管理器

　　可视化数据管理器是 VB 为用户提供的创建数据库并对其进行管理的一个简单易用的工具。通过它可以创建许多常用类型的数据库及其数据表，并能实现数据记录的添加、删除、修改、查找以及对数据表结构的创建和修改。

　　可视化数据管理器是 VB 提供的一个外接程序，是一个单独的 EXE 文件，可以单独运行也可以在 VB 环境中运行。它是用 VB 编写的一个应用程序，整个工程及其相关的各个文件都能在特定的 VB 系统文件目录中找到。一般可在目录:\Microsoft Visual Studio\MSDN98\98VS\2052\SAMPLES\VB98\visdata 中找到它。

　　进入可视化数据管理器可通过菜单选择来实现：选择"外接程序 (A)"菜单中的菜单项"可视化数据管理器 (V)"即可打开可视化数据管理器。进入可视化数据管理器后出现如图 7-2 所示的界面，则可在该环境中创建数据库和数据表并进行管理。

　　在图 7-2 所示的界面中选择好所要创建的数据库类型（如可

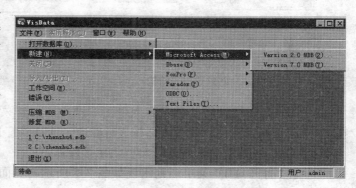

图 7-2　可视化数据管理器

选择创建 MicroSoft Access Version7.0),然后会出现如图 7-3 所示的界面,选择路经并给出文件名,然后点击"保存"按钮即可创建该数据库文件于该目录中。

点击"保存"按钮后出现如图 7-4 所示的界面并会自动打开该数据库。数据库创建好后,接下来要在其中创建表。数据库是用来包含数据表的容器,数据信息包含在数据表里,数据库以文件的形式存储在存储介质上,数据表不能独立存在。在图 7-4 所示界面的左边空白区域中单击鼠标右键则出现一菜单,选择"新建表 (T)"菜单项则可为数据库创建数据表。

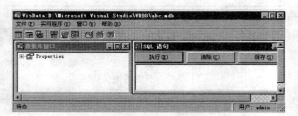

图 7-3　保存创建的数据库　　　　　　　　图 7-4　打开数据库

点击"新建表 (T)"菜单项后则出现如图 7-5 所示的界面,可输入数据表名并通过"添加字段"按钮来创建表结构。添加字段时一定要注意字段名,类型,大小等的输入和设置。一般采用英文或汉语拼音输入数据表名和字段名,这样便于程序代码访问它们;字段类型也特别重要,能进行数学计算的是数值型字段 (integer,long.double),否则是 Text 型或其他类型,字段类型会影响程序对字段的处理方式。

为数据表创建表结构完毕后,最后必须要在如图 7-6 所示的界面中点击"生成表"按钮来完成数据表 (结构) 的创建。

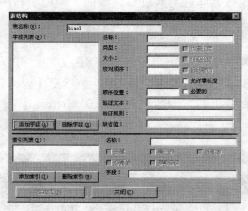

图 7-5　创建数据表结构　　　　　　　　图 7-6　生成数据表

生成数据表结束后,在表名上单击右键则出现一菜单,如图 7-7 所示。选择"设计 (D)"菜单项则可对已创建的表结构进行修改,选择"打开 (D)"菜单项则可打开数据表输入数据记录,或进行删除记录、浏览记录等操作。

选择"打开 (D)"菜单项则出现如图 7-8 所示的界面,可给数据表输入数据记录,或删除记录、浏览记录等。

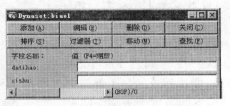

图 7-7　修改表结构　　　　　　　图 7-8　操作记录

要修改记录必须点击"编辑"按钮，进入编辑窗口后进行修改等操作。编辑窗口如图 7-9 所示。修改完毕确认后必须点击"更新"按钮，以实现对原有数据的更新；否则点击"取消"按钮将放弃当前的修改，恢复到以前原有的数据状态。

在将可视化数据管理器环境中创建的 Access 数据库向数据控件 Data 等挂接时，一般不会有什么问题。但用 Microsoft Office 系统提供的 Microsoft

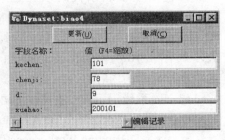

图 7-9　编辑窗口

Access 软件所创建的 Access 数据库在向数据控件 Data 等数据控件挂接时，有时会出现一些问题，往往不能实现数据表的正常挂接或不能从数据控件上正确读出数据。这是因为在两种不同的环境中创建的 Access 数据库的结构有一定的差异。

7-3　SQL 语言

SQL 语言又称结构化查询语言 (structured query language)，1974 年由 Boyce 和 Chamberlin 提出，并在 IBM 公司 San Jose 研究实验室所研制的关系数据库管理系统 System-R 中成功实现应用。SQL 语言在 1986 年被美国国家标准化组织 ANSI 批准为关系数据库语言的国家标准，1987 年又被国际标准化组织 ISO 批准为国际标准，此标准也于 1993 年被我国批准为中国的国家标准。到目前为止，国际上所有的关系数据库管理系统均采用 SQL 语言，包括 ORACLE，SYBASE，INFORMIX 等大型关系数据库管理系统。

在 VB 环境中使用的 SQL 语言与标准的 SQL 语言或其他语言中的 SQL 语言有一定的不同，应注意这一点。本书后继内容中提供的 SQL 语句都是在 VB 环境中调试运行通过了的。

SQL 语言有两种使用方式，一种是联机交互使用方式，在此种方式下 SQL 语言可独立使用 (称为自含式语言)；另一种是嵌入式使用方式，它以某一高级程序设计语言 (如 C，VB 等) 为主语言，而 SQL 语言则被嵌入其中依附于主语言来使用。不管采用何种方式，SQL 语言的基本语法和结构不变。在嵌入式中需要编写专门的代码语句用以建立主语言与 SQL 间的联系。

　　SQL 语言嵌入 VB 环境中使用时，不能像 VB 语句那样直接在过程中使用，必须为两者之间建立联系，以特定的嵌入方式使用。

　　建立 SQL 语言与 VB 的联系包括两部分：

　　(1) 打开某个指定的数据库。

　　(2) 将 SQL 语句转换成 VB 语句。

　　其中 select 语句可以直接在 Data 控件和 Adodc 控件的属性 RecordSource 里设置使用，而要执行非 select 语句则要采用另外的方法，下面通过例子来介绍。

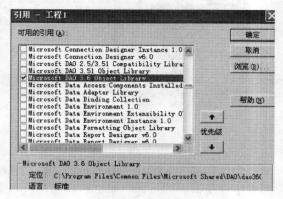

图 7-10　添加引用

　　在使用以下联系代码以前必须要通过"工程"菜单里的"引用"菜单项将 Microsoft DAO 3.6 Object Library 引用添加到工程中去，如图 7-10 所示 (也可以使用 ADO 技术，本章后面的内容将介绍)。

　　建立联系代码示例 (注释掉的语句供读者参考使用)：

```
Dim ws As Workspace, db As Database, rs As Recordset
Set ws = DBEngine.Workspaces(0)    ' 或 Set ws = DBEngine(0)
Set db = ws.OpenDatabase("d:\project3\abc.mdb")    ' 打开数据库
db.Execute "insert into a(xuehao,xinmin,chenji,xinbie) values('mmm','mmm',246,'mm') "
    ' 包含 SQL 语句的 VB 语句
' db.Execute "update a set chenji=77 where xinbie='mm' "
' db.Execute "delete from a where xinbie='mm' "
' db.Execute "drop table a "
ws.Close    ' 关闭数据对象，其下层的数据对象也同时被关闭，所提交的事物将被取消
Set ws = Nothing    ' 将对象从内存中完全删除
```

1. 常用的 SQL 语句

假设有四个数据表：

biao1(xuehao,xinmin,nianlin,xinbie)

biao2(kehao,kemin)

biao3(xuehao,kehao,chenji)

abc(xuehao,xinmin,chenji)

　　其中 xuehao，xinmin，nianlin，kehao，kemin，chenji 分别为学号，姓名，年龄，课程号，课程名，成绩字段名。以下用这几个表为数据来源，介绍 SQL 语言的基本语句和基本用法。

　　以下内容中的 SQL 语句可在如图 7-16 所示数据管理器窗口右边的空白区域内输入，然后点击"执行"按钮进行验证。

　　(1) 创建新数据表。

　　语法：create table 表名 (字段名 1 类型 长度 , 字段名 2 类型 长度 ,……)

示例：create table abc(xuehao text(10),xinmin text(20),chenji integer)

含义：创建一个新数据表 abc, 两个 Text 字段 :xuehao，xinmin 长度分别为 10,20 ； 一个 integer 型字段 chenji。

(2) 给数据表添加字段。

语法：alter table 表名 add 字段名 类型

示例：alter table abc add xinbie text(4)

含义：给数据表 abc 添加一个 Text 字段 xinbie, 长度为 4。

(3) 从数据表删除字段。

语法：alter table 表名 drop 字段名

示例：alter table abc drop xinbie

含义：从表 abc 删除字段 xinbie。

(4) 为数据表添加新记录。

语法：insert into 表名 (字段名 1, 字段名 2,……) values(值 1, 值 2,……)

示例：insert into abc (xuehao,xinmin,chenji) values("001005"," 张三 ",90)

含义：为数据表添加新记录 : xuehao="2001005"， xinmin=" 张三 ",chenji=90。

若是给所有字段添加新值，则无需给出字段名，但 Values 后面所跟值的顺序和类型必须与数据表结构的字段顺序和类型完全一致。

例如：insert into abc values("001005"," 张三 ",90)

(5) 删除数据表。

语法：drop table 表名

示例：drop table abc

含义：删除数据表 abc。

(6) 删除数据表的所有记录。

语法：delete from 表名 where true

或者：delete from 表名

示例：delete from biao1 where true

　　　或者：delete from biao1

含义：删除表 biao1 的所有记录。

(7) 删除符合条件的表记录。

语法：delete from 表名 where 条件

示例：delete from biao1 where xuehao="2001002"

含义：删除表 biao1 中字段 xuehao 的值为 "2001002" 的记录。

(8) 对字段的值更新。

语法：update 表名 set 字段名 = 新值 where 条件

示例：update abc set chenji=chenji+5 where xuehao="2001005"

含义：将表 abc 中字段 xuehao 的值为 "2001005" 所有记录 chenji 字段的值增加 5。

示例：update abc set chenji=99 where true

含义：将表 abc 中所有记录的 chenji 字段值替换为 99。它功能等价于 update abc set

chenji=99

(9) 合计函数和分组。

在查询数据表的数据时，有时需要对某列计算值，如计算平均工资，员工的总数等。为了满足这方面的需要，SQL 提供了许多合计函数，或叫分组函数，或叫聚集函数。常用合计函数如下：

sum(字段名)-—对字段 (列) 求和；avg(字段名)—- 对字段 (列) 求平均值；max(字段名)-—求该字段 (列) 中最大值；min(字段名)--- 求该字段 (列) 中最小值。count(*)----统计记录的总个数，count(字段名)-—统计非空 (Null) 字段记录的个数。

例如：

计算总成绩：select sum(chenji) as jisuan from biao1

查询出不同出版社有多少种书籍：

select chubanshe,count(*) from shuji group by chubanshe

(10) 过滤出记录子集。

语法：select 字段名 1 [as 别名 1], 字段名 2 [as 别名 2],…… from 表名 1, 表名 2,…… where 条件 1 and[or] 条件 2 and[or]…… order by 字段名 1 desc/asc, 字段名 2 desc/asc,…… group by 字段名 1, 字段名 2,……having 条件

"as 别名 1"表示显示时列标题按别名"别名 1"显示，仅为显示之用，不会影响其他方面。

不同的字段名之间，不同的表名之间要用逗号分隔。desc：降序排列，asc：升序排列。使用了 group by 可以不使用 having，但要使用 having 则必须使用 group by。使用时要注意 where，order by，group by，having 的前后次序，不可随意调换它们的次序。判断每个记录的值时使用 where，判断每个分组函数的值时使用 having。Having 中不能直接使用字段名。

在 select 语句中可以通过使用 group by 子句对所有记录按 group by 后面所跟的字段进行分组，所有 group by 后面所跟的字段值相等的记录分为一组，用 select 语句和 group by 子句查询后每一组只显示为一个记录，显示出的每个记录的 group by 后面所跟字段的值都不同。

注意：where 子句中不能使用合计函数，只能在 having 子句中使用合计函数。

示例：select xuehao,xinmin,chenji from biao1 where chenji>40 and xinbie='nan' order by chenji desc,xuehao asc

含义：将表 biao1 中的 chenji 大于 40 且 xinbie 为"nan"的记录过滤出来，保留字段 xuehao，xinmin，chenji 且按 chenji 降序排列 , 若 chenji 相等则按 xuehao 升序排列。

示例：select * from biao1 where chenji>70 and xinbie="nan" order by chenji

含义：将表 biao1 中 chenji 大于 70 且 xinbie 为"nan"的记录过滤出来，保留所有字段，且按 chenji 排序。

其中的"*"代表所有的字段。

示例：select chubanshe from shuji group by chubanshe

含义：查询出版的书籍中共有哪些不同的出版社。

示例：select chubanshe,count(*) as zhongshu from chuban group by chubanshe having count(*)>3

含义：查询出版书籍种数大于 3 的出版社及其出版书籍的种数。

注意：

所有 select 语句可直接写入 Data 数据控件和 Adodc 数据控件的属性 recordsource 中直接使用并发挥作用。

例如：Data1.Recordsource="select xuehao,xinmin,chenji from Biao1 where chenji>80 order by chenji desc"

注意：如果使用了 group by，则紧跟在 select 之后的任一非统计项的字段都必须包含在 group by 后面的字段列表中，可参看下面的内容。

关于 group by 的用法，下面四个语句都是错误的：

select xinmin from biao1 group by xuehao

select xuehao,xinmin from biao1 group by xuehao

select xuehao,avg(chenji) as ji from biao1 group by xuehao having chenji>50

select xuehao,xinmin,avg(chenji) as ji from biao1 group by xuehao

关于 group by 的用法，下面六个语句都是正确的：

select xuehao,xinmin,avg(chenji) as ji from biao1 group by xuehao,xinmin

select xuehao,xinmin from biao1 group by xuehao,xinmin

select xuehao from biao1 group by xuehao

select xuehao,avg(chenji) as ji from biao1 group by xuehao having avg(chenji)>50

select xinmin,avg(chenji) as ji from biao1 group by xinmin

select xuehao,avg(chenji) as ji from biao1 group by xuehao

(11) 过滤出子集字段，字段按别名显示。

语法：select 字段名 1 as 字段别名 1, 字段名 2 as 字段别名 2, 字段名 3 as 字段别名 3,…… from 表名

示例：select xuehao as 学号 ,xinmin as 姓名 ,chenji as 成绩 from biao1

含义：将表 biao1 中的所有记录过滤出来，只过滤出字段 xuehao，xinmin，chenji 且字段分别按学号，姓名，成绩别名显示。

(12) 统计符合条件的记录个数。

语法：select count(*) as 别名 from 表名 where 条件

示例：select count(*) as tongji from biao1 where chenji>90

含义：统计 biao1 中 chenji 大于 90 的记录个数，tongji 为字段别名，可通过字段别名 tongji 读取个数值 count(*)。

count() 函数还有许多其他类似的应用：count(字段名)——统计非空字段 (Null) 记录的个数。

(13) 等值联接。

语法：select 表名 1. 字段名 , 表名 2. 字段名 from 表名 1, 表名 2 where 条件

示例：select biao1.xuehao,biao1.xinmin,biao3.chenji from biao1,biao3 where biao1.xuehao=biao3.xuehao

含义：将表 biao1 和表 biao3 按学号进行等值联接，保留字段：biao1.xuehao，biao1.xinmin，biao3.chenji。

biao1.xuehao 意思是：数据表 biao1 中的字段 xuehao；其他类似的用法含义也类似。

若某字段为各数据表中某一个表唯独具有的，则表名可省略，如 biao3.chenji 可为 chenji。

(14)select 的嵌套使用。

示 例：select xuehao from biao3 group by xuehao having avg(chenji)>=all (select avg(chenji) from biao3 group by xuehao)

含义：检索平均成绩最高的 xuehao

下面的语句能完成相同的功能：

select * from biao2 where chenji>=all(select chenji from biao2)

集合的比较操作还有许多，例如：

(a)(集合 1) in (集合 2)——意为：(集合 1) 包含于 (集合 2)

(b)(集合 1) not in (集合 2)——意为：(集合 1) 不包含于 (集合 2)

元素比较符号 ALL (集合)——元素与集合中所有的元素都满足比较符号所描述的关系。比较符号也可为 >，<，=，>=，<=，<> 其中之一。

示例：select * from biao2 where xuehao in (select xuehao from biao3 where chenji>90)

(c)exsits(集合)

测试一个集合是否非空。集合非空时逻辑值为 true，否则为 false

示例：select * from biao1 where exsits(select chenji from biao3)

'注意，子句中只能是一个字段

(d)not exsits(集合)

用法类似于 exsits(集合)

(e)unique(集合)

测试一个集合是否有重复的元素存在。

当集合有重复的元素存在时，逻辑值为 true，否则为 false

示例：select * from biao1 where unique(select xuehao from biao3)

(f)not unique(集合)

用法类似于 unique(集合)

(15) 记录集合的合并 union。

(select * from biao3 where chenji>=60) union (select * from biao3 where chenji<60)

(16) 由过滤出的记录子集合生成实表。

示例：select xuehao,kehao into newbiao from biao3 where chenji>60

含义：将 biao3 中 chenji 大于 60 的所有记录过滤出来生成实表 newbiao，只保留字段 xuehao，kehao。

(17) 过滤出选学了所有课程的学生的 xuehao。

select xuehao from biao3 group by xuehao having count(*)=(select count(*) from biao2)

(18) 过滤出选学了课程“101”和课程“102”的学生的 xuehao。

select distinct xuehao from biao3 where xuehao in (select xuehao from biao3 where kehao="101") and xuehao in (select xuehao from biao3 where kehao="102")

(19) 过滤出姓“王”的人的数据。

select * from biao1 where left(xinmin,2)= ' 王 '

还有其他字符串函数如 instr(),right() 等 VB 内置函数都可在 select 语句中直接使用。使用时请参阅 VB 内置函数表。

(20) 使用通配符号“*”和“?”。

示例：select * from a where xinmin like "zz?"

含义：过滤出 xximin 字段值由三个字符组成且前两个字符是“zz”的记录。每一个符号“?”代表任意一个字符。

示例：select * from a where xinmin like "z*"

含义：过滤出 xximin 字段值第一个字符是“z”的记录。每一个符号“*”代表任意多个任意字符。

(21) 对字段进行计算

示例：select xuehao,shuxue,yuwen,shuxue+yuwen as huizong from chenjibiao

含义：计算字段 shuxue 和字段 yuwen 的和并给以别名 huizong，最终过滤出 xuehao，shuxue，yuwen，huizong 三列数据。

也可以对字段构成的各种计算表达式进行计算，例如：

select xuehao,shuxue,yuwen,shuxue*2+yuwen*3 as huizong from biao1

(22) 内联接，外联接里的左联接，外联接里的右联接。

数据表 biao1 的数据与数据表 biao2 的数据如图 7-11 所示。

(a) 等值联接。

select * from biao1,biao2 where biao1.xuehao=biao2.xuehao

只过滤出 xuehao 字段值相等的记录行，如图 7-12 所示。

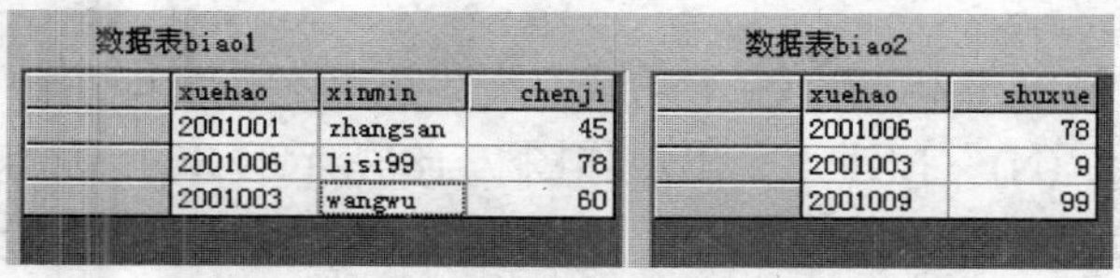
数据表biao1

xuehao	xinmin	chenji
2001001	zhangsan	45
2001006	lisi99	78
2001003	wangwu	60

数据表biao2

xuehao	shuxue
2001006	78
2001003	9
2001009	99

图 7-11　数据表 biao1 与数据表 biao2

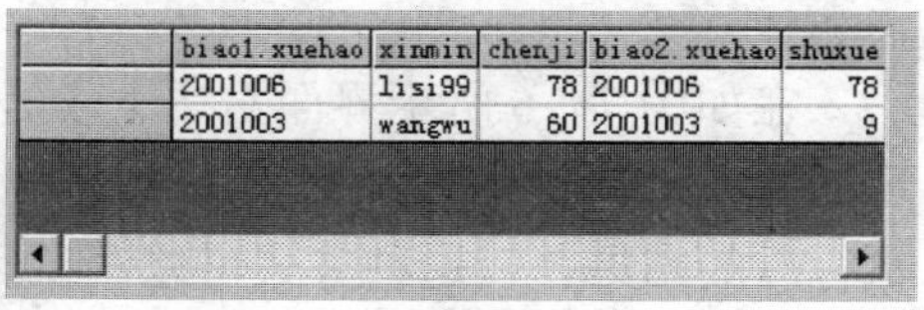

biao1.xuehao	xinmin	chenji	biao2.xuehao	shuxue
2001006	lisi99	78	2001006	78
2001003	wangwu	60	2001003	9

图 7-12　等值联接

(b) 内联接。

内联接包括等值联接，自然联接和非等值联接。等值联接会产生重复的列，消除掉重复的列就是自然联接。非等值联接应用不多。

select * from biao1 inner join biao2 on biao1.xuehao=biao2.xuehao 过滤出的数据集如图 7-13 所示。

(c) 外联接里的左联接。

select * from biao1 left join biao2 on biao1.xuehao=biao2.xuehao

过滤出的数据集，左表 biao1 的所有行都被包括，右表 biao2 中若没有符合条件 biao1.xuehao=biao2.xuehao 的行则置空，如图 7-14 所示。

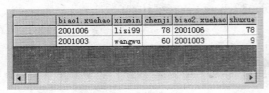

图 7-13　内联接 　　　　　　　　　　　　　　　图 7-14　左联接

(d) 外联接里的右联接。

select * from biao1 right join biao2 on biao1.xuehao=biao2.xuehao

过滤出的数据集，右表 biao2 的所有行都被包括，左表 biao1 中若没有符合条件 biao1.xuehao=biao2.xuehao 的行则置空，如图 7-15 所示。

以上结果读者可以在学习了 Data 数据控件后进行验证，也可以在下面 SQL 语句测试部分直接验证。

2. SQL 语句测试

选择"外接程序"下拉菜单中的菜单项"可视化数据管理器"，进入可视化数据管理器后，使用文件的下拉菜单可以打开一个数据库，如 zhenshu.mdb，则会出现如图 7-16 所示的界面。

图 7-15　右联接 　　　　　　　　

图 7-16　SQL 语句测试 1

在如图 7-16 所示界面右边空白处输入 SQL 语句，输入完后点击"执行"按钮即可出现如图 7-17 所示的对话框，一般选择"否 (N)"按钮则会出现如图 7-18 所示的 SQL 语句执行后的结果。以这种方式可以测试和验证各种 SQL 语句的用法和功能。

图 7-17　SQL 语句测试 2 　　　　　　　

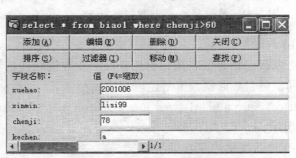

图 7-18　SQL 语句测试结果

7-4　Data 控件

Data 控件是 VB 访问数据库的一个利器，但已相对较陈旧，因为微软开发出了新的 ActiveX 控件 Adodc 可以替代它。Adodc 数据控件功能更强更完美，但两者的用法非常相似，后继内容将介绍。读者可以根据需要和爱好选择学习和使用。Data 控件通过 Microsoft Jet 数据库引擎实现数据访问，并且可以创建某些数据库应用程序而不必编写任何代码。在 Visual Basic 6.0 的企业版中，它可以使用三种类型的记录集 (Recordset) 对象中的任何一种来提供对存储在数据库中数据的访问。Data 控件允许移动所挂数据集的记录指针、通过与它绑定的控件显示和操纵所挂数据集的数据。

7-4-1　Data 控件的属性

为了实现对数据库的访问，Data 数据控件提供了相应的属性来定义怎样连接数据库和同什么样的数据库相连接，其中 Connect、DatabaseName 和 RecordSource 这三个基本属性决定了所要访问的数据资源。下面解释说明 Data 数据控件的几个主要属性。

图 7-19　Connect 属性设置

1. Connect 属性

Connect 属性定义了数据控件要连接的数据库的类型。如果是 ODBC 数据库，该属性还包括参数，比如用户和口令等。具体属性设置如表 7-2 所示。该属性也可以在属性窗口的列表中选择设置，如图 7-19 所示。

表 7-2　　　　　　　　　　　　　Data 控件 Connect 属性的设置

数据库类型	Connect 属性
Microsoft Access	Access
DBASE	DBASE III; DBASE IV; DBASE5.0
Paradox	Paradox3.x;Paradox4.x;Paradox5.x
FoxPro	FoxPro2.0;FoxPro2.5;FoxPro2.6;FoxPro3.0
Excel	Excel3.0;Excel4.0;Excel5.0;Excel8.0
ODBC	ODBC;DATABASE=XX;UID=XX;PWD=XX;DSD=XX
Lotus	Lotus wkl;Lotus wk3;Lotus wk4
ODBC	ODBC;DATABASE=DefaultDataBase;DSN=DataSourceName;UID=UersID;PWD=Password

注意：Connect 属性值设置必须以分号（；）结尾，分号是 Jet 引擎的分隔符。

2. DatabaseName 属性

DatabaseName 属性用来指定数据库文件的名称，包括完整的路径。对于多表数据库，它为具体的数据库文件名，例如对于 Access 数据库，DatabqaseName="c:\vb6\students.mdb"；

对于单表数据库，它为具体的数据库文件所在的目录，而具体文件名放在 RecordSource 属性中。例如要访问 FoxPro 数据库 "c:\vb6\foxpro.dbf"，则 DatabaseName="c:\vb6"，而 RecordSource="foxpro.dbf"。

3. RecordSource 属性

通过 DatabaseName 属性指定数据库之后，用 RecordSource 属性指定从数据库中获取的信息。它可以是一个数据表的名称，也可以是一条 SQL 语句，例如：RecordSource="biao1"，指的是访问数据表 "biao1" 中的全部数据，而 RecordSource="select * from biao1 where xinbie=' 女 ' "，则表示是访问表中所有的女生记录。

如果将 RecordSource 属性设置为数据库中的一个存在的表的名称，则该表中的所有字段对以该 Data 控件为数据源的绑定控件 (如 Text 控件) 都是可挂接的，而且可以通过绑定控件 (如 Text 控件) 直接修改数据。对于将 RecordSource 属性设置为一个 SQL 语句的情况也一样。

4. ReadOnly 属性

用来返回或设置记录集是否打开成只读访问的值。True 表示只读访问，False(缺省值) 表示读写访问。

5. Exclusive 属性

用来设定对由 DatabaseName 和 Connect 属性指定的数据库的锁定。True 表示排他存取，即在应用程序中打开数据库之后，其他应用程序不能再打开它；False(缺省值) 表示共享存取。

6. RecordsetType 属性

用来设定数据控件上所挂数据集的类型，它有三种值选择：

0-Table ：表示所挂数据集为实表。该情况下可对记录集进行添加记录、删除记录、修改记录或记录查询等操作。

1-Dynaset ：表示所挂数据集为动态集类型。数据集来自一个实表的数据或多个实表数据的组合，可以更新数据。一般为缺省设置。

2-Snapshot ：表示所挂数据集为快照类型。与动态集类型相似，只能读取数据，不能更改或添加数据。

7. BOFAction 和 EOFAction 属性

程序运行时，可以使用 Data 控件移动记录指针方法将记录指针移动到 BOF 为真的位置 (第一个记录之前) 或 EOF 为真的位置 (最后一个记录之后)，再往前或往后移动指针将出错。这两个属性指定数据控件此时该怎么做。

BOFAction 有两个选择值：

0-MoveFirst ：记录指针指向第一个记录。

1-BOF ：记录指针指向第一个记录前的位置。

EOFAction 有三个选择值：

0-MoveLast ：记录指针指向最后一个记录。

1-EOF ：记录指针指向最后一个记录后的位置。

2-AddNew ：为记录集自动添加一个新记录。

7-4-2 Data 控件的事件

1. Reposition 事件

Reposition 事件在一条记录成为当前记录之后触发。只要单击 Data 控件上某个按钮，进行记录间的指针移动，或者使用了某个 Move 方法 (如 MoveNext)、Find 方法 (如 FindFirst)，或任何其他改变当前记录的方法，在每条记录成为当前记录以后，均会发生 Reposition 事件。如将记录集指针从记录 A 移到记录 B 后会触发 Reposition 事件。例如，可以利用该事件显示当前记录指针的位置：

Private Sub Data1_Reposition()

Data1.Caption=Data1.Recordset.AbsolutePosition+1

End Sub

2. Validate 事件

与 Reposition 事件不同，Validate 事件不仅发生在指针完成向新记录移动之前，并且在 Update 方法之前 (用 UpdateRecord 方法保存数据时除外)。另外，Validate 事件还发生在 Delete、Unload 或 Close 等操作之前。你可以用 UpdateRecord 方法存储数据而不必触发 Validate 事件。可以通过编写 Validate 过程代码，实现在改变存储数据前选择确认一次。

事件可以使用多种方法来触发 Validate 事件，可通过检查它的两个自变量 Action 和 Save 中的一个来确定是什么引发了该事件。

Validate 事件过程的语法：

Private Sub Data1_Validate(Action As Integer,Save As Integer)

End Sub

Action 参数是一个整数，用来指示引发这种事件的操作。它的具体设置情况如表 7-3 所示。

表 7-3   **Action 参数的设置**

数值	引发 Validate 事件的操作	数值	引发 Validate 事件的操作
0	当 Sub 退出时取消操作	6	Update 操作 (不是 UpdateRecord)
1	MoveFirst 方法	7	Delete 方法
2	MovePrevious 方法	8	Find 方法
3	MoveNext 方法	9	Bookmark 属性已被设置
4	MoveLast 方法	10	Close 方法
5	AddNew 方法	11	窗体正在卸载

示例：按如图 7-20 所示创建窗体来测试 action 参数的变化。

首先创建所需要的控件 Data1 和 Text1，然后编写如下代码：

Private Sub Data1_Validate(Action As Integer, Save As Integer)

Text1 = Action

End Sub

运行时点击 Data 数据控件上的记录指针移动按钮，根据 Text1 中的值就可知道是 MovePrevious，MoveNext，MoveLast，MoveFirst 其中的哪一个指令引起了记录指针的移动。如点击 "▶|" 按钮时，Text1 里会显示 4，如图 7-21 所示。

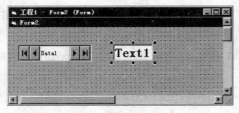

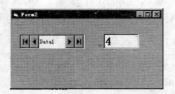

图 7-20　测试 action 参数 1　　　　　　　　图 7-21　测试 action 参数 2

可以通过设置 Action 的参数为 0 来完全取消一个动作。

Save 参数是一个布尔表达式，用来指定被连接的数据是否改变。它具体的设置值如表 7-4 所示。

表 7-4　　　　　　　　　　　　　　Save 参数设置值

值	描　　述
True	被连接数据已被改变
False	被连接数据未被改变

Save 参数初始时指出被连接的数据是否已经改变。如果复制缓冲区中的数据改变了，这个参数仍旧可为 False。如果该事件退出时，Save 参数为 True，则激活 Edit 和 UpdateRecord 方法。UpdateRecord 方法只保存那些来自被绑定的控件或 DataChanged 属性设置为 True 的复制缓冲区的数据。如果保存被修改的记录，可将 Save 设置为 True，否则要设置为 False。

示例：按如图 7-22 所示创建界面，并将 Text9 和 Text10 的数据源设为 Data4，并分别与 Data4 上所挂数据表的 "学号" 字段和 "成绩" 字段绑定。

该窗体运行时如图 7-23 所示。

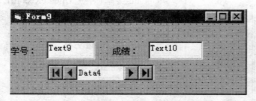

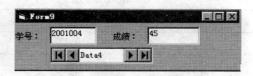

图 7-22　Validate 事件 1　　　　　　　　图 7-23　Validate 事件 2

在 Data1 的 Validate 事件中编写如下代码：

```
Private Sub Data4_Validate(Action As Integer, Save As Integer)
If Save = True And Val(Text10) > 100 Then
    ' 如果数据被修改且所绑定字段的 Text10 的值大于 100
    MsgBox " 非法数据 !!!", , ""    ' 报错信息
```

```
      Save = False    ' 设置为数据不修改状态
      Data1.UpdateControls   ' 按所设置的状态恢复数据到未修改前的状态
End If
End Sub
```

如下代码段功能也类似：

```
Private Sub Data4_Validate(Action As Integer, Save As Integer)
If Text11.DataChanged Then    ' 检查数据是否被修改
   If Len(Text11) = 0 Then
      MsgBox " 必须输入数据！ ", , ""
   End If
End If
End Sub
```

7-4-3　Data 控件的方法

Data 控件可以通过 RecordSet 对象来使用它的所有方法。但 Data 控件也有几种本身具有的较常用的方法：UpdateRecord 方法和 UpdateControls 方法，另外还有 Refresh 方法。

1. Refresh 方法

在程序运行过程中修改了数据控件的 DatabaseName 属性、RecordSource 属性或 RecordsetType 属性后，需要用 Refresh 方法刷新记录集，这样才能从 Data 控件上读取新的数据。使用 Refresh 方法可使新设置的 Data 属性生效 (如果 DatabaseName、ReadOnly、Exclusive、RecordsetType 或 Connect 属性的设置值发生了改变)。

2. UpdateRecord 方法

通过 UpdateRecord 方法可以将修改或添加了的记录内容写入到数据库中，即可在修改数据后调用该方法来确定修改。用这种方法可以在 Validate 事件期间将被修改的当前内容保存到数据库中而不再触发 Validate 事件。

3. UpdateControls 方法

通过 UpdateControls 方法可以将数据从数据库中重新读到绑定在数据控件上的绑定控件中，即可在修改数据后调用该方法放弃修改。用这种方法可将被连接控件的内容恢复为其原始值，等效于用户更改了数据之后决定取消更改。这种方法等效于使当前记录又成为当前记录，除非无事件发生。UpdateControls 方法可以终止任何挂起的 Edit 或 AddNew 操作，即退出执行 Edit 或 AddNew 操作而进入的状态。

7-4-4　记录集和绑定控件

1. 记录集

可在程序代码中通过使用 Data 控件来使用 Database 和 Recordset 对象。Database 和 Recordset 对象都有它们自己的属性和方法，可以在程序代码中直接使用这些属性和方法来操纵数据库中的数据。

记录集是一种浏览数据库的工具，用户可以根据需要指定所要选择的数据。Data 控件可用的记录集主要有三类：表类型的 Recordset 对象，它是当前数据库中真实的数据表；可以被更新的动态集类型的 Recordset 对象，不能被更新的快照类型的 Recordset 对象。

(1) 记录集属性。

VB 的数据库引擎提供了大量记录集的属性和方法。通过引用 Data 控件的 Database 和 Recordset 属性，可以直接与 Data 控件一起使用这些属性和方法，例如，可以这样使用记录集的属性：s=Data2.Recordset.Bookmark。表 7-5 中列出了记录集的主要属性。

表 7-5　　　　　　　　　　　　　　　　　　**记录集的主要属性**

属性	描述
BOF/EOF	记录指针由记录集的第一个记录再往前移一个记录，则 BOF 值为 True，否则为 False；记录指针由记录集的最后一个记录再往后移一个记录，则 EOF 值为 True，否则为 False。若二者都为 True，则该记录集为空
AbsolutePosition	返回当前记录集记录指针的位置，如果是第一个记录，则为 0，是第二个记录，则为 1，依此类推。该属性是只读属性
Bookmark	返回或设置当前记录集记录指针的书签 (记录指针的位置)，Bookmark 属性的值采用字符串类型。可以用 Bookmark 属性重定位记录集指针，但不能为此目的使用 AbsolutePosition 属性
RecordCount	返回记录集中的记录数，该属性是只读属性。在多用户环境下，RecordCount 属性可能是一个非准确的数。在读取 RecordCount 属性值之前，应该先调用一次 MoveLast 方法
Nomatch	如果有记录满足 Seek 方法的查找条件或某个 Find 方法的查找条件，则该属性为 False，否则为 True

(2) 记录集的方法。

类似于记录集属性的使用方法，例如可以这样使用记录集的方法：Data2.Recordset.MoveNext。VB 中常用的记录集的方法和它们实现的功能如表 7-6 所示。

表 7-6　　　　　　　　　　　　　　　　　　**记录集的方法**

方法	描述
AddNew	向数据表中添加新的空记录。该方法会添加一个空的新记录到记录集的末尾，然后用户可以从绑定控件中输入数据，也可以用非绑定方式完成输入
Delete	从当前记录集中删除当前记录 (删除后，记录指针不会自动移动到另一合法的记录上，需执行指令将指针指向另一个合法的位置)
Move	Move 方法包括 MoveFirst、MoveNext、MovePrevious、MoveLast 四种方法，它们分别对应把当前记录集的记录指针移到第一个记录，下一个记录，上一个记录，最后一个记录上
Find	在记录集中查找符合条件的记录。Find 方法包括 FindFirst、FindLast、FindPrevious、FindNext 四种方法，分别对应于在记录集中查询符合条件的第一个记录，最后一个记录，上一个记录和下一个记录。使用该方法前必须将 Data 控件的 RecordsetType 属性设置为非 0
Seek	索引查找，可在记录集中查找符合条件的记录，只是在使用前须将 Data 控件的 RecordsetType 属性设置为 0(即数据集类型为实表)，另外还需对要查找的字段进行索引。可先在可视化数据管理器中为表添加索引：选择索引字段，并给出索引名称。然后就可以使用以下语句检索字段值了： Data2.Recordset.Index = " 索引名称 " Data2.Recordset.Seek "=", 字段值 其中 "=" 也可以是 ">=", "<=", ">", "<" 之一

续表

方法	描　述
Edit	将当前记录置于编辑状态。处于编辑状态的记录才能被修改，通过绑定控件修改记录的情况除外
Update	将修改了的记录内容保存到数据库中
CancelUpdate	在未将数据写入库 (用 Update 写入库) 前放弃添加或修改

2.绑定控件

当数据库和记录集挂到数据控件上后，可以通过绑定控件来获取数据控件的数据并显示它们。当一个控件被绑定到 Data 控件上后，VB 会把 Data 上所挂接的数据用于该控件，然后该控件就可以显示数据并接受更改。如果在绑定的控件里改变了数据，当记录指针移动到另一个记录上时，这些改变会自动地写入到数据库中。

注意，要想使绑定控件里改变了的数据写入到数据库中有两个方法：执行写入指令 (如 Update 方法)，或者使记录指针移动到另一个记录上。对于后面要介绍到的 Adodc 控件也是这样。

(1) 绑定控件的属性。

必须对绑定控件设定适当的属性值，才能显示相应数据库的数据。大多数绑定控件是以这三种数据识别属性为特征的：DataChanged、DataField 和 DataSource 属性。表 7-7 中列出了绑定控件的这些属性。

表 7-7　　　　　　　　　　　　　　绑定控件的数据识别属性

属性	描　述
DataSource	用来指定约束控件所连接的数据控件的名称，也就是把控件绑定到哪个数据控件上去。在程序设计过程中，因为可能会使用多个数据控件，在此处应是 Data 控件
DataChanged	用来指定显示在绑定控件里的值是否已经改变
DataField	用来指定 Data 控件所连接的记录集里的字段名称

(2) 使用绑定控件。

主要步骤如下：

(a) 创建控件。从工具箱里选取绑定控件绘制在窗体上合适位置，然后设置一些非"连接"属性，例如 Name、Left、Top 等。

(b) 设置 DataSource 属性。指定要绑定的 Data 控件。在向窗体添加了绑定控件后，选中该控件，然后在它的"属性"窗口中设置 DataSource 属性值，也可以从该属性项的下拉式列表中挑选一个数据控件。

(c) 设置 DataField 属性。设置具体要绑定的相应 Data 数据集的字段，可人工输入也可以从该属性项的下拉式列表中挑选一个字段。

DataField 属性值必须是 Data 控件的记录集里的一个有效字段。在设置完 DataSource

属性后，选取 DataField 属性进行设置。单击该属性行设置框中的向下箭头，在字段列表中选择字段。如果设计的数据库可用且与 Data 的连接也正确，则有效字段的列表将显示在"属性"窗口里的"DataField"设置框中，只要作出选择即可；如果 Data 的设置有问题或数据库的数据不可用，则有效字段的列表将不会显示在"属性"窗口里，如图 7-24 所示。

对某字段可有一个或多个绑定控件，同时也不必为表里的每个字段都提供一个绑定控件。Data 控件和绑定控件都不一定要设置为可视的 (在程序运行时 Data 控件是否隐没)，但对它们使用 VB 代码的操作仍然是有效的。

注意：两个较陈旧的控件 Data 控件和 RemoteData 控件，可以作为数据源使用，但不能在程序运行时将另一个控件或对象的 DataSource 属性设置为这两个控件之一以实现绑定。例如，下列代码将会失败：

Set Text1.DataSource = Data1   ' 将会失败！您不能在运行时将 DataSource

                                    ' 设置为一个内部 Data 控件。

要将 Data 控件或 RemoteData 控件之一作为数据源使用，只能在设计时设置绑定控件的 DataSource 属性。

示例： 按如图 7-25 所示创建界面：

图 7-24   DataField 属性

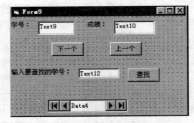

图 7-25   数据表浏览 1

Data4 挂如下数据表：

Xuehao	shuxue
2001004	45
2001001	78
2001002	56
2001009	78

Text9 和 Text10 分别与 Data4 上所挂数据表的"学号"字段和"成绩"字段绑定。程序运行时，通过修改与字段绑定的 Text 中显示的字段数据就可以实现修改记录并存入数据库。可以通过点击"下一个"按钮，"上一个"按钮浏览数据表，浏览时可以直接修改

Text9 和 Text10 的内容实现对记录的修改。

"下一个"按钮下的代码：

```
Private Sub Command3_Click()
If Not Data4.Recordset.EOF Then    ' 若未到结束标记 EOF，则记录指针下移
    Data4.Recordset.MoveNext
End If
If Data4.Recordset.EOF Then
    ' 若到了结束标记 EOF，则记录指针指向最后一个记录
    Data4.Recordset.MoveLast
End If
End Sub
```

"上一个"按钮下的代码：

```
Private Sub Command4_Click()
If Not Data4.Recordset.BOF Then    ' 若未到结束标记 BOF，则记录指针上移
    Data4.Recordset.MovePrevious
End If
If Data4.Recordset.BOF Then    ' 若到了结束标记 BOF，则指针指向第一个记录
    Data4.Recordset.MoveFirst
End If
End Sub
```

"查找"按钮下的代码：

```
Private Sub Command5_Click()
Dim s As String
s = Data4.Recordset.Bookmark    ' 查找之前保存当前记录位置 ( 书签 )
Data4.Recordsettype=1
Data4.Refresh
Data4.Recordset.FindFirst ("xuehao='" & Trim(Text12) & "'")
If Data4.Recordset.NoMatch Then
    MsgBox " 该学生不存在 !!! ",,""
    Data4.Recordset.Bookmark = s
    ' 查找不到符合条件的记录，则当前记录恢复到查找前的位置
End If
End Sub
```

为了实现添加记录和删除记录，还可以在界面上设计"添加"按钮和"删除"按钮，并分别编写如下的代码：

"添加"按钮下的代码：

```
Private Sub Command1_Click()
Data4.Recordset.AddNew
```

End Sub

窗体运行时，点击"添加"按钮, Text9 和 Text10 会变成空白，直接输入内容就可实现记录的添加。

"删除"按钮下的代码：

Private Sub Command1_Click()

' 用 delete 方法删除记录后，须将记录指针移动到另一个合法的位置上

Data4.Recordset.Delete   ' 删除当前记录

Data4.Recordset.MoveNext   ' 记录指针指向下一个合法位置

End Sub

窗体运行时，点击"删除"按钮，就可以删除 Text9 和 Text10 中显示的当前记录。

注意，若数据表中的 xuehao 字段是 Text 型的，则查找记录采用如下语句：

Data4.Recordset.FindFirst("xuehao='" & Trim(Text12) & "'")

若数据表中的 xuehao 字段是数值型的 (long，integer，double)，则查找记录采用如下语句：

Data4.Recordset.FindFirst("xuehao=" & Trim(Text12))

该窗体运行时如图 7-26 所示。

在使用 Find 方法查找时也可以使用多个条件，下面的语句可参考使用：

Data1.Recordset.FindFirst ("xuehao='77' And xinmin='88'")

Data1.Recordset.FindFirst ("xuehao='" & Text4 & "'" & " And xinmin='" & Text5 & "'")

根据实际情况的需要，Data 控件的数据来源也可在程序运行过程中动态地设置。这时，只要对两个属性 DatabaseName 和 RecordSource 进行设置，然后对 Data 刷新 (即使新的属性设置生效) 即可从 Data 上读出新数据。

例如：

Private Sub Command1_Click()

Data1.DatabaseName="c:\abc\abc.mdb"

Data1. RecordSource="biao1"

Data1.Refresh

End Sub

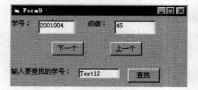

图 7-26   数据表浏览 2

也可使用 SQL 语句进行设置，例如：

Private Sub Command1_Click()

Data1.DatabaseName="c:\abc\abc.mdb"

Data1.RecordSource="select * from biao1"

Data1.Refresh

End Sub

也可使用 SQL 语句根据用户输入的条件进行设置来过滤出符合条件的记录：

Private Sub Command4_Click()

Data1.DatabaseName = "D:\project3\abc.mdb"

If IsNumeric(Text1) Then

```
        Data1.RecordSource = "select * from a where chenji>" & Trim(Text1)
Else
        MsgBox " 请给 Text1 输入数值数据！ ",,""
End If
Data1.Refresh
End Sub
```

或者：

```
Private Sub Command2_Click()
Data1.DatabaseName = "D:\project3\abc.mdb"
Data1.RecordSource = "select * from a where xinbie='" & Trim(Text5) & "'"
Data1.Refresh
End Sub
```

也可以对多个条件进行过滤，例如 (这时要特别注意表达式之间的连接以及空格的正确使用)：

```
Data1.RecordSource = "select * from a where chenji>" & Text1 & " and xinbie='" & Trim(Text2) & "'" & " order by chenji"
```

Select 语句功能强大，应用广泛，且用法灵活性很大、变化多端，要特别注意。

注意，不能在 **Data** 控件的属性窗口中用带有 **Text** 控件名或变量名的 **SQL** 语句设置 **RecordSource** 属性值，如图 **7-27** 所示的设置就是错误的。

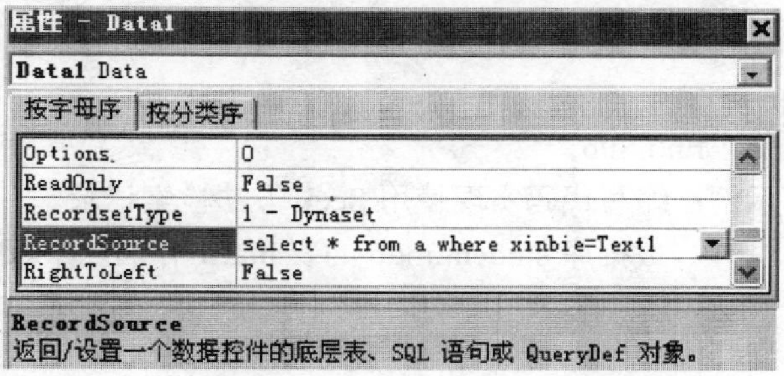

使用 **Data** 数据控件访问字段的四种语法格式：

图 7-27　用 select 语句设置 RecordSource 属性

Data 名称 .Recordset. 字段名

Data 名称 .Recordset.Fields(" 字段名 ")

Data 名称 .Recordset.Fields(" 字段名 ").Value

Data 名称 .Recordset.Fields(字段序数)

例如：

```
Text1 = Data1.Recordset.xuehao
Text1 = Data1.Recordset.Fields("xuehao")
Text1 = Data1.Recordset.Fields("xuehao").Value
Text1 = Data1.Recordset.Fields(0).Value    ' 读取第一个字段的数据
Text1 = Data1.Recordset.Fields(1)    ' 读取第二个字段的数据
```

这几个语句功能完全一样。为了和后面要讲到的 Adodc 控件保持一致，建议使用 Data 名称 .Recordset.Fields(" 字段名 ") 语法格式，或者 Data 名称 .Recordset.Fields(" 字段名 ").Value 语法格式。

动态地设置 Data 控件的数据来源时，用来显示字段数据的控件，如 Text 控件，一般不便于与数据表字段绑定，可采用如下代码实现显示字段数据：

Text1 = Data1.Recordset.xuehao

Text2 = Data1.Recordset.xinmin

Text3 = Data1.Recordset.chenji

以上三行代码所完成的功能与以下三行代码所完成的功能完全一样：

Text1 = Data1.Recordset.Fields("xuehao")

Text2 = Data1.Recordset.Fields("xinmin")

Text3 = Data1.Recordset.Fields("chenji")

也可以使用以下代码完成该功能：

Text1 = Data1.Recordset.Fields(0)　　' 读取第一个字段的数据

Text2 = Data1.Recordset.Fields(1)　　' 读取第二个字段的数据

Text3 = Data1.Recordset.Fields(2)　　' 读取第三个字段的数据

一般情况下，可将这些代码放置在如下的事件体内（可参看前面"7-4-2 Data 控件的事件"部分内容）：

Private Sub Data1_Reposition()

End Sub

示例：编写代码实现使用 Seek 方法检索记录。

数据库 student.mdb 的表 biao1 存储以下表格数据：

xuehao	Xinmin	Chenji
2001001	Zhangsan	67
2001004	Lisi	80
2001005	Wangwu	56
2001003	Zhaowu	90

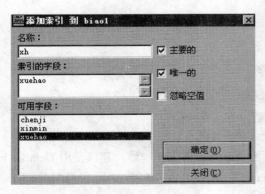

图 7-28　添加索引

在可视化数据管理器中打开表 biao1 的表结构，进行添加索引的操作。点击"添加索引"按钮，出现如图 7-28 所示的界面，在其中填写索引名称 xh（该名称要在使用 Seek 方法的指令中用到），在"可用字段"列表框中选择字段 xuehao 为索引字段，最后点击"确定"按钮结束设置索引。

按如图 7-29 所示创建界面。创建一个控件 Data1，它的属性 DataBaseName 设为数据库 student.mdb，属性 Recordsource 设为表 biao1，

属性 RecordsetType 设为 0(注意与采用 Find 方法查找时该属性的设置值不同) ；四个 Text 控件：Text1，Text2，Text3 分别绑定字段 xuehao，xinmin，chenji ；Text4 用来输入要查找的学号。一个命令按钮"确定"用来执行查找功能。

"确定"按钮下编写如下代码：

```
Private Sub Command1_Click()
Data1.Recordset.Index = "xh"
Data1.Recordset.Seek "=", Text4.Text
End Sub
```

如果 Data1 的 RecordsetType 属性不是在属性窗口中设置为 0 的，而是通过代码来设置的，则"确定"按钮下编写的代码应如下所示：

```
Private Sub Command1_Click()
Data1.RecordsetType = 0
Data1.Refresh
Data1.Recordset.Index = "xh"
Data1.Recordset.Seek "=", Text4.Text
End Sub
```

程序运行时，出现如图 7-30 所示的界面，在 Text4 中输入学号"2001005"，然后点击"确定"按钮，则在窗口上面的三个 Text 中即会出现所检索到的该学号学生的相关信息。

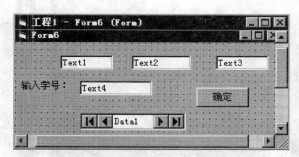

图 7-29 用 Seek 方法检索数据 1

图 7-30 用 Seek 方法检索数据 2

在数据表记录量很大时，索引查找比非索引查找速度显著地快。

示例： 以非绑定的方式实现浏览数据表内容，查找记录，添加记录，修改记录，删除记录。

Data1 控件挂学生信息数据表，Text1，Text2，Text3 与 Data1 上的字段不绑定。

(1) 浏览数据表内容。

界面设计如图 7-31 所示。

编写代码如下：

```
Private Sub Data1_Reposition()
' 在三个文本框内显示当前记录
Text1 = Data1.Recordset.xuehao
Text2 = Data1.Recordset.xinmin
Text3 = Data1.Recordset.chenji
```

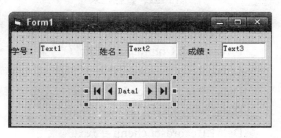

图 7-31 浏览数据表内容

End Sub

该窗体运行时点击 Data1 上的箭头按钮即可在 Text1，Text2，Text3 控件中浏览数据表内容。也可以通过 Command 按钮，使用 Move 方法移动记录指针实现对数据表的浏览。

在非绑定的方式下直接修改 Text 中的内容不能实现记录的更改，这在一定程度上保护了数据。

(2) 查找记录。

界面设计如图 7-32 所示。

编写代码如下：

```
Private Sub Command1_Click()    '"查找"按钮
Data1.Recordset.FindFirst ("xuehao="" & Trim(Text4) & """)
If Data1.Recordset.NoMatch Then
    MsgBox "No required Record!!!", vbExclamation, ""
    '找不到符合条件的记录则指针自动指向第一个记录
Else
    '在三个文本框内显示找到的记录
    Text1 = Data1.Recordset.Fields("xuehao")
    Text2 = Data1.Recordset.Fields("xinmin")
    Text3 = Data1.Recordset.Fields("chenji")
End If
End Sub
```

该窗体运行时，在 Text4 中输入要查找记录的学号，然后点击"查找"按钮即可找到记录，记录指针指向该记录，该记录字段的内容会显示在 Text1，Text2，Text3 中。

(3) 添加记录。

界面设计如图 7-33 所示。

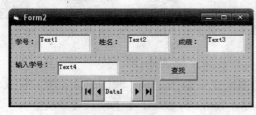

图 7-32　查找记录

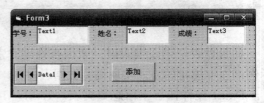

图 7-33　添加记录

编写代码如下：

```
Private Sub Command1_Click()    '"添加"按钮
Data1.Recordset.AddNew    '添加一个空记录
Data1.Recordset.xuehao = Text1    '为空记录各字段写入内容
Data1.Recordset.xinmin = Text2
Data1.Recordset.chenji = Text3
Data1.Recordset.Update    '将新记录写入数据库文件
```

End Sub

该窗体运行时在 Text1，Text2，Text3 中输入要添加的新记录对应字段的值，然后点击"添加"按钮即可实现添加新记录到数据表内。

也可以使用以下代码完成新记录的添加：

```
Data1.Recordset.AddNew    ' 添加一个空记录
Data1.Recordset.Fields("xuehao") = Text1    ' 为空记录各字段写入内容
Data1.Recordset.Fields("xinmin") = Text2
Data1.Recordset.Fields("chenji") = Text3
Data1.Recordset.Update
```

(4) 修改记录。

界面设计如图 7-34 所示。

修改记录前的第一项工作是先要按 Text4 中输入的学号找到要修改的记录，使记录指针指向该记录，记录的各字段内容显示在 Text1，Text2，Text3 中，然后对 Text1，Text2，Text3 的内容进行修改，最后写入数据表，这样就实现了对当前记录的修改。

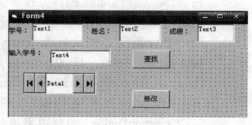

图 7-34　修改记录

编写代码如下：

"查找"按钮：

代码和前面介绍的一样。

"修改"按钮：

```
Private Sub Command3_Click()
' 用 Text1,Text2,Text3 里输入的内容更新当前记录并把结果写入数据库文件
Data1.Recordset.Edit    ' 使当前记录处于编辑状态
Data1.Recordset. Fields("xuehao") = Text1
' 用文本框中编辑好的内容取代当前记录
Data1.Recordset. Fields("xinmin") = Text2
Data1.Recordset. Fields("chenji") = Text3
Data1.Recordset.Update    ' 将新内容写入数据库文件
End Sub
```

该窗体运行时，首先在 Text4 中输入要修改的记录的学号，然后点击"查找"按钮找到要修改的记录，使记录指针指向该记录，该记录字段的内容会显示在 Text1，Text2，Text3 中，然后在 Text1，Text2，Text3 中输入要修改的对应字段的内容，完成修改后点击"修改"按钮将新内容写入数据表即可实现对当前记录的修改。

根据某些字段的值计算出另一字段的值可以采用类似语句，例如：

```
Data1.Recordset.Edit
Data1.Recordset.zonfen = Data1.Recordset.shuxue + Data1.Recordset.yuwen
    ' 将当前记录字段 shuxue 的值与字段 yuwen 的值的和赋给字段 zonfen
```

Data1.Recordset.Update

(5) 删除记录。

界面设计及编写代码都类似于修改记录，第一项工作是先要找到要删除的记录，使记录指针指向该记录，然后用 Data1.Recordset.Delete 语句删除该记录。注意，该方法只能删除当前记录，即只能删除记录指针指向的记录。删除记录后要执行移动记录指针命令将指针移动到另一个合法的位置处。

例如：

Data4.Recordset.Delete   ' 删除当前记录

Data4.Recordset.MoveNext   ' 记录指针指向下一个合法位置

示例：以绑定方式实现将图片文件写入数据表字段中。

在窗体上创建 Data1 控件并挂学生信息数据表，数据表中设置一个"zhaopian"字段，字段类型必须设置为 Binary；三个 Text 控件：Text1，Text2，Text3 分别与 Data1 上的 xuehao，xinmin，chenji 字段绑定；Picture1 控件与"zhaopian"字段绑定；CommonDialog1 控件用来辅助查找图片文件。界面设计如图 7-35 所示。

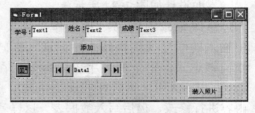

图 7-35   将图片文件写入数据表字段 1

编写以下代码：

"添加"按钮：

```
Private Sub Command1_Click()
Data1.Recordset.AddNew
End Sub
```

"装入照片"按钮：

```
Private Sub Command2_Click()
CommonDialog1.ShowOpen
Picture1.Picture = LoadPicture(CommonDialog1.FileName)
End Sub
```

窗体运行后，先点击"添加"按钮，然后为所有的 Text 输入内容，然后点击"装入照片"按钮装入图片文件即可实现包括图片在内的新记录的添加。在代码实现方面，一般情况下绑定方式要比非绑定方式简单。

示例：以非绑定方式实现将图片文件写入数据表字段中。

在窗体上创建：Data1 控件挂学生信息数据表，数据表中设置一个"zhaopian"字段，字段类型必须设置为 Binary；三个 Text 控件：Text1，Text2，Text3 与 Data1 上的字段不绑定；两个 Picture 控件：Picture1 和 Picture2。其中 Picture2 的 Visible 属性设置为 False 且与"zhaopian"字段绑定；Picture1(界面上右边较大的那个) 的 Visible 属性设置为 True，与"zhaopian"字段不绑定；一个 CommonDialog1 控件用来辅助查找图片文件。界面设计如图 7-36 所示。

"添加"按钮下的代码：

Private Sub Command1_Click()

Data1.Recordset.AddNew   '添加一个空记录

Data1.Recordset.Fields("xuehao") = Text1

  '为空记录写入内容

Data1.Recordset.Fields("xinmin") = Text2

图 7-36 将图片文件写入数据表字段 2

Data1.Recordset.Fields("chenji") = Text3

Picture2.Picture = LoadPicture(CommonDialog1.FileName)

  '将所选定的图片文件写入数据表字段中

Data1.Recordset.Update   '将新记录写入数据库文件

End Sub

"装入照片"按钮下的代码：

Private Sub Command2_Click()

CommonDialog1.ShowOpen   '打开通用对话框，选定需要的图片文件

Picture1.Picture = LoadPicture(CommonDialog1.FileName)

  '在 Picture1 中显示选定的图片文件中的图片

End Sub

程序运行时给 Text1，Text2，Text3 输入内容，点击"装入照片"按钮装入相应的照片（可以多次反复装入），确定无误后点击"添加"按钮实现照片和相关信息写入数据表。

7-5 MSFlexGrid 控件

它是 ActiveX 控件，使用前必须在"工程"的"部件"选项卡中选择"Microsoft FlexGrid Controls 6.0"，然后点击"确定"按钮将其添加到控件箱里。该控件在控件箱里的图标和在窗体上的图标样式如图 7-37 所示（从左往右）。

该控件只需设置其属性 DataSource 值为 Data 数据控件即可以表格的形式显示 Data 上的数据集，实现起来十分方便、简单、快捷。

先在窗体上创建 MSFlexGrid 控件，然后在其上单击鼠标右键，在弹出的菜单中选择属性即可出现如图 7-38 所示的属性页，在"允许用户调整大小"项中选合适的项即可实现在该控件运行时可以调整行间距或列间距。

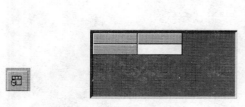

图 7-37 MSFlexGrid 控件

图 7-38 MSFlexGrid 控件属性页

MSFlexGrid 控件除了可以直接输出数据表数据以外还可以用于其他各种数据的输出，这时往往会用到下面的语句：

(1) 设置属性。

MSFlexGrid3.Cols = 4   ' 设置列数为 3

MSFlexGrid3.Rows = 3   ' 设置行数为 2

MSFlexGrid3.ColWidth(1) = 100   ' 设置第一列宽

(2) 写入数据。

MSFlexGrid3.TextMatrix(2, 1) = 999   ' 向第二行第一列格内写数据

MSFlexGrid3.TextMatrix(3,2) ="trsw "   ' 向第三行第二列格内写数据

(3) 设置表格的表头。

设置列标头：

　　s = "<Region |<Product |<Employee |>Sales "

　　MSFlexGrid3.FormatString = s

设置行标头（注意开始的分号）：

　　s = ";Name|Address|Telephone|Social Security"

　　MSFlexGrid3.FormatString = s

设置列和行标头：

　　s = "|Name|Address|Telephone|Social Security"

　　s = s + ";|Robert|Jimmy|Bonzo|John Paul"

　　MSFlexGrid3.FormatString = s

示例：在窗体上创建控件 MSFlexGrid1，MSFlexGrid2，MSFlexGrid3，然后编写如下代码：

```
Private Sub Command1_Click()
' 设置列标头
Dim s As String
s = "<Region |<Product |<Employee |>Sales "
MSFlexGrid1.FormatString = s
End Sub

Private Sub Command2_Click()
' 设置行标头（注意字符串中开始的分号）
Dim s As String
s = ";Name|Address|Telephone|Social Security"
MSFlexGrid2.FormatString = s
End Sub

Private Sub Command3_Click()
' 设置列和行标头
Dim s As String
```

```
s = "|Name|Address|Telephone"
s = s + ";|Robert|Jimmy|Bonzo|John Paul"
MSFlexGrid3.FormatString = s
End Sub
```

窗体运行时，点击三个不同"Command"按钮则出现如图 7-39 所示的效果，参照代码就能看出如何设置 MSFlexGrid 控件标头。

示例： 在窗体上创建数据控件 Data1，挂学生信息数据库和数据表；创建控件 MSFlexGrid1，设置其属性 DataSource 值为 Data1。窗体界面设计如图 7-40 所示。

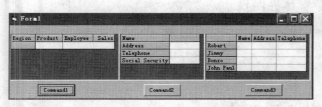

图 7-39　设置 MSFlexGrid 控件的标头

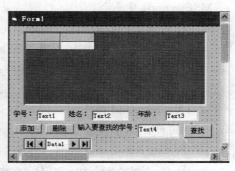

图 7-40　MSFlexGrid 控件的应用 1

为 Command 按钮编写代码：

"添加"按钮：

```
Private Sub Command1_Click()
Data1.Recordset.AddNew
Data1.Recordset.xuehao = Text1
Data1.Recordset.xinmin = Text2
Data1.Recordset.nianlin = Text3
Data1.Recordset.Update
Data1.Refresh    ' 使 MSFlexGrid 的显示内容更新
End Sub
```

"删除"按钮：

```
Private Sub Command2_Click()
Data1.Recordset.Delete
Data1.Recordset.MoveNext
Data1.Refresh
End Sub
```

"查找"按钮：

```
Private Sub Command3_Click()
Data1.Recordset.FindFirst ("xuehao='" & Trim(Text4) & "'")
If Data1.Recordset.NoMatch Then
```

```
        MsgBox "No required Record!!!", vbExclamation, ""
    Else
        Text1 = Data1.Recordset.Fields("xuehao")
        Text2 = Data1.Recordset.Fields("xinmin")
        Text3 = Data1.Recordset.Fields("nianlin")
    End If
End Sub
```

窗体运行后点击每个命令按钮即可清楚直观地
在 MSFlexgrid1 中看到程序运行的结果。

示例：在窗体上创建数据控件 Data1，挂学生信息数
据库和数据表；创建控件 MSFlexGrid1，设置
其属性 DataSource 值为 Data1。窗体界面设
计如图 7-41 所示。

图 7-41   MSFlexGrid 控件的应用 2

为 Command 按钮编写代码：

"过滤出数学成绩"按钮：

```
Private Sub Command1_Click()
Data1.DatabaseName = "D:\project12\xinxi.mdb"
If Option1.Value Then
    If IsNumeric(Text1) Then
        Data1.RecordSource = "select * from biao1 where shuxue>" & Trim(Text1)
    Else
        MsgBox " 请给 Text1 输入数值数据！ ",,""
    End If
End If
If Option2.Value Then
    If IsNumeric(Text1) Then
        Data1.RecordSource = "select * from biao1 where shuxue<" & Trim(Text1)
    Else
        MsgBox " 请给 Text1 输入数值数据！ ",,""
    End If
End If
Data1.Refresh
End Sub
```

窗体运行后先选择">"或者"<"符号，然后在中输入数学成绩，最后点击"过滤出
数学成绩"按钮即可在 MSFlexgrid1 中看到程序运行过滤出的记录子集结果。

示例：在窗体上创建数据控件 Data1，挂数据库"chenji.mdb"，RecordSource 为：select
xuehao as 学号，shuxue as 数学 from biao3

在窗体上创建控件 MSFlexGrid1，设置其属性 DataSource 值为 Data1。

biao3 为：

Xuehao	shuxue	Yuwen
2001001	78	67
2001002	56	66
2001009	45	78
2001009	78	56

该窗体运行时其效果如图 7-42 所示。

在程序运行时，不能将控件 MSFlexGrid 的属性 DataSource 动态地设置成另外一个不同的 Data 数据控件。例如，下面的代码是错误的：

Set MSFlexGrid1.DataSource = Data2

示例：在窗体上创建数据控件 Data1，挂数据库 ku.mdb，RecordSource 属性设置为：select jin.hao as 商品号 ,jin.shu as 进货数量 ,chu.shu as 出货数量 ,jin.shu-chu.shu as 库余量 from jin,chu where jin.hao=chu.hao；创建一个 MSFlexGrid1 控件，设置属性 DataSource 设置为 Data1；创建一个控件 Label1，设置属性 Caption 为"库存盘点表"。界面设计如图 7-43 所示。

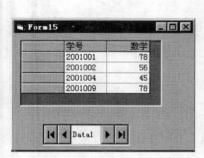

图 7-42　MSFlexGrid 控件的应用 3

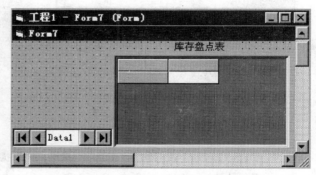

图 7-43　显示库存盘点清单 1

进货表 jin 为：

hao	Shu
001	20
002	30
003	50
005	45

出货表 chu 为：

hao	Shu
001	15
002	30
003	20
004	20
005	10

程序运行时，库存盘点结果如图 7-44 所示。

示例：在窗体上创建数据控件 Data1，挂成绩数据表包括学号字段 xuehao，数学成绩字段 shuxue，语文成绩字段 yuwen 和总分字段 zonfen；创建一个 MSFlexGrid1 控件，设置属性 DataSource 值为 Data1；创建四个 Command 控件：计算总分 1，计算总分 2，按总分排序，清除总分。界面设计如图 7-45 所示。

图 7-44　显示库存盘点清单 2　　　　图 7-45　计算总分和排序 1

编写如下代码：

```
Private Sub Command1_Click()
Rem 计算总分
Do While Not Data1.Recordset.EOF
    Data1.Recordset.Edit    ' 使当前记录进入编辑状态
    Data1.Recordset.zonfen = Data1.Recordset.shuxue + Data1.Recordset.yuwen
    ' 将当前记录字段 shuxue 的值与字段 yuwen 的值的和赋给字段 zonfen
    Data1.Recordset.Update    ' 将记录写入数据库
    Data1.Recordset.MoveNext
Loop
Data1.Refresh
End Sub

Private Sub Command2_Click()
Rem  按总分排序
Data1.DatabaseName = "d:\project12\xinxi.mdb"
```

```
Data1.RecordSource = "select * from biao1 order by zonfen desc"    ' 按字段 zonfen 排序
Data1.Refresh
End Sub


Private Sub Command3_Click()
' 在使用以下代码以前必须要通过"工程"菜单里的"引用"菜单项
' 将 Microsoft DAO 3.6 Object Library 引用添加到工程中去
' 执行 SQL 的 insert，update，delete 语句时，数据表不能处于打开状态
Dim ws As Workspace, db As Database
Set ws = DBEngine.Workspaces(0)
Set db = ws.OpenDatabase("d:\project12\xinxi.mdb")    ' 打开数据库
db.Execute "update biao1 set zonfen=shuxue+yuwen"    ' 计算所有记录的 zonfen 字段
Data1.Refresh
End Sub


Private Sub Command4_Click()
' 在使用以下代码以前必须要通过"工程"菜单里的"引用"菜单项
' 将 Microsoft DAO 3.6 Object Library 引用添加到工程中去
' 执行 SQL 的 insert，update，delete 语句时，数据表不能处于打开状态
Dim ws As Workspace, db As Database
Set ws = DBEngine.Workspaces(0)
Set db = ws.OpenDatabase("d:\project12\xinxi.mdb")    ' 打开数据库
db.Execute "update biao1 set zonfen=0"    ' 清空总分字段 zonfen
Data1.Refresh
End Sub


Private Sub Form_Activate()
Data1.DatabaseName = "d:\project12\xinxi.mdb"
Data1.RecordSource = "biao1"
Data1.Refresh
End Sub
```

程序运行时界面如图 7-46 所示，点击不同
的按钮即可完成相应的功能。

7-6　ADO 数据控件

ADO 是 Microsoft 的长期数据访问策略，
已有的 DAO、RDO、ODBC 等都将被 ADO 所

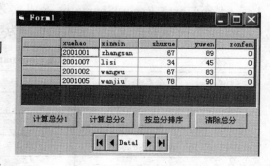

图 7-46　计算总分和排序 2

163

取代。ADO 也可以从非数据库的数据源访问数据。ADO 数据控件与 Data 数据控件非常相似，但功能更强更完美，能快速实现与数据库的连接，并且能连接更多种类型的数据库，包括远程数据库在内。在连接数据库时，最好使用 ADO 数据控件。

ADO 数据控件，即 Adodc 控件，它不是内部控件，所以，使用前必须将其添加到工程工具箱中。

添加 ADO 数据控件的方法如下：

在"工程"的下拉菜单中选择"部件"菜单项，在打开的对话框中选中"Microsoft ADO Data Control 6.0(OLEDB)"，最后单击"确定"，如图 7-47 所示。结束后，则在工程控件箱里即出现 ADO 数据控件的图标，用它即可在窗体上绘制该控件，如图 7-48 所示。

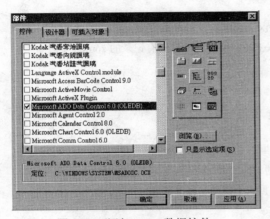

在控件箱中ADD控件的图标　　　在窗体上ADO控件的图标

图 7-47　添加 ADO 数据控件　　　　　　　图 7-48　ADO 数据控件的图标

1. ADO 数据控件的主要属性

ConnectionString：是一个字符串，包含了用户与数据库建立连接的、包括驱动程序在内的所有相关信息，可通过该属性指定一个数据源。

RecordSource：设置一个可访问的记录集查询，用于决定从数据库检索什么信息，可以是一个数据表或是一个 SQL 查询等。

CommandType：该属性告诉数据提供者 RecordSource 属性是一条 SQL 语句、一个表的名称、一个存储过程、还是一个未知的类型。RecordSource 属性和 CommandType 属性的设置必须对应相匹配，如：RecordSource 设置成 SQL 语句时，CommandType 必须为 1 或 adCmdText；RecordSource 设置成实表时，CommandType 必须为 2 或 adCmdTable。CommandType 属性的设置可为数值也可为字符串，如表 7-8 所示。

表 7-8　　　　　　　　　　　　　　属性 CommandType 的设置

数值	字符串	说　明
1	AdCmdText	RecordSource 属性是一条 SQL 语句
2	AdCmdTable	RecordSource 属性是一个表的名称
4	adCmdStoredProc	RecordSource 属性是一个存储过程
8	AdCmdUnknown	RecordSource 属性是一个未知的类型

例如，下列三个语句都是合法的、作用也是一样的 (表 7-8 其他情况的设置方法也类似)：

Adodc1.CommandType = 2

Adodc1.CommandType = 2 - adCmdTable

Adodc1.CommandType = adCmdTable

2. ADO 数据控件的主要事件

WillMove 事件：当执行 Recordset.Open，Recordset.MoveNext，Recordset.Move，Recordset.MoveLast，Recordset.MoveFirst，Recordset.MovePrevious，Recordset.Bookmark，Recordset.AddNew，Recordset.Delete，Recordset.Requery，Recordset.Resync 方法时发生。

MoveComplete 事件：发生在 WillMove 事件之后。

WillChangeField 事件：发生在 Value 属性更改之前。

FieldChangeComplete 事件：发生在 WillChangeField 事件之后。

WillChangeRecord 事件：当执行 Recordset.Update，Recordset.Delete，Recordset.CancelUpdate，Recordset.UpdateBatch，Recordset.CancelBatch 方法时发生。

RecordChangeComplete 事件：发生在 WillChangeRecord 事件之后。

WillChangeRecordset 事件：发生在执行 Recordset.Requery，Recordset.Resync，Recordset.Close，Recordset.Open，Recordset.Filter 方法时。

3. ADO 数据控件的主要方法

Refresh：更新 Adodc 控件的数据结构，即使 Adodc 相关的属性设置改变生效。

4. ADO 数据控件记录集的主要方法

与 Data 数据控件相比，ADO 数据控件除了具有 AddNew，Delete，MoveFirst，MoveLast，MoveNext，MovePrevious 等用法和功能完全一样的方法外，还有以下不同的方法。

(1)Find 方法。

语法：Find(Criteria,SkipRecords,SearchDirection,Start)

参数说明：

Criteria：字符串，包含用于搜索的指定列名、比较操作符和值的语句。

SkipRecords：可选，长整型值，其默认值为零，表示跳过多少个记录后开始搜索。

SearchDirection：其值为 adSearchForward 时表示向前搜索，值为 adSearchBackward 时表示向后搜索。搜索停止在记录集的开始还是末尾则取决于 SearchDirection 值。

Start：可选，用作搜索的开始位置。可以是这些值之一：adBookmarkCurrent(默认值，从当前记录开始)，adBookmarkFirst(从第一条记录开始)，adBookmarkLast(从最后一条记录开始)。

说明：

Criteria 中的 " 比较操作符 " 可以是 " > " (大于)、" < " (小于)、" = " (等于) 或 " like " (模式匹配)。Criteria 中的值可以是字符串、浮点数或者日期。字符串值要以单引号分隔 (如 " state = 'WA' ")。日期值要以 " # " (数字记号) 分隔 (如 " start_date > #7/22/97# ")。如果 " 比较操作符 " 为 " like "，则字符串值可以包含 " * " (某字符可出现

165

一次或多次) 或者 "_" (某字符只出现一次)。(如 "state like M_*" 可表示 state 与 Maine 和 Massachusetts 都匹配。)

执行 Find 方法后如果找到了符合条件的记录，则记录指针指向该记录，如果没有符合条件的记录，则记录指针指向数据表结束位置，即数据集的 EOF 属性为 True 的位置。据此，执行 Find 方法后，可以根据数据集的 EOF 属性为 True 或 False 来判断找到了符合条件的记录还是没有找到符合条件的记录。

Find 方法的具体使用有多种情况，下面的例子可参考使用：

Adodc1.Recordset.Find "xuehao='2001003'", 0, adSearchForward, adBookmarkFirst

Adodc1.Recordset.Find "xuehao like 2001003"

Adodc1.Recordset.Find "xuehao like 78*"

Adodc1.Recordset.Find "xuehao like 78_"

Adodc1.Recordset.Find ("chenji=80")

Adodc1.Recordset.Find "xuehao='2001001'"

Adodc1.Recordset.Find "chenji=" & Text1

Adodc1.Recordset.Find "xuehao='" & Text1 & "'"

Adodc1.Recordset.Find "chenji=" & Text1, 0, adSearchForward, adBookmarkFirst

(2)Move 方法。

语法：Move NumRecords,Start

参数说明：

NumRecords ： 带符号长整型表达式，指定指针从开始记录位置移动的记录数。

Start ： 可选，用于计算书签，指定指针移动的开始记录位置。可以是这些值之一：adBookmarkCurrent(默认值，从当前记录开始)，adBookmarkFirst(从第一条记录开始)，adBookmarkLast(从最后一条记录开始)。

例如：

Adodc1.Recordset.Move 4, adBookmarkFirst

(3)Update 方法。

用于将修改了的记录内容保存到数据库中。即使通过绑定控件修改记录内容也需要用该方法保存数据 (要么使记录指针移动也能实现记录的保存)。

(4)CancelUpdate 方法。

在未将数据写入库 (用 Update 写入库) 前放弃添加或修改。

5. ADO 数据控件记录集的主要属性

具有与 Data 控件几乎一样的数据集属性：EOF/BOF，AbsolutePosition，Bookmark，RecordCount 等。

6. 创建和设置 ADO 数据控件

当将 ADO 数据控件，即 Adodc 控件添加到工程工具箱中后，就可以象标准控件一样在窗体上创建它，然后在它的属性页中设置其相关的属性。

在窗体上的 Adoac1 控件上单击鼠标右键，在弹出的菜单中选择 "ADODC 属性" 菜单项即可打开它的属性页，如图 7-49 所示。

　　一般情况下通常选择最下面的那个单选按钮"使用连接字符串"，然后点击"生成"按钮，则出现如图 7-50 所示的界面。

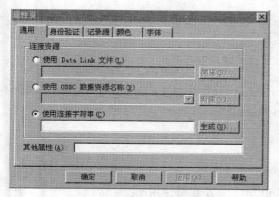
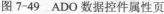

图 7-49　ADO 数据控件属性页

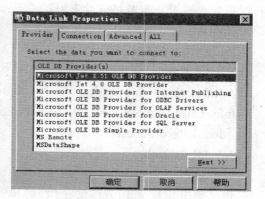

图 7-50　设置 ADO 数据控件

　　如果要连接 Access 数据库则选择第一行 Microsoft Jet 3.51 OLE DB Provider(注意：要连接不同类型的数据库，选择的行会不同)，然后点击"Next"按钮，则出现如图 7-51 所示的界面，选择填入或人工填入数据库名，然后点击"确定"按钮结束，或点击"Test Connection"测试通过再后点击"确定"按钮结束。如果测试没有通过则表明前面的设置有问题，需要重新设置，直到测试通过为止。

　　然后回到 ADO 属性页，如图 7-52 所示，选择"记录源"页面，然后在其中先选择命令类型、再在下面的组合框中选择表或存储过程名称，记录源和命令类型两者必须对应保持一致。命令类型中 2-adcmdTable 对应于实表，而 1-adcmdText 对应于 SQL 语句等。按图中所示选择完后点击"确定"按钮结束。至此 ADO 数据控件的创建与属性设置就全部结束了。这时就可以通过所创建的 ADO 数据控件访问数据库的记录了，情况类似于 Data 控件。

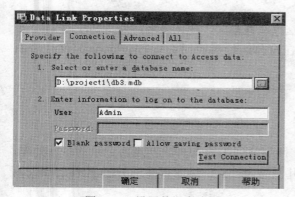

图 7-51　设置数据库连接

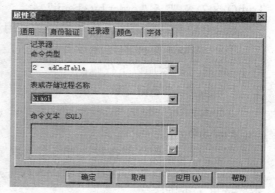

图 7-52　设置 ADO 数据控件的记录源

　　Adodc 控件的数据来源也可在程序运行过程中动态地设置。只要通过执行语句对三个属性 ConnectionString 和 RecordSource 还有 CommandType 同时进行设置，然后对 Adodc 刷新后即可访问 Adodc 的新数据。其中 RecordSource 属性和 CommandType 属性的设置必须对应相互匹配，可看表 7-8。

属性 RecordSource 和 CommandType 可在设计时在属性窗口中设置，也可以在程序运行时用代码设置，两者必须对应相互匹配。

例如：

```
Private Sub Command1_Click()
Adodc1.CommandType = 2
Adodc1.ConnectionString = "Provider=Microsoft.Jet.OLEDB.3.51;Persist Security
Info=False;Data Source=D:\project11\zhenshu.mdb"
Adodc1.RecordSource = "biao2"
Adodc1.Refresh
End Sub
```

也可使用 SQL 语句进行设置（注释掉的语句供读者参考使用）：

```
Private Sub Command1_Click()
Adodc1.CommandType = 1    '该属性值必须与后继 RecordSource 属性的设置一致
Adodc1.ConnectionString = "Provider=Microsoft.Jet.OLEDB.3.51;Persist Security
Info=False;Data Source=D:\project11\xinxi.mdb"
Adodc1. RecordSource="select * from biao1"
' Adodc1.RecordSource = "select * from a where chenji>" & Trim(Text1)
' Adodc1.RecordSource = "select * from a where xuehao='" & Trim(Text1) & "'"
Adodc1.Refresh
End Sub
```

也可以对多个条件进行过滤，例如（这时要特别注意表达式之间的连接以及空格的正确使用）：

```
Adodc1.RecordSource = "select * from a where chenji>" & Text1 & " and xinbie='" &
Trim(Text2) & "'" & " order by chenji"
```

Select 语句功能强大，应用广泛，且用法灵活性很大、变化多端，要特别注意。

有时 Adodc 控件的属性设置完成后，在窗体运行时有时会无效 (Adodc 控件呈现灰色)，这时可以添加以下代码：

```
Private Sub Form_Activate()
Adodc1.Refresh
End Sub
```

通过 Adodc 控件能在设计时将数据表字段绑定到 Text 控件上实现对记录的各种处理，如添加，修改，查找等，方法与 Data 控件几乎完全一样，读者可参阅 Data 控件的相关内容，这里不再讲述。

Adodc 控件作为数据源使用时，可以在程序运行时将另一个控件或对象的 DataSource 属性设置为它以实现绑定。使用 Set 语句能设置要绑定控件的 DataSource 属性实现与 Adodc 控件的绑定，如下所示：

```
Set Text1.DataSource = Adodc1
```

Text1.DataField = "xuehao"　　' 设置绑定字段名 xuehao

以下代码能实现绑定控件与数据源 Adodc 控件断开：

Set Text1.DataSource = Nothing

Text1.DataField = ""

注意，要想使绑定控件里改变了的数据写入到数据库中有两个方法：执行写入指令 (如 Update 方法)，或者使记录指针移动到另一个记录上。

Adodc 数据控件访问字段的两种语法格式：

Adodc 名称 .Recordset.Fields(" 字段名 ")

Adodc 名称 .Recordset.Fields(字段序数)

或者：

Adodc 名称 .Recordset.Fields(" 字段名 ").Value

Adodc 名称 .Recordset.Fields(字段序数).Value

例如：

Text1 = Adodc1.Recordset.Fields("xuehao")

Text1 = Adodc1.Recordset.Fields(0)　　' 读取第一个字段的数据

Text1 = Adodc1.Recordset.Fields(1)　　' 读取第二个字段的数据

或者：

Text1 = Adodc1.Recordset.Fields("xuehao").Value

Text1 = Adodc1.Recordset.Fields(0).Value　　' 读取第一个字段的数据

Text1 = Adodc1.Recordset.Fields(1).Value　　' 读取第二个字段的数据

下面将通过例子介绍用非绑定方式通过 Adodc 控件如何实现对记录的各种处理，如添加，修改，查找等，具体方法与 Data 控件有一定的区别。

示例：以非绑定方式，通过 Adodc 控件实现对记录的添加。

创建如图 7-53 所示的界面。创建一个 Adodc1 控件，三个 Text 控件：Text1、Text2 和 Text3，一个 Command 控件"添加"。

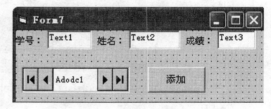

图 7-53　添加数据

"添加"按钮下的代码 (被注释掉的代码行供读者参考使用)：

```
Private Sub Command1_Click()
Adodc1.Recordset.AddNew
Adodc1.Recordset.Fields(0) = Text1    '给第一个字段写入数据
Adodc1.Recordset.Fields(1) = Text2    '给第二个字段写入数据
Adodc1.Recordset.Fields(2) = Val(Text3)    '给第三个字段写入数据

' Adodc1.Recordset.Fields("xuehao") = Text1    '给字段 xuehao 写入数据
' Adodc1.Recordset.Fields("xinmin") = Text2    '给字段 xinmin 写入数据
' Adodc1.Recordset.Fields("chenji") = Val(Text3)    '给字段 chenji 写入数据
```

Adodc1.Recordset.Update　' 不使用 Update 方法也能完成对记录的保存入库，

' 这样任何时候都不能用 CancelUpdate 方法撤销添加

End Sub

示例： 以非绑定方式，通过 Adodc 控件实现对记录的修改，查找等。

创建如图 7-54 所示的界面。创建一个 Adodc1 控件，四个 Text 控件，三个 Command 控件："查找"，"修改"，"撤消查找"。

"查找" 按钮下的代码 (注释掉的语句供读者参考使用)：

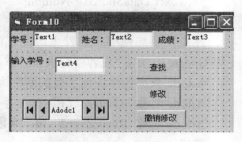

图 7-54　查找、修改记录

```
Private Sub Command1_Click()
Adodc1.Recordset.Find  "xuehao='"  &  Trim(Text4)  &  "'", 0, adSearchForward,
adBookmarkFirst
' Adodc1.Recordset.MoveFirst   ' 为了保证从第一个记录开始查找
' Adodc1.Recordset.Find ("xuehao= '1003'")
          ' 若找不到符合条件的记录，指针会自动指向 EOF 为 True 的位置
' Adodc1.Recordset.Find ("chenji=80")
Dim s As Integer
If Adodc1.Recordset.EOF Then
    s = MsgBox(" 没有找到符合条件的记录 !!! ", vbExclamation + vbOKOnly +
vbDefaultButton1, "")
    Else
      ' 在三个文本框内显示找到的记录
        Text1 = Adodc1.Recordset.Fields("xuehao").Value
        Text2 = Adodc1.Recordset.Fields("xinmin").Value
        Text3 = Adodc1.Recordset.Fields("chenji").Value
End If
End Sub
```

"修改" 按钮下的代码：

```
Private Sub Command2_Click()
' 将当前记录字段的内容用 Text 里的内容替换掉即可实现修改
Adodc1.Recordset.Fields("xuehao") = Text1
Adodc1.Recordset.Fields("xinmin") = Text2
Adodc1.Recordset.Fields("chenji") = Text3
' Adodc1.Recordset.Update   ' 没有该语句也能实现对记录的修改，但使用
                ' 该语句后被修改的内容将无法用 CancelUpdate 方法撤销修改
End Sub
```

"撤销修改" 按钮下的代码：

```
Private Sub Command3_Click()
Adodc1.Recordset.CancelUpdate
' 对记录所做的修改，在记录指针移动到其他记录上以前能使用 CancelUpdate 方法撤销修改
End Sub
```

对于 Adodc1 控件，当记录指针移动到一个新的记录后会触发 MoveComplete 事件，它类似于 Data 的 Reposition 事件。利用该事件能实现对记录的非绑定浏览，例如：

```
Private Sub Adodc1_MoveComplete(ByVal adReason As ADODB.EventReasonEnum,
ByVal pError As ADODB.Error, adStatus As ADODB.EventStatusEnum, ByVal pRecordset As
ADODB.Recordset)
    If Not Adodc1.Recordset.EOF And Not Adodc1.Recordset.BOF Then
        Text1 = Adodc1.Recordset.Fields(0)
        ' 将数据表第一个字段 ( 按数据表的结构顺序 ) 的内容显示在 Text1 中，以下类似
        Text2 = Adodc1.Recordset.Fields(1)
        Text3 = Adodc1.Recordset.Fields(2)
    End If
End Sub
```

可以使用以下方法用 Adodc 实现对记录集合的过滤 (当然也可以使用 SQL 语句) (注释掉的语句供读者参考使用)：

```
Private Sub Command1_Click()
Adodc1.Recordset.Filter = ("chenji>" & Text1)     ' 设置过滤条件
' Adodc1.Recordset.Filter = ("xuehao='" & Trim(Text1) & "'")     ' 设置过滤条件
Adodc1.Recordset.Requery     ' 刷新记录集使过滤条件生效
End Sub


Private Sub Command2_Click()
Adodc1.Recordset.Filter = ("")     ' 释放过滤条件
Adodc1.Recordset.Requery     ' 刷新记录集使过滤条件生效
End Sub
```

7-7　DataGrid 控件

DataGrid 控件不是内部控件，所以，使用前先必须将其添加到工程工具箱中。

添加 DataGrid 控件的方法如下。

在"工程"下拉菜单中选择"部件"菜单项，然后在打开的对话框中选中"Microsoft DataGrid Control 6.0(OLEDB)"，然后单击"确定"结束。则在工程控件箱里即出现 DataGrid 数据控件的图标，如图 7-55 所

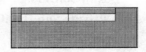

在控件箱中DataGrid控件的图标　　　在窗体上DataGrid控件的图标

图 7-55　DataGrid 数据控件

示，用它即可在窗体上绘制该控件。

1. DataGrid 控件的主要属性

DataSource：返回或设置一个数据源，通过该数据源，数据使用者被绑定到一个数据库。打开 DataGrid 控件的属性窗口如图 7-56 所示，可以对 Datasource 属性进行设置。Datasource 属性一般要求的对象是 Adodc 控件或 DataEnvironment 控件。

图 7-56　DataGrid 数据控件的属性

AllowAddNew：返回或设置一个值，指出用户是否能够通过 DataGrid 控件向与之连接的 Recordset 对象中添加新记录。值为 True 表示用户可以通过 DataGrid 控件向与之连接的 Recordset 对象中添加记录，为 False 表示用户不能通过 DataGrid 控件向与之连接的 Recordset 对象中添加记录。如果 AllowAddnew 属性为 True，则在 DataGrid 控件中显示的最后一行被留作空白以允许用户输入新记录。如果 AllowAddNew 属性为 False，则无空白行显示，用户无法定位进行输入。即使 AllowAddNew 属性为 True，Recordset 也可能不允许插入。在此情况下，若用户试图添加记录就会产生错误提示。

Col 和 Row：用这些属性来指定 DataGrid 控件中的某一单元格的行或列数，行和列从 0 开始计数，行从顶部开始而列从左边开始计数。运行时设置这些属性不会改变所选的单元。

Font：用来设置表格中显示数据的字体。

Text：返回或设置当前单元格中的文本。

DataGrid 控件还有许多在属性窗口中未反映出的复杂属性，它们可以在属性页中设置。可以在窗体上创建的 DataGrid 控件上单击鼠标右键，然后在弹出的菜单中选择"属性…"菜单项即可弹出它的属性页。属性页的设置在随后的内容中介绍。

2. DataGid 的主要方法

Refresh：更新 DataGid 表格中的内容。

3. DataGrid 控件常用的事件

RowColChange()

在当前单元改变为一个不同的单元时该事件发生。无论何时，只要单击当前单元以外的任何一个单元，或在一个选择中用 Col 和 Row 属性有计划地改变当前单元时，此事件都会发生。SelChange 事件也会在单击一个新单元时发生，却不会在不改变当前单元的前提下对所选范围做有计划的改变时发生。

RowColChange 事件语法：

Private Sub DataGrid 控件名 _RowColChange(LastRow As Variant, ByVal LastCol As Integer)

End Sub

参数说明：

参数 lastrow(用于 DataGrid 控件) 是一个字符串表达式，它用来指定前一行的位置。

参数 lastcol(用于 DataGrid 控件) 是一个整数，它用来指定前一列的位置。

对 DataGrid 控件来说，当前单元的位置是由它的 row 和 Col 属性提供的。前一个单元位置由该事件的参数 lastrow 和 lastcol 指定。如果对数据进行编辑然后将当前单元位置移动到一个新行，则对原有行的更新事件在另一个单元成为当前单元之前完成。

将 DataGrid 控件的 Datasource 属性设置为一个 Adodc 控件或 DataEnvironment 控件后运行程序，DataGrid 控件中就出现所挂数据源的数据，如图 7-57 所示。

设计时，在 DataGrid 控件上单击鼠标右键则弹出一个菜单，如图 7-58 所示。可在其中选择"属性…"打开属性页，然后进行多种设置；选择"编辑"则可进入编辑状态，这时在 DataGrid 控件上单击鼠标右键则弹出一个和以前不一样的菜单，如图 7-59 所示。可以选择其中的菜单项对 DataGrid 表格进行编辑。

图 7-57 DataGrid 数据控件的应用　　　　图 7-58 DataGrid 控件的弹出式菜单

选择"检索字段"可将已连接的数据表中的所有字段纳入 DataGrid 控件中，如图 7-60 所示。列宽对应于数据表结构的字段宽度设置，字段列顺序对应于数据表的字段创建顺序。当然，这些都可以在编辑状态下进行调整、重新安排布局。

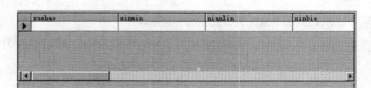

图 7-59 编辑状态下 DataGrid　　　　图 7-60 DataGrid 数据控件
　　　　控件的弹出式菜单

注意，如果要在程序运行时用 DataGrid 控件来显示不同数据库或表的数据，则不能选择使用"检索字段"功能，否则被检索进 DataGrid 控件的字段将不随新设置的数据源的变化而变化。

选择"编辑"进入编辑状态，可通过拖动间隔线调整 DataGrid 控件中的列宽，并进行插入、删除等操作，如图 7-61 所示。

在编辑状态下，可以通过选择在 DataGrid 控件上单击鼠标右键而弹出的菜单项"剪切"和菜单项"粘贴"或菜单项"插入"将某一列移动到需要的列位置。实现这一点可以这样做：

先进入编辑状态，然后将鼠标放置到要移动的列的标题上，这时鼠标会变成向下的箭头，单击鼠标左键，则该列被选择，然后单击鼠标右键，在弹出菜单中选择"剪切"，则该被选择的列消失；然后照前面的方法选择要插入位置的后继列，然后单击鼠标右键，在弹出菜单中选择"粘贴"或"插入"即可将要移动的列插入到需要位置处。

如果想将某一列移动到最后一列的后面，则须在弹出菜单中选择"追加"先在最后一列的后面插入一个空列，然后再照前面的方法将要移动的列插入到该空列的前面，最后再删除所追加的空列即可。

可在如图 7-62 所示的属性页中选择字段，并重新给出 DataGrid 控件的列标题 (先选定列再修改标题)。

图 7-61　DataGrid 编辑状态

图 7-62　重新给出 DataGrid 控件的列标题

Adodc1 控件上不论挂的是实表还是用 SQL 语句过滤出的子表，连接到 DataGrid 控件后，即可通过 DataGrid 控件对数据表数据进行编辑和修改，处理后的结果都会自动写入数据库。这是编辑操纵数据表内容最直观、最简单易行的方法。

可以在设计时设置 DataGrid 控件的 DataSource 属性，也可以在程序运行时使用 Set 语句设置，以实现与数据源 Adodc 控件等的绑定，代码如下所示：

Set DataGrid1.DataSource = Adodc1

以下代码能实现 DataGrid1 与数据源 Adodc 控件等断开：

Set DataGrid1.DataSource = Nothing

与数据源断开后 DataGrid1 控件里显示内容为空。

示例：创建如图 7-63 所示的界面。创建一个 Adodc1 控件，挂学生成绩数据表；一个 DataGrid1 控件，其属性 Datasource 设置成 Adodc1，三个 Text 控件：Text1、Text2 和 Text3。

然后编写如下代码：

Private Sub DataGrid1_RowColChange(LastRow As Variant, ByVal LastCol As Integer)

Text3 = DataGrid1.Text   ' 显示 DataGrid1 当前格的内容

Text4 = DataGrid1.Row + 1   ' 显示 DataGrid1 当前格的行数

Text5 = DataGrid1.Col + 1   ' 显示 DataGrid1 当前格的列数

End Sub

运行该窗体，当用鼠标点击不同的单元格时右边一列 Text 控件将依次（由上往下）显示当前单元格的内容，当前单元格的行数，当前单元格的列数。如图 7-64 所示。

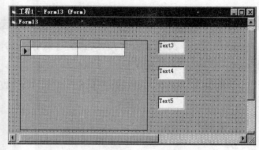

图 7-63   DataGrid 控件的应用 1

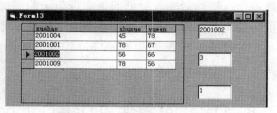

图 7-64   DataGrid 控件的应用 2

DataGrid 控件的属性 Datasource 可以设置成 ADO 控件也可以设置成 DataEnvironment 数据环境控件。若设置的是 DataEnvironment 控件，则还需选择 Command 来设置 DataMember 属性，如图 7-65 所示。

示例：创建如图 7-66 所示的界面。创建一个 Adodc1 控件，挂学生成绩数据表；一个 DataGrid1 控件，其属性 Datasource 设置成 Adodc1；三个 Command 控件：Command1、Command2 和 Command3。

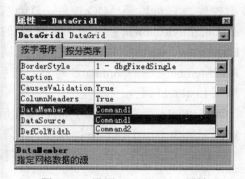

图 7-65   设置 DataMember 属性

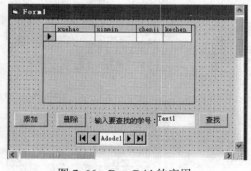

图 7-66   DataGrid 的应用

编写如下代码：

"添加" 按钮：

Private Sub Command1_Click()

Adodc1.Recordset.AddNew

End Sub

"删除" 按钮：

```
Private Sub Command2_Click()
Adodc1.Recordset.Delete
End Sub
```

"查找"按钮：

```
Private Sub Command3_Click()
Adodc1.Recordset.Find "xuehao='" & Trim(Text1) & "'", 0, adSearchForward,
adBookmarkFirst
End Sub
```

窗体运行时，点击"添加"按钮，则在数据表格的最底部会出现一个空行，用鼠标选择各个网格然后输入数据即可实现记录的添加；用鼠标选择表格中的行或通过查找使记录指针指向某一行，然后点击"删除"按钮即可实现对当前记录的删除。

通过 Adodc 控件和 DataGrid 控件的恰当配合使用可以方便、形象、有效地实现对数据表记录的各种处理。

7-8 DataList 控件和 DataCombo 控件

它们都是 ActiveX 控件，因此必须在"工程"的"部件"选项卡中选择"Microsoft DataList Controls 6.0(OLEDB)"，确定结束后，则在工程控件箱里即出现它们的图标，用它们即可在窗体上绘制这两个控件。

它们与列表框(List)和组合框(ComboBox)相似，所不同的是这两个控件不再用 ADDItem 方法来填充列表项，而是由这两个控件绑定的数据库的字段自动填充。它们都需设置以下两个属性而使它们发挥作用：

RowSource：设置用于填充下拉列表的数据控件。它可以是 ADO 控件、Data 控件或 DataEnvironment 控件。若选择的是 DataEnvironment 控件，则还需为属性 RowMember 选择 Command 对象，然后再填写 ListField 属性。

ListField：表示 RowSource 属性所指定的记录集中用于填充下拉列表的字段。

BoundText：ListField 中选定的字段的文本值。

这两个控件在窗体上的外观及其属性窗口如图 7-67 所示。

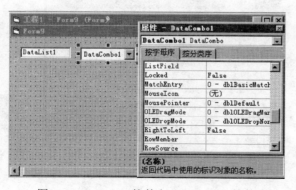

图 7-67　DataList 控件和 DataCombo 控件

7-9 DBList 控件和 DBCombo 控件

它们都是 ActiveX 控件，因此必须在"部件"选项卡中选择"Microsoft Data Bound List Controls 6.0"，确定结束后，则在工程控件箱里即出现它们的图标，用它们即可在窗体上绘制控件。

　　它们与 DataList 控件和 DataCombo 控件相似，所不同的是这两个控件不再挂接 ADO 数据控件，它们都需设置以下两个属性而使它们发挥作用：

　　RowSource：设置用于填充下拉列表的数据控件。它需要 Data 控件，因此在创建这两个控件之前，应当先创建 Data 控件。

　　ListField：表示 RowSource 属性所指定的记录集中用于填充下拉列表的字段。

　　DBList 控件和 DBCombo 控件在窗体上的外观及其属性窗口如图 7-68 所示。

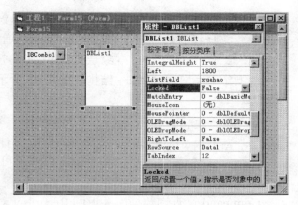

图 7-68　DBList 控件和 DBCombo 控件

7-10　数据访问对象

1. ADO、DAO 和 RDO

　　在 VB 中，可用的数据访问接口有三种：ActiveX 数据对象 (ADO)、远程数据对象 (RDO) 和数据访问对象 (DAO)。数据访问接口是一个对象模型，它代表了访问数据的各个方面。DAO(Data Access Objects) 数据访问对象是第一个面向对象的接口，它显露了 Microsoft Jet 数据库引擎 (由 Microsoft Access 所使用)，并允许 VB 开发者通过 ODBC 象直接连接到其他数据库一样，直接连接到 Access 表。DAO 最适用于单系统应用程序或小范围本地分布使用。RDO(Remote Data Objects) 远程数据对象是一个连接到 ODBC 的、面向对象的数据访问接口。它同易于使用的 DAO style 组合在一起，提供了一个接口，形式上展示出所有 ODBC 的底层功能和灵活性。尽管 RDO 在很好地访问 Jet 或 ISAM 数据库方面受到限制，而且它只能通过现存的 ODBC 驱动程序来访问关系数据库。但是，RDO 已被证明是许多 SQL Server、Oracle 以及其他大型关系数据库开发者经常选用的最佳接口。RDO 提供了用来访问存储过程和复杂结果集的更多和更复杂的对象、属性以及方法。

　　数据访问技术总是在不断进步，而这三种接口的每一种都分别代表了该技术的不同发展阶段。最新的是 ADO，它比 RDO 和 DAO 更加简单，是 DAO/RDO 的后继产物，采用了更加灵活的对象模型。对于新工程，应该使用 ADO 作为数据访问接口。

　　ADO 是为 Microsoft 最新和最强大的数据访问范例 OLE DB 而设计的，是一个便于使用的应用程序层接口。OLE DB 为任何数据源提供了高性能的访问，这些数据源包括关系和非关系数据库、电子邮件和文件系统、文本和图形、自定义业务对象，等等。ADO 在关键的 Internet 方案中使用最少的网络流量，并且在前端和数据源之间使用最少的层数，所有这些都是为了提供轻量、高性能的接口。之所以称为 ADO，是用了一个比较熟悉的暗喻 ---OLE 自动化接口。同时 ADO 使用了与 DAO 和 RDO 相似的约定和特性，简化的语义使它更易于学习。为了向后兼容性，对于现存的工程，VB 将继续支持 DAO 和 RDO。

　　ADO 又称为 OLE 自动化接口，是由 Microsoft 推出的最新的、功能最强的数据访问

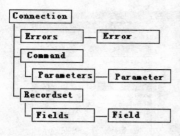

图 7-69　ADO 对象层次模型

接口。DAO 对象模型是数据库引擎 (DBEngine) 对象的接口，数据库引擎就是通过这些对象对数据库进行操作的。ADO 对象层次模型如图 7-69 所示，使用 Jet 的 DAO 对象模型层次结构如图 7-71 所示。

对象说明：

Connection：对象代表了打开的、与数据源的连接对象，代表与数据源进行的唯一会话。如果是客户端 / 服务器数据库系统，该对象可以等价于到服务器的实际网络连接，启用数据的交换。

Command：查询数据库并返回 Recordset 对象中的记录，以便执行大量操作或处理数据库结构，包含 SQL 语句。

Recordset：对象表示的是来自基本表或命令执行结果的记录全集。任何时候，Recordset 对象所指的当前记录均为集合内的单个记录。可使用 Recordset 对象操作来自提供者的数据。使用 ADO 时，通过 Recordset 对象可对几乎所有数据进行操作。所有 Recordset 对象均使用记录 (行) 和字段 (列) 进行构造，用于启用数据的定位和操作。

Parameter：代表参数或与基于参数化查询或存储过程的 Command 对象相关联的参数，需要进行的操作在这些命令中只定义一次，但可以使用变量 (或参数) 改变命令的某些细节。包含 SQL 语句参数。

Field：代表使用普通数据类型的数据列。每个 Field 对象对应于 Recordset 中的一列。使用 Field 对象的 Value 属性可设置或返回当前记录的数据。包含 Recordset 对象列。

Error：包含与单个操作 (涉及提供者) 有关的数据访问错误的详细信息。任何涉及 ADO 对象的操作都会生成一个或多个提供者错误。每个错误出现时，一个或多个 Error 对象将被放到 Connection 对象的 Errors 集合中。当另一个 ADO 操作产生错误时，Errors 集合将被清空，并在其中放入新的 Error 对象集。包含连接错误。

Property：代表由提供者定义的 ADO 对象的动态特性。包含 ADO 对象特性。

每个 Connection、Command、Recordset 和 Field 对象都有 Properties 集合，如图 7-70 所示。

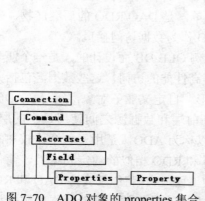

图 7-70　ADO 对象的 properties 集合

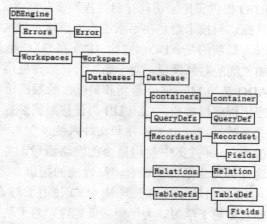

图 7-71　使用 Jet 的 DAO 对象模型层次结构 (部分)

2. ADO 数据访问接口

在使用 ADO 数据对象以前必须要将 Microsoft ActiveX Data Object 2.8 Library 引用添加到工程中去，如图 7-72 所示。

可以使用 Connection 对象的 Open 方法打开数据源 (数据库)，使用 Recordset 对象的 Open 方法打开数据集合 (数据表)。

(1)Open 方法 (ADO Connection)。

语法：connection.Open ConnectionString, UserID,Password,OpenOptions

参数说明如表 7-9 所示。

图 7-72　引用 ADO 数据对象

表 7-9　　　　　　　　　　　　　　**参 数 说 明**

参　　数	说　　明
ConnectionString	可选，字符串，包含连接信息。参阅 ConnectionString 属性可获得有效设置的详细信息
UserID	可选，字符串，包含建立连接时所使用的用户名称
Password	可选，字符串，包含建立连接时所用密码
OpenOptions	可选，ConnectOptionEnum 值。如果设置为 adConnectAsync，则异步打开连接。当连接可用时将产生 ConnectComplete 事件

说明：

使用 Connection 对象的 Open 方法可建立到数据源的物理连接。在该方法成功完成后连接是活跃的，可以对它发出命令并且处理结果。

使用可选的 ConnectionString 参数指定连接字符串，包含由分号分隔的一系列 argument=value 语句。ConnectionString 属性自动继承用于 ConnectionString 参数的值，因此可在打开之前设置 Connection 对象的 ConnectionString 属性，或在 Open 方法调用时使用 ConnectionString 参数设置或覆盖当前连接参数。

如果在 ConnectionString 参数和可选的 UserID 及 Password 参数中传送用户和密码信息，那么 UserID 和 Password 参数将覆盖 ConnectionString 中指定的值。

在对打开的 Connection 操作结束后，可使用 Close 方法释放所有关联的系统资源。关闭对象并非将它从内存中删除；可以更改它的属性设置并在以后再次使用 Open 方法打开它。要将对象完全从内存中删除，可将对象变量设置为 Nothing。

(2)Open 方法 (ADO Recordset)。

语法：recordset.Open Source,ActiveConnection,CursorType,LockType,Options

参数说明如表 7-10 所示。

CursorType 可取的常量如表 7-11 所示。

LockType 可取的常量如表 7-12 所示。

Options 可取的常量如表 7-13 所示。

表 7-10   参 数 说 明

参 数	说 明
Source	可选，变体型，计算 Command 对象的变量名、SQL 语句、表名、存储过程调用或持久 Recordset 文件名
ActiveConnection	可选，变体型，计算有效 Connection 对象变量名；或字符串，包含 ConnectionString 参数
CursorType	可选，CursorTypeEnum 值，确定提供者打开 Recordset 时应该使用的游标类型，参见表 7-11
LockType	可选，确定提供者打开 Recordset 时应该使用的锁定 (并发) 类型的 LockTypeEnum 值，参见表 7-12
Options	可选，长整型值，用于指示提供者如何计算 Source 参数 (如果它代表的不是 Command 对象)，或从以前保存 Recordset 的文件中恢复 Recordset，参见表 7-13

表 7-11   CursorType 可取的常量

常 量	说 明
adOpenForwardOnly	(默认值) 打开仅向前类型游标
adOpenKeyset	打开键集类型游标
adOpenDynamic	打开动态类型游标
adOpenStatic	打开静态类型游标

表 7-12   LockType 可取的常量

常 量	说 明
adLockReadOnly	(默认值) 只读 --- 不能改变数据
adLockPessimistic	保守式锁定 (逐个)--- 提供者完成确保成功编辑记录所需的工作，通常通过在编辑时立即锁定数据源的记录来完成
adLockOptimistic	开放式锁定 (逐个)--- 提供者使用开放式锁定，只在调用 Update 方法时才锁定记录
adLockBatchOptimistic	开放式批更新 --- 用于批更新模式 (与立即更新模式相对)

表 7-13   Options 可取的常量

常 量	说 明
adCmdText	指示提供者应该将 Source 作为命令的文本定义来计算
adCmdTable	指示 ADO 生成 SQL 查询以便从 Source 命名的表返回所有行
adCmdTableDirect	指示提供者更改从 Source 命名的表返回的所有行
adCmdStoredProc	指示提供者应该将 Source 视为存储的过程
adCmdUnknown	指示 Source 参数中的命令类型为未知
adCommandFile	指示应从 Source 命名的文件中恢复持久 (保存的)Recordset
adExecuteAsync	指示应异步执行 Source
adFetchAsync	指示在提取 CacheSize 属性中指定的初始数量后，应该异步提取所有剩余的行

说明：

使用 Recordset 对象的 Open 方法可打开代表基本表、查询结果或者以前保存的

Recordset 中记录的游标。

使用可选的 Source 参数指定使用下列内容之一的数据源：Command 对象变量、SQL 语句、存储过程、表名或完整的文件路径名。

ActiveConnection 参数对应于 ActiveConnection 属性并且指定在其中打开 Recordset 对象的连接。如果传送该参数的连接定义，则 ADO 使用指定的参数打开新连接。可以在打开 Recordset 之后更改该属性的值以便将更新发送到其他提供者。或者可以将该属性设置为 Nothing(在 Microsoft Visual Basic 中) 以便将 Recordset 与所有提供者断开。

对于直接对应于 Recordset 对象属性的参数 (Source、CursorType 和 LockType)，参数和属性的关系如下：

在 Recordset 对象打开之前属性是读 / 写。除非在执行 Open 方法时传送相应的参数，否则将使用属性设置。如果传送参数，则它将覆盖相应的属性设置，并且用参数值更新属性设置。在打开 Recordset 对象后，这些属性将变为只读。

注意：

对于其 Source 属性设置为有效 Command 对象的 Recordset，即使 Recordset 对象没有打开，ActiveConnection 属性也是只读的。如果在 Source 参数中传送 Command 对象并且同时传递 ActiveConnection 参数，那么将产生错误。Command 对象的 ActiveConnection 属性必须设置为有效的 Connection 对象或者连接字符串。如果在 Source 参数中传送的不是 Command 对象，那么可以使用 Options 参数优化 Source 参数的计算。如果没有定义 Options 则性能将会降低，原因是 ADO 必须调用提供者以确定参数为 SQL 语句、存储过程还是表名。如果确知所用的 Source 类型，则可以设置 Options 参数以指示 ADO 直接跳转到相关的代码。如果 Options 参数与 Source 类型不匹配，将产生错误。

如果不存在与记录集关联的连接，Options 参数的默认值将为 adCommandFile，这是持久 Recordset 对象的典型情况。如果数据源没有返回记录，那么提供者将 BOF 和 EOF 属性同时设置为 True，并且不定义当前记录位置。但如果游标类型允许，仍然可以将新数据添加到该空 Recordset 对象。在结束对打开的 Recordset 对象的操作后，可使用 Close 方法释放所有关联的系统资源。关闭对象并非将它从内存中删除，可以更改它的属性设置并在以后使用 Open 方法再次将其打开。要将对象从内存中完全删除，可将对象变量设置为 Nothing。

在设置 ActiveConnection 属性之前调用不带操作数的 Open，可通过将字段追加到 Recordset Fields 集合创建 Recordset 的实例。

示例：使用 ADO 数据对象实现对数据库的访问，实现添加记录，修改记录，浏览记录，查找记录等。连接数据库的字符串 ConnectionString 会因访问数据库的位置不同而不同，本程序访问的是单机系统的 mdb 数据库，请注意其中的各项参数描述。

首先将 Microsoft ActiveX Data Object 2.8 Library 引用添加到工程中去。

程序代码如下 (注释掉的语句供读者参考使用)：

```
Dim cnn1 As New adodb.Connection    ' 在通用过程中定义
Dim rs As New adodb.Recordset
```

```
Private Sub Command1_Click()
If Not rs.EOF Then      ' 浏览记录
    rs.MoveNext
End If
If rs.EOF Then
    rs.MoveLast
End If
Text1 = rs.Fields(0).Value    ' Fields(0) 表示数据表结构中的第一个字段，以下类似
Text2 = rs.Fields(1).Value
Text3 = rs.Fields(2).Value
End Sub


Private Sub Command2_Click()
rs.AddNew      ' 添加一个空记录

' 以下 3 行语句为该空记录各字段赋值
rs.Fields(0).Value = Text1    ' Fields(0) 表示数据表结构中的第一个字段，以下类似
rs.Fields(1).Value = Text2
rs.Fields(2).Value = Val(Text3)
rs.Update
End Sub


Private Sub Command3_Click()
rs.AddNew     ' 添加一个空记录
rs!xuehao = Text1    ' 以下 3 行语句为该空记录各字段赋值
rs!xinmin = Text2
rs!chenji = Val(Text3)
rs.Update
End Sub


Private Sub Command4_Click()
rs.Find ("xuehao ='99'")    ' 查找记录
' rs.Find "xuehao='" & Text1 & "'", 0, adSearchForward, adBookmarkFirst    ' 查找记录

If rs.EOF Then     ' 如果未找到符合条件的记录
    MsgBox "No Record !", , ""
Else
    Text1 = rs.Fields("xuehao").Value
```

182

```
        Text2 = rs.Fields("xinmin").Value
        Text3 = rs.Fields("chenji").Value
    End If
    End Sub


Private Sub Command7_Click()
' 修改当前记录，并写入库
rs.Fields("xuehao").Value=Text1    ' 用 Text1 等的内容替换当前记录，并写入库
rs.Fields("xinmin").Value=Text2
rs.Fields("chenji").Value=Text3
rs.Update
End Sub


Private Sub Command6_Click()
' 执行 insert，update，delete 语句时，数据表不能处于打开状态，但必须打开数据库文件
' 即，不能在本过程中打开数据表，然后执行 insert，update，delete 语句
' 注释掉的语句供读者参考使用
Dim cd As New ADODB.Command
With cd
    .ActiveConnection = cnn1
    .CommandText = "insert into a(xuehao,xinmin,chenji,xinbie)
values('vvv','vvv',111,'vv')"    ' 插入数据记录
    '.CommandText = "update a set chenji=77 where xinbie='bb'"
    '.CommandText = "delete from a where xinbie='hh'"
    '.CommandType = adCmdText    ' 本语句可省略
    .Execute
End With
End Sub


Private Sub Form_Load()
cnn1.ConnectionString = "provider=Microsoft.jet.oledb.3.51;data source=d:\project3\abc.
mdb"
cnn1.ConnectionTimeout = 10
cnn1.Open    ' 打开数据库
rs.Open "a", cnn1, adOpenDynamic, adLockPessimistic, adCmdTable    ' 打开数据表 a
' rs.Open "select * from a where chenji>99", cnn1, adOpenDynamic, adLockPessimistic,
adCmdText    ' 打开数据表子集
End Sub
```

```vb
Private Sub Form_Unload(Cancel As Integer)
rs.Close      ' 关闭数据表
cnn1.Close    ' 关闭数据库
Set rs = Nothing    ' 将对象从内存中完全删除
Set cnn1 = Nothing
End Sub

Private Sub Form_Activate()
Text1 = rs.Fields("xuehao").Value
Text2 = rs.Fields("xinmin").Value
Text3 = rs.Fields("chenji").Value
End Sub
```

示例： 使用 ADO 数据对象实现对数据库的访问，实现添加记录，修改记录，浏览记录，查找记录等。连接数据库的字符串会因访问数据库的位置不同而不同，本程序访问的是 SQL Server 服务器上的数据库，且程序在服务器上执行，请注意其中的各项参数描述。

先将 Microsoft ActiveX Data Object 2.8 Library 引用添加到工程中去。

程序代码如下 (注释掉的语句供读者参考使用)：

```vb
Option Explicit    ' 在通用过程中定义
Dim cnn1 As ADODB.Connection
Dim rs As ADODB.Recordset

Private Sub Form_Load()
Dim strCnn As String
' 以下 4 行语句打开连接，即打开数据库 tushu
    strCnn = "Provider=SQLOLEDB.1;Integrated Security=SSPI;Persist Security Info=False;Initial Catalog=tushu;Data Source=."
    Set cnn1 = New ADODB.Connection
    cnn1.ConnectionTimeout = 3
    cnn1.Open strCnn
' 以下 4 行语句打开图书数据表 book
    Set rs = New ADODB.Recordset
    rs.CursorType = adOpenKeyset
    rs.LockType = adLockOptimistic
    rs.Open "book", cnn1, , , adCmdTable
End Sub
Private Sub Command1_Click()
```

```
If Not rs.EOF Then    ' 浏览记录
    rs.MoveNext
End If
If rs.EOF Then
    rs.MoveLast
End If
Text1 = rs.Fields(0).Value    ' Fields(0) 表示数据表结构中的第一个字段，以下类似
Text2 = rs.Fields(1).Value
Text3 = rs.Fields(2).Value
End Sub


Private Sub Command2_Click()
rs.AddNew    ' 添加记录

rs.Fields(0).Value = Text1    ' Fields(0) 表示数据表结构中的第一个字段，以下类似
rs.Fields(1).Value = Text2
rs.Fields(2).Value = Val(Text3)
rs.Update
End Sub
Private Sub Command3_Click()
rs.AddNew    ' 添加记录
rs!isbn = Text1
rs!Title = Text2
rs!price = Val(Text3)
rs.Update
End Sub

Private Sub Command4_Click()
rs.Find ("isbn='33-3'")    ' 查找记录
' rs.Find "isbn='" & Text1 & "'", 0, adSearchForward, adBookmarkFirst    ' 查找记录

If rs.EOF Then    ' 如果未找到符合条件的记录
    MsgBox "No Record !", , ""
Else
Text1 = rs.Fields("isbn").Value
Text2 = rs.Fields("title").Value
Text3 = rs.Fields("price").Value
End If
```

185

```
End Sub

Private Sub Command5_Click()
' 修改当前记录，并写入库
rs.Fields("isbn").Value = Text1    ' 用 Text1 等的内容替换当前记录，并写入库
rs.Fields("title").Value = Text2
rs.Fields("price").Value = Val(Text3)
rs.Update
End Sub

Private Sub Form_Activate()
Text1 = rs.Fields("isbn").Value
Text2 = rs.Fields("title").Value
Text3 = rs.Fields("price").Value
End Sub

Private Sub Form_Unload(Cancel As Integer)
rs.Close    ' 关闭数据表
cnn1.Close   ' 关闭数据库
Set rs = Nothing    ' 将对象从内存中完全删除
Set cnn1 = Nothing
End Sub
```

示例：使用 Recordset 和 Connection 对象的 Open 方法打开数据库、数据表，并实现对字段的访问。本程序是从工作站上访问 SQL Server 服务器上的数据库，请注意连接数据库的字符串中的各项参数描述。

先将 Microsoft ActiveX Data Object 2.8 Library 引用添加到工程中去。

编写程序代码如下：

```
Private Sub Command5_Click()
Dim cnn1 As ADODB.Connection
Dim rstEmployees As ADODB.Recordset
Dim strCnn As String
Dim varDate As Variant

' 打开连接，即打开数据库
strCnn = "Provider=sqloledb;" &      "Data Source=srv;Initial Catalog=pubs;User
Id=sa;Password=; "
Set cnn1 = New ADODB.Connection
```

```
cnn1.Open strCnn

' 打开雇员表
Set rstEmployees = New ADODB.Recordset
rstEmployees.CursorType = adOpenKeyset
rstEmployees.LockType = adLockOptimistic
rstEmployees.Open "employee",cnn1,,,adCmdTable

' 将第一个雇员记录的受雇日期赋值给变量，然后更改受雇日期
varDate = rstEmployees!hire_date
rstEmployees!hire_date = #1/1/1900#
rstEmployees.Update

' 再查询 Recordset 并重置受雇日期
rstEmployees.Requery
rstEmployees!hire_date = varDate
rstEmployees.Update
rstEmployees.Close
cnn1.Close
End Sub
```

3. DAO 数据访问接口

在使用 DAO 数据对象以前必须要将 Microsoft DAO 3.6 Object Library 引用添加到工程中去，如图 7-73 所示。

对象说明：

DBEngine: 它是数据库引擎本身。该对象的方法有：CopmactDatabase(用来压缩数据库，从物理意义上删除无用的数据和数据表)，RepairDatabase(用来修复被损坏的数据库)，CreateWorkspace(用来创建一个新的工作区，系统默认的工作区是 DBEngine.WorkSpace(0))。例如：RepairDatabase "c:\project1\abc.mdb"

Workspace：它是工作区对象。该对象的方法有：BeginTrans(开始事务)，CommitTrans(确认事务)，RollBack(取消事务)，OpenDatabase(用来打开一个数据库)，Close(用来关闭数据对象)，CreateDatabase(用来创建一个空新数据库)。

Database：对数据库操作的对象。常

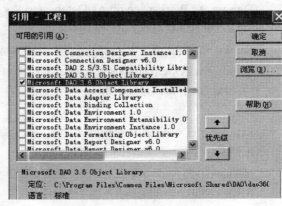

图 7-73　引用 DAO 数据对象

用的方法有：close(用来关闭一个数据库)，CreateTableDef(用来为数据库添加新表)，OpenRecordset(用来打开一个数据表)，CreateRelation(用来建立一个关连)。

以上对象的用法比较固定、有规律，例如：

DBEngine.Workspaces(0).Rollback

Set db = ws.CreateDatabase("d:\project1\abc.mdb", dbLangGeneral)

Set db = ws.OpenDatabase("d:\project1\zhenshu.mdb")

Set rs = db.OpenRecordset("biao2")

DBEngine.Workspaces(0).Close　　' 关闭工作区

Recordset：对数据集合操作的对象。常用的属性有：BOF 和 EOF(表示指针是否在第一个记录之前和在最后一个记录之后)，BookMark(记录的标签)，Nomatch(使用查找方法找到了记录，则它为 False，否则为 True)。Recordset 对象常用的方法如表 7-14 所示。

表 7-14　　　　　　　　　　　　　　**Recordset 对象常用的方法**

方法	描　　　　　述
AddNew	要将新记录添加到表中，调用 AddNew 方法来实现。实现将空的新记录添加到记录集的末尾，记录指针定位在该记录上
Delete	从当前记录集中删除当前记录
Move	Move 方法包括 MoveFirst、MoveNext、MovePrevious、MoveLast 四种子方法。它们分别对应把当前记录集的记录指针指向第一个记录，下一个记录，上一个记录，最后一个记录上
Find	在记录集中要查找符合条件的记录，调用 Find 方法。Find 方法包括 FindFirst、FindLast、FindPrevious、FindNext 四种子方法，分别对应于在记录集中查询符合条件的第一个记录，最后一个记录，上一个记录，下一个记录
Seek	类似于 Find 方法，只是查找前要对查找字段设置索引

DAO 数据对象的属性和方法以及它们的用法与 ADO 数据对象的情况基本一样，可仿照前面的内容在编程中使用。

示例：下面的语句采用以上所述的方法实现了特定的功能，可在编写程序时参考使用 (先要将 Microsoft DAO 3.6 Object Library 引用添加到工程中去)。

Dim ws As Workspace,db As Database,rs As Recordset

' 定义工作区、数据库、记录集合变量

Set ws = DBEngine.Workspaces(0)　　' 或 Set ws = DBEngine(0)

Set db = ws.OpenDatabase("d:\project1\zhenshu.mdb")

' 在指定的工作区，打开数据库

Set rs = db.OpenRecordset("biao2")　　' 打开数据表

rs.Move (5)　　' 记录指针下移 5 个记录

rs.Move (-5)　　' 记录指针上移 5 个记录

rs.MoveNext　　' 记录指针下移 1 个记录

rs.MovePrevious　　' 记录指针上移 1 个记录

rs.MoveFirst　'记录指针移到第 1 个记录

rs.MoveLast　'记录指针移到最后 1 个记录

rs.index="xuehao"　'设置字段 xuehao 为索引项

rs.seek "=",text1.text　'查找字段 xuehao 等于 text1 中值的记录

Text1.Text = rs.Fields(0)　'将 biao2 中的第一个字段内容传给 Text1

Text2.Text = rs.Fields(1)　'将 biao2 中的第二个字段内容传给 Text2

Text3.Text = rs.Fields(2)　'将 biao2 中的第三个字段内容传给 Text3，依此类推

ws.Close　'关闭数据对象，其下层的数据对象也同时被关闭，
　　　　'所提交的事物将被取消

思考练习题 7

1. 可视化数据管理器是什么？有什么应用？

2.Data 数据控件有哪些常用的属性、事件和方法？

3.ADO 数据控件在程序运行时进行动态数据源挂接与刷新时，应注意些什么？

4.MSFlexGrid 控件主要用来做什么的？应注意些什么？

5. 控件组 DataList 控件和 DataCombo 控件与控件组 DBList 控件和 DBCombo 控件，各有什么应用和方便？

6.SQL 语言在 VB 环境中有哪些使用方式？应注意些什么？

7. 用 DataGrid 控件显示数据表格与用 MSFlexGrid 控件显示数据表格，各有何异同？

8. 针对 Data 数据控件的 Find 方法和 Seek 方法，在检索数据时有何区别，应注意些什么？

9. 请注意以绑定方式和以非绑定方式显示数据表字段数据的异同，以及各自所适应的情况。

10. 试利用 Adodc 控件，仿照 Data 数据控件的用法将图片文件存储到数据库中。

第8章 数据环境与数据报表

VB 中的数据环境 (Data Environment) 用于创建数据环境对象来与数据库和数据表挂接，最终形成数据源为其他控件提供数据来源。数据环境对象的功用很像 Data 和 Adodc 控件，但它又有自己独特的功用并能发挥其他控件所没有的作用。数据报表必须要以它作为数据来源。

本章介绍如何创建数据环境对象，以及如何利用数据环境对象创建数据报表。

8-1 数据环境设计器

在编制数据库应用程序时，数据环境设计器为创建数据环境对象提供了一个交互式的设计工具。利用它可以方便地创建数据环境对象，并可以将其中的对象拖放到窗体上或数据报表中来输出数据，拖放而产生的这些对象的作用类似于数据绑定控件。下面介绍数据环境设计器的使用。

8-1-1 添加数据环境设计器

添加数据环境一般有两种方法：

(1) 在"工程"下拉菜单中选择"添加 Data Environment"菜单项即可。

(2) 在工程资源管理器窗口中用鼠标右键单击空白处即会出现图 8-1 所示的界面，然后按图中所示依次进行，最后选择"Data Environment"菜单项即可。

按以上两种方法之一做完之后，就会出现如图 8-3 所示的数据环境窗口，下一步就是对数据环境的进一步设置。

有时在使用以上两种方法中会看不到添加数据环境的菜单项，这时须在"工程"下拉菜单中选择"部件"菜单项，在出现的界面中选择"设计器"页面，如图 8-2 所示。然后在该页面中选择"Data Environment"选项最后点击"确定"按钮，然后按以上两种方法之一做之后，就能实现数据环境的添加 (在后继 8-2 节内容里，在添加数据报表

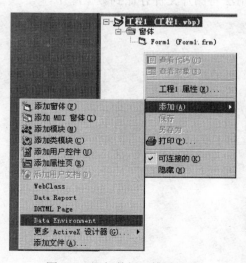

图 8-1 添加数据环境设计器

设计器 Data Report 时，有时也存在类似的情况，可以采取类似的方法解决）。

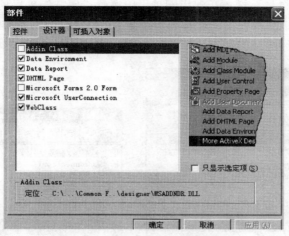

图 8-2　选择数据环境设计器

8-1-2　建立连接

添加数据环境成功后，VB 会自动打开数据环境设计器窗口。如图 8-3 所示，在数据环境窗口中，在 Connection1 对象上单击鼠标右键，在弹出的菜单中选择"属性"，即出现如图 8-4 所示的界面。

图 8-3　数据环境窗口

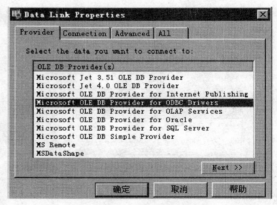

图 8-4　建立连接

如果要连接 Access 数据库则选择第一行 Microsoft Jet 3.51 OLE DB Provider（注意：要连接不同类型的数据库，选择的行会不同），然后点击"Next"按钮，在出现的选项卡中选择数据库名称，然后点击"测试连接"按钮，如果测试连接成功则建立了正确的连接，否则须重新建立。

8-1-3　定义命令

建立连接以后，在如图 8-3 所示的窗口中的"Connection1"单击鼠标右键，在弹出的菜单中选择"添加命令"即可添加命令 Command1 到 Connection1 下。然后在 "Command1"上单击鼠标右键,在弹出的菜单中选择"属性"菜单项,则出现如图 8-5 所示的选项卡,在其中选择要使用的连接和数据源 (正确选择数据库对象和对象名称)。

最后生成的数据环境结构基本上如图 8-6 所示。

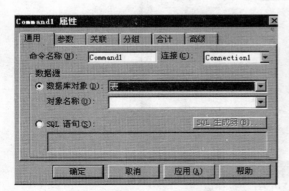

图 8-5 设置连接和数据源   图 8-6 数据环境结构

至此,数据环境即创建完成。正确创建完成的数据环境的 Command 命令前会出现一 "+"号,点击该"+"号即会弹出已绑定的数据源 (数据表) 的各个字段。这也是验证数据环境是否正确创建完成的一个方法。如果结果不正确,则必须重做以上过程直到正确为止。

然后可以在"Command1"上单击鼠标右键,在弹出的菜单中选择"添加子命令",

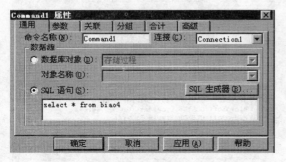

图 8-7 在数据环境中使用 SQL 语句

可以实现为 Command1 添加下一级子命令 Command2。Command1 和 Command2 上所挂的数据表必须建立关联。Command 上也可以挂 SQL 语句来获得的子数据表 (从实表中过滤出的子集合),只需要在 Command 的属性窗口中选择"SQL 语句",如图 8-7 所示。然后在下面空白区域内输入 SQL 语句即可,最后点击"确定"结束。

数据环境中的 command 或其下的某个字段 (如图 8-6 所示窗口中的字段 shu) 都可直接拖向窗体上,然后在属性窗口中修改其属性,从而生成用户界面,而不需要象将 Text 控件绑定到 Data 控件的数据字段上那样。

对数据环境中的 command 命令可以使用类似于 Data 数据控件和 Adodc 数据控件的数据集方法进行如记录指针移动等各种操作,例如:

```
Private Sub Command1_click()
If not DataEnvironment1.rsCommand1.EOF then
    DataEnvironment1.rsCommand1.MoveNext
    If DataEnvironment1.rsCommand1.EOF then
```

```
        DataEnvironment1.rsCommand1.MoveLast
    End if
End If
End Sub
```

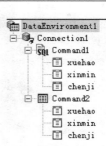

图 8-8 数据环境设置

示例： 通过对数据环境设置过滤条件实现对记录集的过滤，并将过滤得到的结果通过 DataGrid 显示出来。创建数据环境 DataEnvironment1，如图 8-8 所示。

下面的代码实现了为数据环境的数据集合设置过滤条件 (注释掉的语句供读者参考使用)：

```
Private Sub Command6_Click()
With DataEnvironment1
    If .rsCommand1.State Then .rsCommand1.Close
        ' 如果对象已经打开，则不允许执行应用程序所要求的操作
' If DataEnvironment1.rsCommand1.State = adStateOpen Then DataEnvironment1.
rsCommand1.Close    ' 该语句和上一语句作用一样
    .rsCommand1.Filter = "chenji > 80 And chenji<100"    ' 设置过滤条件
    .Command1    ' 使过滤条件生效
End With
Set DataGrid1.DataSource = DataEnvironment1    ' 将数据传至 DataGrid 控件
DataGrid1.DataMember = "command1"
DataGrid1.Refresh
End Sub
```

示例： 通过对数据环境设置参数实现对记录集的过滤。如图 8-9 所示，创建数据环境 DataEnvironment2；设置 command2 的属性如图 8-10，图 8-11，图 8-12 所示。图 8-10 中 SQL 语句里的每一个问号 "?" 对应于一个参数。

在 Command2 属性参数页中设置参数类型时要注意，数值型参数可以不设置大小，即长度数，字符型参数必须设置合理的长度数，如图 8-12 所示。

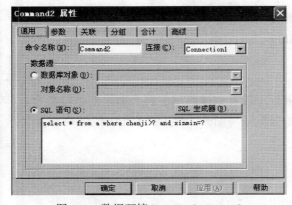

图 8-9 数据环境 DataEnvironment2

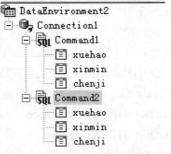

图 8-10 设置 command2 属性通用页

图 8-11　设置 command2 属性参数页

图 8-12　设置参数类型和大小

下面的代码实现为数据环境传递参数值：

```
Private Sub Command5_Click()
 With DataEnvironment2
    If .rsCommand2.State = adStateOpen Then
        .rsCommand2.Close
    End If
    .Command2 Val(Text1.Text), Text2.Text
    ' 为数据环境依次传递的两个参数值的参数类型和顺序必须与
    ' 在 Command 的属性页中参数的设置完全一致
    If .rsCommand2.RecordCount > 0 Then
        MsgBox "Found " & .rsCommand2.Fields("xuehao").Value
    Else
        MsgBox "No author found"
    End If
 End With
End Sub
```

下面的代码使 DataGrid1 与数据环境建立连接：

```
Private Sub Command1_Click()
Set DataGrid1.DataSource = DataEnvironment1
DataGrid1.DataMember = "command1"
DataGrid1.Refresh
End Sub
```

执行以上代码则在 DataGrid1 控件中就可以看到过滤出的符合要求的数据集合。

下面的代码使 DataGrid1 与数据源如数据环境断开，使 DataGrid1 控件内容为空：

```
Private Sub Command2_Click()
Set DataGrid1.DataSource = Nothing
DataGrid1.DataMember = ""
DataGrid1.Refresh
```

194

End Sub

也可以通过对数据环境设置 SQL 语句来实现对数据的过滤，如下面的代码：

```
Private Sub Command3_Click()
With DataEnvironment1
    If .rsCommand1.State Then .rsCommand1.Close
    ' 关闭对象，如果对象已经打开，则不允许执行应用程序所要求的操作
    ' If DataEnvironment1.rsCommand1.State = adStateOpen Then DataEnvironment1.
rsCommand1.Close

    .Commands!Command1.CommandText = "select * from a where chenji>" &
Trim(Text1)    ' 设置过滤条件
    .Command1    ' 使过滤条件生效
End With
Set DataGrid1.DataSource = DataEnvironment1
DataGrid1.DataMember = "Command1"
DataGrid1.Refresh
End Sub
```

可以通过数据环境实现记录的添加，添加前必须将 Command 属性页里高级选项页中的锁定类型设置为开放式，如图 8-13 所示，代码如下（被注释掉的代码行供读者参考使用）：

```
Private Sub Command7_Click()
If DataEnvironment3.rsCommand1.State =
0 Then
    DataEnvironment3.rsCommand1.Open
End If
```

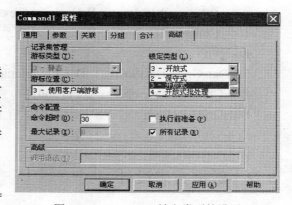

图 8-13　Command 锁定类型的设置

```
DataEnvironment3.rsCommand1.AddNew
DataEnvironment3.rsCommand1.Fields(0).Value = "www"
DataEnvironment3.rsCommand1.Fields(1).Value = "qqq"
DataEnvironment3.rsCommand1.Fields(2).Value = 222
' DataEnvironment3.rsCommand1.Fields("xuehao").Value = "ppp"
' DataEnvironment3.rsCommand1.Fields("xinmin").Value = "gg"
' DataEnvironment3.rsCommand1.Fields("chenji").Value = 555
DataEnvironment3.rsCommand1.Update    ' 不使用该命令也可实现更新
End Sub
```

可以通过数据环境实现记录的查找和修改，其方法类似于 Adodc 控件，代码如下：

```
Private Sub Command9_Click()
```

195

```
If DataEnvironment3.rsCommand1.State = 0 Then
    DataEnvironment3.rsCommand1.Open
End If
DataEnvironment3.rsCommand1.Find ("xuehao='789'")    ' 查找记录
DataEnvironment3.rsCommand1.Fields(1).Value = "p"    ' 修改字段数据
DataEnvironment3.rsCommand1.Fields(2).Value = 444
End Sub
```

也可以通过执行 SQL 语句实现对数据的更新，如插入记录等，如下面的代码：

```
Private Sub Command11_Click()
With DataEnvironment1
    If .rsCommand1.State Then .rsCommand1.Close
    .Commands!Command1.CommandText = "insert into a values('qqqqq','qqqq',789,'99')"    '
插入数据
    .Command1
    .Commands!Command1.CommandText = "select * from a "    ' 查看插入的结果
    .Command1
End With
Set DataGrid1.DataSource = DataEnvironment1
DataGrid1.DataMember = "command1"
DataGrid1.Refresh
End Sub
```

8-2　数据报表设计

　　数据库管理应用系统一般都有数据打印输出的要求，制作打印报表则成为不可缺少的工作。VB 提供了 DataReport 对象作为数据报表设计器，它功能强大而且操作界面简单方便容易，而且数据可导出到其他文件或 HTML 页中。创建数据报表前必须先创建对应的数据环境对象，因为数据报表要以数据环境作为它的数据来源。

　　要想在同一个报表中输出符合不同条件数据，只能通过对与之相连接的数据环境进行设置来实现，如何设置数据环境可参看上一节内容。

　　1.报表设计器

　　将数据报表设计器 DataReport 对象添加到工程中有两种方法：

　　(1) 选择"工程"下拉菜单中的菜单项"添加 Data Report"即可。

　　(2) 如图 8-14 所示，在工程资源管理器窗口中用鼠标右键单击即会出现一个弹出菜单，然后选择菜单项"添加"再选择菜单项"Data Report"即可。

　　添加完成后随即会出现类似于如图 8-15 所示的数据报表设计器窗口，具体设计报表就在该窗口中进行和完成。

　　数据报表设计器 DataReport 窗口中各个区域 (可参看图 8-15) 的说明：

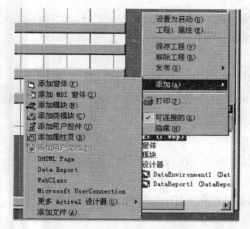

图 8-14 添加数据报表设计器 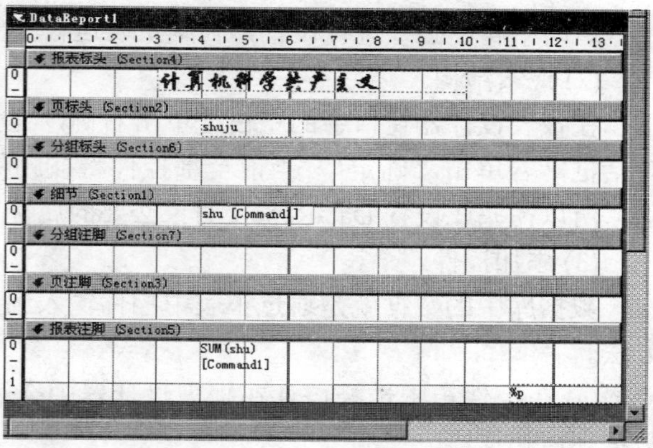　　　　图 8-15　DataReport1 设计窗口

报表标头：在报表开始显示的信息，如报表标题等。

页标头：在每页开头显示的信息，如页标题等。

分组标头：分组显示数据时的组标题。

分组脚注：分组显示数据结束时的汇总、注释等信息。

细节：报表内部的数据内容，与数据环境中的 Command 子对象相关联。可将 Command 或其下的字段拖入该区域内以实现数据表数据输入报表。

页脚注：每页结束时显示的信息，如页码等。

报表脚注：整个报表结束时显示的信息，如数据汇总等。

2. Section 对象

数据报表设计器的每一部分都用 Section 对象表示，可拖动边界改变大小，可在其中放置各种控件。

3. Data Report 控件

打开数据报表设计器 DataReport 窗口后，在工程工具箱的位置就会出现数据报表设计常用的内置控件，如图 8-16 所示。窗口中有两个按钮"General"和"数据报表"，在设计窗体时，点击"General"按钮就会出现窗体设计控件；在设计报表时，点击"数据报表"按钮就会出现报表设计控件。

Textbox：设置文本输入信息。

Label：用于放置标签来显示文字信息等。

Image：用于放置图形等。

Line：用于绘制直线。

Shape：用于放置矩形、三角形等图形。

Function：用于生成计算数值。

4.设计报表

创建数据环境完成后向工程中添加数据报表设计器，然后按以下步骤设计报表：

(1) 设置 DataReport 对象属性。

图 8-16　数据报表控件

Datasource 属性应设置为某一数据环境，DataMember 属性应设置为某一 Command 命令。这两个属性必须进行设置，否则报表运行将出错。

(2) 检索结构。

在报表设计器窗口中的空白处单击右键，在弹出的菜单中选择"检索结构"则出现一对话框，若单击"确定"，当前全部控件将被删除，并且全部自定义的区域和布局将被删除。所以在完成设置 DataReport 对象必要的属性以后必须先做这一步。

(3) 添加控件。

数据库中的数据就是通过报表中控件输入到报表中的，在报表中创建控件有以下两种方法。

(a) 在控件箱中选择控件在报表设计器中合适的区域绘制所需构件，然后再把控件和数据环境相连接。

(b) 从数据环境中拖 Command 或其下的字段到报表设计器中的细节区域。拖入的控件有两种：标签控件 (RptLabel) 和文本框控件 (RptTextBox)。从外观上看标签控件 (RptLabel) 带有冒号"："，可以将它们删除，也可以将它们移动到其他区域，当然也可以保留。文本框控件 (RptTextBox) 都和数据表的字段相关联用来将数据表里的数据输入到报表中，也可以删除其中的某些文本框控件，而保留另外一些。可用鼠标左键或右键按住数据环境中 Command 或其下的字段拖动，开始拖动时鼠标是圆圈形状，当拖入到细节区域中后鼠标变成方块形状，这时释放鼠标，与字段相关的标签控件 (RptLabel) 和文本框控件 (RptTextBox) 就会出现在细节区域中，如图 8-17 所示。

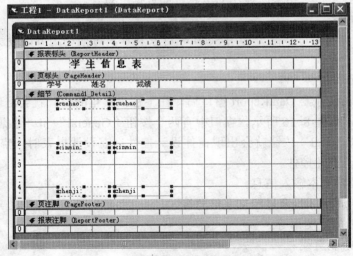

图 8-17　向报表的细节区域拖入字段

(4) 设置布局。

设置报表设计器中已设计好的各对象的字体大小，绘制线条，调整细节部分的高度使报表内容紧凑。

先绘制线条等控件，这样只能大概确定它们的位置，要想使报表更加美观细腻，需要在线条等控件的属性页里对属性 Height，Left，Top，Width 进行设置，实现对线条等控件的位置的微调，因为靠拖动无法实现控件位置的微调。

如图 8-18 所示就是一个经过细心设计调整控件的位置而得到的一个报表，它已十分接近日常常见的规范表格。做到这些难度并不大，但需要细心、耐心和时间。

(5) 运行显示数据报表

一般有以下两种方法。

(a) 选择"工程"的下拉菜单项"工程属性"，然后在弹出的"通用"页面中，在"启动对象"组合框中选择要显示的数据报表名，然后运行工程显示报表。

(b) 使用程序代码显示数据报表。

语句语法：报表名 .show

例如：

DataReport1.show

(6) 向报表中添加 Function 控件。

Function 控件使用各种内置函数 (如表 8-1 所示) 产生计算结果，一般放置在报表的脚注区域部分。

学生信息表

学号	姓名	成绩
1001	张三	89
1003	李力	67
1002	王五	67
2006009	孙子	88
2006099	李光	77
2003099	赵王和	90

图 8-18 数据报表表格

表 8-1   **Function 控件包含的内置函数**

函 数 名	功 能
Sum	合计一个字段的值
Min	显示一个字段的最小值
Max	显示一个字段的最大值
Average	显示一个字段的平均值
Standard Deviation	显示一列数字的标准偏差
Standard Error	显示一列数字的标准错误
Value Count	显示包含非空值的字段数
Row Count	显示一个报表部分中的行数

Function 控件的常用属性如表 8-2 所示。

表 8-2   **Function 控件的属性**

属 性	说 明
DataMember	设置 Command 名
DataField	设置字段名
FunctionType	设置内置函数

设置 Function 控件的内置函数可在属性窗口中进行选择来实现，如图 8-19 所示。

(7) 向数据报表中添加页数、日期等信息。

在数据报表设计器中，在需要添加页数、日期等信息的区域中单击鼠标右键，即可弹出如图 8-20 所示的菜单，选择所需的项即可插入所需的信息项。

图 8-19　设置 Function 控件的内置函数　　　图 8-20　添加页数、日期等信息

插入后，不同的信息 (都是用 Label 控件显示的) 项具有不同的代号符号，如表 8-3 所示。

表 8-3　　　　　　　　　　　　Label 控件的不同代号符号及功能

功　　能	代 号 符 号
当前页码 (U)	%p
总页数 (P)	%P
当前日期 (D)(短格式)	%d
当前日期 (A)(长格式)	%D
当前时间 (N)(短格式)	%t
当前时间 (E)(长格式)	%T
报表标题 (T)	%I

(8) 在数据报表中添加计算字段。

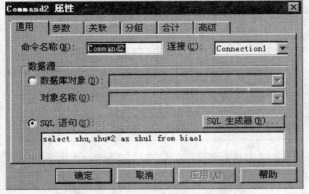

图 8-21　添加计算字段

例如，可对 Command 在其属性页中进行如图 8-21 所示的设置。

确定后，数据环境会变成如图 8-22 所示。

然后将数据环境中的 Command2 拖入数据报表的细节中，在运行数据报表时，就会出现一列 shu1，它是对应行上 shu 的两倍。类似地，计算字段也可以是其他字段的运算式，例如：

select xuehao,shuxue,yuwen,shuxue +yuwen as huizong from biao1

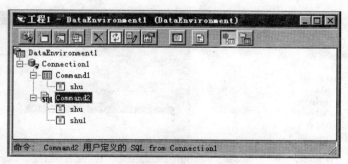

图 8-22　Command2 设置

(9) 打印数据报表。

打印数据报表可采用以下两种方法。

(a) 在"打印预览"窗口中，单击打印按钮▣。

(b) 使用 PrintReport 方法。

语句语法：

对象 .PrintReport True|False(是否显示"打印"对话框，页面范围，起始页，中止页)

例如，以下代码实现显示"打印"对话框：

Private Sub command1_click()

DataReport1.PrintReport True

End Sub

以下代码实现不显示"打印"对话框：

Private Sub command1_click()

DataReport1.PrintReport False

End Sub

也可通过代码指定打印范围。例如，若指定打印的页面范围为 1 到 10 页，则可使用如下代码：

DataReport1.PrintReport False,rptRangeFromTo,1,10

全部打印可使用如下代码：

DataReport1.PrintReport False,rptRangeAllPages

也可以使用 DataReport 对象的 ExportReport 方法，通过指定的 ExportFormat 对象导出报表的文本到一个文件。图形和形状不能被导出。

要输出 HTML 数据报表可使用如下代码：

DataReport1.ExportReport rptKeyHTML

要输出文本数据报表可使用如下代码：

DataReport1.ExportReport rptKeyText

示例： 在报表中显示关联表的数据。

按如图 8-23 所示创建数据环境 DataEnvironment1，并且将 Command1 和 Command2 按 xuehao 建立关联，如图 8-24 所示 (先选择好父字段和子字段，然后点击"添加"按钮)。

201

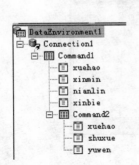

图 8-23　DataEnvironment1

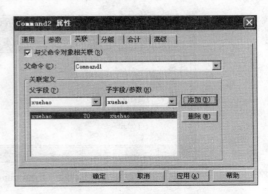

图 8-24　设置关联字段

然后创建 DataReport1 对象并且设置其属性：DataSource 属性设置为 DataEnvironment1，DataMember 属性设置为 Command1。

要注意一点：数据报表与数据环境的层次要严格对应。刚创建的报表其结构是针对普通情况的，必须使其结构对应于新的情况 (如该例中的命令 Command1 和子命令 Command2 之间的父子两层关联数据关系)。在数据报表设计器中空白处单击右键则弹出如图 8-25 所示的菜单，在其中选择"检索结构" (Retrieve Structure) 菜单项后则出现如图 8-26 所示的对话框，选择"是"后即可实现数据报表与数据环境层次的严格对应。

然 后 即 可 用 鼠 标 将 数 据 环 境 中 的 Command1 和 Command2 拖入报表设计环境中去，其做法和普通报表的设计一样。

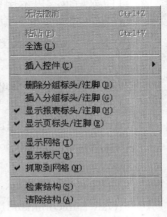

图 8-25　报表设置

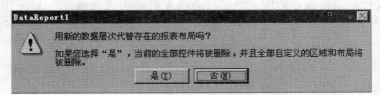

图 8-26　"检索结构"对话框

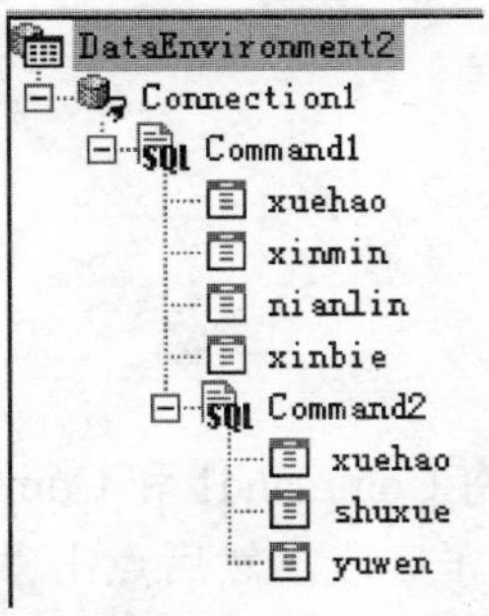

示例：使在报表中显示的数据是按某个字段排序的。

通过为数据库的表设置索引来实现排序在报表设计情况下是无效的，必须从数据环境着手。如图 8-27 所示创建数据环境 DataEnvironment2，并且将 Command1 和 Command2 按 xuehao 建立关联。

其中 Command1 对应于：select * from biao2 order by xuehao asc，设置如图 8-28 所示；Command2 对应于：select * from biao3，设置如图 8-29 所示。

图 8-27　数据环境 DataEnvironment2

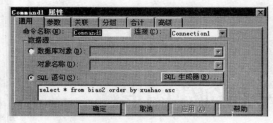

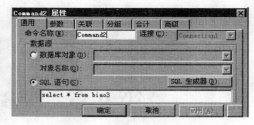

图 8-28 设置 Command1 属性 　　　　图 8-29 设置 Command2 属性

数据环境创建好以后，利用它进行数据报表的设计与上面其他报表设计方法一样。这样就实现了报表中的数据按 xuehao 排序。

思考练习题 8

1. 什么是数据环境？如何创建一个数据环境？

2. 使用数据环境设计器的基本步骤是什么？

3. 数据报表设计的基本步骤是什么？

4. 在应用程序中如何使用代码调用一个数据报表文件？

5. 要在报表中显示数据库的字段内容，在数据报表设计器的哪个区域处理？具体有哪些方法？

6. 如何在报表中显示关联表的数据？特别应该注意什么？

7. 如何实现使在报表中显示的数据是按某个字段排序的？能否通过为数据表的字段设置索引来实现？

8. 请注意：Function 控件的应用及注意事项。

9. 请注意：数据报表与数据环境的层次要严格对应。

第9章 VBA 与创建图形

9-1 在 VB 程序中使用 Microsoft Office 所提供的对象

9-1-1 关于 VBA

VBA(Visual Basic for Application) 是 Visual Basic 语言的超集，VB 的所有特性都由它继承而来，它们之间并不是简单的子集关系。一般常用的 VB 的大部分功能实际上就是 VBA。Office97 和 Office2000 等组件中的所有应用程序都内建有 VBA，可采用它编写程序，像使用 VB 编写程序一样。而且，使用 VBA 编写的程序具有独特的性能和特色，在许多方面有专门的作用和意义。VB 程序可通过 VBA 访问 Office2000 等组件应用程序所公开的功能特性。Office 通过对象来公开自己的功能特性，如 Word 和 Excel 有很多公开的对象可以通过 VBA 来操作，如可使用 Word 中的 Table 对象使用 Word 表格，可使用 Word 中的 Document 对象使用 Word 文档等。

Office 应用程序中都有 VB 编辑器，打开它就可以用 VBA 对本应用程序内部或其他应用程序中的对象进行编程，与在 Visual Basic IDE 环境中编写程序几乎一样。在 Word2000 等中，选择"工具"菜单中的"宏"再选择"Visual Basic 编辑器 (V)"就可以打开 Visual Basic 编辑器，如图 9-1 所示。

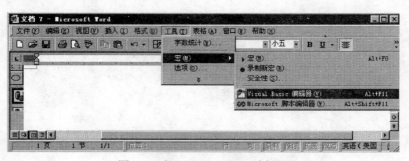

图 9-1 打开 Visual Basic 编辑器

要掌握 Microsoft Office 应用程序内部的不同对象进行复杂编程不是一件简单容易的事，因为必须熟悉不同对象的所有属性、方法和事件。Microsoft Office 中带有一个工具，它能帮助了解、熟悉它们，而且可以帮助生成代码。这个工具叫做宏录制器。编写一个宏和在 VBA 中编写一个过程没有区别。录制宏时要为其给定一个名称，正如创建一个新工程一样。

9-1-2　VBA 应 用

下面通过示例来体现 VBA 程序设计的特点，可以和 VB 程序代码对比学习。

示例： 录制一个宏将文档 2 的内容全部复制粘贴到文档 3 的尾部。

选择"工具"菜单中的"录制新宏 (R)"则出现界面如图 9-2 所示。

可在"宏名"文本对话框中输入要录制的宏的名称，也可就使用缺省的名称 Micro1。在"将宏保存在"下拉列表框中选择文档名来保存所录制的宏 (要防止所录制的宏被永久地添加到 normal.dot 模板中)。最后单击录制新宏对话框中的"确定"按钮，则出现如图 9-3 所示的宏录制器工具栏，这时录制宏即已开始。

图 9-2　录制新宏

图 9-3　宏录制器工具栏

这时，使用组合键 Ctrl+A 全选文档 2 的内容，然后使用组合键 Ctrl+C 将所选择的内容复制到剪切板上，然后用鼠标激活文档 3，然后使用组合键 Ctrl+V 将剪切板上的内容粘贴到文档 3 的尾部，最后停止录制宏，录制宏至此结束。选择"工具"菜单中的"宏 (M)"，在下一级菜单中选择"宏 (M)"项则出现如图 9-4 所示的界面。

在图 9-4 中选择刚才录制的宏 Micro1，然后选择"编辑"则出现如图 9-5 所示刚才录制宏所生成的 VBA 代码段。

图 9-4　选择宏

图 9-5　录制宏所生成的 VBA 代码段

其中，指令 Selection.WholeStory 的功能是全选当前文档的内容，Selection.Copy 的功能是向剪切板复制所选内容，Windows(" 文档 3").Activate 的功能是激活文档 3 作为当前窗口，Selection.Paste 的功能是将剪切板上的内容粘贴到当前文档里。

这些 VBA 代码是通过录制宏自动产生的，可以人工编写相同的 VBA 代码来实现相同的功能。通过录制宏产生的 VBA 代码对用 VB 编写程序访问特殊的对象具有特殊的借鉴意义。

通过录制宏产生的代码，并不是都可以直接用在 VB 代码编写中，有一部分则需要稍微变化后用在 VB 代码中。这一点，尤其要特别注意。

9-1-3 Active 部件的使用

多年以来人们一直在研究软件重用技术，因为软件重用能有效避免大量的重复性劳动、能大幅度提高软件开发速度，同时能显著地提高软件质量。软件开发人员可以自己开发部件，将相关的数据和操作封装在部件中，也可以利用别人开发的部件，然后将这些部件组装起来而最终形成一个软件系统。部件是目前最优秀的软件重用技术，基于部件的软件开发技术是目前最先进的软件开发技术。基于部件的软件开发提高了软件开发效率，使软件更易于维护，更适合大规模软件系统的生产。

ActiveX 是基于 Component Object Model(COM) 的可视化控件结构的商标名称。它是一种封装技术，提供封装 COM 组件并将其置入应用程序 (如 (但不限于)Web 浏览器) 的一种方法。但一般来讲 ActiveX 是 Microsoft 整个组件技术的商标名称。

ActiveX 只是 COM 对象的封装技术。ActiveX 控件是一种 COM 组件，它支持在可视化开发工具中所使用的必需的协议。换句话说，可以用眼睛看着使用它。这并不意味着 ActiveX 控件在运行时是可见的，它只有在设计时才是可见的。这种控件的一个示例就是计时器。开发人员在设计应用程序时能看见它，但最终用户是永远也不会看到它的。ActiveX 控件的特点是：通常封装到 DLL 中，扩展名为 .OCX，能自我注册和取消注册，通过自动操作实现程序设计。ActiveX 控件是 VBX 的后继产品，也可认为曾称做 OLE Custom Control(或 OCX) 的组件是 ActiveX 控件。

在目前基于部件的软件开发中，应用最广泛的是微软公司的 ActiveX 部件。ActiveX 技术是微软公司技术发展的重点。所谓的 ActiveX 部件是可重用的对象形式的二进制代码，如 .exe 文件、.dll 文件和 .ocx 文件，它们在提供对象时遵循 ActiveX 技术规范。

ActiveX 部件是将现已存在的、完善的应用程序片断连在一起的强有力手段。Visual Basic 应用程序可以包含各种类型的 ActiveX 部件。

支持 ActiveX 技术的应用程序，如 Microsoft Excel，Microsoft Word 和 Microsoft Access，提供了能从 VB 应用程序内部来程序化操纵的对象。例如，在应用程序中，可以使用 Microsoft Excel 的电子数据表、Microsoft Word 的文档或者 Microsoft Access 数据库的属性、方法和事件。

VB 应用程序可以使用现有的各种部件，包括包含在 Microsoft Office 应用程序中的部件、各种厂商所提供的代码部件、ActiveX 文档或 ActiveX 中含有的部件。

使用 ActiveX 部件提供的大多数对象的步骤如下：

(1) 首先要对相应的 ActiveX 部件进行引用，然后创建对象引用变量。

(2) 使用所引用的 ActiveX 部件提供的对象编写代码。

(3) 使用完对象后将其释放。

1. 创建对要使用的对象的引用

在应用程序中使用对象的属性、方法和事件之前，必须先声明对象变量，然后将对象引用赋给该变量。如何赋值对象引用取决于两个因素：

(a)ActiveX 部件是否提供了类库。如果提供了类库，在使用库的对象前，必须在 VB 工程中添加一个对类库的引用。

(b) 该对象是顶层、外部可创建对象，还是从属对象。引用外部创建的对象时可以直接赋值，引用从属对象则间接赋值。

若对象是外部可创建的，可在 Set 语句中用 New 关键字、GetObject 或 CreateObject 从部件外部将对象引用赋予变量。若对象是从属对象，则需要使用高层对象的方法，在 Set 语句中指定一个对象引用。

若对象的类包括在类库中，用特定类的变量来创建对象引用能使应用程序运行得更快。

(1) 创建在类库中定义的对象的引用。

从"工程"的下拉菜单中选择"引用"项。然后在"引用"对话框中选择包含在程序中的、要使用对象的 ActiveX 部件的名称，如图 9-6 所示引用了"Microsoft Word 9.0 Object Library"类库文件。

可以用"浏览"按钮来搜寻包含所需对象的类库文件，可以是 .tlb、.olb、.exe 和 .dll 文件，最后确定即可。若引用失效，VB 会显示提示信息"不能添加对指定文件的引用"，表示该类库不存在。添加了引用的 ActiveX 部件后就可以在"对象浏览

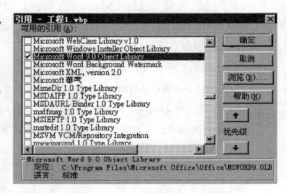

图 9-6 引用"Microsoft Word 9.0 Object Library"类库文件

器"(在"视图"下拉菜单中选择"对象浏览器"项即可打开该窗口) 中查看所引用的类库。在应用程序中可以在"对象浏览器"中看到所列出的全部对象、方法和属性。

(2) 创建未在类库中定义的对象的引用。

对未在类库中定义的对象的引用，因为对象与类库不相关联，所以不能用"对象浏览器"查看它的属性、方法和事件。创建对该对象的引用，应首先声明 Object 数据类型的对象变量，然后在 Set 语句中使用 CreateObject 或 GetObject 给变量赋值对象引用。如果对象是从属对象，则需要使用高层对象的方法，在语句中指定一个对象引用。

2. 使用对象的方法、属性和事件编写程序

可以使用 Object.Propety 语法设置并返回对象的属性值，或用 Object.Method 语法使用该对象的方法。例如，可用如下的代码设置 Application 对象的 Caption 属性：

```
Dim wa as Word.Application
Set wa=New Word.Application
Wa.Caption="New WordOject"
Wa.Quit
```

3. 释放 ActiveX 部件

使用完对象后，要清除所有引用该对象的变量，从内存中释放该对象。要清除对象变量，只需要将该对象变量赋值为 Nothing 即可。例如，按上面的代码则可用语句 Set wa=Nothing 来清除 wa 对象变量。

　　所有的对象变量，当它们越出作用域时，就会被自动清除。若想使对象变量大范围保持其值，可将对象变量定义成公共变量或窗体级变量。

　　例如：

Public wd As Word.Application 　'声明对象变量为公共变量

Set wd = New Word.Application 　'创建 Word 对象并启动 Microsoft Word

wd.Visible = True 　' Microsoft Word 程序窗口可见

……

Set wd = Nothing 　'清除对象释放内存

　　以下代码段实现启动 Microsoft Word，然后打开文档"c:\a.doc"，可对其编辑然后保存，最后释放所有定义的对象变量。

Private Sub Command2_Click()

Dim wd As New Word.Application

Dim wd1 As Word.Document

wd.Visible = True 　' Microsoft Word 程序窗口可见

Set wd1 = wd.Documents.Open("c:\a.doc")

wd1.Activate 　'激活文档窗口

Set wd = Nothing 　'清除对象释放内存

Set wd1 = Nothing

End Sub

　　如果对象引用使用的对象变量被声明为一个特定类的变量，则对象引用是前期绑定；如果对象引用使用的对象变量被声明为一个一般的 Object 类的变量，则对象引用是后期绑定。一般地说，使用前期绑定变量的对象引用要比使用后期绑定变量的对象引用运行速度快。

　　例如，可采用两种方式实现对象变量的赋值：

　　以下为前期绑定：

　　　Dim wd1 as Word.Application

　　　Set wd1= New Word.Application

　　以下为后期绑定：

　　　Dim wd2 as Object

　　　Set wd1= CreateObject("Word.Application")

　　Microsoft Office 应用程序内部的不同对象很多，而且彼此之间关系复杂，程序员要想熟练掌握它们难度很大，因此 Microsoft 提供了一个工具，在使用 VB 或 VBA 时可借助它查看所要用到的不同对象。这个工具叫对象浏览器。在 Microsoft Office 的 VBA 编辑器或 Visual Basic IDE 中按 F2 键，即可启动对象浏览器，如图 9-7 所示。

　　对象浏览器只显示能添加到工程中的 ActiveX 控件、ActiveX 部件和类库。在 VB IDE 中要向工程中添加一个 ActiveX 部件，先选择"工程"菜单中的"引用"，则出现一个对话框列表，在其中选择好具体的 ActiveX 部件以后点击"确定"按钮即可。在 Microsoft Office Visual Basic 编辑器中要向工程中添加一个 ActiveX 部件，选择"工具"菜单中的

"引用"，其他操作类似。

在如图 9-7 所示的对象浏览器中，处于同一列中的对象，它们是同一层次的对象。在左边框中的对象中选中一个对象后，右边框中出现的对象则为它的下一级对象。必须通过上一级对象来使用它的下一级对象，如：Application.Activate。可参看下面示例中关于这方面的代码。

示例：在 Visual Basic IDE 中编写代码实现将文档 1 的内容复制附加到文档 2 内容的后面。

(1) 创建一个工程或打开一个工程。

(2) 在"工程"菜单中选择"引用"项，然后在出现的对话框列表中选择"Microsoft Word 9.0 Object Library"，如图 9-8 所示。

图 9-7　对象浏览器

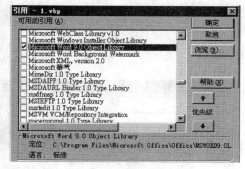

图 9-8　选择引用 ActiveX 部件

确定选项前面的框中出现 ✔，然后点击"确定"按钮即可。

使用"Word"所提供的对象将文档 1 的内容复制附加到文档 2 内容最后面的 VB 程序代码段如下 (注释掉的代码行供读者参考使用)：

```
Dim wa As New Word.Application    ' 声明或定义 Word.Application 对象变量 wa
Dim wd1 As Word.Document    ' 声明或定义 Word.Document 对象变量 wd1
Dim wd As Word.Document    ' 声明或定义 Word.Document 对象变量 wd
Wa.Visible=True    ' Microsoft Word 程序窗口可见
Set wd = wa.Documents.Open("d:\abc\ 文档 2.doc")    ' 打开文档 2
Set wd1 = wa.Documents.Open("d:\abc\ 文档 1.doc")    ' 打开文档 1
wd1.Content.Select    ' 全选文档 1 的内容
Selection.Copy    ' 将选择的内容复制到剪切板上
wd.Activate    ' 激活文档 2
Selection.EndKey unit:=wdStory    ' 将光标置于文档结尾
Selection.TypeParagraph    ' 回车换行
Selection.Paste    ' 将剪切板上内容粘贴到文档 2
wd1.Close    ' 关闭文档 1
wd.Close    ' 关闭文档 2
wd.Quit    ' 关闭 Microsoft Word
Set wd = Nothing    ' 释放所有创建的对象
```

Set wd1 = Nothing

借助 Microsoft Office 应用程序所提供的功能特性，可扩展和延伸 Visual Basic 的功能。如可以将数据库的数据写入 Word 文档或 Word 文档表格中，也可以直接写入 Excel 表格中，从而借助 Word 和 Excel 所具有的强大的排版打印功能将数据排版打印输出。

采用完全类似的方法可以实现对"Excel"类库的引用。如图 9-9 所示引用了"Microsoft Excel 9.0 Object Library"类库文件。确定以后就可以在工程中使用"Excel"所提供的对象进行程序设计了。

在对象浏览器中选择对象"Excel"后就可以看到"Microsoft Excel 9.0 Object Library"类库所提供的可以使用的对象，如图 9-10 所示。

对"Excel"对象的使用与"Word"对象的使用，情况非常相似。

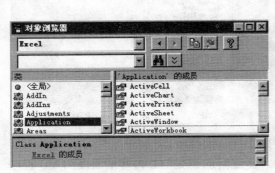

图 9-9　选择 Excel 类库

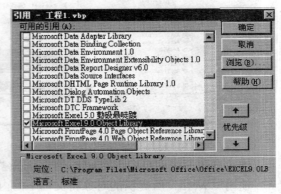

图 9-10　对象浏览器

示例：首先实现引用"Microsoft Excel 9.0 Object Library"类库文件。创建界面，在窗体上创建 Command1 控件和 Data1 控件。Data1 挂下面的数据表：

xuehao	shuxue	Yuwen
2001004	45	78
2002001	78	67
2001002	56	66
2001009	78	56

编写代码将 Data1 上所挂的数据表数据写入一个 Excel 表格中。

在命令按钮 Command1 下编写以下代码 (注释掉的代码行供读者参考使用)：

```
Private Sub Command1_Click()
Dim ea As Excel.Application     ' 定义对象变量
Dim ew As Excel.Workbook
Dim ewt As Excel.Worksheet

Set ea = New Excel.Application
```

```
Set ew = ea.Workbooks.Add    ' 创建新工作簿
Set ewt = ew.Worksheets.Add    ' 创建新工作表
ewt.Cells(1, 1) = " 学号 "    ' 将 "学号" 字符串写入 1 行 1 列单元格内，以下类似
ewt.Cells(1, 2) = " 数学 "
ewt.Cells(1, 3) = " 语文 "
ewt.Cells(1, 4) = " 总分 "
Dim i As Integer
i = 2
Do While Not Data1.Recordset.EOF
    ' 将 Data1 数据控件上所挂数据表的所有记录写入 Excel 表里
    ewt.Cells(i, 1) = Data1.Recordset.Fields("xuehao")
    ewt.Cells(i, 2) = Data1.Recordset.Fields("shuxue")
    ewt.Cells(i, 3) = Data1.Recordset.Fields("yuwen")
    Data1.Recordset.MoveNext
    i = i + 1
Loop
ewt.Range(Cells(2, 4), Cells(5, 4)).Select
' 选定左上角为单元格 Cells(2, 4)，右下角为单元格 Cells(5, 4) 的区域

Selection.Formula = "=rc2+rc3"    ' 向当前选定的区域内写入公式 "rc2+rc3"，
                          ' 公式中省略了行号，则意味着是针对所有的行
' ewt.Cells(2, 4).Formula = "=r2c2+r2c3"
' 向单元格 Cells(2, 4) 内写入公式 "r2c2+r2c3"，意为：将 2 行 2 列单元格内容
' 与 2 行 3 列单元格内容的和写入单元格 Cells(2, 4) 内

ewt.Range(Cells(1, 1), Cells(1, 1)).Select
' 选定单元格 Cells(1, 1)，这样就释放了前面所选定的区域

ewt.SaveAs ("c:\abcd.xls")    ' 以文件名 "c:\abcd.xls" 保存所生成的工作表

' ewt.Cells(2, 4).Selec    ' 选定单元格 Cells(2, 4)
' Selection.Copy    ' 将已经选定的区域的内容复制到剪切板上
' ewt.Cells(2, 4).Copy    ' 将单元格 Cells(2, 4) 的内容复制到剪切板上
' ewt.Paste    ' 向当前选定的区域内粘贴
' ewt.Cells(3, 4).PasteSpecial    ' 向单元格 Cells(3, 4) 内粘贴

ea.Visible = True    ' Microsoft Excel 程序窗口可见
ew.Close
```

ea.Quit　　' 关闭 Microsoft Excel

Set ea = Nothing　　' 释放所有创建的对象

Set ew = Nothing

Set ewt = Nothing

End Sub

工程运行后，点击"Command1"按
钮运行其下的代码，结束后，打开文
件"c:\abcd.xls"，即可以看到生成的如
图 9-11 所示的数据表。其中"总分"一
列数据是通过执行代码写入公式由前面
两列数据生成的。

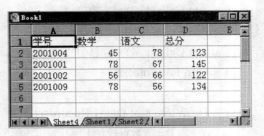

图 9-11　在 VB 中生成 xls 数据表

示例： 编写代码实现将 Excel 中的数据传到 Access 数据库中。

首先实现引用"Microsoft Excel 9.0 Object Library"类库文件。在窗体上创建
Command1 控件和 Data1 控件。Data1 挂相应数据库和数据表。

命令按钮 Command1 下编写以下代码 (注释掉的代码行供读者参考)：

```
Private Sub Command1_Click()

Dim ea As Excel.Application

Dim ew As Excel.Workbook

Set ea = New Excel.Application

Set ew = ea.Workbooks.Open("d:\project3\book1.xls")

Sheets("Sheet1").Select    ' 选择数据表

Dim i As Integer

For i = 2 To Sheets.Count + 1

    ' Sheets.Count    ' 为自动统计表中数据的行数 , 不包括标题行 ( 即第一行 )

    Data1.Recordset.AddNew

    ' 将表格中各单元格中的数据写入数据表的字段 a,b,c 中去

    Data1.Recordset.Fields("a") = Cells(i, 1)

    Data1.Recordset.Fields("b")= Cells(i, 2)

    Data1.Recordset.Fields("c")= Cells(i, 3)

    Data1.UpdateRecord

Next i

End Sub
```

窗体运行后，点击"Command1"按钮运行其下的代码，结束后，打开 Data1 上所挂
数据库和数据表即可看到 Excel 数据表中的数据已经传到数据库的数据表中了。

9-2　创建图形

设计应用程序用户界面时往往会有必要创建一些线或图形，以实现信息分组或满足特

殊显示的需要，给用户以良好的视觉效果。Visual Basic 6.0 提供了创建简单图形的控件和绘制图形的方法，可以采用这些方法通过编制代码来绘制图形。创建图形即作图，通常在两个容器中完成：窗体 Form 和图片框 PictureBox。它们具有非常类似的坐标系。在图片框 PictureBox 中创建图形具有更大的灵活性，因较容易根据需要将图形整体置于界面的适当位置。本节介绍如何在图片框 PictureBox 中创建图形，在窗体上创建图形的方法也完全一样。

9-2-1　基本概念、属性和方法

下面介绍在容器 (窗体 Form 和图片框 PictureBox) 中绘图要用到的基本概念，以及容器或控件的常用属性和方法。

1. 坐标系

在 VB 环境中，坐标系在界面定位时是必需的，尤其是在绘图时。例如，在窗体上创建的控件一般都有两个属性 Top 和 Left，通过对它们的设置来确定该控件的位置。其中 Top 是指该控件距离窗体上边沿的长度而 Left 是指该控件距离窗体左边沿的长度，这本身就是在使用坐标系，是把窗体上边沿当作 X 轴，方向向右；把窗体左边沿当作 Y 轴，方向向下；窗体左上角顶点作为原点。在 VB 环境中，许多对象都有自己独立的坐标系，而且坐标原点都是容器的左上角顶点。例如，当图片框作为容器时，其中的图片使用的是图片框的坐标系：坐标原点是图片框的左上角顶点，图片框上边为 X 轴，方向向右；图片框左边为 Y 轴，方向向下。如图 9-12 所示。

系统默认的坐标原点都是容器的左上角顶点 (例如 Picture 控件)；X 轴，沿着容器上边沿方向向右；Y 轴，沿着容器左边沿方向向下，如图 9-12 所示。对于窗体 Form，其默认的坐标系也类似。

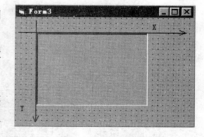

图 9-12　系统默认的坐标系

VB 环境中的坐标系，默认的坐标轴刻度单位为缇 (Twip)，一缇等于 1/20 磅，567 缇等于 1 厘米。默认情况下，所有控件的移动、大小的调整和图形绘制语句都是以缇为单位的。

可用对象的刻度属性和 Scale 方法设置特定对象 (窗体或控件) 的坐标系统。使用坐标系统有这样三种不同的方法：使用缺省的刻度，选择标准刻度，创建自定义刻度。

通过改变坐标系统的刻度，使得在窗体上缩放图形和定位图形变得更容易。后继部分将说明如何设置缺省、标准和自定义刻度，来改变坐标系统。

2. 设置坐标系刻度

一般情况下坐标系都使用缺省的刻度。每个窗体和图片框都有几个刻度属性 (ScaleLeft、ScaleTop、ScaleWidth、ScaleHeight 和 ScaleMode) 和一个方法 (Scale)，可用它们来定义坐标系统。对于 VB 中的对象，缺省刻度把坐标 (0，0) 放置在对象的左上角顶点。缺省刻度单位为缇。若要返回缺省刻度，可使用无参数的 Scale 方法。

坐标系可以使用选择标准刻度，若不直接定义单位，可通过设置 ScaleMode 属性，用标准刻度来定义它们或来改变坐标系的刻度。该属性的设置值情况如表 9-1 所示。

语法：

object.ScaleMode [= value]

语法说明：

object：对象表达式，其值是要"应用于"的一个对象。

value：一个指定度量单位的整数，只能是设置值表 9-1 中的设置值之一。

表 9-1 ScaleMode 属性设置

设 置 值	说 明
0-User	自定义。可以通过 ScaleWidth，ScaleHeight，ScaleTop，ScaleLeft 来定义新坐标系。若已经用它们定义了新坐标系，则 ScalMode 自动设置为 0
1-Twip	(缺省值)缇，567 缇等于 1 厘米
2-Pointer	磅，72 磅等于 1 英寸
3-Pixel	像素(监视器或打印机分辨率的最小单位)
4-Character	字符(水平每个单位 =120 缇；垂直每个单位 =240 缇)
5-Inch	英寸
6-Millimeter	毫米
7-Centimeter	厘米

除了 0 和 3，表中的所有模式都是打印长度。例如，一个对象长为两个单位，当 ScaleMode 设为 7 时，打印时就是两厘米长。

例如：

Picture1.ScaleMode = 1　'设该 Picture1 的刻度单位为(缺省值)缇

ScaleMode = 5　'设该窗体的刻度单位为英寸

Picture1.ScaleMode = 3　'设 Picture1 的刻度单位为像素

3. ScaleLeft 属性和 ScaleTop 属性

对坐标系也可以创建自定义刻度。可使用对象的 ScaleLeft、ScaleTop、ScaleWidth 和 ScaleHeight 这些属性，来创建自定义刻度。与 Scale 方法不同，这些属性能用来设定刻度，或取得有关坐标系统当前刻度的详细信息。

使用这两个属性可以重新设置坐标系的原点在容器中的位置，从而实现新坐标系的定义。设置的新坐标系一般应与数学坐标系的取向布局一致，这样用程序绘制出的图形就和人们在自然科学方面看到的图形保持了一致，从而避免在视觉上造成误解。

ScaleLeft 和 ScaleTop 属性，用来给对象指定左上角的数字值。例如，以下这些语句给当前窗体的左上角顶点和名为 picArena 图片框的左上角顶点设定了数值(坐标)。

ScaleLeft = 100

ScaleTop = 100

picArena.ScaleLeft = 100

picArena.ScaleTop = 100

这些窗体和 picArena 图片框控件的 ScaleLeft 和 ScaleTop 属性如图 9-13 所示。

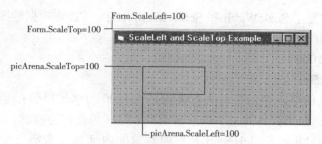

图 9-13 定义对象左上角顶点的坐标

这些语句定义左上角顶点为 (100，100)。虽然这些语句不直接改变那些对象的大小或位置，但它们改变其后一些语句的作用。例如，其后的一条设置控件 Top 属性为 100 的语句，将把对象置于它的容器的最上端。

示例：在窗体上创建两个 Picture 控件：Picture1，Picture2；两个 Command 控件：Command1，Command2，然后编写以下代码：

```
Private Sub Command1_Click()
Picture1.Circle (1000, 1000), 500
Picture1.ScaleLeft = 1000
Picture1.ScaleTop = 1000
Picture1.Circle (3000, 3000), 500, RGB(255, 0, 0)
End Sub
Private Sub Command2_Click()
Picture2.Circle (1000, 1000), 500
Picture2.ScaleLeft = 1000
Picture2.ScaleTop = 1000
Picture2.Circle (2000, 2000), 500, RGB(255, 0, 0)
End Sub
```

工程运行时，用鼠标分别点击 "Command1" 和 "Command2" 按钮则出现如图 9-14 所示的左侧和右侧的图形。比较图形与以上代码就能清楚地看出设置容器的 ScaleLeft 和 ScaleTop 属性对后继绘图语句产生的影响。从图中看到右侧的 Picture 控件中只有一个圆，这并不是 Command2 下的代码只画了一个圆，而是设置 ScaleLeft 和 ScaleTop 属性以后所画的圆将设置前画的圆完全遮盖住了，即所画的两个圆大小和位置完全一样。

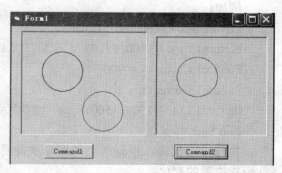

图 9-14 ScaleLeft 和 ScaleTop 属性的作用

4. ScaleWidth 属性和 ScaleHeight 属性

使用这两个属性可以重新设置容器的高度和宽度，也可以通过这两个属性取得容器的高度和宽度值。设置了 ScaleWidth 和 ScaleHeight 属性，VB 将根据绘图区的当前宽度和高度定义单位。例如：

ScaleWidth = 1000

ScaleHeight = 500

这些语句定义的是，当前窗体内部宽度的 1/1000 为水平单位；当前窗体内部高度的 1/500 为垂直单位。如果窗体的大小以后被调整，这些单位保持原状。

注意，ScaleWidth 和 ScaleHeight 是按照对象的内部尺寸来定义单位的，这些尺寸不包括边框厚度或菜单 (或标题) 的高度。因此，ScaleWidth 和 ScaleHeight 总是指对象内的可用空间的大小。内部尺寸和外部尺寸 (尺寸由 Width 和 Height 指定) 的区别，对于有宽厚边框的窗体特别重要。

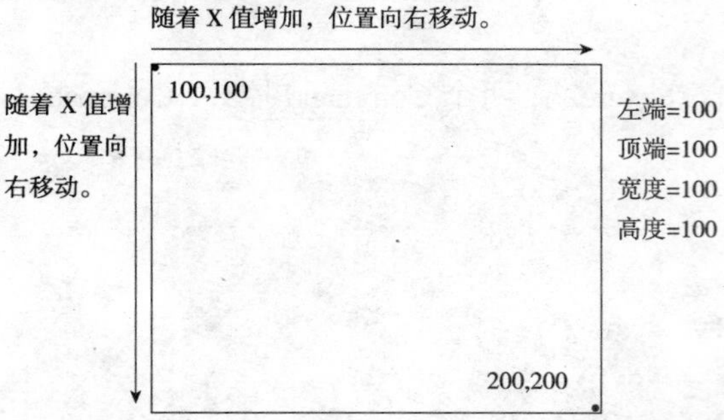

ScaleLeft，ScaleTop，ScaleWidth 和 ScaleHeight 四个刻度属性，取值都可包括分数，也可是负数。对于 ScaleWidth 和 ScaleHeight 属性，设置值为负数则会改变坐标系统的方向。

如图 9-15 所示的刻度，有 ScaleLeft、ScaleTop、ScaleWidth 和 Scale Height，都设置为 100。图 9-15 所示的坐标系的刻度从 (100，100) 变化到 (200，200)。

图 9-15　ScaleWidth 和 ScaleHeight 属性的作用

5. CurrentX 属性和 CurrentY 属性

使用这两个属性可以设置当前位置的横坐标和纵坐标，该坐标即成为下次绘图的起点坐标位置。也可以通过这两个属性用代码获得当前位置的横坐标和纵坐标。

在程序刚开始执行时，在未使用 CurrentX 属性和 CurrentY 属性改变当前位置或执行绘图语句改变当前位置前，CurrentX 属性和 CurrentY 属性所指的位置，即当前位置总是容器的左上角顶点。即使重新定义了坐标系，也是这样。

例如：

```
Private Sub Command1_Click()
Picture1.Line -(1500, 1500)    ' 从当前位置到点 (1500, 1500) 画线段
Picture1.CurrentX = 900
Picture1.CurrentY = 200
Picture1.Line -(1500, 1500)    ' 从当前位置到点 (1500, 1500) 画线段
End Sub
```

执行以上代码，根据画出的图形就能看出当前位置，即 CurrentX 属性和 CurrentY 属性所指位置的变化。

6. Scale 方法

使用刻度方法改变坐标系统是一个更有效的改变坐标系统的途径，不是设置个别属性，而是使用 Scale 方法。

Scale 方法指定自定义刻度的语法格式：

[对象 .]Scale(x1,y1)-(x2,y2)

它能实现定义新坐标系的矩形区域。其中，x1,y1 为新定义的坐标系的左上角顶点坐标，它们决定了 ScaleLeft 属性和 ScaleTop 属性的值；x2,y2 为新定义的坐标系的右下角顶点坐标，两顶点的 X 坐标的差值和 Y 坐标的差值决定了 ScaleWidth 属性和 ScaleHeight 属性的设置值：

ScaleWidth=x2-x1

ScaleHeight=y2-y1

如果 ScaleWidth 为负值，则表明自定义新坐标系 X 轴的方向与系统默认坐标系 X 轴的方向相反，否则就一致；如果 ScaleHeight 为负值，则表明自定义新坐标系 Y 轴的方向与系统默认坐标系 Y 轴的方向相反，否则就一致。绘图时，一般要使绘图容器的属性满足 ScaleWidth=ScaleHeight，Width=height，否则绘出的图会走样。另外 ScaleWidth 和 ScaleHeight 的大小也会影响绘图的效果。

例如：

Picture1.Scale (-300, 300)-(300, -300)

这样一来 ScaleWidth=600，这表明 X 轴的方向是从左向右；ScaleHeight=-600，这表明 Y 轴的方向是从下向上；坐标原点在 Picture1 的中心。

例如，假定要为一窗体设置坐标系统，而将两个端点设置为 (100，100) 和 (200，200)：

Scale (100, 100)-(200, 200)

该语句定义窗体为 100 单位宽和 100 单位高。用该刻度，下述语句将一个形状控件移动窗体宽度的五分之一：

Shape1.Left = Shape1.Left + 20

指定 x1 > x2 或 y1 > y2 的值，与设置 ScaleWidth 或 ScaleHeight 为负值的效果相同。

7. 设置颜色

窗体和控件的颜色属性和绘图方法的颜色参数都牵扯到颜色的设置。可以使用 RGB 函数实现颜色的设置。

RGB 函数的语法：RGB(红 , 绿 , 蓝)

其中红，绿，蓝指三种颜色成分，取 0—255 之间的值。任何颜色都由这三种颜色搭配而成。常见颜色的搭配组合如表 9-2 所示。

表 9-2 三种颜色的常见组合

结 果 颜 色	红 色 值	绿 色 值	蓝 色 值
黑色	0	0	0
蓝色	0	0	255
绿色	0	255	0
青色	0	255	255
红色	255	0	0
洋红色	255	0	255

结 果 颜 色	红 色 值	绿 色 值	蓝 色 值
黄色	255	255	0
白色	255	255	255

例如：

Private Sub Command1_Click()

Picture1.Line (200, 200)-(2000, 2000), RGB(255, 50, 89)

 ' 用颜色 RGB(255, 50, 89) 画线段

Picture1.Circle (1500, 1500), 1000, RGB(55, 255, 255)

 ' 用颜色 RGB(255, 50, 89) 画圆

End Sub

8. PaintPicture 方法

语法：

Object.PaintPicture picture,x1,y1,width1,height1,x2,y2,width2,height2,opcode

PaintPicture 方法的语法所包含各部分的说明如表 9-3 所示。

表 9-3　　　　　　　　　　**PaintPicture 方法的语法所包含各部分的说明**

部 分	描 述
object	可选的，一个对象表达方式，其值为"应用于"列表中的一个对象。如果省略 object，带有焦点的 Form 对象缺省为 object
Picture	必需的，要绘制到 object 上的图形源，Form 或 PictureBox 必须是 Picture 属性
x1, y1	必需的，均为单精度值，指定在 object 上绘制 picture 的目标坐标 (x- 轴和 y- 轴)，object 的 ScaleMode 属性决定使用的度量单位
Width1	可选的，单精度值，指示 picture 的目标宽度。object 的 ScaleMode 属性决定使用的度量单位。如果目标宽度比源宽度 (width2) 大或小，将适当地拉伸或压缩 picture。如果该参数省略，则使用源宽度
Height1	可选的，单精度值，指示 picture 的目标高度。object 的 ScaleMode 属性决定使用的度量单位。如果目标高度比源高度 (height2) 大或小，将适当地拉伸或压缩 picture。如果该参数省略，则使用源高度
x2, y2	可选的，均为单精度值，指示 picture 内剪贴区的坐标 (x- 轴和 y- 轴)。object 的 ScaleMode 属性决定使用的度量单位。如果该参数省略，则缺省为 0
Width2	可选的，单精度值，指示 picture 内剪贴区的源宽度。object 的 ScaleMode 属性决定使用的度量单位。如果该参数省略，则使用整个源宽度
Height2	可选的，单精度值，指示 picture 内剪贴区的源高度。object 的 ScaleMode 属性决定使用的度量单位。如果该参数省略，则使用整个源高度
Opcode	可选的，是长型值或仅由位图使用的代码。它用来定义在将 picture 绘制到 object 上时对 picture 执行的位操作 (例如，vbMergeCopy 或 vbSrcAnd 操作符)。关于位操作符常数的完整列表，请参阅 Visual Basic Help 文件中的 RasterOp Constants 主题。在使用 opcode 时有一些限制。例如，如果资源是图标或图元文件，则只能使用 vbSrcCopy，而不能使用其他的 opcode；并且，与图案 (或 SDK 术语中的 " 画笔 ")，如 MERGECOPY、PATCOPY、PATPAINT 和 PATINVERT，相交互的 opcode 实际上是同目标的 FillStyle 属性交互。注意：Opcode 用于将按位操作传递到位图。当传递其他图象类型时将一个值给该参数会造成"无效过程调用或参数"错误。这是设计的原因。要避免这个错误，对于除位图外的图象，将 Opcode 参数置为空

说明：

通过使用负的目标高度值 (height1) 和 / 或目标宽度值 (width1)，可以水平或垂直翻转位图。可以省略任何多个可选的尾部的参数。如果省略了一个或多个可选尾部参数，则不能在指定的最后一个参数后面使用逗号。如果想指定某个可选参数，则必须先指定语法中出现在该参数前面的全部参数。

注意，在将一个 .Bmp 图片加载入 PictureBox 控件和使用 Windows API 函数 BitBlt() 添加图片之间有一点不同。当对一个图像使用 BitBlt() 时，PictureBox 控件不知道象使用 LoadPicture 方法那样去调整大小。将 ScaleWidth 和 ScaleHeight 属性设置为图像的大小也不起作用。如果想在使用 BitBlt() 之后用 PictureBox 调整新图片的大小，必须用代码做，转换单位并处理边框，下面是如何这样做的一个简单示例：

```
Sub ResizePictureBoxToImage(pic as PictureBox, twipWd as Integer, twipHt as Integer)
' 该代码假设所有的单位都为缇。如果不是，必须在调用该例程之前，转换为缇
' 这里也假设图像显示在 0,0 处
    Dim BorderHt as Integer, BorderWd as Integer
    BorderWd = Pic.Width - Pic.ScaleWidth
    BorderHt = Pic.Height - Pic.ScaleHeight
    pic.Move pic.Left, pic.Top, twipWd + BorderWd, twipHt + BorderHt
End Sub
```

示例：按如图 9-16 所示创建界面：创建一个 Picture 控件，其 Picture 属性设置为：c:\windows\ bubbles.bmp ；一个 Command 控件，为它编写如下代码：

```
Private Sub Command2_Click()
PaintPicture Picture2.Picture, Picture2.Left + Picture2.Width, Picture2.Top
End Sub
```

工程运行时点击"Command2"按钮，则出现如图 9-17 所示的界面，图片框右边是用 PaintPicture 方法复制的图片。

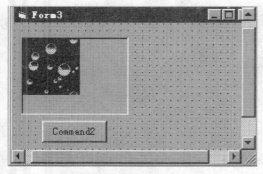

图 9-16　演示 PaintPicture 方法

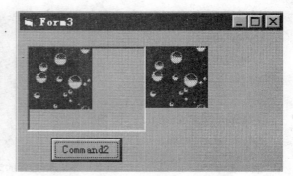

图 9-17　演示 PaintPicture 方法

9-2-2　Line 控件 和 Shape 控件

Line 控件用于画出各种宽度、长度和样式的线段。

Shape 控件用于画出长方形、正方形、圆等多种图形。

1. Line 控件

Line 控件属于标准控件，使用时直接从控件箱中点取它，然后就可在窗体上按下鼠标拖动画线。拖动线的中间部位可以移动整个线；拖动线的两端既可以改变线的长度，也可以改变线的倾斜度。Line 控件常用的属性如表 9-4 所示。

表 9-4　　　　　　　　　　　　　　**Line 控件常用的属性**

属　　性	含　　义
BorderColor	线的颜色
BorderStyle	选择线的样式，如图 9-18 所示
DrawMode	绘图方式
X1,X2	线段的起始端点坐标
Y1,Y2	线段的终端点坐标

2. Shape 控件

使用 Shape 控件可以画出六种不同的图形，可以用做容器控件。可先画出图形，然后在属性窗口中设置 Shape 属性来转变成所需要的图形，如图 9-19 所示。Shape 控件的常用属性如表 9-5 所示。

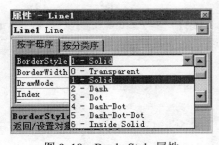

图 9-18　BorderStyle 属性

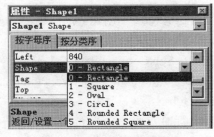

图 9-19　Shape 控件的属性

通过设置 Shape 属性能实现的图形有 6 种：

0-Rectangle：长方形

1-Square：正方形

2-Oval：椭圆形

3-Circle：圆

4-Rounded Rectangle：圆角长方形

5-Rounded Square：圆角正方形

表 9-5　　　　　　　　　　　　　　**Shape 控件的常用属性**

属　　性	含　　意
BackStyle	是否显示窗体背景
BorderColor	图形的边界颜色
BorderStyle	设置边界样式

续表

属 性	含 意
BorderWidth	图形的边界宽度
FillStyle	设置填充线条的样式
FillColor	设置填充线条的颜色
Height,Width	图形的高和宽

9-2-3 在 PictureBox 控件中作图

与绘图相关的 PictureBox 控件的常用方法如表 9-6 所示。

表 9-6　　　　　　　　　　　PictureBox 控件的绘图方法

方 法	作 用
Cls	清除图形和 Print 输出的文本
Pset	给指定的点着色
Point	返回指定点的颜色
Line	在对象上画直线和矩形
Circle	画圆、椭圆、圆弧

常用方法的语法格式：

(1)object.PSet [Step] (x, y), [color]

语法说明：

object：可选的。对象表达式，一般是 PictureBox 控件或窗体。如果 object 省略，则具有焦点的窗体作为 object。

Step：可选的。指定相对于由 CurrentX 和 CurrentY 属性提供的当前图形位置的坐标。

(x, y)：必需的。Single(单精度浮点数)，被设置点的水平 (x 轴) 和垂直 (y 轴) 坐标。

color：可选的。Long(长整型数)，为该点指定 RGB 颜色。如果它被省略，则使用当前的 ForeColor 属性值。可用 RGB 函数或 QBColor 函数指定颜色。

说明：

所画点的尺寸取决于 DrawWidth 属性值。当 DrawWidth 为 1，PSet 将一个像素的点设置为指定颜色。当 DrawWidth 大于 1，则点的中心位于指定坐标。

画点的方法取决于 DrawMode 和 DrawStyle 属性值。

执行 PSet 时，CurrentX 和 CurrentY 属性被设置为参数指定的点。

想用 PSet 方法清除单一像素，指定该像素的坐标，并用 BackColor 属性设置作为 color 参数。

该方法不能用在 With …End With 语句块中。

(2)object.Line [Step](x1,y1)-[Step](x2,y2),[color],[B][F]

语法说明：

object：可选的。对象表达式，一般是 PictureBox 控件或窗体。如果 object 省略，则具有焦点的窗体作为 object。

Step：可选的。指定相对于由 CurrentX 和 CurrentY 属性提供的当前图形位置的坐标。

(x1, y1)：可选的。Single(单精度浮点数)，指定画直线或矩形的起点坐标。ScaleMode 属性决定了使用的度量单位。如果省略，起始点为由 CurrentX 和 CurrentY 指示的位置。

Step：可选的。指定相对于线的起点的终点坐标。

(x2,y2)：必需的。Single(单精度浮点数)，直线或矩形的终点坐标。

color：可选的。Long(长整型数)，画线时用的 RGB 颜色。如果它被省略，则使用 ForeColor 属性值。可用 RGB 函数或 QBColor 函数指定颜色。

B：可选的。如果包括，则利用对角坐标画出矩形。

F：可选的。如果使用了 B 选项，则 F 选项规定矩形以矩形边框的颜色填充。不能不使用 B 而使用 F。如果不用 F 光用 B，则矩形用当前的 FillColor 和 FillStyle 填充。FillStyle 的缺省值为 transparent。

说明：

画联结的线时，前一条线的终点就是后一条线的起点。

线的宽度取决于 DrawWidth 属性值。

该方法不能用于 With...End With 语句块。

就所有的坐标值来说，x 和 y 参数都既可以是整数，也可以是分数。当前位置是由 CurrentX 和 CurrentY 属性指定的，在其他情况它会等于以前的图形方法或 Print 方法所画最后点的位置。如果以前没有使用过图形方法或 Print 方法，或没有设置 CurrentX 和 CurrentY 属性，则缺省位置为对象的左上角顶点。

(3)object.Circle [Step] (x, y), radius, [color, start, end, aspect]

语法说明：

object：可选的。对象表达式，一般是 PictureBox 控件或窗体。如果 object 省略，则具有焦点的窗体作为 object。

Step：可选的。指定圆、椭圆或弧的中心是相对于当前 object 的 CurrentX 和 CurrentY 属性提供的坐标。

(x, y)：必需的。Single(单精度浮点数)，圆、椭圆或弧的中心坐标。object 的 ScaleMode 属性决定了使用的度量单位。

radius：必需的。Single(单精度浮点数)，圆、椭圆或弧的半径。object 的 ScaleMode 属性决定了使用的度量单位。

color：可选的。Long(长整型数)，圆的轮廓的 RGB 颜色。如果省略，则使用 ForeColor 属性值。可用 RGB 函数或 QBColor 函数指定颜色。

start,end：可选的。Single(单精度浮点数)，当弧、或部分圆或椭圆画完以后，start 和 end 指定(以弧度为单位)弧的起点和终点位置。弧度数值是指与通过圆心水平向右方向轴线之间的夹角值。其范围从 -2*pai 到 2*pai(其中 pai=3.14)。起点的缺省值是 0；终点的缺省值是 2*pai。

aspect：可选的。Single(单精度浮点数)，圆的纵横(轴)尺寸比。缺省值为 1.0，可

画出一个标准圆 (非椭圆)。

说明：

想要填充圆或椭圆，使用圆或椭圆的 FillColor 和 FillStyle 属性。只有封闭的图形才能填充。封闭图形包括圆、椭圆、或扇形。

画部分圆或椭圆时，如果 start 为负，Circle 画一半径到 start，并将角度处理为正的；如果 end 为负，Circle 画一半径到 end，并将角度处理为正的。Circle 方法总是逆时针 (正) 方向绘图。

画圆、椭圆或弧时线段的粗细取决于 DrawWidth 属性值。

画角度为 0 的扇形时，要画出一条半径 (向右画一水平线段)，这时给 start 规定一很小的负值，不要给 0。

可以省略语法中间的某个参数，但不能省略分隔参数的逗号。指定的最后一个参数后面的逗号可以省略。

该方法不能用在 With…End With 语句块中。

PSet、Line、和 Circle 方法使用 (x, y) 指定一个或多个点。可在每个点 (x, y) 之前加上 Step 关键字，用来指定要画出的点，是相对最后画出点的位置。若在某一 (x, y) 前使用了 Step 关键字，则 VB 会将 x 和 y 的值加到最后所画的点的坐标上。

例如，下边的语句：

Line (100, 200)–(150, 250)

等价于：

Line (100, 200)–Step(50, 50)

在许多情况下，Step 关键字可免除持续不断地记录最后所画点位置的负担。经常最为关心的可能是两点的相对位置，而不是它们的绝对位置。

为了改变直线或点的颜色，应将可选的 color 参数与图形方法一起使用。例如，下述语句将画一条深蓝色的直线：

Line (500, 500)–(2000, 2000),RGB(0, 0, 255)

如果省略了 color 参数，将使用在其上画线的对象的 ForeColor 属性，来决定直线或点的颜色。

下面通过例子说明这些方法的应用：

Label1 = Picture1.Point(200, 100)：获取点 (200, 100) 的颜色。

Picture1.Line (200, 200)-(1000, 1000), , BF：画一矩形并以矩形边框的颜色填充。

Picture1.Cls：将 Picture1 中输出的图形和文本清除掉。

Picture1.Pset(x1,y1),color：在 Picture1 中给 (x1,y1) 点按 color 着色。

Picture1.Line (x1,y1)-(x2,y2),color：在 Picture1 中从 (x1,y1) 到 (x2,y2) 画直线并按 color 着色。

Picture1.Line-(x2,y2),color：在 Picture1 中从当前点到 (x2,y2) 画直线并按 color 着色。

Picture1.Circle(x,y),radius,color：在 Picture1 中画圆，半径为 Radius，并按 color 着色。

Picture1.Circle(x,y),radius,color,start,end：在 Picture1 中画圆弧，半径为 Radius，并按 color 着色，从 start 开始到 end 终止。

Picture1.Line (200, 200)-(2000, 2000), RGB(255, 50, 89)：用颜色 RGB(255, 50, 89) 画线段

Picture1.Circle (1500, 1500), 1000, RGB(55, 255, 255)：用颜色 RGB(255, 50, 89) 画圆

Picture1.Circle(x,y),radius,color,,,aspect：在 Picture1 中画椭圆，长半径为 radius，aspect 为小数则水平半径大，垂直半径小；aspect 为正整数则水平半径小，垂直半径大。aspect 参数指定的总是椭圆水平轴的长度和垂直轴长度的实际物理距离比，要保证这一点 (即便用的是自定义标尺)，半径应以水平单位指定。

例如：

Picture1.Circle (1000, 1000), 400, , , ,4 ' 左边的图形

Picture1.Circle (2000, 1000), 400, , , ,0.4 ' 右边的图形

以上两行代码运行时，则出现如图 9-20 所示的图形。

示例：通过将 start 和 end 取负值或正值画扇形或圆弧。

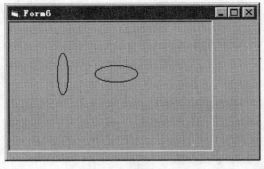

图 9-20　画椭圆

在窗体上创建三个等大小的 Picture 控件和三个 Command 控件，并为 Command 控件分别编写如下代码：

```
Private Sub Command1_Click()
Const pai = 3.14
Picture1.Circle (1000, 1000), 400, , pai / 2, pai / 3   ' 画圆弧
End Sub


Private Sub Command2_Click()
Const pai = 3.14
Picture2.Circle (1000, 1000), 400, , -pai / 2, -pai / 3   ' 将 start 和 end 取负值则画扇形
End Sub


Private Sub Command3_Click()
Const pai = 3.14
Picture3.Circle (1000, 1000), 400, , -pai / 2, pai / 3   ' 将 start 或 end 取负值则画扇形
End Sub


Private Sub Command4_Click()
Const pai = 3.14
Picture4.Circle (1000, 1000), 400, , pai / 2, -pai / 3   ' 将 start 或 end 取负值则画扇形
End Sub
```

运行工程，分别点击"Command1"，"Command2"，"Command3"，"Command4"按钮则分别出现如图 9-21 所示的图形。

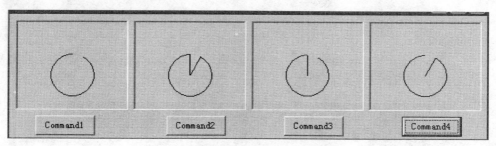

图 9-21　圆弧、扇形

示例：在窗体上创建三个 PictureBox 控件，通过定义不同的坐标系绘函数 $y=x^2/1200$ 的图像。注意三个 PictureBox 控件应为等大小的正方形。

可编写如下代码来实现：

```
Private Sub Command1_Click()
' 坐标原点在 Picture1 左上角顶点
Dim x1 As Double, y1 As Double, i As Integer
For i = 0 To 1500
    x1 = i
    y1 = (x1 * x1) / 1200
    Picture1.PSet (x1, y1)
Next
End Sub


Private Sub Command2_Click()
Dim x1 As Double, y1 As Double, i As Integer
Picture2.Scale (0, 4000)-(4000, 0)    ' 定义坐标原点在 Picture1 的左下角顶点
For i = 0 To 1500
    x1 = i
    y1 = (x1 * x1) / 1200
    Picture2.PSet (x1, y1)
Next
End Sub


Private Sub Command3_Click()
Dim x1 As Double, y1 As Double, i As Integer
Picture3.Scale (-2000, 2000)-(2000, -2000)   ' 定义坐标原点在 Picture1 的中心
For i = -1500 To 1500
    x1 = i
    y1 = (x1 * x1) / 1200
    Picture3.PSet (x1, y1)
```

Next

End Sub

运行工程，点击"Command1"，"Command2"和"Command3"按钮则出现如图 9-22 所示的图形。根据产生的图形能看出 Scale 方法的作用。

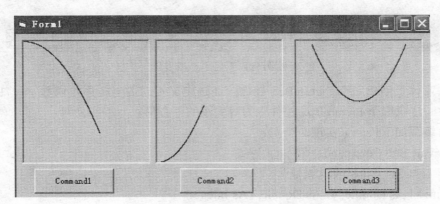

图 9-22 画抛物线

示例：在窗体上创建一个 Picture 控件，其 Picture 属性设置为空，Width 属性值与 Height 属性值相等。定义新坐标系，使 ScalWidth=ScalHeight(如果不这样，画出的图形会走样)；创建一个 Command 控件，为它编写如下代码：

```
Private Sub Command1_Click()
Picture1.Scale (-300, 300)-(300, -300)    ' 定义坐标原点在 Picture1 的中心
Picture1.PSet (0, 0)     ' 画原点
Dim x1, y1 As Double, i, s As Long
For i = -100 To 100    ' 画抛物线
    x1 = i
    y1 = (x1 * x1) / 50
    Picture1.PSet (x1, y1)
Next i
Picture1.Line (-250, 0)-(250, 0)    ' 画 X 轴及箭头
Picture1.Line (230, -5)-(250, 0)
Picture1.Line (230, 5)-(250, 0)

Picture1.Line (0, -250)-(0, 250)    ' 画 Y 轴及箭头
Picture1.Line (-5, 230)-(0, 250)
Picture1.Line (5, 230)-(0, 250)
Picture1.Circle (0, 0), 150    ' 画圆
End Sub
```

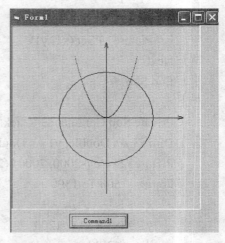

程序运行后产生的图形如图 9-23 所示。

示例：在 PictureBox 控件中绘函数 y=sin(x) 的图像。

图 9-23 定义新坐标系画抛物线

在窗体上创建三个等大小的 Picture 控件和三个 Command 控件，并为 Command 控件分别编写如下代码：

```
Private Sub Command1_Click()
Dim x1, y1, x2, y2 As Integer
x1 = 200
y1 = Picture1.ScaleHeight - 200
x2 = Picture1.ScaleWidth - 200
y2 = 200
Picture1.Line (x1, y1)-(x1, y2)    ' 画 Y 轴及箭头
Picture1.Line (x1 - 50, y2 + 150)-(x1, y2)
Picture1.Line (x1 + 50, y2 + 150)-(x1, y2)
Picture1.Line (x1, y1 / 2 + 200)-(x2, y1 / 2 + 200)    ' 画 X 轴及箭头
Picture1.Line (x2 - 150, y1 / 2 - 50 + 200)-(x2, y1 / 2 + 200)
Picture1.Line (x2 - 150, y1 / 2 + 50 + 200)-(x2, y1 / 2 + 200)
Dim i As Integer
For i = 200 To 3000 Step 50    ' 画正弦曲线
    x1 = i
    y1 = (Picture1.ScaleHeight - 200) / 2 + 200 + 400 * Sin(x1 - 200)
    ' 400 * Sin(x1 - 200) 是为了放大函数值使其图形有较好的视觉效果，
    ' 因为 Sin(x1 - 200) 的值太小。另外也可以通过改变坐标轴刻度来实现该效果

    Picture1.PSet (x1, y1)
Next
End Sub


Private Sub Command2_Click()
Dim x1, x2, y1, y2 As Double, i As Integer
Picture2.Scale (-2000, 2000)-(2000, -2000)    ' 定义坐标原点在 Picture 的中心
Picture2.Line (0, -1500)-(0, 1500)    ' 画 Y 轴及箭头
Picture2.Line (-50, 1500 - 150)-(0, 1500)
Picture2.Line (50, 1500 - 150)-(0, 1500)
Picture2.Line (-2000, 0)-(2000, 0)    ' 画 X 轴及箭头
Picture2.Line (2000 - 150, 50)-(2000, 0)
Picture2.Line (2000 - 150, -50)-(2000, 0)
For i = -2000 To 2000 Step 50    ' 画正弦曲线
    x2 = i
    y2 = 400 * Sin(x2)
    Picture2.PSet (x2, y2)
```

```
Next
End Sub

Private Sub Command3_Click()
Dim x1, x2, y1, y2 As Double, i As Integer
Picture3.Scale (-2000, 2000)-(2000, -2000)   ' 定义坐标原点在 Picture 的中心
Picture3.Line (0, -1500)-(0, 1500)   ' 画 Y 轴及箭头
Picture3.Line (-50, 1500 - 150)-(0, 1500)
Picture3.Line (50, 1500 - 150)-(0, 1500)
Picture3.Line (-2000, 0)-(2000, 0)   ' 画 X 轴及箭头
Picture3.Line (2000 - 150, 50)-(2000, 0)
Picture3.Line (2000 - 150, -50)-(2000, 0)
x1 = -2000
y1 = 400 * Sin(x1)
For i = -2000 + 50 To 2000 Step 50   ' 画正弦曲线
    x2 = i
    y2 = 400 * Sin(x2)
    Picture3.Line (x1, y1)-(x2, y2)
    x1 = x2
    y1 = y2
Next
End Sub
```

运行工程，分别点击"Command1"，"Command2"和"Command3"按钮则分别出现如图 9-24 所示的图形。

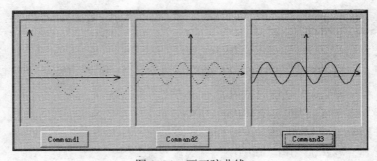

图 9-24　画正弦曲线

示例： 在窗体上创建两个 PictureBox 控件，Picture1 里用随机产生的颜色画同心圆，然后将 Picture1 里的图形拷贝到 Picture2 里。

程序代码如下：

```
Private Sub Picture1_Click()
    ' 用鼠标点击 Picture1 则开始在其中绘图
```

```
Picture1.AutoRedraw = True
AutoRedraw = True
Dim CX, CY, Limit, Radius As Integer
'ScaleMode = vbPixels    ' 设置比例模型为像素

CX = Picture1.ScaleWidth / 2    ' 设置圆心 X 坐标
CY = Picture1.ScaleHeight / 2    ' 设置圆心 Y 坐标
Limit = CX    ' 圆的半径
For Radius = 0 To Limit    ' 画不同半径的同心圆
Picture1.Circle (CX, CY), Radius, RGB(Rnd * 255, Rnd * 255, Rnd * 255)
' Rnd 为随机数生成函数
DoEvents
' 将控制切换到操作环境内核，允许其他事件，然后应用程序又恢复控制
Next Radius
End Sub
Private Sub Picture2_Click()
Picture2.AutoRedraw = True
Picture2.Picture = Picture1.Image    ' 将 picture1 里的图片拷贝到 Picture2 里
SavePicture Picture1.Image, "d:\test.bmp"    ' 将图片保存到文件
End Sub
```

思考练习题 9

1. 什么是 VBA ？

2. 在 VB 程序中使用 Word 所提供的对象，应注意哪些方面？

3. 在 VB 程序中使用 Excel 所提供的对象，应注意哪些方面？

4. 请注意：数据库中的表格数据与 Excel 中的表格数据之间，其互传所采用的方法和技巧。

5. 采用录制宏自动生成的代码与 VB 代码有时有一定的区别，请注意这一点。

6. 绘图应注意描点和划线的结合使用，以实现较好的效果。

7. 如何使用 Scale 方法定义新坐标系？包括坐标轴的方向等。

8. 试通过定义与数学一致的新坐标系，在 Picture 中绘制余弦曲线。

9. 请注意：绘图方法中 Step 关键字的用法和特点。

第 10 章　键盘与鼠标事件

　　键盘事件和鼠标事件都是用户与程序之间相互作用的主要事件。通过点击鼠标或按下键盘按键都可触发这类事件，对应事件的程序被启动而执行相应的操作，对用户的动作作出回应。

　　VB 能够响应多种鼠标事件和键盘事件。例如，窗体、图片框与图像控件都能检测到鼠标指针的位置，并可判定其左、右按钮是否已按下。通过鼠标事件可以编程响应鼠标按钮的各种操作，利用键盘事件可以编程响应多种键盘操作 (包括 Shift、Ctrl 和 Alt 键的组合键操作)。

　　本章介绍键盘事件和鼠标事件以及通过它们如何对用户操作键盘和鼠标作出响应。

10-1　响应键盘事件

　　VB 可以处理与按下或释放键盘上某个键有关的事件。VB 提供了三种键盘事件：KeyPress、KeyDown 和 KeyUp 事件。窗体和接受键盘输入的控件都能识别这三种键盘事件。

　　三种键盘事件的触发原因不尽相同。KeyPress 事件，由于按下对应某 ASCII 字符的键而触发；KeyDown 事件，由于按下键盘的任意键而触发；KeyUp 事件，由于释放键盘的任意键而触发。

　　三种键盘事件之间并不相互排斥。当用户按下一个 KeyPress 事件能检测到的键时，将触发 KeyDown 和 KeyPress 事件，而松开此键后触发 KeyUp 事件。当用户按下一个 KeyPress 事件不能检测到的键时将触发 KeyDown 事件，而松开此键后将触发 KeyUp 事件。

　　只有获得焦点的对象才能够接受键盘事件。对于窗体，只有当它是当前活动窗体，并且其上所有的控件都未获得焦点时，窗体才获得焦点。如果窗体的 KeyPreview 属性设置为 True，则在窗体上的控件识别接受键盘事件之前，窗体会首先接受这些键盘事件。

　　1. KeyPress 事件

　　当用户按下与 ASCII 字符对应的键时，将触发拥有输入焦点 (Focus) 的控件的 KeyPress 事件。ASCII 字符集不仅代表标准键盘的字母、数字和标点符号，而且也代表大多数控制键，但是 KeyPress 事件在控制键中只识别 Enter、Tab 和 BackSpace 键。KeyDown 和 KeyUp 事件能够检测到其他功能键、编辑键和定位键，因此只有在 KeyPress 事件的功能不够用时才使用 KeyUp 和 KeyDown 事件。通常，编写 KeyPress 事件的代码比较容易。

　　窗体或控件 KeyPress 事件过程的语法格式：

Private Sub object_KeyPress(Keyascii As Integer)

End Sub

其中 object 为窗体名称或控件名称，Keyascii 为按键的 ASCII 值。

示例：按如图 10-1 所示创建窗体，并编写如下代码：

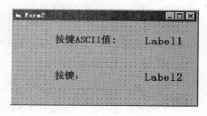

```
Private Sub Form_KeyPress(KeyAscii As Integer)
Label1 = KeyAscii
Label2 = Chr(KeyAscii)
End Sub
```

窗体运行时若有按键按下，则会在 Label1 中显示

图 10-1　KeyPress 事件 1

ASCII 值，在 Label2 中显示按键字符。

如果将窗体的 KeyPreview 属性设置为 True，则在其他控件如 TextBox 控件识别键盘事件之前，窗体会触发该键盘事件。

示例：按如图 10-2 所示创建窗体，将窗体的 KeyPreview 属性设置为 True，并编写如下的代码：

```
Private Sub Form_KeyPress(KeyAscii As Integer)
Label1 = KeyAscii
Label2 = Chr(KeyAscii)
End Sub
```

窗体运行时若有按键按下，则出现如图 10-3 所示的结果界面。

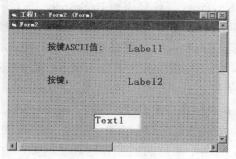

图 10-2　KeyPress 事件 2

图 10-3　KeyPress 事件 3

通过在 KeyPress 事件过程中改变 Keyascii 参数的值能改变所输入的字符。因为修改了 Keyascii 值后，VB 在控件中输入的不再是原来的字符，而是修改后的字符。

例如：

```
Private Sub Textl_KeyPress(KeyAscii As Integer)
If KeyAscii>=65 And KeyAscii<=122 Then
KeyAscii=42
End If
End Sub
```

上述过程实现了对用户在文本框中输入的字符进行判断。如果其 ASCII 码值大于

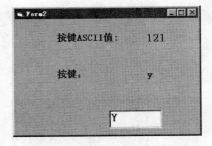

图 10-4　KeyPress 事件 4

等于 65(字符 "A")，并且小于等于 122(字符 "Z")，则用 * 号 (ASCII 码值为 42) 代替。运行的效果是，当用户在文本框中输入字符串时，在文本框中显示的则是一串 "*"。

利用 KeyPress 事件过程可以在字符输入时对其进行格式处理。例如，如果希望在向文本框中输入字母时将其强制转换为大写字母，则可利用该事件编写如下的代码 (运行效果如图 10-4 所示)：

Private Sub Textl_KeyPress(KeyAscii As Integer)
KeyAscii=Asc(Ucase(Chr(KeyAscii)))
End Sub

2. KeyDown 和 KeyUp 事件

KeyDown 和 KeyUp 事件提供了最低级的键盘响应。用这些事件可检测到 KeyPress 事件无法检测到的情况：

Shift、Ctrl 和 Alt 键的各种组合。

箭头键。

PageUp 和 PageDown 键。

区分数字小键盘的数字键与主键盘区的数值键。

键的按下和释放操作 (KeyPress 事件只响应键按下操作)。

功能键 (F1—F2)。

编辑键 Insert，Delete，Backspace(其中 KeyPress 事件只识别 BackSpace 键)。

和 KeyPress 事件不同的是，KeyDown 和 KeyUp 事件能检测到用户按下键盘上的任何一个按键，以及该键本身准确的状态：按下键 (KeyDown) 及松开键 (KeyUp)。KeyPress 事件并不反映键盘的状态，只是传递一个字符，不识别键的按下或松开状态。KeyPress 事件将字母的大小写作为两个不同的 ASCII 字符处理。

例如，当按下字母键 "A" 时，KeyDown 事件获得的是 "A" 的 Keycode 码，在输入小写 "a" 时，KeyDown 事件获得相同的 Keycode 码，并用 Shift 参数区分字符的大小写状态。而 KeyPress 事件将获得 "A" 和 "a" 的两个不同的 ASCII 码。又例如，主键盘区的 "1" 和数字小键盘上的 "1" 在 KeyDown 事件中 Keycode 码不同，因为它们确实是键盘上两个不同的键，但 KeyPress 事件中返回的 ASCII 码值是相同的。

KeyDown 和 KeyUp 事件过程的语法：

Private Sub object_KeyDown(Keycode As Integer,Shift As Integer)

End Sub

Private Sub object_KeyUp(Keycode As Integer,Shift As Integer)

End Sub

其中 object 为窗体名称或控件名称，Keycode 是键代码，指示按下的物理键，它不同于 ASCII 代码，不同的按键具有不同的 Keycode 代码。例如，可以将"A"与"a"作为同一个键返回，它们具有相同的 Keycode 值。Shift 参数指示 Shift、Ctrl 和 Alt 键的状态，只有检查此参数才能判断输入的是大写字母还是小写字母。

Keycode 是一个键代码，它所对应的常数在 VB 中有定义，如 vbKeyF1(F1 键) 或 vbKeyA(A 键) 等。字母键的键代码与此字母的大写字符的 ASCII 值相同，所以"A"和"a"的 Keycode 都是由 Asc 返回的数值，为判断按下的字母是大写形式还是小写形式需使用 Shift 参数。标点符号键的键代码与该键上的数字的 ASCII 代码相同，因此"1"和"！"的 Keycode 都是由 Asc 返回的数值。同样，为检测"！"必须使用 Shift 参数。

键盘事件及鼠标事件都用 Shift 参数判断是否按下了 Shift、Ctrl 和 Alt 键，以及它们的组合键。Shift 参数是一个位域参数，即一个 16 位的整数值，每位代表一个状态或条件。实际上 Shift 参数只使用了低 3 位分别表示 Shift、Ctrl 和 Alt 键的状态。

如果按下 Shift 键，则 Shift 为 1；如果按下 Ctrl 键，则 Shift 为 2；如果按下 Alt 键则 Shift 为 4。利用这些键值的求和值可以判断这些键的组合。例如，同时按下 Shift 和 Alt 键时，Shift 参数等于 5。Shift 参数的取值情况如表 10-1 所示。

表 10-1 **Shift 参数的不同值**

数　　值	被按下的键或组合键
1	Shift
2	Ctrl
3	Shift+Ctrl
4	Alt
5	Shift+Alt
6	Ctrl+Alt
7	Shift+Ctrl+Alt

在 KeyDown 和 KeyUp 事件过程中可将 If…Then…Else 语句或 And 操作符与 Select Case 语句组合使用，从而判断是否按下 Shift、Ctrl 和 Alt 键以及以什么样的组合方式按下了这些键。

例如，在窗体上创建一个 Text1 控件，一个 Label1 控件，并编写如下的代码：

```
Private Sub Text1_KeyDown(KeyCode As Integer, Shift As Integer)
Select Case Shift
Case 1
    Label1 = " 按下 Shift 键 "
Case 2
    Label1 = " 按下 Ctrl 键 "
Case 3
    Label1 = " 按下 Shift、Ctrl 键 "
Case 4
    Label1 = " 按下 Alt 键 "
```

```
Case 5
    Label1 = " 按下 Shift、Alt 键 "
Case 6
    Label1 = " 按下 Ctrl、Alt 键 "
Case 7
    Label1 = " 按下 Shift、Ctrl、Alt 键 "
End Select
End Sub
```

窗体运行时，按下 Shift、Ctrl、Alt 键或组合键时，键或键的组合情况信息将在窗体的 Label1 控件上显示出来。

示例： 创建一个界面：有三行文本框用来输入数据，每行有三个文本框。必须具备这样的功能：焦点在第一行时敲上箭头键无效，即无任何反应，焦点在最下边一行时敲下箭头键无效，即无任何反应，其他情况下敲下箭头键或敲上箭头键焦点向箭头指向的行移动；焦点在最右边文本框上时敲回车键，则本行最左边文本框获得焦点；焦点在非最右边文本框上时敲下回车键，则本行右临近文本框获得焦点；获得焦点的文本框行的颜色与未获得焦点的文本框行的颜色不一样。

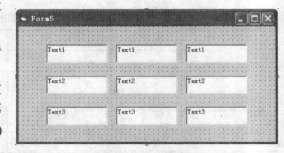

图 10-5　文本行编辑 1

如图 10-5 所示在界面上创建三个文本框控件数组：Text1,Text2,Text3。第一行从左往右为：Text1(0),Text1(1),Text1(2)；第二行从左往右为：Text2(0),Text2(1),Text2(2)；第三行从左往右为：Text3(0),Text3(1),Text3(2)。

```
Private Sub Text1_GotFocus(Index As Integer)
Dim i As Integer
For i = 0 To Text1.UBound    ' 获得焦点的文本框行变色
Text1(i).BackColor = &HFFC0C0
Next
End Sub


Private Sub Text1_LostFocus(Index As Integer)
Dim i As Integer
For i = 0 To Text1.UBound    ' 失去焦点的文本框行变色
Text1(i).BackColor = &H80000005
Next
End Sub
```

```vb
Private Sub Text1_KeyDown(Index As Integer, KeyCode As Integer, Shift As Integer)
If KeyCode = 40 Then Text2(Index).SetFocus
' 焦点在第一行文本框上时敲下箭头键，则第二行同列文本框获得焦点
If KeyCode = 13 And Index = Text1.UBound Then
' 焦点在最右边文本框上时敲下回车键，则本行最左边文本框获得焦点
    Text1(0).SetFocus
Else
' 焦点在非最右边文本框上时敲下回车键，则本行右临近文本框获得焦点
    If KeyCode = 13 And Index < Text1.UBound Then Text1(Index + 1).SetFocus
End If
End Sub


Private Sub Text2_gotFocus(Index As Integer)
Dim i As Integer
For i = 0 To Text2.UBound
Text2(i).BackColor = &HFFC0C0
Next
End Sub


Private Sub Text2_LostFocus(Index As Integer)
Dim i As Integer
For i = 0 To Text2.UBound
Text2(i).BackColor = &H80000005
Next
End Sub


Private Sub Text2_KeyDown(Index As Integer, KeyCode As Integer, Shift As Integer)
If KeyCode = 40 Then Text3(Index).SetFocus
If KeyCode = 38 Then Text1(Index).SetFocus
If KeyCode = 13 And Index = Text2.UBound Then
    Text2(0).SetFocus
Else
    If KeyCode = 13 And Index < 2 Then Text2(Index + 1).SetFocus
End If
End Sub


Private Sub Text3_KeyDown(Index As Integer, KeyCode As Integer, Shift As Integer)
If KeyCode = 40 Then Text3(Index).SetFocus
```

235

```
If KeyCode = 38 Then Text2(Index).SetFocus
If KeyCode = 13 And Index = Text3.UBound Then
    Text3(0).SetFocus
Else
    If KeyCode = 13 And Index < Text3.UBound Then Text3(Index + 1).SetFocus
End If
End Sub


Private Sub Text3_GotFocus(Index As Integer)
Dim i As Integer
For i = 0 To Text3.UBound
Text3(i).BackColor = &HFFC0C0
Next
End Sub


Private Sub Text3_LostFocus(Index As Integer)
Dim i As Integer
For i = 0 To Text3.UBound
Text3(i).BackColor = &H80000005
Next
End Sub
```

该界面运行时如图 10-6 所示。

3. 窗体键盘事件的特殊性

窗体和接受键盘输入的控件都能识别 KeyPress、KeyDown 和 KeyUp 这 三 种 键 盘事件。当窗体的 KeyPreview 属性设置为 False 时，只要窗体上有可接受键盘输入的控件（例如：Text 控件和 Command 控件），窗体的 KeyPress、KeyDown 和 KeyUp 事件都不会触发。要使窗体的这三个键盘事件先于其他控件的键盘事件触发，必须将窗体的 KeyPreview 属性设置为 True。这时窗体将首

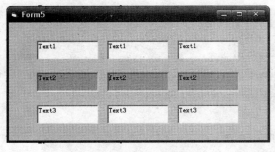

图 10-6　文本行编辑 2

先截获所有的键盘输入，窗体接受处理完键盘输入后才轮到其他控件接受处理键盘输入。

示例：按如图 10-7 所示创建窗体，并编写如下代码：

```
Private Sub Form_KeyPress(KeyAscii As Integer)
Text2 = Text2 & Chr(KeyAscii)
Text3 = Text3 & Chr(KeyAscii)
End Sub
```

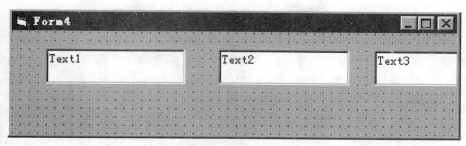

图 10-7　KeyPress 事件 1

若窗体的 KeyPreview 属性设置为 False，窗体运行时只有获得焦点的那个 TextBox 接受键盘输入，如图 10-8 所示。

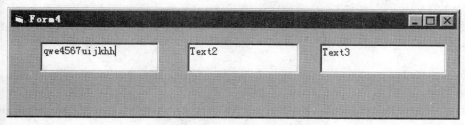

图 10-8　KeyPress 事件 2

若窗体的 KeyPreview 属性设置为 True，窗体运行时窗体首先接受键盘输入，然后将输入写入 Text2 和 Text3 中，然后获得焦点的 Text1 才接受键盘输入，如图 10-9 所示。

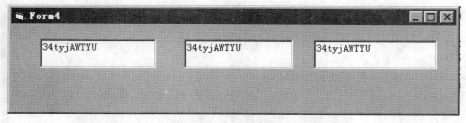

图 10-9　KeyPress 事件 3

如果已为菜单项定义了快捷键，那么当按下该键时会自动触发菜单项的 Click 事件，而不是键盘事件。如果在窗体上有一个命令按钮，其 Default 属性被设置为 True，则敲 Enter 键将触发此命令按钮的 Click 事件而不是键盘事件。如果将命令按钮的 Cancel 属性设置为 True，则按 Esc 键将触发该按钮的 Click 事件而不是键盘事件。例如，在窗体上添加一个 Command1 控件，Default 属性设置为 True，则按下 Enter 键时，不会触发 Command1 控件的 KeyDown 事件，而是触发 Click 事件。

10-2　响应鼠标事件

鼠标事件就是由鼠标操作引起的能被 Windows 系统识别的事件，如鼠标按钮的按下、释放和鼠标移动等。VB 中各种对象，如窗体、文本框、命令按钮、标签、列表框等都能识别鼠标事件。鼠标事件由 Click 事件、MouseDown 事件、MouseUp 事件和 DblClick 事件复合而成，双击引发 DblClick 事件，单击引发其余的事件。鼠标移动引发 MouseMove 事件。

MouseDown 事件：按下任意鼠标按钮时发生。

MouseUp 事件：释放任意鼠标按钮时发生。

MouseMove 事件：每当鼠标指针移动到屏幕的新位置时发生。

当鼠标指针位于无控件的窗体上方时，窗体将识别鼠标事件。当鼠标指针位于控件上时，控件将识别鼠标事件。

1. 鼠标事件

鼠标事件的定义与语法：

Private Sub Object_MouseDown(Button As Integer,Shift As Integer,X As Single,Y As Single)

End Sub

Private Sub Object_MouseUp(Button As Integer,Shift As Integer,X As Single,Y As Single)

End Sub

Private Sub Object_MouseMove(Button As Integer,Shift As Integer,X As Single,Y As Single)

End Sub

其中 object 为窗体名称或控件名称。

参数说明：

Button：位域参数，描述鼠标按钮的状态。

Shift：位域参数，描述 Shift、Ctrl 和 Alt 键的状态。

X、Y：表示鼠标光标的当前位置坐标。

MouseDown 事件是最常使用的事件，按下鼠标按钮时可触发此事件。

在按下鼠标按钮并释放时，Click 事件只能把此按下释放过程识别为一个单一的操作"单击"。鼠标事件不同于 Click 事件和 DblClick 事件之处还在于，鼠标事件能够分别各鼠标按钮与 Shift、Ctrl 和 Alt 键的状态，而在 Click 和 DblClick 事件中却不能做到这一点。

2. 检测鼠标按钮

MouseDown、MouseUp 和 MouseMove 事件用 Button 参数判断按下的是哪个鼠标按钮或哪些鼠标按钮。Button 参数是一个位域参数，一个 16 位的整数值，其每位代表一个状态或条件。在表示按钮状态时实际上只使用了 Button 参数的低 3 位来分别表示鼠标的左按钮、右按钮和中按钮的状态，Button 参数的情况如表 10-2 所示。

表 10-2　　　　　　　　　　　　　　　Button 参数

数　值	按 钮 状 态
1	按下左按钮
2	按下右按钮
3	按下左按钮和右按钮
4	按下中按钮
5	按下左按钮和中按钮
6	按下右按钮和中按钮
7	按下三个按钮

在 MouseDown 事件中使用 Button 参数可判断按下了哪个按钮，而在 MouseUp 事件中使用 Button 参数可判断释放了哪个按钮。

3. 鼠标指针的改变

在 Windows 环境中工作的用户会注意到，当进行不同的鼠标操作来完成某些工作时，鼠标指针会自动改变为不同的形状。如，在调整窗口大小时鼠标指针会改变为两头箭头指针，在网页上当鼠标落到热字上时鼠标指针会改变为手形箭头指针，等等。这些改变会给用户以形象的含义提示。例如，当鼠标越过窗口边界线而鼠标指针改变为两头箭头指针时，用户就知道此时可以按下鼠标通过拖动来改变窗口的大小了，等等。鼠标指针的形状可以通过 MousePointer 属性和 MouseIcon 属性来设置。

MousePointer 属性用于设置鼠标指针的形状。可以对控件或窗体的 MousePointer 属性进行设置，程序运行时，当鼠标越过该控件或窗体的空白处时，鼠标指针会自动改变为 MousePointer 属性所设置的鼠标指针的形状。MousePointer 属性值与鼠标指针的形状如表 10-3 所示。

表 10-3　　　　　　　　　　　　　　　MousePointer 属性值

常　数	数　值	形 状 描 述
VbDefault	0	（默认）形状由操作系统决定
VbArrow	1	箭头
VbCrosshair	2	十字线
VbIbeam	3	I 型
VbIconPointer	4	图标（矩形内的小矩形）
VbSizePointer	5	尺寸线（指向东、南、西、北的箭头）
VbSizeNESW	6	右上-左下尺寸线（指向东北、西南的双箭头）
VbSizeNS	7	垂直尺寸线（指向南、北的双箭头）
VbSizeNWSE	8	左上-右下尺寸线（指向东南、西北的双箭头）
VbSizeWE	9	水平尺寸线（指向东、西的双箭头）
VbUpArrow	10	向上的箭头
VbHourglass	11	沙漏（表示等待状态）

常　　数	数　　值	形 状 描 述
VbNoDrop	12	禁止形状 (不允许放下)
VbArrowHourglass	13	箭头和沙漏
VbArrowQuestion	14	箭头和问号
VbSizeAll	15	四向尺寸线 (表示收缩)
VbCustom	99	可以通过 MouseIcon 属性指定自定义图标

例如，要想使鼠标落入窗体空白处时其指针的形状变为沙漏可采用以下代码：

Form1.MousePointer=11

当然，也可以直接在 Form1 的属性窗口中将 Mousepointer 属性值设置为 11。

当 Mousepointer 属性值设置为 99 时，这时候可以通过 MouseIcon 属性来设置鼠标指针的形状。一种方法是通过属性窗口设置 MouseIcon 属性；另一种方法是通过执行程序代码利用函数 LoadPicture() 来加载图形文件进行设置。如：

Form1.MouseIcon = LoadPicture("c:\picture\abc.icon")

或者：

Form1.MouseIcon=Picture1.picture

Form1.MouseIcon=Image1.picture

示例： 在窗体上创建一个 Label1 控件，并编写如下代码：

```
Private Sub Form_MouseDown(Button As Integer, Shift As Integer, X As Single, Y As Single)
If Button = 1 Then Label1 = " 按下鼠标左按钮 "
If Button = 2 Then Label1 = " 按下鼠标右按钮 "
If Button = 4 Then Label1 = " 按下鼠标中按钮 "
End Sub
Private Sub Form_MouseUp(Button As Integer, Shift As Integer, X As Single, Y As Single)
If Button = 1 Then Label1 = " 释放鼠标左按钮 "
If Button = 2 Then Label1 = " 释放鼠标右按钮 "
If Button = 4 Then Label1 = " 释放鼠标中按钮 "
End Sub
```

运行窗体，在窗体空白处操纵鼠标时 Label1 控件中就会出现相应的文字说明信息。

运行时，如果按下多个按钮，VB 就会将操作解释为两个或多个独立的 MouseDown 事件。先为按下的第一个按钮显示说明信息，然后对下一个按钮显示说明信息。MouseUp 事件也一样，按下时显示按下按钮的说明信息，释放时显示释放按钮的说明信息。

示例： 在窗体上创建两个控件 Label1 和 label2，并编写如下代码：

Private Sub Form_MouseMove(Button As Integer, Shift As Integer, X As Single, Y As

Single)

Label1 = "X=   " & CStr(X)

Label2 = "Y=   " & CStr(Y)

End Sub

窗体运行后，当鼠标移动时鼠标当前所在的位置坐标就会显示在 Label1，Label2 控件中。

示例：在窗体上创建三个：Label1，Label2，Picture1 控件，然后编写如下代码：

Private Sub Picture1_MouseMove(Button As Integer, Shift As Integer, X As Single, Y As Single)

Label1 = "X=   " & CStr(X)

Label2 = "Y=   " & CStr(Y)

If Button = 1 Then

    Picture1.Line -(X, Y)

End If

End Sub

窗体运行时，在 Picture 框中按下左键拖动即可画出曲线来，同时会在 Label1 和 Label2 中显示鼠标移动到的位置坐标，如图 10-10 所示。

示例：编写程序实现在 Picture 控件中按下拖动鼠标写字和画直线。

按图 10-11 所示创建窗体，创建一个 Picture 控件、一个 ImageList 控件和一个 Toolbar 控件，并为 ImageList 控件挂入两幅图片，如图 10-11 中窗体 Form1 的左上角所示，然后编写如下代码：

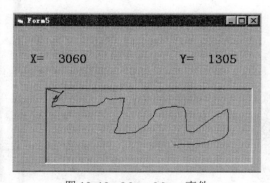

图 10-10　MouseMove 事件

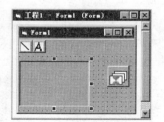

图 10-11　写字和画直线 1

在窗体的"通用"过程中定义窗体级变量：

Dim draw As Boolean

Dim s As Integer

为相关事件编写代码：

Private Sub Form_Load()

draw = False

```
Picture1.DrawWidth = 10    ' 设置线的宽度
End Sub

Private Sub picture1_MouseDown(Button As Integer, Shift As Integer, X As Single, Y As
Single)
draw = True
Picture1.CurrentX = X
Picture1.CurrentY = Y
End Sub

Private Sub picture1_MouseMove(Button As Integer, Shift As Integer, X As Single, Y As
Single)
If draw = True Then
    If Button = 1 And s = 0 Then
        Picture1.Line -(X, Y)
    End If
End If
End Sub

Private Sub picture1_MouseUp(Button As Integer, Shift As Integer, X As Single, Y As
Single)
Picture1.Line -(X, Y)
draw = False
End Sub

Private Sub Toolbar1_ButtonClick(ByVal Button As MSComctlLib.Button)
Select Case Button.Index
        Case 1    ' 点击画线按钮
        s = 1
        Case 2    ' 点击写字按钮
        s = 0
End Select
End Sub
```

程序运行时先用鼠标点击工具栏选择画直线还是写
字，然后在 Picture 控件中按下鼠标左键拖动写字和画直
线，效果如图 10-12 所示。

图 10-12　写字和画直线 2

10-3　用鼠标拖放对象

在 Windows 系统中能用鼠标将一个对象从一个地方拖放到另一个地方。在拖动过程中，对象的图标随着鼠标指针的移动而移动。当移动到目标位置并释放鼠标按钮后，对象移动显示在目标位置上。在设计 VB 应用程序时有时也需要在窗体上拖动对象，VB 支持通过编写代码来实现这一功能。下面介绍这一功能的实现。

与对象拖动有关的属性有两个：

DragMode 属性：用来设置自动拖动或人工拖动的方式。可在属性窗口中设置，也可以在程序代码中设置，例如：Picture1.DragMode=1。属性值为 0 时表示手工拖动方式，属性值为 1 时表示自动拖动方式。

DragIcon 属性：用来指定一个图标文件，在对象拖动过程中，该图标随着鼠标指针的移动而移动。

与对象拖动有关的事件有两个：DragDrop 事件和 DragOver 事件。

(1)DragDrop 事件

在一个完整的拖放动作完成时 (即将一个控件拖动到一个对象上，并释放鼠标按钮)，该事件发生。

DragDrop 事件的语法：

Private Sub Form_DragDrop(source As Control, x As Single, y As Single)

End Sub

Private Sub MDIForm_DragDrop(source As Control, x As Single, y As Single)

End Sub

Private Sub object_DragDrop([index As Integer,]source As Control, x As Single, y As Single)

End Sub

语法说明：

object：一个对象表达式，一般指被拖动的对象或控件。

index：一个整数，用来唯一地标识一个控件数组中的控件。

source：正在被拖动的控件。可用此参数将属性和方法包括在事件过程中，例如：Source.Visible = 0。

x,y：是一组指定当前鼠标指针在目标窗体或控件中水平 (x) 和垂直 (y) 位置的数字。这些坐标值通常用目标坐标系来表示，该坐标系是通过 ScaleHeight、ScaleWidth、ScaleLeft 和 ScaleTop 属性设置的。

(2)DragOver 事件

在拖放操作正在进行时发生。可使用此事件对鼠标指针在一个有效目标上的进入、离开或停顿等进行监控。鼠标指针的位置决定接收此事件的目标对象。

DragOver 事件的语法：

Private Sub Form_DragOver(source As Control, x As Single, y As Single, state As Integer)

End Sub

Private Sub MDIForm_DragOver(source As Control, x As Single, y As Single, state As Integer)

End Sub

Private Sub object_DragOver([index As Integer,]source As Control, x As Single, y As Single, state As Integer)

End Sub

语法说明：

object：一个对象表达式，一般指被拖动的对象或控件。

index：一个整数，用来唯一地标识一个控件数组中的控件。

source：正在被拖动的控件。可用此参数在事件过程中引用各属性和方法，例如：Source.Visible = False 或者 Picture1.Visible = False 等。

x, y：是一个指定当前鼠标指针在目标窗体或控件中水平 (x) 和垂直 (y) 位置的数字。这些坐标值通常用目标坐标系统来表示，该坐标系是通过 ScaleHeight、ScaleWidth、ScaleLeft 和 ScaleTop 属性设置的。

state：是一个整数，它相应于一个控件在被拖动过程中状态的转变，它有三种取值，如表 10-4 所示。

表 10-4 State 参数

取 值	状 态 说 明
0	表示进入。源对象正在进入目标对象区域
1	表示离开。源对象正在离开目标对象区域
2	表示跨越。源对象在目标对象区域内从一个位置移到另一个位置

1. 自动拖动

自动拖动不需要通过方法 Drag 设置启动拖动或结束拖动，由 VB 来控制拖动操作。在该种方式下拖动，关键是要将被拖动对象的 DragMode 属性设置为自动拖动 (DragMode=1-Automatic)，同时要处理好窗体的 DragDrop 事件，另外也可以根据需要对 DragIcon 属性进行设置。

对象的拖动一般在窗体上进行，因此 DragDrop 事件应该是窗体的 DragDrop 事件，而不是被拖动对象的 DragDrop 事件。要实现对象的真正移动，需要采用 Move 方法在

DragDrop 事件中编写如下的代码：

　　Private Sub Form_DragDrop(Source As Control, X As Single, Y As Single)

　　Source.Move X, Y

　　End Sub

　　其中 Source 是一个对象变量，表示被拖动的对象，可以直接这样使用，也可以是某一具体的控件或对象。例如，Source 可以是 Picture1，则过程为：

　　Private Sub Form_DragDrop(Source As Control, X As Single, Y As Single)

　　Picture1.Move X, Y

　　End Sub

　　如果窗体上有多个要拖动的对象，则 Source 只能是某一个具体的对象，例如，Picture1 或 Image2 等，否则 VB 不能识别要具体拖动哪个对象。

　　参数 X，Y 是释放鼠标放下对象时鼠标的位置坐标。被拖动的对象其左上角将放置在释放鼠标时鼠标的位置。在实际操作时会发现，释放鼠标时被拖动的对象并不是立刻就停在所拖动到的位置处，而是要弹跳一个偏移量后才停止（这个偏移量其实就是用鼠标点取被拖动对象时在对象中的点击点的位置在对象坐标系中的坐标）。这是因为，被拖动的对象其左上角不是要停在所拖动到的位置的左上角，而是要停在释放鼠标时鼠标的位置上。这种效果与人们平时的感觉不相一致，使人感到别扭。要想消除这种效果，就必须消除这个偏移量。

　　另外要注意，在一个对象设置为自动拖动方式时，该对象不再触发 Click 事件、MouseDown 事件和 MouseUp 事件。要想使用这些事件，除非将对象改设置成手工拖动方式。

　　如果界面上只有一个拖动对象，则也可以直接使用代码：Source.Move X, Y 而不用使用 Picture1.Move X, Y 或 Picture2.Move X, Y 等。而如果同一个窗体上有多个拖动对象则不能这样做，因为这时程序不能自动区别是要移动哪一个对象，Source 必须是具体被移动的某一个对象，如 Picture1 或 Picture2。

　　2. 手工拖动

　　要想手工拖动对象，被拖动对象的 DragMode 属性必须设置成 0-Manual。手工拖动灵活性较大，可进行多种处理控制，因为这时被移动对象的 Click 事件、MouseDown 事件和 MouseUp 事件都是可触发的。手工拖动时，必须采用 Drag 方法设置手工拖动的启动或结束。

　　Drag 方法的语法：object.Drag action

　　object 为被拖动对象名，动作参数 action 的取值如表 10-5 所示。

表 10-5　　　　　　　　　　　　　　　　动作参数 action 取值

常　　数	数　　值	含　　义
VbCancel	0	取消拖动操作
VbBeginDrag	1	开始拖动操作
VbEndDrag	2	结束拖动操作

例如：

Picture1.Drag 0　' 取消拖动操作

Picture1.Drag 1　' 开始拖动操作

Picture1.Drag 2　' 结束拖动操作

Drag 动作参数设置成 VbCancel 或 VbEndDrag 都能取消拖动，不同之处在于前者不能触发 DragDrop 事件。

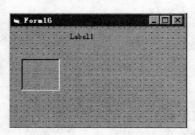

图 10-13　手工移动图片

示例： 在窗体上将 Picture1 控件手工移动到窗体的其他位置处，在释放鼠标时不要出现如上所述的自动拖动时出现的图标弹跳现象。

在窗体上首先创建一个 Picture1 控件，将其 DragMode 属性设置成 0-Manual，Dragicon 设置成警示号图片文件，再创建一个 Label1 控件。如图 10-13 所示。

在窗体的"通用"部分定义两个窗体级变量：

Dim a As Single, b As Single

用这两个变量记住用鼠标点取被拖动对象时鼠标在被点击对象中点击点的位置坐标。点击的同时在 Label1 中显示这一坐标，然后按住 Picture1 开始移动。这些工作在 Picture1_MouseDown 事件中来完成，编写代码如下：

Private Sub Picture1_MouseDown(Button As Integer, Shift As Integer, X As Single, Y As Single)

a = X: b = Y

Label1 = "a=" + Str(a) + " b=" + Str(b)

Picture1.Drag 1

End Sub

在 Picture1_MouseDown 事件中实现 Picture1 的移动并消除弹跳现象：

Private Sub Form_DragDrop(Source As Control, X As Single, Y As Single)

Picture1.Move X - a, Y - b

End Sub

在 Picture1_MouseUp 事件中结束拖动，代码如下：

Private Sub Picture1_MouseUp(Button As Integer, Shift As Integer, X As Single, Y As Single)

Picture1.Drag 2

End Sub

Picture1 在拖动过程中，其效果如图 10-14 所示。

示例： 在前例中拖动图标时，注意观察会发现一个奇怪的现象：在窗体上用鼠标拖动 Picture1 时，只要拖动幅度不够大，鼠标箭头没有离开拖动前的 Picture1 区域范围，这时释放鼠标，Picture1 会弹回拖动前的位置而不会停在释放鼠标的位置，即

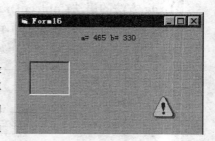

图 10-14 手工移动效果

该情况下不能实现拖动；而只要拖动幅度足够大，鼠标箭头离开拖动前的 Picture1 区域范围，这时释放鼠标就能实现图片的拖动。这表明：程序不能识别和实现图片小幅度的移动。下面设法消除这种现象。

在窗体上首先创建一个 Picture1 控件，将其 DragMode 属性设置成 0-Manual。如图 10-15 所示。

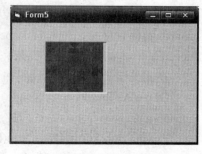

图 10-15　手工拖动 (消除异常)

编写如下代码：

```
Dim a As Single, b As Single, a1 As Single, b1 As Single
' 在窗体的 "通用" 部分定义这四个窗体级变量


Private Sub Form_DragDrop(Source As Control, X As Single, Y As Single)
Picture1.Move X - a, Y - b
End Sub


Private Sub Picture1_DragDrop(Source As Control, X As Single, Y As Single)
Picture1.Move X - a + a1, Y - b + b1    ' 拖动点不离开原图片范围的拖动
End Sub


Private Sub Picture1_MouseDown(Button As Integer, Shift As Integer, X As Single, Y As Single)
a1 = Picture1.Left
b1 = Picture1.Top
a = X
b = Y
Picture1.Drag 1
End Sub
```

还有另外一种拖动的情况，就是将一个对象拖动到另一个目标中去，如 Frame 框架中去。这时要用到 DragOver 事件，可参看本节前面部分的内容。

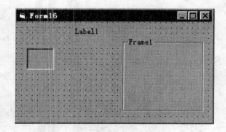

图 10-16　手工拖动 1

示例： 在程序运行时实现在窗体上将 Pictue1 控件移动到 Frame1 控件中去。

首先创建一个窗体，在其上创建一个 Picture1，一个 Label1，一个 Frame1。如图 10-16 所示。

将 Picture1 设置成手工拖动方式。在窗体的 "通用" 部分定义两个窗体级变量：

Dim a As Single, b As Single

用这两个变量记住在拖动控件开始时用鼠标点取被拖动对象时鼠标在被点击对象中的点击点的位置坐标。同时在 Label1 中显示这一坐标，并使 Picture1 开始拖动。这些工作在 Picture1_MouseDown 事件中来完成。

在相关事件中编写的代码如下：

```vb
Dim a As Single, b As Single    ' 在窗体的通用部分定义窗体级变量


Private Sub Form_DragDrop(Source As Control, X As Single, Y As Single)
Picture1.Move X - a, Y - b
Picture1.Visible = True
End Sub


Private Sub Form_DragOver(Source As Control, X As Single, Y As Single, State As Integer)
Picture1.Visible = False
End Sub


Private Sub Frame1_DragDrop(Source As Control, X As Single, Y As Single)
Picture1.Move X - a, Y - b
Picture1.Visible = True
End Sub


Private Sub Frame1_DragOver(Source As Control, X As Single, Y As Single, State As Integer)
If State = 0 Then
    Set Picture1.Container = Frame1
    Picture1.Visible = False
Else
    If State = 1 Then
        Set Picture1.Container = Form1
        Picture1.Visible = False
    End If
End If
End Sub


Private Sub Picture1_MouseDown(Button As Integer, Shift As Integer, X As Single, Y As Single)
a = X: b = Y
Label1 = "a=" + Str(a) + " b=" + Str(b)
Picture1.Drag 1
```

End Sub

Private Sub Picture1_MouseUp(Button As Integer, Shift As Integer, X As Single, Y As Single)
Picture1.Drag 2
End Sub

Set Picture1.Container = Frame1 实现当 Picture1 被拖入 Frame1 时，释放鼠标则 Picture1 出现在 Frame1 中所拖到的位置处。而 Set Picture1.Container = Form1 实现当 Picture1 从 Frame1 中被拖回入 Form1 时，释放鼠标则 Picture1 出现在 Form1 中所拖到的位置处。

Set Picture1.Container = Frame1 执行后 Picture1 即移动出现在 Frame1 中，而随着拖动运动而移入的也有一个 Picture1，这时在 Frame1 就有两个 Picture1，这是不合理的。因此用 Picture1.Visible = False 将执行 Set Picture1.Container = Frame1 而移入 Frame1 中的那个 Picture1 隐没。反过来，当将 Picture1 从 Frame1 中拖回入 Form1 时也需用 Picture1.Visible = False 将执行 Set Picture1.Container = Form1 而移入 Form1 的 Picture1 隐没。

Picture1 被拖入 Frame1 中后的效果如图 10-17 所示。

示例： 将一个图片文件（如 .bmp 文件）的文件名拖到一个图片框中，随即该图片显示在图片框中。

创建一个窗体，在窗体上创建一个 Drive1 控件，一个 Dir1 控件，一个 File1 控件，一个 Label1 控件，一个 Picture1 控件，如图 10-18 所示。Label1 控件用于在拖动时显示文件被拖动的轨迹。

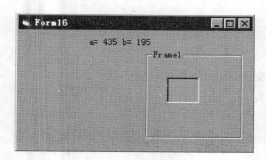

图 10-17　手工拖动 2

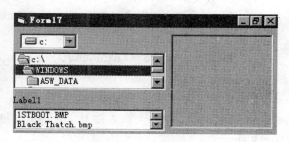

图 10-18　图片拖动 1

编写程序代码如下：
```
Dim a As Single, b As Single    ' 在窗体的通用部分定义窗体级变量

Private Sub Dir1_Change()
File1.Path = Dir1.Path
End Sub

Private Sub Drive1_Change()
```

249

```
Dir1.Path = Drive1.Drive
End Sub

Private Sub File1_MouseDown(Button As Integer, Shift As Integer, X As Single, Y As
Single)
Label1 = File1.FileName
Dim d As Integer
d = TextHeight("A")    ' 取一行的高度
Label1.Move File1.Left, File1.Top + Y - d / 2, File1.Width, d
' 定义拖动的 Label1 的轮廓

Label1.Drag 1
End Sub

Private Sub Form_Load()
Drive1.Drive = "c:"
End Sub

Private Sub Picture1_DragDrop(Source As Control, X As Single, Y As Single)
' 将拖入图片框里的图片文件内的图片装入图片框内并显示
If Right(RTrim(File1.Path), 1) = "\" Then
   ' 当文件在磁盘根目录下时
      Picture1.Picture = LoadPicture(File1.Path & File1.FileName)
Else
      Picture1.Picture = LoadPicture(File1.Path & "\" & File1.FileName)
End If
End Sub
```

程序运行时，将一个文件从 File1 框中拖动到图片框中，释放鼠标前的界面如图
10-19 所示。

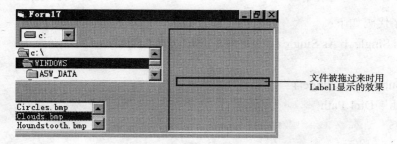

文件被拖过来时用
Label1显示的效果

图 10-19 图片拖动 2

思考练习题 10

1.VB 有哪些鼠标事件？它们是怎样触发的？

2.KeyDown 事件和 KeyPress 事件有什么区别？

3. 键盘事件的 Keycode 码和 ASCII 码有什么区别？

4. 窗体的 Preview 属性有什么用法？

5. 鼠标的自动拖动和手工拖动有什么区别？

6. 鼠标事件有哪几种？它们是如何触发的？

7. 试在窗体上创建三个文本框：Text1、Text2 和 Text3，一个标签 Label1。当敲回车键时，焦点会从当前 Text 控件移到下一个控件。焦点在 Text3 上敲回车键时，焦点移到 Text1 控件上，同时计算出三个文本框中输入的数值的和，显示在 Label1 中。编写代码实现以上功能。

8. 试利用鼠标拖动事件设计程序，实现将一个文件从一个文件夹中移动到另一个文件夹中。

第 11 章 文 件 系 统

程序使用变量存储数据，但程序运行结束后变量中的数据就会丢失。要想长期持久地保存数据并提高数据在不同程序间的共享性，就必须使用文件存储数据。在 VB 环境中可以采用两种方式操作文件：传统方式和 FSO 对象模型方式。后者采用面向对象的方法对文件实施操作。两种方式各有特色，各有利弊。传统方式比较直接有效，可以操作管理多种文件，但使用起来比较复杂、难掌握；而 FSO 对象模型方式使用起来较方便，容易掌握，但目前主要是针对文本文件的，其功能有限，尚有待于发展。

本章介绍各种类型的文件和采用传统方式与 FSO 对象模型方式对文件的管理和对文件的操作。

11–1 文件类型

计算机里的信息一般是以文件的形式独立存在的，文件是密切相关信息的集合，被存储在各种介质媒体上，如磁盘等。程序通过访问文件来访问其中的数据。依据文件内容及文件内部信息组织方式的不同，或者文件结构的不同，可以将文件分为不同的类型。Visual Basic 6.0 根据不同的文件类型，提供了相应的访问方式、语句或命令。在 VB 中，共有三种类型的文件，即顺序文件、随机文件和二进制文件。

1. 顺序文件

这是最常用的一类文件，文本文件一般都属于顺序文件。顺序文件中的数据一个接一个按顺序保存，文件一般可分为许多行，每一行都有或多或少的数据，长度也不固定。因此要对顺序文件进行处理，必须按顺序从头开始一个个读取数据，读取后再处理文件信息；信息处理完毕后，再按顺序写回文件中。要想访问顺序文件末尾的文本，首先要读取该文本之前的内容。顺序文件适用于数据不经常修改和数据之间没有明显的逻辑关系及数据量不大的情况。

2. 随机文件

顾名思义，随机文件意即可以按任意次序处理文件中的数据。随机文件将数据分成多个记录，每个记录具有相同的数据结构，记录的长度也都相同，对数据进行处理时可以随机地存取记录，非常灵活、快捷。如果说顺序文件像磁带，那么随机文件就像磁盘或唱片，要想读取某些数据，不必从头到尾顺序读取，可以在随机文件中任意定位而读取数据。随机文件适用于数据结构固定和经常需要修改的情况。

3. 二进制文件

这类文件与随机文件相似，但它的数据记录的长度为 1 个字节，数据与数据之间没有什么逻辑关系，数据只是一个个二进制信息。图像文件、声音文件、可执行文件等都属于二进制文件。

　　VB 对不同的文件提供了不同的访问方式、语句或命令。根据文件包含的数据类型和数据之间的结构来确定使用哪种文件访问方式。针对三种类型的文件，VB 有三种文件访问方式，分别适合于对顺序文件、随机文件和二进制文件进行操作处理。

11-2　文件存取的基本步骤

　　VB 针对不同类型文件的存取方式和技巧都有所不同，但它们都遵循以下相同的规则。
　　(1) 使用文件之前必须先打开文件，这可以通过 Open 命令来实现。在 VB 中打开文件时要为文件指定一个文件号，以后对文件的操作都通过文件号来实施。根据文件的存取方式不同，可以以五种方式打开文件：Append(追加)、Binary(二进制)、Input(顺序输入)、Output(顺序输出) 和 Random(随机)。使用 Open 命令时还能指定可以对文件执行的操作，是 Read(只读) 或 Write(只写) 还是 Read Write(读写)。
　　(2) 将文件全部或部分数据读到程序的变量中。顺序文件只能从开头到结尾依次读取，随机文件则可以指定文件读取的位置，二进制文件可以读取文件中的任何一个字节。
　　(3) 处理或修改变量中的数据。
　　(4) 将变量中的数据重新写回文件中。顺序存取通常按从开头到结尾的顺序将整个文件写回去或追加在文件尾，随机存取一般只更新特定位置的信息，二进制存取则可以任意更新任何位置的信息。
　　(5) 工作结束后要使用 Close 命令关闭文件。
　　用不同的模式打开同一个文件，如在 Append 和 Output 模式下，要改变文件的存取模式，必须先关闭文件。

11-3　文件系统控件

　　随着信息时代的进一步飞速发展，计算机内存储着规模巨大的文件体系。文件目录层层叠叠，目录内的文件数量也很大。在这种情况下要想仅仅通过人工定位查找一个文件(而没有软件系统的辅助支持)，这是非常困难的、甚至是不可能的。定位查找一个文件一般包括三步：确定磁盘驱动器，确定目录，确定文件。使用以前较早时候的许多程序设计语言，要想通过设计程序实现这些功能是困难的，甚至需要掌握理解许多有关操作系统深层次的知识内容。VB 具有强大的程序开发能力，提供了专门的文件系统控件，使得开发这方面的功能变得方便、快捷、容易。
　　VB 提供了两种使用文件系统的方法。既可以使用由 CommonDialog(通用对话框) 控件提供的 Open 和 Save As 标准对话框，也可以使用 DriveListBox、DirListBox 和 FileListBox 这三种文件系统控件或它们的组合创建自定义对话框。
　　CommonDialog 控件提供了标准的 Save As 和 Open 对话框。所谓标准意即它与其他 Windows 应用程序的同类对话框相同，具有标准化的外观，并且能够识别可用的网络驱动器。因此如果应用程序只需要具备保存、打开文件的功能，则应使用 CommonDialog 控件。

但有时候要求应用程序的文件系统具有自定义的外观或特殊的功能，这就要使用 DriveListBox、DirListBox 和 FileListBox 这三种文件系统控件或它们的组合来创建自定义对话框。这三个控件都经过了特别设计，提供了简单、方便、完善的文件系统操作，它们都能自动从操作系统获取与文件系统相关的信息，程序员可以访问这些信息或通过控件的属性判断每个控件的信息。可以单独使用某个文件系统控件，也可以用多种方法混合、匹配这些控件，以便灵活地控制它们的外观和交互方式。CommonDialog 控件、DriveListBox(驱动器列表框) 控件、DirListBox(目录列表框) 控件、FileListBox(文件列表框) 控件在前面介绍 VB 控件的章节中已经详细介绍过了 (包括怎样实现文件系统控件的同步)，在此不再赘叙。

11-4 文件管理函数与语句

VB 提供了针对文件，文件夹或目录进行改名、复制、删除等操作的多个文件管理函数或语句，通过这些函数或语句用户可以方便地管理文件或文件夹。

1. Curdir 函数

功能：返回指定驱动器的当前路径 (包括驱动器号在内)。

语法：Curdir()

例如：

Text1 = CurDir("c")

意思是在 Text1 中显示 C 盘的当前路径。

2. Chdrive 语句

功能：改变当前的驱动器。

语法：Chdrive Drive

参数说明：

Drive ：指定要改变为当前驱动器的字符串表达式。

例如：

Chdrive "C" '将当前的驱动器改为"C"

Chdrive "Find" '将当前的驱动器改为"F"，只使用第一个字母

3. Chdir 语句

功能：改变当前的目录或文件夹。

语法：Chdir Path

参数说明：

Path ：将成为新的当前目录或文件夹的名字字符串。

语法说明：

如果不指定驱动器，Chdir 就只改变当前驱动器的当前目录。

Chdir 语句可以改变默认目录位置，但不会改变默认驱动器位置。例如，如果默认的驱动器是 D，则下面的语句将会改变驱动器 C 上的默认目录，但是 D 仍然是默认的驱动器：

ChDir "c:\windows"　' 将当前路径改为 "c:\windows"

4. Mkdir 语句

功能：创建一个新的目录或文件夹。

语法：Mkdir Path

参数说明：

Path：要创建的目录或文件夹名字符串。如果没有指定驱动器，则 Mkdir 就在当前驱动器上创建新的目录或文件夹。

例如，下面的语句在 C 盘上建立一新目录 tiku

Mkdir "c:\tiku"

5. Rmdir 语句

功能：删除目录或文件夹。

语法：Rmdir Path

参数说明：

Path：指定要删除的目录或文件夹。如果没有指定驱动器，Rmdir 就删除当前驱动器上的目录或文件夹。

语法说明：

如果使用 Rmdir 删除含有文件或目录 (文件夹) 的目录 (文件夹)，则会发生错误。在试图删除目录或文件夹之前，要先删除其中的所有文件或目录。即，Rmdir 只能删除空文件夹或目录。

例如，下面语句可删除 C 盘上的 tiku 子目录：

Rmdir "c:\tiku"

6. Dir 函数

功能：返回一个表示文件名、目录名或文件夹名称的字符串。

语法：Dir [(pathName[,attributes])]

参数说明：

pathName：指定文件名的字符串，可以包含目录、文件夹和驱动器。如果没有找到 pathName，则会返回零长度的字符串 ""。

attributes：可选参数，常数或数值，用来指定文件属性。如果省略，则会返回匹配 pathName 的所有文件。

attributes 参数的设置值如表 11-1 所示。

表 11-1　　　　　　　　　　　　　　attributes 参数的设置值

参　　数	设　置　值	说　　明
vbNormal	0	常规
vbHidden	2	隐藏
vbSystem	4	系统文件
vbVolume	8	磁盘卷标；如果指定，则其他属性都会忽略
vbDirectory	16	目录或文件夹

Dir 支持使用多字符 "*" 和单字符 "？" 的通配符来指定多个文件。

注意：

第一次调用 Dir 函数时，必须指定 pathName，否则会产生错误。如果要指定文件属性，就必须包括 pathName。

Dir 返回匹配 pathName 的第一个文件名。若想得到其他匹配 pathName 的文件名，再一次调用不使用参数的 Dir 即可。如果已没有符合条件的文件，则 Dir 会返回一个零长度的字符串，即空字符串。

例如，下面的函数能利用 Dir 函数检查一个文件是否存在，如果不存在则返回 True，否则返回 False：

```
Public Function CheckFile(FileName As String)
If Dir(FileName)<> "" And    FileName<>"" Then
    CheckFile=True
Else
    CheckFile=False
End If
End Function
```

例如，下面的代码执行时若文件 "d:\project11\zhenshu.mdb" 存在，则 Text1 中显示 "zhenshu.mdb"，否则显示为空串：

```
Text1 = Dir("d:\project11\zhenshu.mdb")
```

7. FileCopy 语句

功能：复制文件。

语法：FileCopy Source,Target

参数说明：

Source：字符串量，指定被复制的文件名，可以包含目录、文件夹及驱动器。

Target：字符串量，指定目标文件名，可以包含目录、文件夹及驱动器。

语法说明：

不能对已经打开的文件使用 FileCopy 语句，否则会产生错误。

例如，在下面的例子中，Sourfile 代表一个被复制的源文件。程序首先要求输入目标文件名，并检查目标文件是否存在，如果不存在则直接复制，否则提示用户是否要覆盖它。如回答"是"则覆盖目标文件，否则不执行文件复制操作（程序中使用的 CheckFile 函数如前所述）：

```
Dim copy As Integer
TargetFile=InputBox(" 请输入复制的目标文件名 "," 复制文件 ")
If CheckFile(TargetFile) Then
    copy=MsgBox(" 文件 " & TargetFile & " 已经存在，覆盖它吗？ ",vbYesNo+vbQuestion," 复制文件 ")
    If copy=1 Then
        FileCopy SourFile,TargetFile
```

```
    Else
        FileCopy SourFile,TargetFile
    End If
End If
```

例如，要将文件"d:\project1\student.mdb"复制到文件"d:\project6\www.mdb"中，可以执行以下代码：

```
FileCopy "d:\project1\student.mdb", "d:\project6\www.mdb"
```

8. Kill 语句

功能：从磁盘中删除文件。

语法：Kill pathName

参数说明：

pathname：指定要删除的文件名串，可以包含文件夹及驱动器。

语法说明：

Kill 支持通配符"*"和"？"，使用它们可以一次删除多个文件。

如果使用 Kill 来删除已经打开的文件，则会产生错误。

如果使用 Kill 删除一个不存在的文件，也会产生错误。

例如，要删除文件"d:\project6\www.mdb"，可以执行以下代码：

```
Kill "d:\project6\www.mdb"
```

或者执行以下代码：

```
Kill ("d:\project6\www.mdb")
```

执行以下代码可以删除文件夹"d:\project7"下的所有文件：

```
Kill "d:\project7\*.*"
```

例如，执行下面的代码，系统首先会弹出一个对话框，提问是否要删除文件 FileName，如果回答"是"，则执行删除操作，否则不删除 FileName：

```
Del=MsgBox(" 确实要删除文件 " & FileName  & " 吗？ ",vbOKCancel+vbQuestion," 删
除文件？")
If Del=1 Then
    Kill(FileName)
End If
```

9. Name 语句

功能：重新命名文件或文件夹。

语法：Name OldName As NewName

参数说明：

OldName：指定将要更改名字的文件或文件夹名，可以包含目录及驱动器。

Newname：指定新的文件或文件夹名和位置，可以包含文件夹及驱动器，且 NewName 所指定的文件名不能存在。

语法说明：

NewName 和 OldName 必须针对同一个驱动器。如果 OldName 所指定的路径与

NewName 所指定的路径不相同，则 Name 语句会将文件移动到新的目录或文件夹下；若未给出新的目录则默认当前目录。使用 Name 语句只能移动文件，而不能移动目录或文件夹。

对已经打开的文件使用 Name 语句将会产生错误。

Name 参数不能包括通配符 "*" 或 "？"。

例如，在下面的例子中，SourFile 是所要改名的文件。程序执行时首先弹出一个对话框，要求用户输入目标文件名，接着程序检查所输入的文件名是否存在，若存在则出现一个对话框，说明不能执行改名操作；若不存在则将文件改名为目标文件名。

程序代码如下：

```
TargetFile=InputBox(" 请输入要更改为的文件名 "," 文件改名 ")
If   CheckFile(TargetFile) Then
    copy=MsgBox(" 文件 " & TargetFile & " 已经存在，不能改名！ ",vbOKOnly," 文件改名 ")
Else
    Name SourFile As TargetFile
End If
```

又如下面的代码，可将文件 "c:\abc.doc" 直接改名为 "c:\abcnew.doc"

```
Private Sub Command2_Click()
Name   "c:\abc.doc"   As   "c:\abcnew.doc"
End Sub
```

11-5   访问文件常用的函数和语句

VB 提供了处理文件的语句和函数来满足应用程序存取、编辑文件的需要。使用这些语句和函数能打开文件、读取文件内的信息、修改文件的信息并将修改的结果再保存到文件中。

要使用一个文件必须先用 Open 语句打开该文件。打开文件时，要为该文件申请分配一个文件号。此后，程序通过该文件号来访问该文件。在对文件的操作结束后，要用 Close 语句关闭文件，释放文件号。下面介绍常用的这些函数和语句。

1. FreeFile 函数

功能：返回下一个有效的文件号。

语法：FreeFile[(RangeNumber)]

语法说明：

RangeNumber 是可选参数。指定返回可用文件号的范围。指定 0(默认值) 则返回一个介于 1 到 255 之间的文件号。指定 1 则返一个介于 256 到 511 之间的文件号。

必须要使用一个空闲 (未被正在使用) 的文件号来打开一个文件，可以使用 FreeFile() 获得尚未使用的文件号。

例如，下面的语句用 FreeFile() 函数获得一个空闲文件号并将它赋给变量 Filenumber：

Filenumber= FreeFile()

2. Open 语句

功能：打开指定的文件，使得程序能够对它进行输入/输出操作。

语法：Open Filename For Mode [Access][Lock] As [#]FileNumber [Len=Reclength]

参数说明：

FileName：指定要打开的文件名，它一般包括文件夹及驱动器等完整的路径。

Mode：指定打开文件的方式，有 Append、Binary、Input、Output 和 Random 五种方式。如果没有指定方式，则以 Random 方式打开文件。

Access：指定打开文件可以进行的操作，有 Read、Write 或 Read Write 三种操作方式。

Lock：指定其他进程能够对打开的文件进行的操作，有 Shared(共享)、Lock Read(不能读)、Lock Write(不能写) 和 Lock Read Write(不能读写) 四种。

FileNumber：指定打开文件使用的文件号，范围在 1 到 511 之间。可以使用 FreeFile 函数得到下一个可用的空闲文件号。

Reclength：一个小于或等于 32767(字节) 的数。对于用随机访问方式打开的文件，该值就是记录长度。对于顺序文件，该值就是缓冲区字符数。

注意：For Mode 和 Access 不可同时出现，否则，两个参数的内容可能会冲突。

语法说明：

对文件做任何 I/O 操作之前都必须先打开文件。Open 语句分配一个缓冲区供文件进行 I/O 操作，并决定缓冲区所使用的访问方式。

如果 FileName 指定的文件不存在，那么在使用 Input 方式打开文件时，Open 操作失败；在用 Append、Binary、Output 或 Random 方式打开文件时，则会创建以此为名的新文件。

如果 mode 是 Binary 方式，则 Len 子句会被忽略掉。

在 Binary、Input 和 Random 方式下可以用不同的文件号打开同一文件，而不必先将该文件关闭。在 Append 和 Output 方式下，如果要用不同的文件号打开同一文件，则必须在打开文件之前先关闭该文件。

在 Binary、Input 和 Random 方式下可以用不同的文件号打开同一文件，VB 会把打开的同一文件视为独立的文件，但在读写文件时可能会造成不一致性。

如果文件已由其他进程打开且不允许访问，则 Open 操作失败，且会发生错误。

例如：

Open "c:\Confin.Sys" For Input As #1   ' 以顺序输入方式打开文件

Open "c:\Windows\ abc.dbf" For Binary As #2   ' 以二进制方式打开文件

Open "c:\Filel" For Random As #3 Len=Len(MyRecord)   ' 以随机方式打开文件

3. LOF 函数

功能：返回一个 Long 型数值，表示用 Open 语句打开的文件的大小，该大小以字节为单位。

语法：LOF(filenumber)

语法说明：

filenumber 参数是一个 Integer 数值，是一个有效的文件号。

注意，对于尚未打开的文件，使用 FileLen 函数将得到其长度。

例如：

s = LOF(1)　　'获得文件号为 1 的文件长度

s = LOF(2)　　'获得文件号为 2 的文件长度

FileLen("d:\TESTFILE")　'获得未打开的文件的字节长度

4. EOF 函数

功能：返回 Boolean 值 True 或 False。为 True 时，表明文件指针已经到达打开文件的结尾。

语法：EOF(filenumber)

语法说明：

filenumber 参数是一个 Integer 数值，是任何有效的文件号。

使用 EOF 是为了避免因试图在文件结尾处进行输入而产生的错误。文件指针到达文件的结尾之前，EOF 函数都返回 False。对于访问 Random 或 Binary 文件，直到最后一次执行 Get 语句无法读出完整的记录前，EOF 都返回 False。

对于以 Binary 方式打开的文件，在 EOF 函数返回 True 之前，试图使用 Input 函数读出整个文件内容的任何尝试都会导致错误发生。在用 Input 函数读出二进制文件时，要用 LOF 和 Loc 函数来替换 EOF 函数，或者将 Get 函数与 EOF 函数配合使用。对于为 Output 打开的文件，EOF 总是返回 True。

例如：

Dim s As String

Open "d:\ppp\abc.txt" For Input As #1

Do While Not EOF(1)

　　Input　#1, s

Loop

5. Loc 函数

功能：返回一个 Long 型数值，在已打开的文件中指定当前读 / 写位置。

语法：Loc(filenumber)

语法说明：

必要的 filenumber 参数是任何一个有效的 Integer 文件号。

Loc 函数对各种文件访问方式的返回值如表 11-2 所示。

表 11-2　　　　　　　　　　　　　　　　Loc 函数的返回值

方　式	返　回　值
Random	上一次对文件进行读出或写入的记录号
Sequential	文件中当前字节位置除以 128 的值。但是，对于顺序文件而言，不会使用 Loc 的返回值，也不需要使用 Loc 的返回值
Binary	上一次读出或写入的字节位置

示例：使用 Loc 函数返回在打开的文件中当前读写的位置，假设 TESTFILE 文件内包含数

行文本数据。

```
Dim MyLocation, MyLine
Open "d:\print.txt" For Binary As #1    ' 打开文件
Do While MyLocation < LOF(1)    ' 循环至文件尾
    MyLine = MyLine & Input(1, #1)    ' 读入一个字符到变量中
    MyLocation = Loc(1)    ' 取得当前位置
    Label1 = Loc(1)
Loop
Close #1    ' 关闭文件
```

6. Seek 语句

功能：指定文件中下一个读 / 写操作的位置。

语法：Seek [#]FileNumber,Position

参数说明：

FileNumber：指定要设置读 / 写操作位置的文件号。

Position：指出下一个读写操作的位置，是介于 1 和 2147483647 之间的一个值。

语法说明：

如果试图对位置为负数或零的文件进行 Seek 操作，则会导致错误发生。

如果文件是以 Random 方式访问的，则返回值是下一个读出或写入的记录号。如果文件是以 Binary 方式访问的，则返回下一个操作的字节位置。

示例：有一个文本文件，其内部数据如图 11-1 所示，窗体运行时执行下面的代码则结果如图 11-2 所示。

```
Open "d:\abc.txt" For Input As #1
Dim a, b, c, d As String
Seek #1, 2    ' 定位第 2 个字符位置
Input #1, a
Print a
Seek #1, 6    ' 6 是从第一行的第一个字符算起包括换行符所占的两个字符的位置
Input #1, b
Print b
Seek #1, 13
Input #1, c
Print c
Seek #1, 18
Input #1, d
Print d
Close (1)
```

通过这个例子能看出 Seek 语句的某些功能，对于不同类型的文件其功能略有不同，可参看下面的例子并作比较。

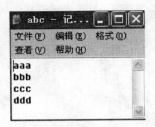
图 11-1　Seek 语句的作用 1

图 11-2　Seek 语句的作用 2

示例： 以 Random 方式打开文件，读取指定记录内容。

编写如下代码：

```
Public Type Record    ' 在标准模块中定义用户自定义数据类型
    ID As Integer
    Name As String * 10
End Type


Private Sub Command3_Click()
Dim MyRecord As Record
Open "d:\TESTFILE" For Random As #1 Len = Len(MyRecord)
    ' 以随机访问方式打开文件
Seek #1, 2    ' 定位第 2 个记录
Get #1, , MyRecord    ' 读出当前记录，即第 2 个记录存入变量 MyRecord
Print MyRecord.ID, MyRecord.Name    ' 打印读出的数据
Close #1
End Sub
```

7. Seek 函数

功能：返回指定文件的当前读 / 写位置。

语法：Seek(FileNumber)

参数说明：

FileNumber ：指定进行操作的文件所对应的文件号。

语法说明：

Seek 函数返回介于 1 和 2147483647 之间的值。

如果文件是以 Random 方式访问的，则返回值是下一个读出或写入的记录号。如果文件是以 Binary 方式访问的，则返回下一个操作的字节位置。

例如，要读取文件号为 1 的文件的记录指针位置，并将它放在 position 中，可使用以下代码：

```
position=Seek(1)    ' 读取文件号为 1 的文件的数据指针位置
```

类似的还有：

```
position=Seek(2)    ' 读取文件号为 2 的文件的数据指针位置
position=Seek(3)    ' 读取文件号为 3 的文件的数据指针位置
```

8. Close 语句

功能：关闭用 Open 语句打开的文件并释放相应的文件号。

语法：Close[FileNumberlist]

参数说明：

FileNumberlist：可选参数。指定要关闭的文件所对应的文件号。如果一次关闭多个文件，则在文件号之间用 "," (逗号) 分开。

语法说明：

如果省略 FileNumberlist，则关闭所有 Open 语句打开的文件。

例如，下面的代码都将关闭文件：

Close(2)　'关闭文件号是 2 的文件

Close(3,1)　'关闭文件号是 3 和 1 的文件

Close　'关闭所有打开的文件

Close #1　'关闭文件号是 1 的文件

Close #1, #3　'关闭文件号是 1 和 3 的文件

11-6　顺序文件

顺序文件即顺序访问文件，是普通的文本文件，数据按顺序排列存放，也只能连续顺序地存取数据。内容是 ASCII 码格式的文本行，每行的长度可以不同，任何文本编辑器都能打开和编辑这种文件。读取数据时，每次只会读取文件指针指向的数据项，读取一个数据项后文件指针会自动指向连续的下一个数据项，依此类推，直到读完所有的数据项。顺序文件打开时，文件指针自动指向第一个数据项。数据存放按 ASCII 格式，例如，存放一个 3 位数据需要 3 个字节的存储空间。

顺序存取不适合以下情况：要求能任意存取文件的任意部分内容；经常要对文件进行修改操作。

1. 打开与关闭顺序文件

顺序方式打开文件的语法格式：

Open Filename For [Input|Output|Append] As [#]FileNumber

在 Open 语句中，对顺序文件的操作只能使用三种模式，即 Input，Output 和 Append。下面分别说明这三种模式之间的区别：

Input：要从文件中顺序读取数据。如果文件不存在，则 VB 发生一个错误信息。

Append：要在文件尾添加数据。如果文件不存在，则 VB 会创建该文件，使应用程序能把数据写入文件。

Output：要在文件中写数据。如果文件不存在，则 VB 先创建文件，使应用程序能把数据写入文件；如果文件已经存在，则首先删除现存文件再创建一个同名的新文件。

例如，使用以下代码可用各种方式打开文件：

Open Filename For Output　As #1　'以顺序输出方式打开文件

Open Filename For Input　As #1　'以顺序输入方式打开文件

Open Filename For Append   As #1   ' 以顺序追加方式打开文件

关闭顺序文件可使用 Close 语句，可参阅前面的内容。

2.读顺序文件

要从顺序文件中读取信息，必须先使用 Input 模式打开文件。打开文件后就可以对顺序文件进行读操作了。VB 为读顺序文件提供了两个语句和一个函数：Input 语句、LineInput 语句及 Input 函数。

其中 Input 语句用来从已打开的文件中读取数据，然后把数据赋予变量。如果顺序文件中的数据有多个或多种类型，则可以使用变量名表，依次把这些数据赋予变量名表中的变量，然后对这些变量进行处理。它适用于处理列表一类的文件。

(1)Input # 语句。

功能：从打开的顺序文件中读出数据并将数据保存到变量中。

语法：Input #FileNumber,Varlist

参数说明：

FileNumber：指定要读出数据的文件的文件号。

Varlist：变量名表。指定存放读取的文件信息的变量；如果是多个变量，则变量之间用逗号分开。

语法说明：

通常用 Write # 语句将 Input # 语句读出的数据写入文件。该语句只能用于以 Input 或 Binary 方式打开的文件。

要使用 Input # 语句正确读出数据，文本数据文件的数据项之间需用逗号分割；数值数据用空格分隔也是有效的；字符数据项要用引号引起来 (用逗号分隔字符数据项的情况除外)，否则数据项将不能正确读出。

Input # 语句将忽略输入数据中的双引号。

文件中数据项的顺序及数据类型必须与变量列表中变量的顺序及数据类型相一致。

Input # 语句每读取一个数据项后，文件指针会自动指向下一个数据项。

在读取数据项时，如果文件指针已到达文件结尾，则会终止，并产生一个错误。

为了能用 Input # 语句将文件中的数据正确读入到变量中，在将数据写入文件时，要用 Write # 语句而不要用 Print # 语句。因为使用 Write # 语句可以确保将各个单独的数据域正确分隔开。

下面的代码是从文件号为 1 的文件中读取数据并将数据赋予变量 Name、Age、Code：

Input #1,Name,Age, Code   ' 从读出位置开始，将第一个数据项写入变量 Name，第二个
                          ' 数据项写入变量 Age，第三个数据项写入变量 Code

例如，下面的代码从文件中读取数据，并通过 MsgBox 函数显示出来：

Dim Filenumber As Integer

Dim Name As String   *8

Dim Age As Integer

Dim Code As String   *6

Dim S As String

```
Filenumber=FreeFile()
Open FileName For Input As Filenumber
Do While Not EOF(Filenumber)
    Input #Filenumber,Name,Age ,Code
    S=Name & Str(Age) & Code
Loop
MsgBox(S)
Close Filenumber
```

示例：有一个文本文件"abc.txt"，内部数据如图 11-3 所示，保存在"D:\ppp"文件夹下，设计程序将三行数据读出显示在窗体上。

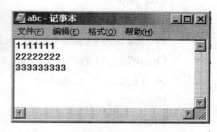

图 11-3　Input 语句的应用 1

编写如下代码：

```
Dim s1, s2, s3 As String
Open "d:\ppp\abc.txt" For Input As #1
Input #1, s1
Print s1
Input #1, s2
Print s2
Input #1, s3
Print s3
Close (1)
```

工程运行时单击"Command1"按钮，即会出现如图 11-4 所示的结果。

从该示例可以看出，执行第一个 input # 语句读出的是第一个数据项，即第一行数据（文本文件指针然后自动指向下一个数据项，即下一行。每读取一个数据项后指针会自动指向下一个数据项）；执行第二个 input # 语句时，读出的是第二个数据项，即第二行数据，依次类推。

示例：对于内部数据如图 11-5 所示的文本文件"abc.txt"，设计程序将数据读出显示在窗体上。

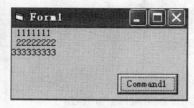

图 11-4　Input 语句的应用 2　　　　图 11-5　Input 语句的应用 3

编写如下的代码：

```
Private Sub Command1_Click()
Open "d:\abc.txt" For Input As #1
```

```
Dim a, b, c, d As String
Input #1, a, b, c, d
Print a
Print b
Print c
Print d
Close (1)
End Sub


Private Sub Command2_Click()
Open "d:\abc.txt" For Input As #1
Dim a, b, c, d As String
Input #1, a
Print a
Input #1, b
Print b
Input #1, c
Print c
Input #1, d
Print d
Close (1)
End Sub
```

这两个代码段执行结果如图 11-6 所示，它们的功能是一样的。由执行结果可以看出，用空格分隔数值数据项是有效的（即 VB 能分辨用空格分隔的不同的数值数据项），但用空格分隔字符数据项则不能正确读出。

如果文本文件中出现了非数字数据，如字母等，则该数据项一般必须用双引号引起来，否则 Input # 语句不能识别，如图 11-7 所示。

图 11-6　Input 语句的应用 4

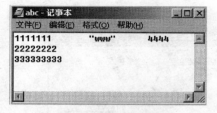

图 11-7　Input 语句的应用 5

示例： 对于如图 11-3 所示的文本文件 "abc.txt"，设计程序将数据读出显示在窗体上 Label1 控件里。

编写如下的代码：

Private Sub Command1_Click()

```
Dim s As String
Label1 = ""
Open "c:\abc.txt" For Input As #1
Do While Not EOF(1)
    Input #1, s
    Label1 = Label1 & s & Chr(13)
Loop
Close
End Sub

Private Sub Command2_Click()
Dim s As String
Label2 = ""
Open "c:\abc.txt" For Input As #1
Do While Not EOF(1)
    Input #1, s
    Label2 = Label2 & s
Loop
Close
End Sub
```

代码执行结果如图 11-8 所示。将显示结果和代码比较可以看出 Input # 语句读取**数据**项时不读取换行符。

示例：对于内部数据如图 11-9 所示的文本文件"d:\print.txt"，设计程序将数据读出显示在窗体上。

图 11-8　Input 语句的应用 6

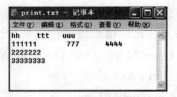

图 11-9　Input 语句的应用 7

编写如下代码：

```
Open "d:\print.txt" For Input As #1
Dim a, b, c As String
Input #1, a, b, c
Print a
Print b
Print c
Close (1)
```

代码运行结果如图 11-10 所示。可以看出，用空格分割的字符数据项不能被 Input # 语句有效地识别和读出。

如果把如图 11-9 所示的文本文件改为如图 11-11 所示 (即字符数据项用引号引起来)，则用空格分割的字符数据能被 Input # 语句有效地识别。

通过以上例子可以清楚地看到使用 Input # 语句读出数据的特点以及应注意的事项：文本文件不同的数据项之间最好用逗号分隔开，非数值数据，即字符数据要用引号引起来。为了能正确地读出文本文件的数据内容，其内容最好按如图 11-12 所示的格式安排。

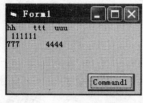
图 11-10　Input 语句的应用 8

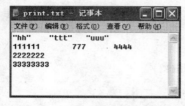
图 11-11　Input 语句的应用 9

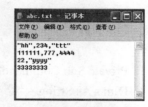
图 11-12　正确的文本文件数据格式

(2)Line Input # 语句。

功能：从顺序文件中读出一行数据并赋予一个字符串变量。

语法：Line Input #FileNumber,VarName

参数说明：

FileNumber ：指定要进行读写操作的文件的文件号。

VarName ：存放读出数据的变量名。

语法说明：

通常用 Print # 语句将用 Line Input # 语句读出的数据写回文件中。

Line Input # 语句从文件中读出一行数据，文件内数据的每行以回车符 Chr(13) 或回车换行符 Chr(13)+ Chr(10) 为结束标志。读取时跳过回车换行符，而不将其附加到字符串上。

例如，下面的语句是从文件号为 1 的文件中读取一行数据，并将数据存放到变量 s 中：

Line Input #1,s

又如可以编写以下代码整行读取文本数据：

```
Open "d:\print.txt" For Input As #1
Dim a As String
Line Input #1, a
Label1 = a
Line Input #1, a
Label2 = a
Close (1)
```

每执行一次 Line Input # 语句则读取一行文本数据，随后文件数据指针会自动指向下一行数据。依此类推，直到结束位置。

(3)Input 函数。

功能：读取以顺序方式输入或随机方式打开的文件中由字符组成的字符串。

语法：Input(Number,[#]FileNubmer)

参数说明：

Number ： 要读取的字符个数。

FileNumber ： 要读取数据的文件对应的文件号。

语法说明：

与 Input # 语句不同，Input 函数返回它所读出的所有字符，包括逗号、回车、空白行、换行符、引号和前导空格等。

例如，下面的语句是读取文件号为 1 的文件的所有数据：

StrFile=Input(lof(#1),#1)　　' Lof(#1) 为文件的长度

示例： 编写代码 Input 函数读取如图 11-12 所示的文件的数据。

编写如下代码：

```
Dim s As String
Open "d:\abc.txt" For Input As #1
Dim a, b, c, d As String
a = Input(2, #1)
Print a
b = Input(4, #1)
Print b
c = Input(12, #1)
Print c
d = Input(20, #1)
Print d
Close (1)
```

图 11-13　Input 函数的作用

执行以上代码，显示结果如图 11-13 所示。从结果能看出 Input 函数的作用。

Input 函数把文本文件的所有内容都看成字符，包括逗号，双引号，数字等 (换行符看成两个空字符)，用 Print 语句打印换行符时换行功能仍然有效。

Line Input # 语句用来读取已打开文件的一行信息，并将它分配给 String 类型的变量。它适用于处理行与行之间数据没有对应关系的文件。

Input 函数最灵活，它可以从文件中读取任意数量的字符，并将它赋予一个字符变量。下面的代码使用 Input 函数读出文件 FileName 的所有数据，并将数据放入变量 StrFile 中：

```
Dim lenFile As Integer
Dim Filenumber As Integer
Dim StrFile As String
Filenumber=freeFile()
Open FileName For Input As Filenumer
LenFile=LoF( #Filenumber)
StrFile=Input(LenFile,#Filenumber)
```

Close(Filenumber)

3. 写顺序文件

要向顺序文件中写入信息，必须使用 Output 或 Append 模式打开文件，VB 为写顺序文件提供了两个语句：Print # 和 Write #。

输出数据是指将程序里的数据写入指定的文件。下面介绍向顺序文件写入数据的 Write # 语句和 Print # 语句。

(1)Write # 语句。

功能：向指定的文件号对应的文件中写入数据。

语法：Write #FileNumber,[Outputlist]

参数说明：

FileNumber：要写入数据的文件号。

Outputlist：可选参数。指定要写入文件的数值表达式或字符串表达式。如果使用多个表达式，则在表达式之间要加入逗号","分隔。

语法说明：

在顺序文件中，通常用 Input # 语句读出文件数据，用 Write # 语句写入数据。

如果省略 Outputlist 并在 FileNumber 之后加上一个逗号，则会将一个空白行输出到文件中。

若要用 Input # 语句读出文件的数据，就用 Write # 语句将数据写入文件而不要用 Print # 语句。因为 Write # 语句在最后一个数据项写入文件后会自动插入回车换行符 Chr(13)+Chr(10)，并且在使用 Write # 语句时会自动将数据域分界 (一般用逗号","分隔数据项，可参看下面的示例)，以确保每个数据域的完整性。这样可以用 Input # 语句方便正确地将数据读出来。

如果要向文本文件中写入非数字数据，如字母等，则该数据项必须用双引号引起来，否则在读数据时 Input # 语句将不能识别。

下面的代码以 Output 方式打开一个文件，并向文件中写入数据：

```
Dim Filenumber As Integer
Filenumber=FreeFile()
Open "D:\print.txt" For Output As Filenumber    ' 打开输出文件
Write #Filenumber," 张三 ",18,"00015"
Write #Filenumber," 李四 ",19,"00016"
Write #Filenumber," 王五 ",20,"10018"
Close Filenumber
```

下面的代码会将数据写入附加到文件 "c:\t.txt" 的尾部：

```
Open "c:\t.txt" For Append As 1
Write #1, "5", "6", "7", "8"
Write #1, "0", "0", "9", "9"
Close 1
```

示例：编写代码将文件 "d:\print.txt" 的内容清空后将数据写入到文件中，结果在文件

"d:\print.txt" 中只有刚写入的数据。

```
Open "D:\print.txt" For Output As #1    ' 打开输出文件
Write #1, "5", "6", "7", "8"
Write #1, "0", "0", "9", "9"
Write #1, "1"
Write #1, "2"
Write #1, "3", "4"
Write #1, "0", "0"
Write #1, 1
Write #1, 2
Write #1, 1, 2
Write #1, 3, 4
Close 1
```

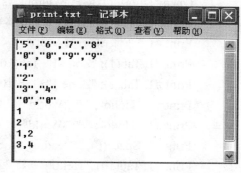

图 11-14　Write 语句的作用

以上代码执行以后形成的文件 "D:\print.txt" 内容如图 11-14 所示，将代码与生成文件的数据相比较，就可以看出每行 Write # 语句的作用。

(2)Print # 语句。

功能：将格式化显示的数据写入顺序文件中。

语法：Print #FileNumber, Outputlist

参数说明：

FileNumber：必要。任何有效的文件号。

Outputlist：可选。表达式或是要打印的表达式列表。

Outputlist 参数的设置如下：

$$[\{Spc(n) \mid Tab[(n)]\}] \, [expression] \, [charpos]$$

Outputlist 参数设置的说明如表 11-3 所示。

表 11-3 **outputlist 参数设置**

设　置	描　述
Spc(n)	用来在输出数据中插入空白字符，而 n 指的是要插入的空白字符数
Tab(n)	用来将插入点定位在某一绝对列号上，n 是列号。使用无参数的 Tab 将插入点定位在下一个打印区的起始位置
expression	要打印的数值表达式或字符串表达式
Charpos	指定下一个字符的插入点。使用分号将插入点定位在上一个显示字符之后。如果省略 charpos，则在下一行打印下一个字符

语法说明：

在 Print # 语句中可以指定在输出数据中插入的空白字符或插入点及下一字符的插入点。

通常用 Line Input # 语句或 Input # 语句读出用 Print # 写入文件中的数据。

如果省略参数 Outputlist，并且 FileNumber 之后只含有一个参数分隔符，则将一空白行打印输出到文件中。多个表达式之间需用逗号或分号隔开。

例如，下面的代码将文本框 Text1 中的文本写入文件号为 Filenumber 的文件中：

Print #Filenumber,Textl.text

示例： 使用各种 Print # 语句向文本文件写入数据。

```
Open "D:\print.txt" For Output As #1   ' 打开输出文件
Print #1, "This is a test"   ' 将文本数据写入文件
Print #1,   ' 将空白行写入文件
Print #1, Tab(1); "Zone 1", Tab(10); "Zone 2", Tab(18); "Zone 3"
Print #1, Tab(1); "Zone 1"; Tab(10); "Zone 2"; Tab(18); "Zone 3"
Print #1, "Hello", " ", "World"   ' 以空格隔开两个字符串
Print #1, "Hello"; " "; "World"   ' 以空格隔开两个字符串
Print #1, Space(5), "5 leading spaces "   ' 在字符串之前写入五个空格
Print #1, Tab(10); "Hello"   ' 将数据写在第十列
Print #1, "A", "B", "C"   ' 数据项之间以一定数量的空格间隔分隔写入
Print #1, "A"; "B"; "C"   ' 以紧凑格式写入数据，即数据项紧挨着连续写入
Print #1, 1, 2, 3
Print #1, 4; 5; 6
Close 1
```

以上代码执行以后形成的文件 "D:\print.txt"
内容如图 11-15 所示，将代码与生成文件的数据相
比较，就可以看出每行 Print # 语句的作用。

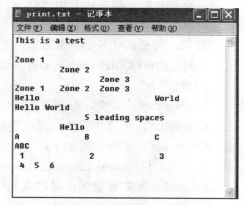

图 11-15　Print # 语句的应用

11-7　随机文件

随机文件以随机方式存取数据，内容由一组
长度相等的记录组成。每个记录由相同的若干字
段构成，记录的长度固定，每个字段的长度也固
定，记录的长度是各个字段长度的和。记录是用户自定义的数据类型。每个记录有一个
记录号 (或位置号)，顺序为：1，2，3，…(注意，记录号不是记录的内容，只是在访问
数据时用来定位数据或记录)。访问数据时只需指定记录号即可，无需象顺文件那样按
顺序进行。

要对文件中的某个数据项编辑、修改，用顺序文件处理必须从头到尾地读取整个文件
的数据，遇到需要修改的数据才进行处理，然后再写入文件中。这样明显效率低下，对这
种情况可以采取随机访问文件的方式处理。

随机文件的存取通常有四个步骤：

(1) 定义数据类型。

(2) 打开随机文件。

(3) 对随机文件进行读写。

(4) 关闭随机文件。

1. 定义数据类型

整个随机型文件的内容分为多个记录，每个记录由一组数据组成，每组数据的每个数据项称为字段。组成记录的每一字段都属于一种数据类型，具有一定的长度。如下面的自定义类型定义了学校中每个学生三方面的信息：

```
Type Students
      Name As String   *8   ' 姓名
      Code As String   *5   ' 学号
      Age As Integer     ' 年龄
End Type
```

由定义可看出，每个学生的信息都有固定的长度 (15 个字节)。这样，就可以计算出某个记录在文件中所处的位置，从而随机地存取信息。

在应用程序打开随机型文件访问以前，应先声明所有用来处理该文件需要的变量。这包括对应该文件中记录的用户自定义类型变量和其他随机型访问文件的标准类型变量。自定义数据类型一般应在标准模块中完成声明，然后才能在程序中声明自定义数据类型变量并使用它们。如前述的 Students 类型即是一例。

因为随机访问文件中的所有记录都必须有相同的长度，所以用户定义类型中的各字段也要有固定长度，如上述的 Students 类型的 Name 要有 8 个字节 (尽管某些人的名字是两个汉字，只占用 4 个字节的长度)，而 Code 是 5 个字节。

如果实际写入的字符串长度少于字段的固定长度 (如有些名字只用了 4 个字节)，则 VB 用空格来填充其余的空间。如果字符串比字段的大小长，则 VB 会截断它。

在定义了与记录对应的数据类型以后，应接着声明程序需要的各种类型的变量，来处理随机文件的数据，例如：

```
Dim FileNumber As Integer   ' 要打开的文件的文件号
Dim S As Students    ' 对应文件数据的自定义类型变量
Dim Reclength As Integer    ' 自定义数据类型的长度
Dim LastRecord As Integer    ' 文件中最后一条记录的记录号
Dim Position As Integer    ' 当前记录位置的变量
LastRecord=LOF(FileNumber)/Reclength    ' 计算随机文件记录的数目
```

2. 打开随机文件

打开随机访问文件的语法格式：

Open Filename For Random As [#]FileNumber Len=Reclength

表达式 Len=Reclength 指定了每个记录的长度。如果 Reclength 比文件记录的实际长度短，则会产生错误。如果 Reclength 比记录的实际长度长，记录可以存入，但要浪费磁盘空间。

例如，可以用以下代码打开文件：

```
FileNumber=FreeFile()   ' 获取一个可用文件编号
Reclength=Len(S)   ' 计算每条记录的长度
Open "c:\abc" For Random As FileNumber Len=Reclength
```

3. 编辑随机文件

打开随机型文件后，就可以对随机型文件进行读写操作了，而不必像顺序文件那样切换输入 / 输出模式。要编辑随机型访问的文件，先要把记录从文件读到程序变量中，然后根据需要改变变量的值，最后把变量写回该文件。下面分几方面说明如何编辑随机型文件。

(1) 读取随机文件。

Get 语句语法: Get [#]FileNumber,[RecordNumber],VarName

功能: 将以随机或二进制方式打开的文件的记录读到变量中，然后将记录指针自动指向下一个记录。

参数说明:

FileNumber: 指定要读取数据的文件的文件号。

RecordNumber: 可选参数。读出数据的位置，如果文件是以 Random 方式打开的，那么该参数指记录号，如果缺省则表示当前记录; 如果文件是以二进制方式打开的，该参数就指字节数。

VarName: 存放读出数据的变量。

语法说明:

通常用 Put 语句将 Get 语句读出的数据写回文件中。

文件第一个记录或字节的位置是 1，第二个记录或字节的位置是 2，依次类推。

若省略了 RecordNumber，则会读出上一个 Get 或 Put 语句处理之后的下一个记录或字节 (或读出最后一个 Seek 函数指出的记录或字节)。所有用于分界的逗号都必须罗列出来。例如，下面的代码是从文件号为 4 的文件中读取第 3 个数据记录并将数据存放到变量 S 中:

Get #4,3,s

存放数据的变量一般是自定义类型的结构变量，请参看后继 Put # 语句内容的示例。

对于用户自定义数据类型，例如

```
Public Type Record    '定义用户自定义数据类型
    ID As Integer
    Name As String * 10
End Type
```

读取随机型文件，要使用 Get 语句把记录读取到变量中。例如，从学生记录文件读取一个记录可以使用以下代码:

Get #FileNumber,Position,S

在这行代码中，FileNumber 指定文件号; position 指定要读取的记录号; 而 S 声明为用户自定义类型 Students，用来接收记录的内容。

当记录读入变量 s 后，则可使用下列代码读取字段内容 (假定该记录为: "张三"，"男"，21):

S.Name   ' 为 "张三"
S.Code   ' 为 "10012"
S.Age   ' 为 21

随机文件中第一个记录的记录号为 1，而不是为 0。如果缺省了记录号，则从上一次访问过的记录的下一个记录读取。

(2) 修改随机文件。

Put 语句语法：Put [#]FileNumber,[RecordNumber],VarName

功能：将一个变量的数据写入磁盘文件中，然后将记录指针自动指向下一个记录。

参数说明：

FileNumber：指定要写入数据的文件号。

RecordNumber：可选参数。指定要写入数据的记录号（用 Random 方式打开的文件）或字节数号（用 Binary 方式打开的文件）。

VarName：指定要写入数据的变量名。

通常用 Get # 将 Put # 写入的文件数据读出来。

不能用文本编辑器打开阅读以 Random 方式创建的记录文件，打开后，内容呈现为乱码。

随机文件中的第 1 个记录（记录号为 1）或第 1 个字节（字节数号为 1）位于位置 1，第 2 个记录（记录号为 2）或第 2 个字节（字节数号为 2）位于位置 2，依此类推。如果省略 Recnumber，则向上一个 Get # 或 Put # 语句处理之后的记录或字节的下一个记录或字节（或上一个 Seek 函数指出的记录或字节）写入。所有用于分界的逗号都必须罗列出来，例如：

Put #4,,FileBuffer

通常使用 Put 语句将新内容写入以随机型方式打开的文件来实现修改数据。要修改记录，首先要修改存放读出记录的变量，然后使用以下代码回写：

Put #Filenumber,Position,S

这行代码将用 S 变量中的数据来替换 Position 位置（即第几个记录）所指定的记录。

例如，下面的代码是将变量 S 中的数据写入文件号为 1 的文件中的第 4 个记录位置上去：

Put #1,4,S

示例：以随机方式打开一个文件，写入数据记录，然后用 Get # 语句读出文件内容显示在窗体上。

在标准模块中定义自定义数据类型：

```
Public Type Record        ' 定义用户自定义数据类型
    ID As Integer
    Name As String * 10
End Type
```

编写如下代码（注释掉的语句供读者参考使用）：

```
Private Sub Command1_Click()
Dim myrecord As Record     ' 声明自定义类型变量
Dim RecordNumber As Integer
Open "d:\TESTFILE" For Random As #1 Len = Len(myrecord)
        ' 以随机访问方式打开文件
For RecordNumber = 1 To 5
```

```
        myrecord.ID = RecordNumber    '给数据记录赋值
        myrecord.Name = "My Name" & RecordNumber
        Put 1, RecordNumber, myrecord    '将 MyRecord 里的数据记录写入文件中
        ' Put 1,, myrecord    '和上一语句功能一样。写入数据后文件指针会自动指向下一记录
    Next RecordNumber
    Close #1
    End Sub
    Private Sub Command2_Click()
    Dim myrecord As Record
    Dim RecordNumber, Reclength, LastRecord As Integer
    Open "d:\TESTFILE" For Random As #1 Len = Len(myrecord)
        '以随机访问方式打开文件
    Reclength = Len(myrecord)    '计算一个记录的长度
    LastRecord = LOF(1) / Reclength
    For RecordNumber = 1 To LastRecord
        Get 1, RecordNumber, myrecord    '读出数据记录存入变量 MyRecord
        ' Get 1,, myrecord    '和上一语句功能一样。读取记录后文件指针会自动指向下一记录
        Print myrecord.ID, myrecord.Name
    Next RecordNumber
    Close #1    '关闭文件
    End Sub
```

工程运行时，首先点击一次"Command1"按钮写入数据记录，然后点击"Command2"
按钮，则会读出点击"Command1"按钮时
写入的数据记录显示在窗体上，如图 11-16
所示。

可以使用以下代码更新一个记录（更新后采
用 Get 语句读出数据打印到窗体上就可以看到更
新后的结果）：

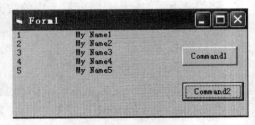

图 11-16　访问随机文件

```
    Dim MyRecord As Record
    Open "d:\TESTFILE" For Random As #1 Len =
Len(MyRecord)
    MyRecord.ID = 999    '给出记录的新数据
    MyRecord.Name = "New Record"
    Put #1, 3, MyRecord    '将第 3 个记录更新为新数据
    Close #1
```

(3) 添加记录。

要向随机方式打开的文件的尾端添加新记录，同样使用 Put 语句，只需要把 position
变量的值设置为比文件中的记录数多 1。例如，要在一个包含 8 个记录的文件中添加一个

记录，则把 position 设置为 9 即可。

可以使用下述语句把一个记录添加到只有 8 个记录的文件的末尾，而使之成为第 9 个记录：

Put #Filenumber,9,newrecord

另外可参看前面示例中使用 Put 语句写入记录的例子 (Private Sub Command1_Click() 的代码)。

(4) 删除记录。

不能通过清除字段内容来删除一个记录，因为该记录仍然存在于文件中。这样文件中就有空记录，不仅浪费空间并且干扰访问数据。可以这样做：把要删除的记录以外的所有记录拷贝到一个新文件中，然后删除老文件。

要删除随机访问文件中的记录，可按下述步骤操作：

(a) 创建一个新文件。

(b) 把除了要删除的记录以外其余所有有用的记录从原文件复制到新文件。

(c) 关闭原文件并用 Kill 语句删除它。

(d) 使用 Name 语句把新文件以原文件的名字重新命名。

例如，使用下面的过程能删除文件 "d:\TESTFILE" 中某个记录：

首先在标准模块中定义自定义数据类型：

```
Public Type Record    ' 定义用户自定义数据类型
    ID As Integer
    Name As String * 10
End Type
```

然后编写以下代码：

```
Dim Reclength As Integer    ' 自定义数据类型的长度
Dim LastRecord As Integer    ' 文件中最后一条记录的记录号
Dim position As Integer    ' 当前记录位置的变量 ( 记录号 )
Dim myrecord As Record    ' 对应文件数据的自定义类型变量
Dim i, j As Integer
Reclength = Len(myrecord)
Open "d:\TESTFILE" For Random As 1 Len = Reclength
Open "d:\TESTFILE2" For Random As 2 Len = Reclength
LastRecord = LOF(1) / Reclength
position = 3
j = 1
For i = 1 To LastRecord
    If i <> position Then    ' position 为要删除记录的位置 ( 记录号 )
        Get 1, i, myrecord
        Put 2, j, myrecord
        j = j + 1
```

```
        End If
Next
Close
Kill ("d:\TESTFILE")
Name "d:\TESTFILE2" As "d:\TESTFILE"
```

此时文件"d:\TESTFILE"中的记录个数比以前少了一个记录，可以通过读出文件的数据记录打印显示在窗体上看到这个结果 (可参看前面示例的功能代码)。

11-8　二进制文件

二进制文件内部数据的基本元素是字节。二进制文件中的数据没有固定的格式，不按某种方式进行组织，也不一定要组织成一定长度的记录，它是一种最为灵活的存储方式，但是进行程序设计也更困难。

文件中的字节可以代表任何东西，二进制访问能提供对文件的完全控制。使用它可以修改不同格式文件内的任何数据。在将二进制数据写入文件时要注意使用 Byte 类型的变量或数组，而不要使用 String 类型的变量，因为 VB 认为 String 包含的是字符。二进制数据有时候不能正确地存在 String 变量中。

打开二进制文件的语法格式：

Open FileName For Binary As [#]FileNumber

读写二进制文件与读写随机文件非常相似，读写随机文件时必须指出是针对第几个记录即记录号，读写二进制文件时必须指出是针对第几个字节即字节序号。

使用二进制方式访问与使用随机访问的 Open 语句的不同之处是：使用二进制文件不指定 Len=Recordlength ；二进制文件数据的最小存取单位是字节，而随机存取的存取单位是记录。

读写二进制文件的语句语法：

读出数据：Get [#]FileNumber,Position,VarName

写入数据：Put [#]FileNumber,Postion,VarName

在二进制文件读写操作中的 Position 以字节为单位，指向 Get 或 Put 语句准备要处理的位置，即第几个字节。二进制文件的头一个字节位置是 1，第二个字节位置是 2，…. 依此类推。

下面的代码是对一个二进制文件进行处理，它实现了拷贝一个文件 (类似地可以拷贝任何类型的文件)(注释掉的语句供读者参考使用):

```
Dim t As Byte    ' 存放文件数据的临时变量
Dim i As Long
Dim filelen As Long
Open "d:\project11\zhenshu.mdb" For Binary As 1
Open "c:\zhenshu4.mdb" For Binary As 2
filelen = LOF(1)
```

```
i = 1
Do While i <= filelen
    Get #1, i, t
    ' Get #1,, t   ' 和上一语句功能一样。读数据后后文件指针会自动指向下一字节
    Put #2, i, t
    ' Put #2,, t   ' 和上一语句功能一样。写数据后文件指针会自动指向下一字节
    i = i + 1
Loop
Close #1
Close #2
```

11-9 文件系统对象模型

文件系统对象 FSO(File System Object) 模型是 Visual Basic 6.0 新增加的一个功能，实现了对文件系统 (文件夹和文件) 操作的面向对象化处理。该模型还不够完善，有些功能，如对二进制文件的操作，尚不能实现。文件系统对象 FSO(File System Object) 模型目前只提供了较完备的针对文本文件的处理方法 (即顺序文件访问方式)。使用面向对象的方法处理文件系统已是发展的必然趋势，传统的文件操作方法可能将被逐渐淘汰。

有了文件系统对象模型以后，使得处理文件系统除了可以用传统的方法外，还可以使用对象的属性、方法和事件来实现。在程序中可以利用 FSO 创建文件、修改数据、输入数据和输出数据，还能创建、修改、移动和删除文件夹，还能检测指定的文件 (夹) 的存在、获取指定的文件 (夹) 的相关信息 (如名称、创建日期等)，使得对文件 (夹) 的处理变得简单方便。

11-9-1 利用 FSO 对象模型编程

1. FSO 相关的对象

FSO(File System Object) 对象模型包含在类库中，在使用它以前必须对类库进行引用。可选择"工程"菜单中的"引用"菜单项，打开"引用"对话框，再选择"Microsoft Scripting Runtime"复选框，然后点击"确定"按钮来完成对它的引用，如图 11-17 所示。

然后，打开对象浏览器即可看到该类库所提供的在 VB 环境中可使用的对象，如图 11-18 所示。

FSO 对象模型对象：

(1)Drive 对象：是对驱动器设备的抽象，不仅代表物理硬盘驱动器，还包括软盘驱动器、虚拟盘等。通过 Drive 对象属性可以访问驱动器的许多信息，如获取磁盘可用的剩余空间大小等。它的属性如表 11-4 所示。

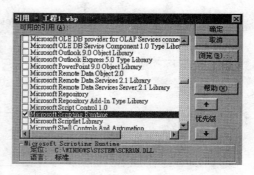

图 11-17   引用 Microsoft Scripting Runtime

图 11-18　对象浏览器

(2)Folder 对象：是对 Windows 系统中文件夹的抽象，封装了针对文件夹的属性和操作。利用它可创建、删除或移动文件夹；通过它可获取文件夹的创建日期等信息。它的属性如表 11-5 所示，它的方法如表 11-6 所示。

(3)File 对象：是对 Windows 系统中的文件的抽象，封装了针对文件的属性和操作。利用它可创建、删除或移动文件；通过它可获取文件的创建日期及文件的大小等信息。它的属性如表 11-7 所示。File 对象常用的方法有 copy、delete、move、OpenAsTextStream 方法，用法和功能类似于 Folder 对象的方法。

(4)FileSystemObject 对象：是 FSO 系统的核心。该对象提供了一整套用于创建、删除、收集相关信息的功能，封装了几乎所有文件系统的属性和对文件系统的操作。GetDrive、GetFolder、GetFile 是它的三个重要方法，它们的参数都是一个含合法路经的字符串变量。

(5)TextStream 对象：它封装了有关对文本文件的多种操作。

表 11-4　　　　　　　　　　　　Drive 对象的属性

属　　性	功　　能
AvailableSpace 或 FreeSpace	以字节表示的可用或剩余磁盘空间
DriveLetter	指定的驱动器字母
DriveType	驱动器类型
FileSystem	驱动器使用的文件系统
IsReady	驱动器是否准备好
ShareName 和 VolumeName	共享名和卷标名
TotalSize	以字节表示的磁盘空间

表 11-5　　　　　　　　　　　　Folder 对象的属性

属　　性	功　　能
Attributes	文件夹的属性
DateCreated	指定的文件夹的创建日期和时间
Path	指定的文件夹的路径
Name	文件夹的名称
Size	以字节为单位的指定文件夹的大小

表 11-6 Folder 对象的方法

方　　法	功　　能
Copy	复制文件夹
CreateFolder	创建文件夹
Delete	删除文件夹
FolderExists	验证指定的文件夹是否存在
Move	移动文件夹

表 11-7 File 对象的属性

属　　性	功　　能
Attributes	文件的属性
DateCreated	指定的文件的创建日期和时间
DateLastModified	最后一次修改指定文件的日期和时间
Drive	指定的文件所在的驱动器符号
Name	文件的名称
Path	指定的文件的路经
Type	关于指定的文件的类型信息
Size	以字节为单位的指定文件的大小

2.创建 FSO 对象

要获得一个可以使用的 FSO 实例 (具体使用 FSO),可以用以下两种方法实现:

(1) 直接定义并创建一个 FSO 对象实例:

Dim fso As New FileSystemObject

(2) 用 CreateObject 方法创建一个 FSO 对象:

Dim fso As FileSystemObject

Set fso=CreateObject("Scripting.FileSystemObject")

第二种方法更适合于动态地创建 FSO 对象。

Drives 是 FSO 对象的唯一属性,通过它可以访问文件系统的所有驱动器。

通过: Set dvs=fso.Drives 语句可以获得当前文件系统的所有驱动器的容器对象。

11-9-2　访问驱动器、文件和文件夹

使用 FSO 对象的 GetDrive 方法、GetFolder 方法和 GetFile 方法,可以访问已有的驱动器、文件和文件夹。

(1)GetDrive 方法。

语法: **FileSystemObject.GetDrive(驱动器)**

例如:

Dim fso As New FileSystemObject

Dim d As Drive

Set d = fso.GetDrive("d:")

Label1 = d.FreeSpace　　' 显示磁盘 D 的剩余可用空间

(2)GetFolder 方法。

语法：FileSystemObject.GetFolder(文件夹名)

例如：

Dim fso As New FileSystemObject

Dim fd As Folder

Set fd = fso.GetFolder("d:\project2")

Label1 = fd.Name　　' 显示文件夹 "d:\project2" 的名称

(3)GetFile 方法。

语法：FileSystemObject.GetFile(文件全名)

例如：

Dim fso As New FileSystemObject

Dim fl As File

Set fl = fso.GetFile("c:\abc.txt")

Label1 = fl.DateCreated　　' 显示文件 "c:\abc.txt" 创建的日期和时间

11-9-3　对文件和文件夹的操作

1. 创建一个文件和文件夹

可使用 CreateTextFile 方法创建文本文件，使用 CreateFolder 方法创建文件夹。

(1) 使用 CreateTextFile 方法创建一个顺序文件 (文本文件)。

语法：object.CreateTextFile(filename[, overwrite[, unicode]])

语法说明：

Object：必需的。始终是一个 FileSystemObject 对象的名字。

Filename：必需的。字符串表达式，标识要创建的文件 (名)。

Overwrite：可选的。Boolean 值，表示一个已存在文件是否可被覆盖。如果可被覆盖其值为 True，其值为 False 时不能覆盖。如果它被省略，则已存在的文件不能覆盖。

Unicode：可选的。Boolean 值，表示文件是作为一个 Unicode 文件创建的还是作为一个 ASCII 文件创建的。如果作为一个 Unicode 文件创建，其值为 True，作为一个 ASCII 文件创建，其值为 False。如果省略，则认为是一个 ASCII 文件。

例如：

Dim fso As New FileSystemObject

Dim fts As TextStream

Set fts = fso.CreateTextFile("c:\abc.txt", True)

' True 表示若该文件已经存在则覆盖它；若为 False 则不覆盖并出错

(2) 使用 CreateFolder 方法创建一个文件夹。

语法：object.CreateFolder(foldername)

语法说明：

Object：必需。应为 FileSystemObject 对象的名称。

Foldername：必需。字符串表达式，指明要创建的文件夹。

例如：

Dim fso As New FileSystemObject

fso.CreateFolder "c:\h55"

' fso.CreateFolder ("c:\h55")　' 功能和上一语句一样

2. 向文本文件中添加数据

向文件中添加数据包括三个步骤：打开文件、写入数据和关闭文件。

(1) 打开文件。

可使用 File 对象的 OpenAsTextStream 方法，也可以用 FSO 对象的 OpenTextFile 方法打开文本文件。打开文件有三种方式：以追加方式打开，以写方式打开，以只读方式打开。

(a) FSO 对象的 OpenTextFile 方法。

功能：打开一个指定的文件并返回一个 TextStream 对象，该对象可用于对文本文件进行读操作或追加操作。

语法：object.OpenTextFile(filename[, iomode[, create[, format]]])

语法说明：

object：必需的，始终是一个 FileSystemObject 的名字。

filename：必需的，字符串表达式，它标识了要打开的文件。

iomode：可选的，表示输入/输出方式。可为两个常数之一：ForReading 或 ForAppending。iomode 参数设置值的情况如表 11-8 所示

create：可选的，Boolean 值，它表示如果指定的 filename 不存在是否可以创建一个新文件。如果创建新文件，其值为 True；若不创建文件其值为 False；缺省值为 False。

format：可选的。三种 Tristate 值之一，用于指示打开文件的格式。如果省略，则文件以 ASCII 格式打开。Format 参数设置值的情况如表 11-9 所示。

表 11-8   **iomode 参数设置**

常　　数	值	说　　明
ForReading	1	打开一个只读文件，不能对此文件进行写操作
ForAppending	8	打开一个文件并可写到文件的尾部

表 11-9   **Format 参数设置**

常　　数	值	说　　明
TristateUseDefault	−2	使用系统缺省打开文件
TristateTrue	−1	以 Unicode 格式打开文件
TristateFalse	0	以 ASCII 格式打开文件

下面的代码说明了如何使用 OpenTextFile 方法打开一个用于追加文本的文本文件：

Dim fso As New FileSystemObject

Dim fts As TextStream

Set fts = fso.OpenTextFile("c:\abc.txt", ForAppending, True)　'以追加方式打开

fts.Write "Hello world!"　'写入数据

fts.Close

(b) File 对象的 OpenAsTextStream 方法。

功能：打开一个指定的文本文件并返回一个 TextStream 对象，该对象可用来对文件进行读、写、追加操作。

语法：object.OpenAsTextStream([iomode, [format]])

语法说明：

object：必需的。始终是一个 File 对象的名字。

iomode：可选的。表明输入/输出方式。可为三个常数之一：ForReading、ForWriting 或 ForAppending。iomode 参数的设置值如表 11-10 所示。

format：可选的。三个 Tristate 值之一，用于指示打开文件的格式。如果省略，则文件以 ASCII 格式打开。format 设置值如表 11-9 所示。

表 11-10　　　　　　　　　　　　　**iomode 参数设置**

常　　数	值	说　　明
ForReading	1	打开一个只读文件，不能对此文件进行写操作
ForWriting 2	2	打开一个用于写操作的文件。如果和此文件同名的文件已存在，则覆盖文件以前的内容
ForAppending	8	打开一个文件并可写到文件的尾部

下面的例子说明了 OpenAsTextStream 方法具体应用，用法与 OpenTextFile 方法略有不同 (注释掉的代码行供读者参考使用)：

Dim fso As New FileSystemObject

Dim fl As File

Dim fts As TextStream

Set fl = fso.GetFile("c:\abc.txt")

Set fts = fl.OpenAsTextStream(ForAppending)　'以追加方式打开

' Set fts = fl.OpenAsTextStream(ForReading, 0)　'以只读方式打开

' Set fts = fl.OpenAsTextStream(ForWriting)　'以写方式打开

fts.Write ("tttttt")

fts.Close

又例如：

Const ForReading = 1, ForWriting = 2, ForAppending = 3

Const TristateUseDefault = -2, TristateTrue = -1, TristateFalse = 0

Dim fs, f, ts, s

Set fs = CreateObject("Scripting.FileSystemObject")

fs.CreateTextFile "test1.txt"　'创建一个文件

```
Set f = fs.GetFile("test1.txt")
Set ts = f.OpenAsTextStream(ForWriting , TristateUseDefault)
ts.Write "Hello World"
ts.Close
Set ts = f.OpenAsTextStream(ForReading, TristateUseDefault)
s = ts.ReadLine
MsgBox s
ts.Close
```

(2) 写入数据。

向打开的文件中写入数据，可使用 TextStream 对象的 Write 方法或 WriteLine 方法等。

(a)Write 方法。

语法：TextStream 对象 .Write(文本)

用于向对象中添加文本。

(b)WriteLine 方法。

语法：TextStream 对象 .WriteLine(文本)

Write 方法与 WriteLine 方法的唯一区别在于后者在文本的结尾会添加换行符。

(c)WriteBlankLines 方法。

语法：TextStream 对象 .WriteBlankLines(行数)

用于向文本文件中添加指定行数的空行。

(3) 关闭文件。

文件使用完毕后必须关闭，可使用 TextStream 对象的 Close 方法。

语法：TextStream 对象 .Close

示例： 创建一个新文件 "c:\ppp.txt"，然后写入两行文本信息 "谢谢合作！" 和 "下次再见！"，行之间空三行，最后关闭文件。

编写代码如下：

```
Dim fso As New FileSystemObject
Dim ts As TextStream
Set ts = fso.CreateTextFile("c:\ppp.txt", True)
ts.WriteLine(" 谢谢合作！ ")
ts.WriteBlankLines(3)
ts.Write(" 下次再见！ ")
ts.Close
```

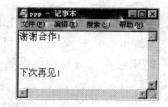

在记事本中打开已经生成的文件 "c:\ppp.txt"，其内容如图 11-19 所示。

图 11-19　文件 "c:\ppp.txt" 的内容

3. 从文件中读取数据

从文本文件中读取数据，可以使用 TextStream 对象的 Read 方法、ReadLine 方法和 ReadAll 方法等。

(a)Read 方法：从一个文件中读取指定数量的字符。

(b)ReadLine 方法：读取当前行一整行数据，但不包括换行符。

(c)ReadAll 方法：读取一个文本文件的所有内容。

(b)Skip 方法：指针跳过若干个字符。

(c)SkipLine 方法：指针跳过若干行字符。

用 Read 和 ReadLine 时，可以使用 Skip 和 SkipLine 方法跳过部分内容。要特别注意：读取字符都会引起指针的移动。用 Read 方法读取若干字符数据时应注意：每个换行符占两个字符的位置。

语法：

TextStream 对象 .Read(字符数)

TextStream 对象 .ReadLine

TextStream 对象 .ReadAll

TextStream 对象 .Skip(字符数)

例如：

Dim fso As New FileSystemObject

Dim ts As TextStream

Set ts = fso.OpenTextFile("c:\ppp.txt", ForReading)

ts.Skip(2)   ' 指针跳过 2 个字符指向第 3 个字符

Label1 = ts.Read(3)   ' 从当前指针指向的字符开始连续读取 3 个字符

ts.SkipLine   ' 指针跳过一行

Label2 = ts.ReadLine

' 读取当前行一整行 (到换行符但不包括换行符) 并返回得到的字符串

Label3 = ts.ReadAll   ' 读取从当前指针指向的字符开始所有后面的字符

ts.Close

4. 移动、复制和删除文件

(1) 移动文件。

使用 Move 方法和 MoveFile 方法移动文件。

(a) Move 方法。

语法：object.Move destination

语法说明：

object：必需的。应为 File 对象的名称。

destination：必需的。目标位置，表示要将文件移动到该位置。必须以路径分隔符"\"结束。不允许使用通配符。

例如：

Dim fso As New FileSystemObject

Dim fl As File

Set fl = fso.GetFile("d:\ppp.txt")

fl.Move "c:\ttt\"   ' 将文件"d:\ppp.txt"移动到目录"c:\ttt"下

(b) MoveFile 方法。

语法：**object.MoveFolder source, destination**

语法说明：

object：必需的。应为 FileSystemObject 对象的名称。

source：必需的。要移动的完整的文件名字符串。字符串仅可在路径的最后一个组成部分中包含通配符。

destination：必需的。指定路径，表示要将文件移动到该目标位置。必须以路径分隔符"\"结束。不能包含通配符。

例如：

Dim fso As New FileSystemObject

Dim fl As File

fso.MoveFile "c:\abc.txt", "c:\ttt\"　　' 将文件"c:\abc.txt"移动到目录"c:\ttt"下

　(2) 复制文件。

使用 Copy 方法和 CopyFile 方法复制文件。

(a)Copy 方法。

语法：**object.Copy destination[, overwrite]**

语法说明：

object：必需的。是一个 File 对象的名字。

destination：必需的。指定路径，表示要将文件复制到该目标位置。必须以路径分隔符"\"结束。不允许有通配符。

overwrite：可选的。Boolean 值，如果该值为 True(缺省)，则已存在的文件将被覆盖；如果为 False，则不被覆盖。

例如：

Dim fso As New FileSystemObject

Dim fl As File

Set fl = fso.GetFile("c:\ppp.txt")

fl.Copy "c:\ttt\", True

' 将文件"c:\ppp.txt"复制到目录"c:\ttt"下，若文件已经存在，则覆盖之

(b) CopyFile 方法。

语法：**object.CopyFile source, destination[, overwrite]**

语法说明：

object：必需的。始终为一个 FileSystemObject 对象的名称。

source：必需的。指明一个或多个被复制文件的字符串文件名说明，可以包括通配符。

destination：必需的。指明要复制到的目的地位置，不允许有通配符。必须以路径分隔符"\"结束。

overwrite：可选的。Boolean 值，它表示已存在的文件是否被覆盖。如果为 True，文件被覆盖。如果为 False，文件不被覆盖。缺省值为 True。如果 destination 具有只读属性设置，不论 overwrite 值如何，CopyFile 都将失败。

例如：

Dim fso As New FileSystemObject

Dim fl As File

fso.CopyFile "c:\abc.txt", "c:\ttt\", False

' 将文件 "c:\abc.txt" 复制到目录 "c:\ttt" 下，若已经存在，不覆盖之

(3) 删除文件。

使用 Delete 方法和 DeleteFile 方法删除文件。

(a) Delete 方法。

语法：object.Delete [force]

语法说明：

object ：必需的。应为 File 对象的名称。

force ：可选的。Boolean 值。如果要删除文件的属性设置为只读属性，则该值为 True ；否则为 False(默认)。

说明：如果指定文件不存在，则会出现错误。

例如：

Dim fso As New FileSystemObject

Dim fl As File

Set fl = fso.GetFile("d:\ppp.txt")

fl.Delete False   ' 删除文件 "d:\ppp.txt"

' fl.Delete   ' 和上一语句功能一样

(b)DeleteFile 方法。

语法：object.DeleteFile folderspec[, force]

语法说明：

object ：必需的。应为 FileSystemObject 对象的名称。

folderspec ：必需的。要删除的文件名称。folderspec 在路径的最后一个组成部分中可包含通配符。

force ：可选的。Boolean 值。如果要删除只读文件夹，则该值为 True ；否则为 False(默认)。

例如：

Dim fso As New FileSystemObject

fso.DeleteFile "c:\ttt\abc.txt", False   ' 删除文件 "c:\ttt\abc.txt"

' fso.DeleteFile "c:\ttt\abc.txt"   ' 和上一语句功能一样

5. 移动、复制和删除文件夹

(1) 移动文件夹。

使用 Move 方法和 MoveFolder 方法移动文件夹。

(a) Move 方法。

语法：object.Move destination

语法说明：

object：必需的。应为 Folder 对象的名称。

destination：必需的。目标位置（路径字符串），表示要将文件夹移动到该位置。不允许使用通配符。必须以路径分隔符"\"结束。

例如：

```
Dim fso As New FileSystemObject
Dim ff As Folder
Set ff = fso.GetFolder("c:\h55")
ff.Move "c:\ttt\"
```

(b) MoveFolder 方法。

语法：object.MoveFolder source, destination

语法说明：

object：必选。应为 FileSystemObject 对象的名称。

source：必选。要移动的文件夹的路径字符串。字符串仅可在路径的最后一个组成部分中包含通配符。

destination：必选。目标位置（路径字符串），表示要将文件夹移动到该目标位置。不能包含通配符。必须以路径分隔符"\"结束。

例如：

```
Dim fso As New FileSystemObject
fso.MoveFolder "c:\h55", "c:\ttt\"
```

(2) 复制文件夹。

使用 Copy 方法和 CopyFolder 方法复制文件夹。

(a) Copy 方法。

语法：object.Copy destination[, overwrite]

语法说明：

object：必需的。是一个 Folder 对象的名字。

destination：必需的。指定路径，表示要将文件夹复制到该目标位置。不允许有通配符。必须以路径分隔符"\"结束。

overwrite：可选的。Boolean 值，如果该值为 True（缺省），则已存在的文件夹将被覆盖。如果为 False，则它们不被覆盖。

例如：

```
Dim fso As New FileSystemObject
Dim ff As Folder
Set ff = fso.GetFolder("c:\h55")
ff.Copy "c:\ttt\", False    ' 拷贝文件夹能拷贝它本身及它下面的文件夹和文件
```

(b) CopyFolder 方法。

语法：object.CopyFolder source, destination[, overwrite]

语法说明：

object：必需的。始终为一个 FileSystemObject 对象的名称。

source ：必需的。指明一个或多个被复制文件夹的字符串文件夹说明，可以包括通配符。

destination ：必需的。指明要复制到的目的地位置，不允许有通配符。必须以路径分隔符 "\" 结束。

overwrite ：可选的。Boolean 值，它表示已存在的文件夹是否被覆盖。如果为 True，文件夹被覆盖。如果为 False，文件夹不被覆盖。缺省值为 True。

例如：

```
Dim fso As New FileSystemObject
fso.CopyFolder "c:\h55", "c:\ttt\", True    ' 能拷贝文件夹本身及其下的文件夹和文件
```

(3) 删除文件夹。

使用 Delete 方法和 DeleteFolder 方法删除文件夹。

(a) Delete 方法。

语法：object.Delete [force]

语法说明：

object ：必选。应为 Folder 对象的名称。

force ：可选。Boolean 值。如果要删除的文件夹的属性设置为只读属性，则该值为 True ；否则为 False(默认)。

说明：如果指定的文件夹不存在，则会出现错误。Delete 方法不能识别文件夹是否包含内容，无论指定文件夹是否包含内容都将被删除。

例如：

```
Dim fso As New FileSystemObject
Dim ff As Folder
Set ff = fso.GetFolder("c:\ttt\h55")
ff.Delete False    ' 或者使用 ff.Delete
```

(b)DeleteFolder 方法。

语法：object.DeleteFolder folderspec[, force]

语法说明：

object ：必选。应为 FileSystemObject 对象的名称。

folderspec ：必选。要删除的文件夹名称。在路径的最后一个组成部分中可包含通配符。

force ：可选。Boolean 值。如果要删除只读文件夹，则该值为 True ；否则为 False (默认)。

说明：

DeleteFolder 方法不能区分文件夹中是否包含内容。无论文件夹是否包含内容，都将删除该文件夹。如果未找到匹配文件夹，则会出现错误。

例如：

```
Dim fso As New FileSystemObject
fso.DeleteFolder "c:\ttt\h55", False
```

思考练习题 11

1. 顺序文件和随机文件有什么区别和特点？

2. 注意读顺序文件时文件指针的变化情况。

3. 在读写顺序文件、随机文件和二进制文件时，要注意文件指针自动移动的规律。

4. 二进制文件有什么特点？二进制文件一般用来存储什么样的常见信息？

5. 文件一般有哪些类型？

6. 文件存取的基本步骤是什么？

7. 采用 FSO 对象模型操作文件比采用传统方式操作文件，有什么突出的优点？

8. 随机文件主要用于存储什么样的数据？对它进行读、写和修改操作应注意些什么？

9. 在一个工程中使用 FSO 对象模型时，首先应进行什么样的设置？

10. 试编写代码使用 FSO 对象模型来显示 D 盘的信息 (整个磁盘空间大小，剩余盘空间大小等)。

11. 注意，目前 FSO 对象模型只提供了对文本文件的读写处理。

第 12 章　OLE 技术与 ActiveX 技术

OLE 即对象链接与嵌入，就是为了提供数据共享而在应用程序中链接与嵌入其他应用程序的对象。它使应用程序能以其原有的数据格式使用和控制其他应用程序的数据，也可利用应用程序中的数据启动与之关联的其他应用程序对数据进行处理。若不采用该技术而要通过编写代码来实现同样的功能，是非常困难的。ActiveX 是一种封装技术，提供封装 COM 组件并将其置入应用程序 (如 Web 浏览器) 的一种方法。一般来讲 ActiveX 是 Microsoft 整个组件技术的商标名称。目前基于部件的软件开发技术中，应用最广泛的是微软公司的 ActiveX 部件技术。ActiveX 技术是微软公司技术发展的重点。

本章介绍 OLE 控件及其常用属性和方法、如何在程序中使用 OLE，另外还介绍如何创建 ActiveX 控件等方面的内容。

12–1　OLE(对象链接与嵌入) 的基本概念

OLE 是一种使不同应用程序一起工作并共享数据的方法。在 OLE 中经常用到以下术语：对象应用程序、控制应用程序、OLE 控件和 OLE 对象。下面对它们进行简明扼要的介绍。

对象应用程序：指提供可访问对象的应用程序。在 Visual Basic 6.0 中，对象应用程序通常是指非 VB 的应用程序，如 MS Word、Excel 等。

控制应用程序：指用于容纳 OLE 对象的应用程序，它可以显示对象应用程序提供的信息，在 VB 中，控制应用程序通常指用户自己的 VB 应用程序。

OLE 容器控件：指装有链接或嵌入数据的控件。它显示在 VB 的工具箱中，可以通过在应用程序中加入 OLE 控件使应用程序具有 OLE 的功能。

OLE 对象：指 VB 应用程序以外的其他应用程序提供的独立数据单元。一个应用程序可以接受多种对象，如 Excel 程序可以有工作表、宏表、图表、单元格或单元格区域等不同种类的对象。

12–2　链接与嵌入

用 OLE 来共享数据有两种方式：链接和嵌入。

链接使用户可以共享其他应用程序的数据。链接对象时，并不是在应用程序中插入数据对象本身，而实际上插入的仅仅是数据对象的占位符，它指向链接对象。例如，在应用程序中通过 OLE 控件链接一个 Word 文档时，该 Word 文档数据内容并没有包含存储在应用程序中，而是依然以原来的样子存储在单独的一个文件中。链接对象是在应用程序中为链接对象建立了占位符。在 VB 应用程序运行时，双击链接该文件的 OLE 控件，相应的应用程序便自动启动，接着就可以使用对象应用程序编辑对象了。这种编辑与单独启动 Word 软件再打开该 Word 文档编辑是一样的，只是前者在关闭 Word 窗口又后回到应用程序，而后者在关闭 Word 窗口又后回到了启动 Word 软件之前的状态（如 Windows 98/2000/xp 环境）。

使用链接对象方式可以容易地使多人的工作同步进行，如对同一个 Word 文档进行编辑，在所有人完成编辑工作后，整个编辑工作也就完成了。这样一来就有效地提高了工作效率。所链接的数据文件数据若发生了变化，应用程序运行时数据文件就发生了变化，即包含于应用程序中的对象的数据会自动随之也变化，这种变化是一致的。

当使用 OLE 控件创建嵌入对象时，有关该对象的所有数据都被拷贝到 OLE 控件中。嵌入后若源数据发生了变化，所嵌入而包含于应用程序中的数据不会自动随之也变化，除非重新再嵌入一次。

嵌入对象不同于链接对象的是：其他应用程序不能访问嵌入对象中的数据。要想修改嵌入对象的内容，只有通过调用相应的程序才能修改。因此当用户只想让自己的应用程序维护其他应用程序产生及编辑的数据时，可以使用嵌入对象。

链接对象与嵌入对象之间的区别主要是存储数据的位置不同。链接对象的数据存储在 OLE 控件之外的一个单独文件中，由创建它的应用程序管理；嵌入对象的数据包含在 OLE 控件中，与 VB 应用程序一起存储，由 VB 应用程序管理。

12-3　OLE 控件

OLE 控件为使用对象的可视化界面提供了最大的灵活性，使用它可以完成多项功能。如在运行时创建 OLE 控件中的对象，改变已在设计时置于 OLE 控件中的对象，创建链接和嵌入对象，用复制到剪贴板上的数据创建对象等。在任何时刻，一个 OLE 控件内只能有一个对象。

OLE 控件可以链接或嵌入支持自动化的对象。通过 OLE 容器控件可使 VB 应用程序能显示和操作其他应用程序的数据。

表 12-1 和表 12-2 列出了 OLE 控件常用的属性和方法，可通过 OLE 容器控件的属性、方法、事件来控制 OLE 对象。

表 12-1 OLE 控件的常用属性

属　性	说　明
Action	设置执行操作的值
Appearance	外观显示效果
BackColor	控件的背景色
Backstyle	背景类型

属　性	说　明
Borderstyle	边框样式
Class	OLE 对象的类名
DisplayType	显示内容，还是显示图标
ForeColor	前景色
SourceDoc	创建对象时使用的文件名
Visible	对象是否可见

表 12-2　　　　　　　　　　　**OLE 控件常用的方法**

方　法	说　明
Close	关闭 OLE 控件，终止连接
Copy	将 OLE 容器控件数据复制到剪切板上
CreateEmbed	创建嵌入对象
CreateLink	创建链接对象
Paste	将数据从剪切板上粘贴到 OLE 容器控件
Refresh	重绘 OLE 容器控件
Update	更新 OLE 对象

12-4　在设计阶段创建 OLE 对象

在设计阶段或执行阶段都可以创建 OLE 对象，这两种方法各有优缺点。设计阶段创建的 OLE 对象，在将 VB 应用程序编译为可执行文件时，会把 OLE 对象的数据、相应的可执行文件及图像文件等全部合并到文件中，因此可执行文件会比较大。如果在执行阶段创建 OLE 对象，则可执行文件会小一些。

在执行阶段创建 OLE 对象的过程通常放在 Fom-Load 事件中，而创建 OLE 对象的过程通常都比较慢，因此看见窗体效果的时间相对于设计阶段创建 OLE 对象的情况要延后一些。在设计阶段既可以创建链接对象，也可以创建嵌入对象。

12-4-1　常用属性

在设计阶段创建 OLE 对象，必须对 OLE 容器控件的基本属性进行设置，实现对 OLE 对象的类型、内容、显示方式进行控制。

1. Class 属性

功能：返回或设置 OLE 对象的类名。

语法：Object.Class[=String]

语法说明：

Object：OLE 控件名。

String：指定 OLE 对象类型的字符串表达式。

说明：

可以使用这样的语法来指定对象的类名：Application.ObjectType.Version

其中 Application 代表支持对象的应用程序的名称，ObjectType 是指对象库中定义的对象名，Version 代表支持对象的应用程序或对象的版本号。

例如，Microsoft Excel 工作表类名是：Excel.Sheet.8

在设计时建立 OLE 控件与对象的连接，OLE 控件的 Class 属性会由 VB 根据所连接对象的数据类型自动设置完成。自动设置完成后打开 OLE 控件的属性窗口，就能看到自动生成的 Class 属性的字符串数据。通过该方法能获得 OLE 控件与不同数据类型对象连接时需要的 Class 属性值。

例如，可以这样使用代码设置 Class 属性：

OLE1.Class = "word.document.8"   ' 设置连接对象类型是 Word 文档

OLE1.Class = "Excel.Sheet.8"   ' 设置连接对象类型是 Excel 表格

2. SourceDoc 属性

功能：返回或设置创建对象时使用的文件名。

语法：Object.SourceDoc=Name

语法说明：

Object：OLE 控件名。

Name：创建对象时所使用的文件名。

例如：OLE1.SourceDoc= "C:\My Documents\ 文档 1.DOC"，该语句说明 OLE 对象是一个 Word 文档 "文档 1.DOC"。

3. SourceItem 属性

功能：当创建链接对象时，返回或设置链接文件内要链接的数据。

语法：Object.SourceItem=String

语法说明：

Object：OLE 控件名。

String：被链接数据的字符串表达式。

说明：

要使用这个属性，必须将 OLETypeAllowed 设置为 0-Linked(链接) 或 2-Ether(均可)，并使 SourceDoc 属性指定要链接的文件。

每个对象都使用其自己的语法描述数据单元。为了设置属性，要指定对象可识别的数据单元。例如，当与 Microsoft Excel 链接时，使用象 R1C1 或 R3C4:R9C22 那样的单元格或单元格范围引用，来指定 SourceItem。

为了确定描述对象的数据单元的语法，可参阅创建对象的应用程序的文档。

在设计时要使用特殊的粘贴命令 (可在 OLE 容器控件上单击鼠标右键，通过使用弹出的菜单)，可以通过创建链接的对象来确定这个语法。一旦创建了对象，在属性窗口选择 SourceDoc 属性，就可查看到在设置值框中的字符串。

当创建链接的对象时，SourceItem 属性与 SourceDoc 属性相连接。在程序运行时，SourceItem 属性返回一个零长度字符串 ("")，SourceDoc 属性返回链接文件的整个路径。

4. OLETypeAllowed 属性

功能：返回或设置 OLE 控件所能包含的对象的类型。

语法：Object.OLETypeAllowed=Value

语法说明：

Object：OLE 控件名。

Value：指示对象的类型，设置值情况如表 12-3 所示。

表 12-3　　　　　　　　　　　　　**Value 的设置值**

设　置　值	说　　明
0	OLE 控件只能包含链接对象
1	OLE 控件只能包含嵌入对象
2	OLE 控件既可以包含链接对象，又能包含嵌入对象

通常使用这个属性值来规定所能创建的对象类型。要确定 OLE 对象的类型应使用 **OLEType** 属性。

例如：

OLE1.OLETypeAllowed = 1　　' 设置 OLE1 控件只能包含嵌入对象

5. OLEType 属性

功能：只读属性，返回 OLE 控件中对象的状态。

语法：Object.OLEType

语法说明：

Object：OLE 控件名。

OLEType 属性能返回以下值：

0：表示 OLE 容器控件包含一个链接对象。

1：表示 OLE 容器控件包含一个嵌入对象。

3：表示 OLE 容器控件不包含对象。

例如：

Label1 = OLE1.OLEType　　' 读取 OLE1 控件包含对象的类型

12-4-2　创建链接对象

下面就以链接到 Word 文档 "文档 1.DOC" 为例来介绍四种方法。

1. 拖放方式

要使用拖放方式创建链接对象，需完成以下步骤：

(1) 选择工具箱中的 OLE 控件后，在窗体中画出一个 OLE 控件，或双击 OLE 控件，在窗体的中央添加 OLE 控件，再把它拖动到适当的位置。

(2) 等待片刻窗体屏幕上会自动出现一个 "插入对象" 对话框，如图 12-1 所示。

(3) 单击 "取消" 按钮关闭 "插入对象" 对话框，此时在窗体上留下一个空的 OLE 控件。

(4) 设置 OLE 控件属性：SizeMode 为 2-AutoSize 则 OLE 控件将自动调整大小适配所插入的对象，OleTypeAllowed 为 0-Linked 则创建链接，为 1-Embedded 则创建嵌入。

(5) 将支持 OLE 的对象拖到 OLE 控件中。例如拖动一个 Word 文档文件"文档 1.DOC"的图标到打开的 VB 工程项目中空的 OLE 控件上。

(6) 将图标放在控件之上，然后释放鼠标左键，则 VB 开始在 OLE 控件中创建链接对象。创建链接对象之后 OLE 控件的 Class 属性会自动变为"word.document.8"。

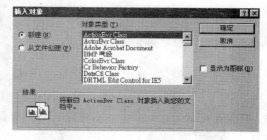

图 12-1 "插入对象"对话框 1

2. 使用"插入对象"对话框

要使用"插入对象"对话框创建 OLE 链接对象，需完成以下步骤：

(1) 选择工具箱中的 OLE 控件后，在窗体中画出一个 OLE 控件。

(2) 等待片刻屏幕上会自动出现一个"插入对象"对话框。

(3) 选择单选按钮"从文件创建"，则出现如图 12-2 所示的对话框。

(4) 选择"链接"复选框，然后单击"浏览"按钮，则出现图 12-3 所示的对话框。

图 12-2 "插入对象"对话框 2

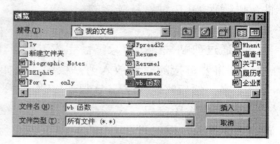

图 12-3 "插入对象"对话框 3

(5) 在打开的"浏览"对话框，如图 12-3 所示中，选择要链接到 OLE 控件的文件"C:\My Documents\vb.doc"，然后单击"插入"按钮，则出现如图 12-4 所示界面。

(6) 在界面上单击"确定"按钮，关闭"插入对象"对话框，等待片刻，链接对象将显示在 OLE 控件中，如图 12-5 所示。

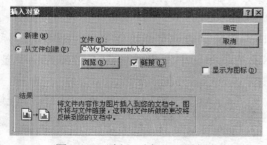

图 12-4 "插入对象"对话框 4

图 12-5 插入对象

使用上述方法创建 OLE 对象后，该 OLE 控件的 Class 属性自动被设置为"Word.Document.8"，SourcdDoc 属性自动设置为"C:\ My Documents\vb.doc"。

3. 使用菜单

如果在窗体上创建了一个空的 OLE 控件，嵌入或链接对象后发现控件上的数据有错，

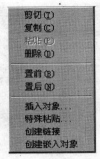

图 12-6 "插入对象"菜单项

或想使用另一个不同的对象，此时可以使用以下步骤来创建 OLE 对象：

(1) 用鼠标右键单击 OLE 控件，则弹出一个菜单，如图 12-6 所示。

(2) 在弹出的菜单中选择"插入对象"项，则出现"插入对象"对话框，如图 12-1 所示。

(3) 执行"2. 使用'插入对象'对话框"中的步骤 3-5。

(4) 如果当前的 OLE 控件中已有对象，则会显示出如图 12-7 所示的对话框，提问是否删除当前的链接，在该对话框中单击"是"按钮，即可用新对象的插入来替换 OLE 控件中原有的对象。

如果当前是空的 OLE 控件，则 OLE 对象直接显示在 OLE 控件中。此时还要修改 OLETypeAllowed 属性，以确保 OLE 对象是链接的。

图 12-7 删除对象对话框

4. 通过剪贴板

要通过剪贴来链接对象，需完成下列步骤：

(1) 将要链接的对象放入剪贴板中。例如，打开 Word 文档"文档 1.DOC"，从中选择一段文字，然后将这段文字复制到剪贴板中。

(2) 回到 VB 窗口，在窗体上创建一个空的 OLE 控件，并将控件的 SizeMode 属性设置为 AutoSize，同时设置 OLETypeAllowed 为所需要的连接方式。

(3) 执行 VB 系统窗口菜单"编辑"下的"粘贴链接"，或在 OLE 控上单击鼠标右键，从弹出的菜单中选择"粘贴"项，复制到剪贴板中的对象即会链接到 OLE 控件中。

OLE 控件弹出菜单的有些命令依赖于控件对象的状态，如 SourecdDoc 或 Class 属性的设置等。

如果应用程序中使用了链接对象，则必须能访问该链接文件，并具有创建该文件的应用程序。否则，当应用程序运行时将只能显示原始数据的映像，既不能更改数据，也不能看到其链接数据更改后的情况。

应用程序包含的链接对象，程序没有运行时，对象的数据可能被更改了，则下次运行应用程序时，更改后的数据不会自动出现在 OLE 容器控件中。若要在 OLE 容器控件中显示当前最新数据，则要使用控件的 Update 方法：

OLEobject.Update

例如：

OLE1.Update

12-4-3 创建嵌入对象

在设计阶段创建嵌入对象，能方便地改变 OLE 控件的大小，并配合其他控件调整窗体上对象的位置来高效地创建理想的界面。嵌入对象可以在设计时直接从文件嵌入数据，也可以创建新的空 OLE 控件，以后再填充数据。与链接对象中的数据不同的是，嵌入对象中的数据不能自动存储，要想将对象的变化保存起来以便下次运行时能显示这些变化，需使用 SavetoFile 方法和 ReadfromFile 方法。

下面介绍如何使用 SavetoFile 方法和 ReadfromFile 方法。

1. SavetoFile 方法

功能：将嵌入对象保存到二进制数据文件中。

语法：Object.SavetoFile FileNumber

语法说明：

Object：OLE 对象所在的控件名。

FileNumber：指定保存 OLE 对象的文件号。

例如，下面的程序能将 OLE1 控件的数据写入文件 OLEFile1 中：

Dim filenum As Integer

filenum = FreeFile()　' 申请一个空闲文件号

Open "c:\ole1file1" For Binary As filenum　' 以二进制方式打开文件

OLE1.SaveToFile filenum

Close filenum　' 关闭文件

2. ReadFromFile 方法

功能：从使用 SaveToFile 方法创建的数据文件中加载对象。

语法：Object.ReadFromFile FileNumber

语法说明：

Object：要加载对象的 OLE 容器控件名。

FileNumber：存放加载对象数据的文件号。这个文件号必须与一个打开的二进制文件相对应。

例如，下面的代码将文件 OLEFile1 读回到 OLE1 容器控件中：

Dim filenum As Integer

filenum = FreeFile()　' 申请一个空闲文件号

Open "c:\ole1file1" For Binary As filenum　' 以二进制方式打开文件

OLE1.ReadFromFile filenum

Close filenum　' 关闭文件

在设计阶段创建嵌入对象的方法与创建链接对象的方法类似，也有四种，不过 OLE 控件的 OLETypeAllowed 属性必须设置为 1。

OLE 控件的弹出菜单：在设计阶段如果用鼠标右键单击 OLE 控件，则会出现弹出式菜单如图 12-8 所示。所出现的弹出菜单选项会因当时 OLE 控件的状态不同而有些差异。

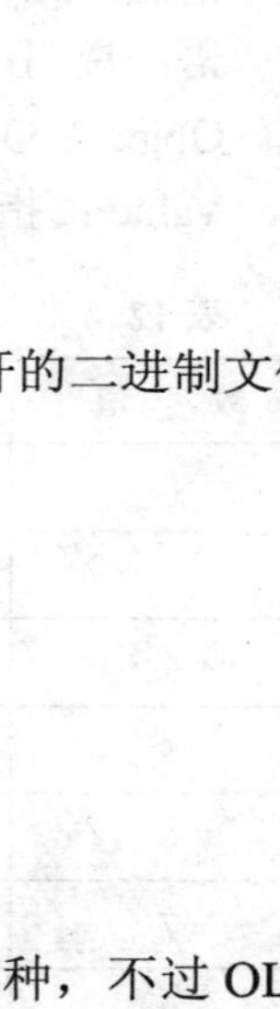

OLE 控件的快捷菜单如图 12-8 所示，包括下面的选项：

剪切、复制、粘贴和删除：分别用于向剪贴板中剪切、复制 OLE 控件，从剪贴板中粘贴 OLE 控件和删除 OLE 控件。

置前和置后：用来将 OLE 控件置于其他控件的前面或放到其他控件的后面。

图 12-8　菜单选项

插入对象：打开"插入对象"对话框，向 OLE 控件内创建新对象。如果 OLE 控件中已存在对象，VB 会询问是否想删除现存对象。

特殊粘贴：用于将剪贴板中的对象粘贴到 OLE 控件中。

删除链接：用于删除已经存在的链接或嵌入的对象。

弹出的菜单项是由创建数据对象的应用程序决定的，如对于 Word 字处理程序，对应的 OLE 控件弹出菜单有"编辑"和"打开"两个菜单项。

12-5 在运行阶段创建 OLE 对象

在程序执行阶段创建对象必须通过执行特定语句代码设置相关属性和使用特定的方法来实现，下面首先介绍与创建对象有关的方法及属性。

12-5-1 常用的属性及方法

1. Action 属性

功能：设置一个执行操作的值。

语法：Object.Action=Value

语法说明：

Object：OLE 容器控件名。

Value：指定操作类型的常数或整数，设置值情况如表 12-4 所示。

表 12-4　　　　　　　　　　　**Value 的设置值及功能**

数　值	功　能
0	创建嵌入对象
1	从文件创建链接对象
4	将对象复制到系统剪贴板
5	将对象从系统剪贴板复制到 OLE 容器控件
6	从支持对象的应用程序检索当前数据，并在 OLE 容器控件中将数据作为图片显示出来
7	打开一个对象，用于进行诸如编辑那样的操作
9	关闭对象，并与提供该对象的应用程序终止连接
10	删除对象并释放与之关联的内存
11	将对象保存到数据文件中
12	加载保存到数据文件中的对象
14	显示插入对象对话框
15	显示特殊粘贴对话框

2. AutoActivate 属性

功能：返回或设置一个值，允许通过双击 OLE 容器控件或将焦点移到 OLE 容器控件，来激活对象。可用来指定激活 OLE 容器控件的方式，即启动链接文件所对应的应用程序。一般设置为 DoubleClick，即程序运行时双击 OLE 控件即可启动链接文件所对应的应用程序。

语法：Object.AutoActivate [=Value]

语法说明：

Object：容纳对象的 OLE 容器控件名。

Value：数值，设置值情况如表 12-5 所示。

表 12-5   Value 的设置值及功能

数　值	功　能
0	手工的。对象不能自动激活。可以使用程序的 DoVerb 方法激活对象
1	焦点的。如果 OLE 容器控件包含的对象支持单击激活，当 OLE 容器控件接收焦点时，将提供对象的应用程序激活
2	(缺省值) 双击。如果 OLE 容器控件包含对象，当控件有了焦点，在 OLE 容器控件上双击鼠标或按 ENTER 键时，将提供对象的应用程序激活
3	如果 OLE 容器控件包含对象，当控件接收焦点或当双击控件时，均根据对象规范的激活方法，将提供对象的应用程序激活

3. DisplayType 属性

功能：返回或设置一个值，用于指示对象是显示其内容还是显示图标。

语法：Object. DisplayType [=Value]

语法说明：

Object：容纳对象的 OLE 容器控件名。

Value：数值，设置值情况如表 12-6 所示。

表 12-6   Value 的设置值及功能

数　值	功　能
0	(缺省值) 内容。当 OLE 容器控件包含对象时，在控件中显示该对象的数据
1	图标。当 OLE 容器控件包含对象时，在控件中显示该对象的图标

当程序运行时，在使用 CreateEmbed 或 CreateLink 方法创建对象之前如果使用语句通过设置 DisplayType 属性确定了控件中对象是显示图标 (设置为 DisplayType=1)，还是显示数据 (设置为 DisplayType=0)，则一旦创建了对象，就不能再用代码改变其显示类型。

例如：

```
Private Sub Form_Activate()
    OLE1.Class = "word.document.8"
    OLE1.DisplayType = 0
    OLE1.SourceDoc ="c:\wendang\abc.doc"
    OLE1.Action = 1
End Sub
```

4. CreateLink 方法

功能：从现存文件创建链接对象。

语法：Object.CreateLink SourceDoc

语法说明：

Object：容纳链接对象的 OLE 容器控件名。

SourceDoc：链接对象对应的文件名。当使用 Action 属性创建链接对象时，用 SourceDoc 属性指定要链接的文件。使用 SourceItem 属性指定在要链接的文件内的数据。当创建链接的对象时，SourceItem 属性与 SourceDoc 属性相连接。在运行时，SourceItem 属性返回一个零长度字符串 ("")，SourceDoc 属性返回链接文件的整个路径，之后是一个惊叹号 (!) 或反斜杠 (\)，再之后是 SourceItem。

例如：

"C:\WORK\QTR1\REVENUE.XLS!R1C1:R30C15"

例如：

OLE1.CreateLink ("c:\abc.doc")

5. CreateEmbed 方法

功能：创建嵌入对象。

语法：Object.CreateEmbed SourceDoc

语法说明：

Object：容纳嵌入对象的 OLE 容器控件名。

SourceDoc：嵌入对象对应的文件名。当使用 Action 属性创建内嵌对象时，如果 SourceDoc 属性被置为有效的文件名，则使用指定的文件将嵌入的对象作为模板创建。

例如：

OLE1.CreateEmbed ("c:\abc.doc")

又例如：

OLE1.DisplayType = 1

OLE1.CreateEmbed ("c:\abc.doc")

12-5-2 创建链接对象

在运行阶段创建链接一般有两种方法：

1. 使用 OLE 控件的 Action 属性创建链接对象

在执行阶段使用 Action 属性创建 OLE 对象分为三步：

(1) 设置 Class 属性 (判定对象类型)。

(2) 设置 SourceDoc 属性 (指定链接文件的名称)。

(3) 将 Action 属性设置为 1。

下面的代码实现了创建到一个 Word 文档的 OLE 链接：

OLE1.Class = "word.document.8"

OLE1.DisplayType = 0

OLE1.SourceDoc ="abc.doc"

OLE1.Action = 1

2. 通过 OLE 对象的 CreateLink 方法创建 OLE 对象

例如：

OLE1.CreateLink ("c:\abc.doc")

此时双击 OLE 对象，则 VB 将启动对象应用程序，在对象应用程序中可以对链接的对象进行编辑操作，编辑完毕后关闭应用程序即可。

12-5-3　创建嵌入对象

在运行阶段创建嵌入对象一般有两种方法：

1. 使用 OLE 控件的 Action 属性创建嵌入对象

在程序执行阶段使用 Action 属性创建 OLE 嵌入对象与创建链接对象相似，也分为三步：

(1) 设置 Class 属性 (用来判定对象类型)。

(2) 设置 SourceDoc 属性 (用来指定嵌入文件的名称)。

(3) 将 Action 属性设置为 0。

例如：

```
Private Sub Form_Activate()
    OLE1.Class = "word.document.8"
    OLE1.DisplayType = 0
    OLE1.SourceDoc ="abc.doc"
    OLE1.Action = 0
End Sub
```

此时双击 OLE 对象，即可在应用程序内对嵌入的对象进行编辑操作。

2. 通过 OLE 对象的 CreateEmbed 方法创建嵌入对象

可以使用 OLE 控件的 CreateEmbed 方法在运行时从文件创建一个对象。

例如：

OLE1.CreateEmbed ("c:\abc.doc")

3. 保存嵌入的对象

链接到 OLE 容器控件中的对象要通过对象应用程序编辑修改，并使用对象应用程序提供的"保存"命令保存数据。而嵌入到 OLE 容器控件中的对象由应用程序自身管理，因此要想保存运行时期对 OLE 对象的修改，必须在应用程序中使用 SavetoFile 和 ReadfromFile 方法来实现。

下面就以实例来说明使用 SavetoFile 和 ReadfromFile 的方法。按如图 12-9 所示创建窗体，创建一个 OLE 控件、三个命令按钮。

在窗体各命令按钮下编写如下代码：

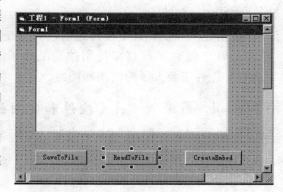

图 12-9　SavetoFile 和 ReadfromFile 方法

303

```
Private Sub Command1_Click()
Dim filenum As Integer
filenum = FreeFile()    ' 申请一个空闲文件号
Open "c:\ole1file1" For Binary As filenum    ' 以二进制方式打开文件
OLE1.SaveToFile filenum    ' 保存数据
Close filenum    ' 关闭文件
End Sub

Private Sub Command2_Click()
Dim filenum As Integer
filenum = FreeFile()    ' 申请一个空闲文件号
Open "c:\ole1file1" For Binary As filenum    ' 以二进制方式打开文件
OLE1.ReadFromFile filenum    ' 读取数据
Close filenum    ' 关闭文件
End Sub

Private Sub Command3_Click()
OLE1.CreateEmbed ("c:\abc.doc")
End Sub
```

用"SaveToFile"保存过的内容，下一次运行时不用再用"CreateEmbed"装入嵌入对象，用"ReadFromFile"即可装入。第一次运行时则必须用"CreateEmbed"装入嵌入对象。

12-6 ActiveX 控件

在创建 ActiveX 控件方面，以前只有 C++ 程序员独领风骚，但当 Visual Basic 6.0 出现以后情况已经改观。因为在 VB6.0 环境里用户也可以创建完美的 ActiveX 控件，所创建的控件不仅可以在 VB 开发环境中使用，也可以在 C++ 或 Delphi 等这样的环境中使用。尤其是在 Internet 程序设计方面，使用在 VB 中创建的 ActiveX 控件可以使网页具有独特的功能性和交互性。

在创建一个 ActiveX 控件之前，尤其是在某个特定的工作环境里，应该首先调查市场看是否已经有了可直接使用的商品化了的这样的控件。因为成功创建一个较复杂的 ActiveX 控件需要大量的时间和精力。

12-6-1 创建 ActiveX 控件和使用创建的 ActiveX 控件

1. 创建一个 ActiveX 控件的过程

(1) 创建一个新工程，在"新建工程"对话框中选择"ActiveX 控件"选项，然后点击"确定"按钮。如图 12-10 所示。

(2) 可以将工程命名为 CurrentDayAndTime。

（3）(1) 之后出现 UserControl 设计器界面，如图 12-11 所示。在 UserControl1 的属性窗口里为其属性 ToolboxBitmap 设置图片文件 "c:\Windows\Clouds.bmp"。

（4）在 UserControl 设计器中添加一个 Label 控件 Label1，一个 Timer 控件 Timer1，其 Interval 属性设置为 500。并编写如下代码：

```
Private Sub Timer1_Timer()
Label1 = Date + Time()    ' 在 Label1 控件中显示
当前的日期和时间
End Sub
```

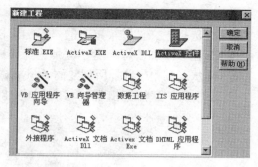

图 12-10　创建 ActiveX 控件

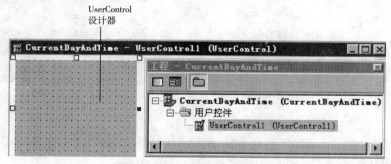

图 12-11　UserControl 设计器

（5）调整 UserControl 容器的大小，使之仅比 Label1 控件稍微大一点。如图 12-12 所示。

（6）保存工程，关闭 UserControl 设计器。

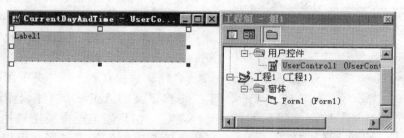

图 12-12　创建 ActiveX 控件

这时在 VB 的工具箱中就会出现所创建设计的 ActiveX 控件的图标，即为 UserControl1 的属性 ToolboxBitmap 所选择设置的图片。如图 12-13 所示。

以上是创建一个 ActiveX 控件的基本步骤，此后就可以像使用其他的 ActiveX 控件一样向窗体上添加该 ActiveX 控件了。创建一个功能复杂、强大的 ActiveX 控件，其基本操作步骤也一样。

2. 在新工程中使用创建的 ActiveX 控件

（1）关闭 UserControl 设计器的窗口，确定所创建的 ActiveX 控件的图标已经在工具箱中出现并且可用。

(2) 选择"文件"菜单中的"添加工程"选项，不要选择"新建工程"的选项。

(3) 在"添加工程"对话框中选择"标准 EXE"选项。

(4) 从工具箱中选择所创建的 ActiveX 控件，在该工程的新窗体 Form1 上创建一个控件。

这时会在窗体上出现刚才所创建的 ActiveX 控件，其中显示当前的日期和时间，如图 12-14 所示。

CurrentDayAndTime
控件工具箱图标

图 12-13 创建的 ActiveX 控件在工具箱中的图标

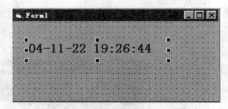

图 12-14 使用创建的 ActiveX 控件

3. 编译创建的自定义 ActiveX 控件

在发布自定义的 ActiveX 控件之前，必须将其编译成一个 OCX 文件。

(1) 在工程资源管理器中选中工程 CurrentDayAndTime。

(2) 在"文件"菜单中选择"生成 CurrentDayAndTime.OCX"选项，弹出"生成工

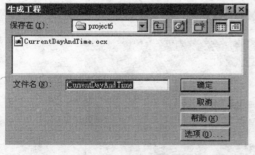

图 12-15 "生成工程"对话框

程"对话框。选择要保存的文件夹，如可选择"d:\project6"。如图 12-15 所示。

(3) 单击"生成工程"对话框中的"确定"按钮，则 VB 系统开始生成 CurrentDayAndTime.OCX 文件。

(4) 结束后保存该工程，并关闭工程组。

将自定义的 ActiveX 控件编译进一个 OCX 文件之后，在其他工程中使用该控件就不必再采用"两个工程"的方法了，可以像使用其他

控件一样来使用它。只是在使用以前需要采用"工程"菜单中的"部件"功能将该控件添加到控件箱中。

4. 在其他工程中使用所创建和编译的 ActiveX 控件

(1) 选择"工程"菜单的"部件"选项。

(2) 在弹出的"部件"对话框中单击"浏览"按钮。

(3) 在弹出的"添加 ActiveX 控件"对话框中，选择包含所创建的 ActiveX 控件的文件夹。

(4) 在所选择的文件夹中，选中所创建的 ActiveX 控件文件 (.ocx 文件)。如图 12-16

所示。

这时所创建的 ActiveX 控件部件就会出现在部件列表中了，如图 12-17 所示。在部件列表中可以看到，新创建的"ActiveX 控件"工程的工程名恰恰就是该 ActiveX 控件的 OCX 文件的文件名 (不包括后缀在内)。

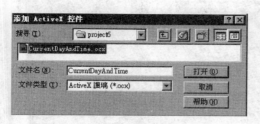

图 12-16　"添加 ActiveX 控件"对话框

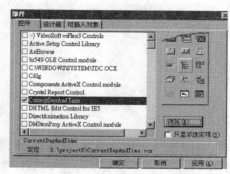

图 12-17　"部件"对话框

5. 发布所创建和编译了的 ActiveX 控件

ActiveX 控件工程在编译成 OCX 文件之后，就可以将其进行发布。成功发布到其他媒体上以后，就可以在其他机器上安装使用它了。要发布 ActiveX 控件，必须采用"打包和展开向导"，与发布其他 VB 工程一样，如"标准 EXE"工程。成功发布以后，某些运行时所需要的文件都会随 OCX 文件一起发布。"打包和展开向导"会自动完成这些工作。如果所创建的控件使用了 VB 标准控件以外的控件，那么这些控件也必须由"打包和展开向导"添加进来，与所创建的控件一起进行发布。此外还必须将 OCX 文件注册到用户系统。

例如，可以执行这样的指令进行注册：

Regsvr32 c:\windows\system32\dbgrid32.ocx

在向其他机器上安装使用它时，必须采用"打包和展开向导"所生成的 Setup.exe 文件。不可采取将可执行文件进行拷贝的办法实施 ActiveX 控件向其他机器的安装。

12-6-2　使用"ActiveX 控件接口向导"创建 ActiveX 控件

1. 添加"ActiveX 控件接口向导"菜单项

VB 开发环境提供了"VB 6 ActiveX 控件接口向导"，在使用该向导创建 ActiveX 控件之前，首先应该利用"外接程序管理器"将"ActiveX 控件接口向导"添加到开发环境中来。

选择"外接程序"中的"外接程序管理器"菜单项，打开外接程序管理器，如图 12-18 所示。然后选择"VB 6 ActiveX 控件接口向导"，同时选中"加载 / 卸载"复选框。最后点击"确定"按钮结束。这时点开"外接

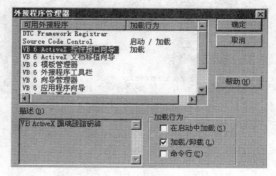

图 12-18　外接程序管理器

程序"就会看到"ActiveX 控件接口向导"菜单项已经添加进来了，如图 12-19 所示。

2. 使用"ActiveX 控件接口向导"为 ActiveX 控件设置、添加属性

选择"外接程序"中的"ActiveX 控件接口向导"菜单项，在出现的第一个界面中点击"下一步"按钮，则出现如图 12-20 所示的界面。左侧窗口里显示的是可以设置为 ActiveX 控件的属性、事件和方法的列表。右侧窗口里显示的是 VB 已经为 ActiveX 控件设置（选定）了的属性、事件和方法的列表。可以点击界面上两个窗口之间的箭头按钮添加或删除成员。

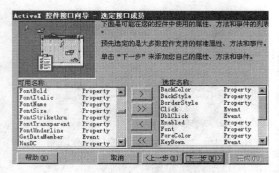

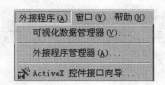

图 12-19 "ActiveX 控件接口向导"菜单项

图 12-20 选定接口成员

点击"下一步"按钮，则出现如图 12-21 所示的界面。此时可点击"新建"按钮为 ActiveX 控件创建新的属性，属性名可在自定义成员窗口中人工输入。

完成后单击"下一步"按钮，则出现如图 12-22 所示的设置映射的界面。在此界面中可为属性或事件设置映射。为事件设置映射应注意，UserControl 对象的事件代码存在于 ActiveX 控件工程的中 UserControl 模块中；而窗体上的一般控件的事件的代码存在于该窗体模块中。比如可以在左边窗口里选择"Font"，然后点开控件列表，选择 Label1 控件。

创建该映射以后则意味着：对 ActiveX 控件的"Font"属性进行的设置将等同于对 Label1 控件的"Font"属性进行设置。

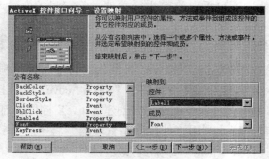

图 12-21 创建自定义接口成员

图 12-22 设置映射

打开 UserControl1 的代码窗口就可以看到，由以上通过向导的选择和设置 VB 自动生成的相应的代码。

这些代码也可以由人工编写来完成，但这很复杂、难度很大。

3. 为 ActiveX 控件增加属性页

属性页提供了设置控件属性的另一种方法。可以选择"工程"的"添加属性页"菜单

项来增加属性页，如图 12-23 所示。可以在界面窗口中选择"VB 属性页向导"启动向导来进行属性页的设置，其操作与前面的 ActiveX 控件接口向导的情况非常相似。

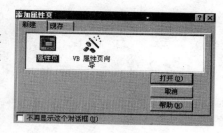

　　要在 Internet 网页中使用自定义的 ActiveX 控件，还必须编写一些 VBScript 和 HTML 方面的代码，还必须将 OCX 文件做到一个 .cab 文件中去，该文件驻留在 Internet 服务器上。"打包和展开向导"对做以上工作非常有帮助。

图 12-23　添加属性页

　　创建自己的 ActiveX 控件极大地拓展了程序设计领域，提高了代码的可重用性。要创建功能强大、复杂的 ActiveX 控件还需要掌握其他许多细节性的知识方法和技巧。即使对一个经验丰富的程序员来说，要掌握大量的属性、方法和事件也需要许多时日。对于一个执著、灵活、勤奋的程序员来说，创建自定义的 ActiveX 控件是一项极具挑战性的创造性工作。

思考练习题 12

　1. OLE 是指什么？

　2. 链接和嵌入有什么区别？

　3. 在设计阶段如何创建 OLE 对象？

　4. 在运行阶段如何创建 OLE 对象？

　5. 在程序运行时如何修改链接对象的数据？

　6. 在程序运行时如何修改嵌入对象的数据？

　7. 要想使修改过的嵌入对象的数据与程序下一次运行时显示的该嵌入对象的数据相一致，必须怎么做？

　8. 在程序运行时实施链接和嵌入，应注意些什么？

第13章　程序调试

在程序设计过程中，无论如何小心谨慎，往往都会出现这样或那样的错误，特别是在进行大型复杂应用程序编写时。而且，随着程序规模和复杂程度的增大，出现错误的概率也会随之增大。程序调试就是确定程序测试中发现的错误的原因，并最终将这些错误修正或排除。经过测试修正后发布的软件系统，就会有较少的隐含错误。大型的软件系统往往需要很长的测试期。许多软件公司通过发布测试版本来获得提高正式发布软件质量的效果。

在软件开发过程中，调试程序一直是最艰难、最复杂的过程。该工作主要依靠人工完成，能否成功、效率如何主要取决于调试人员的技巧、灵活性、经验等。尽管有了好的辅助工具情况会有所改观，但本质上没有很大的变化。

Visual Basic 6.0 提供了强大丰富的程序调试工具，利用这些工具可以方便快捷地查找错误源，而且能借以尝试着修改应用程序，这一定程度上改变了检查应用程序的方式。

13-1　错误类型

程序中出现的各种错误千差万别，原因也多种多样。有些是程序员输入了错误代码所致，有的是操作过程中不经意或考虑不周造成的。但总的来说，在程序设计中可能出现的各种错误可以归为三类：语法及编译错误，运行错误，逻辑错误。

1. 语法及编译错误

语法及编译错误是因为语句不符合语法规则引起的，如错误的关键字、分支结构或循环结构不匹配、变量拼写错误等。

在"工具"菜单中选择"选项"，然后在出现的选项卡中选择"自动语法检查"，如图 13-1 所示。

进行了这样的设置以后，对于这一类错误，在输入每一行代码回车后，VB 系统就可以检测出来，并且用消息框显示出错的原因。如果想了解较详细的错误原因，则可以单击消息框中的"帮助"按钮，如图 13-2 所示。

为了能迅速找到并排除语法及编译错误，可以要求 VB 在每个项目中强制变量声明，这能有效地

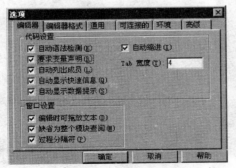

图 13-1　选项卡

发现变量拼写错误。为了强制变量声明，除了可以在选项卡中设置外（在选项卡中选中复选框"要求变量声明"），也可以在每个模块开始处添加如下语句：

Option Explicit

　　为了避免拼写错误还可在选项卡中选中"自动列出成员"，"自动显示快速信息"，"自动显示数据提示"选项，这样一来在输入代码过程中 VB 会根据输入的信息自动给出对象的属性、方法列表、函数的声明等提示信息。根据这些提示信息，可以准确快速地输入程序代码，而有效地避免语法和编译错误。输入代码时，甚至只需要在弹出的列表进行选择就能实现代码的输入，这就大大减少了人工输入所带来的错误。如图 13-3 所示，在输入完"Label1."后 VB 会自动弹出一个合法属性列表。例如，如果你本来想输入 Caption，则此时只需用鼠标双击 Caption 列表项即可完成对"Caption"的输入。这样一来就可以减少人工输入所带来的错误。

图 13-2　消息框

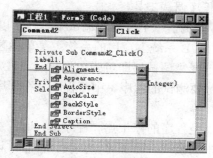

图 13-3　属性列表

2. 运行错误

　　运行错误是在程序运行过程中代码试图执行不能执行的操作而引发的错误。程序语句是正确的，但这些语句不能正确执行。例如，使用了一个不存在的对象，或关键属性没有正确设置的对象等。

　　语法错误在输入程序代码或编译程序时就能发现，而运行错误只有在执行程序时才能发现。在运行时 VB 会检测到运行错误，并给出错误信息提示说明，同时终止程序的运行。例如要执行语句：Label3. Caption="hhhh"，如果 Label3 对象不存在，则会出现如图 13-4 所示的错误信息提示。在错误信息提示窗口中，在大多数情况下

图 13-4　错误信息提示

"继续"按钮是不可用的，因为多数运行时的错误都较严重，导致程序无法正确运行；单击"结束"按钮，则会终止程序的运行回到代码窗口；单击"调试"按钮，则进入程序调试状态，修正问题后可以单击"继续"按钮继续执行程序；单击"帮助"按钮，则 VB 显示出有关该错误的在线帮助信息。

　　在弹出错误信息提示窗口时，一般情况下大多选择单击"调试"按钮进入程序调试状态，这时，在代码窗口常常能看到出错语句代码的变色显示，这对查找错误源非常有益。

3. 逻辑错误

　　逻辑错误是代码逻辑结构方面的错误。语句是合法的，而且能够执行但执行结果不正

确。编写的代码不能实现预定的处理功能而产生该种错误。该类错误很难查找。必须对程序运行产生的结果进行分析，由程序员自己发现并改正。

13-2 调试工具

在应用程序中查找错误的原因并修改错误的过程称为调试。在程序设计中会出现各种各样的错误，能否快速、高效地查找到错误所在就成了程序设计语言的重要性能指标。Visual Basic 6.0 提供了强大的调试工具，使用这些工具可以方便、快捷有效地检查逻辑错误产生的地点和原因。

1. 程序调试工具栏

VB 提供了一个专用的调试工具栏，以实现对程序调试的辅助。如果调试工具栏不可见，则在 VB 系统主窗口的系统主菜单栏区域或工具栏区域单击鼠标右键，然后在弹出的菜单中选择"调试"即可弹出调试工具栏。调试工具栏如图 13-5 所示。它提供的功能按钮有运行要测试的程序、中断程序、在程序中设置断点、通过窗口监视变量、单步调试和过程跟踪等。

断点是程序的停止点。程序运行时，在到达断点以前则正常运行，到达断点后 VB 自动进入中断模式。除了可以在设计程序时设置断点和监视表达式外，其他的调试工具只有在中断模式下才能使用。

2. 调试菜单

VB 也可以通过使用调试菜单，以实现对程序调试的辅助。单击"调试"则出现如图 13-6 所示的调试下拉菜单。

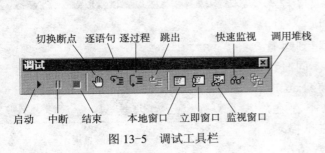

图 13-5 调试工具栏

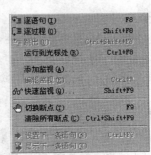

图 13-6 调试菜单

调试下拉菜单的功能项有：

逐语句：一次执行一个语句。在中断模式时，当前语句执行一行后即进入中断模式。若是一个过程调用，则下一个被显示的语句就是该过程内的第一个语句。遇到调用过程的语句则进入过程，在该过程的开始语句行中断。

逐过程：一次执行一个过程。执行调用过程的语句时，在执行完过程后返回到调用该过程语句的下一条语句才中断，除非过程内设有断点。

跳出：停止执行当前语句所在的函数或过程，转向调用当前过程或函数语句后面的语句。

运行到光标处：使程序直接运行到（跳转到）当前光标所在的语句。利用它可以略过不感兴趣的那部分代码而直接到达要调试的位置。先将光标移到问题可能发生的部分，然后按 Ctrl+F8 或选择"调试"菜单的"运行到光标处"。

添加监视：可在弹出的对话框中输入监视表达式。Watches 窗口中的监视表达式在每次进入中断模式时会自动更新，显示所输入表达式的值。

编辑监视：通过对话框可以编辑或删除监视表达式。

切换断点：用于设置或删除当前行上的一个断点。只能在包含可执行代码的行上设置断点。

清除所有断点：清除工程中的所有断点。

设置下一条语句：将当前语句设置到光标所在的那行代码上。

显示下一条语句：醒目显示下一个将被执行的语句。可将光标移到将要被执行的语句。

13-3　调试方法

要使用调试工具，应首先进入中断模式。用户总是从运行方式进入中断方式。只有在运行方式下，初始的变量和控件才会有具体的值，中断方式才会有效。

1. 中断模式的进入和退出

VB 共有三种工作模式：设计模式、运行模式和中断模式。VB 的标题栏总是显示当前的工作模式。

程序在执行中被停止，称为"中断"。在中断状态下，用户可以查看各变量和属性的当前值，从而了解程序执行是否正常，借以修改代码，使程序最终正常运行结束。

在以下四种情况下系统进入中断模式：

(1) 程序运行中发生错误，系统检测到后进入中断。

(2) 程序运行中，用户点击 Ctrl+Break 键，或点击了"运行"菜单中的"中断"菜单项。

(3) 用户在程序代码中设置了断点，当程序运行到断点处时。

(4) 采用逐语句或逐过程执行，每执行完一行语句或一个过程后。

进入中断模式后，如果想退出继续运行程序，则可点击"运行"菜单中的"继续"菜单项。如果要结束运行，则可点击"运行"菜单中的"结束"菜单项。

2. 在程序中设置断点

进入中断模式最准确最常用的方法就是设置断点。在程序运行时，VB 到达断点位置时会终止运行程序并自动切换到中断模式。

在中断模式下或设计时都可以设置或删除断点。一般将断点设置在怀疑有问题的语句前，在程序遇到断点进入中断模式后，单步执行代码以观察程序的实际运行情况。

例如，在工程未运行情况下，点击"调试"下拉菜单中的"逐语句"菜单项或者直接按 F8 键则工程开始运行，这时执行某一程序，例如点击"Command1"按钮执行其下所编写的程序代码，运行第一行语句时则进入中断模式，如图 13-7 所示。这时再点击 F8 键一次则执行下一条可执行语句，如图 13-8 所示。依此类推继续调试程序，直到结束。

可以采用以下方法设置或删除断点。

(1) 将插入点移到要设置或删除断点的代码行，点击"调试"下拉菜单中的"切换断点"菜单项，或者直接按 F9 键。若已经在该行设置了断点，按 F9 键则该断点被取消；若在该行未设置断点，则按 F9 键在该行设置断点。菜单操作情形类似。

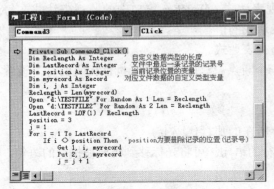

图 13-7　逐语句调试 1

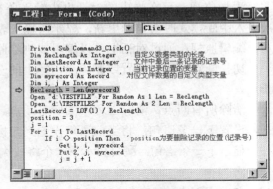

图 13-8　逐语句调试 2

图 13-9　设置断点

(2) 在代码窗口中，在要设置或删除断点的代码行的左边窗口边缘空白处单击鼠标左键。若已经在该行设置了断点，则该断点被取消；若在该行未设置断点，则在该行设置断点。设置了断点的代码行的左边窗口边缘空白处会出现一个实心圆，如图 13-9 所示。

在实心圆处再单击鼠标，则实心圆消失，意味着断点被取消。

(3) 使用 Stop 语句设置断点。可通过在过程中放置 Stop 语句来设置断点。在执行代码时 VB 遇到 Stop 语句就终止执行并切换到中断模式。被 Stop 语句中断了的程序可用"运行"菜单中的"继续"功能继续运行程序。Stop 语句与断点的功能相似，但设置和清除的方法不同。

13-4　使用调试窗口

VB 提供了三种用于调试的窗口：本地窗口、立即窗口和监视窗口。调试程序时可以使用它们查看数据的变化，如变量和属性的取值等，从而找出错误发生的根源。

1. 立即窗口

在立即窗口中可以检测变量或属性的值，或交互地执行单个过程，也可以显示表达式的值。进入中断模式后，会默认显示立即窗口。如果没有显示，按 Ctrl+G 键，或选择"视图"菜单的"立即窗口"菜单项就会显示出来。立即窗口一般有如下一些用法。

(1) 用 Debug.Print 输出信息。

调试时在程序代码中添加 Debug.Print 语句，可以将信息输出到立即窗口中，输出的信息对应于变量或表达式的值。程序调试完成后，将 Debug.Print 语句删除。可以利用

Debug.Print 语句将循环中的变量值的变化输出到立即窗口，如图 13-10 所示。

(2) 直接从立即窗口打印。

进入中断模式后，在立即窗口中使用 Print 方法或"？"来输出变量或表达式的值，如图 13-11 所示。

图 13-10　用 Debug.Print 输出信息

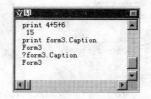

图 13-11　使用 Print 方法输出

(3) 在立即窗口中测试过程。

在立即窗口中可以通过指定参数值来调用过程，以测试程序的正确性。

例如，通过调用过程求和：

a=1

b=2

?sum(a,b)

将 a,b 作为参数，调用函数 sum 求和，然后显示该结果。

2. 本地窗口

本地窗口用来显示当前过程中所有变量的值。本地窗口只能显示当前窗体当前过程的情况。当程序从一个过程执行到另一个过程时本地窗口的内容会发生变化。在中断模式下选择"视图"菜单的"本地窗口"菜单项即可打开本地窗口，在该窗口中可以看到中断的该过程中所有变量的值。必须在中断模式下打开本地窗口，否则看不到这样的内容显示。如图 13-12 所示。

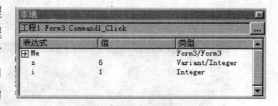

图 13-12　本地窗口

3. 监视窗口

监视窗口用于在进入中断模式后显示监视表达式的值。VB 的监视窗口可以自动监视所定义的监视表达式。

使用监视窗口的方法如下。

(1) 添加监视表达式。

在设计或中断模式下都可以选择"调试"菜单中的"添加监视"菜单项启动添加监视表达式对话框，如图 13-13 所示。

在对话框中选择或输入过程名、模块名和表达式。最后单击"确定"结束。

(2) 打开监视窗口。

选择"视图"菜单中的"监视窗口"菜单项即可打开监视窗口，所添加的监视表达式即显示在其中，如图 13-14 所示。

图 13-13 添加监视表达式

图 13-14 监视窗口

(3) 编辑或删除监视表达式。

要编辑或删除监视表达式，在监视窗口中双击该表达式即可对其实施编辑，或者选定该表达式后选择"调试"菜单中的"编辑监视"菜单项即可在弹出的对话框中进行编辑。

(4) 快速监视。

要监视未添加的监视表达式的值，可以采用快速监视的方法。在中断模式下，在代码编辑窗口中选择需要监视的表达式或属性，然后选择"调试"菜单中的"快速监视"菜单项或按 Shift+F9 键，就可在弹出的对话框中查看相应的值，如图 13-15 所示。

4. 调用堆栈

调用堆栈用于显示所有活动过程调用的一个列表，活动过程调用是指已经启动但未执行完的过程。在中断模式下，选择"视图"菜单中的"调用堆栈"菜单项，或者按 Ctrl+L 键即可弹出调用堆栈对话框，如图 13-16 所示。

图 13-15 快速监视

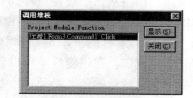

图 13-16 调用堆栈

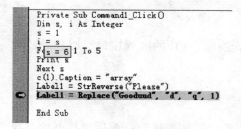

图 13-17 显示变量的当前值

在对话框底部显示的是最早调用的过程，被调用的早晚次序依次向上。如果要显示调用过程的语句则单击"显示"按钮。

在调试程序时，在中断模式下，在代码编辑窗口中将鼠标停在变量名上片刻后，VB 系统将弹出一个小方框显示该变量的当前值，例如将鼠标停留在变量 s 上片刻，则会弹出如图 13-17 所示的"s=6"这样的显示信息。

13-5　错误处理程序

调试程序时所遇到的错误是多种多样的。前面介绍了如何借助调试工具找出和修正编译和语法错误，但有些错误只有在运行时才发生，而且事先很难预防。如磁盘已满、内存错误、忘记将软盘插入软驱等。有些错误甚至可能是致命的，会引发灾难性后果。错误处理程序实际上是要在程序中捕获错误，对于有可能出错的地方添加相应的出错处理代码，当错误发生时对其做相应的处理。错误处理程序包括这样三步：

(1) 错误发生时，使用 On Error 语句将应用程序跳转到标记着错误处理程序开始的标号处。

(2) 编写错误处理程序，对所有能预见的错误都作出响应。通常是使用对应于每个 VB 错误的 Err 对象的 Number 属性值分类进行处理。

(3) 退出错误处理程序，使用 Resume 语句设置返回的位置。

如果安装了 MSDN，在 VB 开发环境中，则可以通过以下步骤查到 Err 对象的 Number 属性值能反映的错误号：

帮助→内容→ MSDN Library Visual Studio 6.0 → Visual Basic 文档→参考→可捕获的错误→核心 Visual Basic 语言错误 / 其他 Visual Basic 错误，如图 13-18 所示。

从图中可以看到除数为 0 的错误号为 11，下标越界错误号为 9 等。这些错误号在编写错误处理程序时非常重要，因为必须根据错误号来区别不同类型的错误，然后选择启动不同的错误处理程序。关于错误号的具体用法可参看后面内容中的示例。

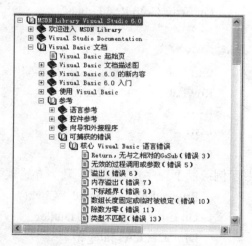

图 13-18　利用 MSDN 检索错误号

1. 设置错误捕获

在 VB 程序中使用 On Error 语句可指定错误处理程序，当错误发生时就转去执行指定的错误处理程序，对错误进行处理。只要包含错误捕获的过程是活动的，则错误捕获就一直起作用，除非该过程执行了 Exit Sub 或 Exit 语句，则错误捕获将停止。On Error 语句的特例 On Error Goto 0 则可以关闭错误捕获。在任一时刻任一过程中只能激活一个错误捕获，但可建立多个可选择的错误捕获，以便在不同的时刻激活不同的错误捕获。

On Error 语句用于启动错误处理程序并指出该程序在过程中的位置，也可用来禁止错误处理程序。它一般有以下几种使用形式：

(1)On Error Goto 标签：启动错误处理程序，该错误处理程序从所指定的标签开始。如果运行时发生错误，则启动该标签处的错误处理程序做相应的处理。指定的标签与 On Error 语句必须在同一个过程中。

(2)On Error Resume Next：当运行发生错误时，转去执行发生错误的语句之后的语句，并由此继续向下执行。

(3)On Error Goto 0: 禁止当前过程中任何错误处理程序。如果没有 On Error Goto 0 语句，则在退出该过程时会自动关闭错误处理程序。

注意，当程序用 On Error 语句启动错误捕获后，程序执行到错误语句时 VB 不会再弹出对话框给出系统错误信息提示。所以，在调试程序时一定要关闭错误捕获（可以注释掉 On Error 语句）。

错误处理程序处理完错误后，需要退出错误处理并恢复程序的执行，可以采用以下语句：

Resume：重新执行产生错误的语句。

Resume Next：重新执行产生错误的语句的下一条语句。

Resume 语句标号：从语句标号处恢复执行。

2.编写错误处理程序

编写错误处理程序首先是添加行标签，它标志着错误处理程序的开始。行标签最后必须加冒号。一般将错误处理代码段放在过程最后，在紧靠行标签的上一行要有 Exit Sub 语句，用来退出程序，以避免程序顺序执行自然进入错误处理程序。这样若没有出现错误，就不会执行错误处理代码段。

错误处理程序的一般结构如下所示：

```
Sub 过程名 ( 参数 )
On Error Goto RowLabel
……
……
Exit Sub    ' 退出程序，以避免进入错误处理程序
RowLabel:   ' 错误处理代码段
……
……
End Sub
```

示例：以下程序实现了对除数为 0 错误等的捕获。

```
Private Sub Command1_Click()
On Error GoTo ErrorHandler   ' 打开错误处理程序
Dim a, b, c As Integer
a = 5
b = 5
c = 23 / (a - b)
Open "f:\ggg.txt" For Input As #1
MsgBox " 已经从错误处理程序返回 "
Exit Sub     ' 退出程序，以避免进入错误处理程序
ErrorHandler:  ' 错误处理程序
    Select Case Err.Number    ' 检查错误代号
        Case 11
```

```
        MsgBox " 有除数为 0 的错误 "
    Case 71
            MsgBox " 磁盘未准备好 "
    Case Else
            MsgBox " 有其他错误 "
    End Select
    Resume Next    ' 将控制返回到产生错误语句的下一语句
    End Sub
```

执行以上程序，根据弹出的消息框内容与程序代码作比较就能理解错误处理程序语句的工作机理。

思考练习题 13

1. 程序调试是指什么？有什么特点？
2. 程序设计中可能出现的各种错误，一般有哪几类？
3. 一般，可采取哪些方法通过设置，可以有效地避免哪些错误的发生？
4. 常用的程序调试工具有哪些？
5. 常用的程序调试方法有哪些？
6. 如何设计错误处理程序？设计时应注意些什么？
7. 如何查找需要的错误号？

第14章　打包发布应用程序

创建好一个应用程序并调试通过之后并不意味着所有开发工作的完成，因为这时的应用程序只能在 VB 环境中运行。要想使之能脱离 VB 环境自由安装到其他计算机上也能独立运行，则必须将其编译生成 EXE 文件及其他相关文件，然后利用打包和发布向导创建安装程序并打包发布到其他媒体上，如磁盘等。

本章介绍使用打包和发布向导完成打包发布应用程序这项工作的方法和步骤。

14-1　编译应用程序

编译应用程序就是将应用程序以及它的工程文件合成一个可执行文件。在发布应用程序之前，首先应该使应用程序全面测试通过。确认没有错误后，可开始对应用程序进行编译。

编译应用程序的主要目的：

(1) 使应用程序装入和运行更快。

(2) 使应用程序在脱离 VB 集成开发环境后能运行。

(3) 使应用程序更安全。经过编译的程序大多是以二进制代码存在的，比未经编译的应用程序源代码更难于识别。

编译工程时，VB 将工程中的所有文件进行组织并转换这些工程文件为一个可执行文件 (有时根据工程的需要，除了可执行文件外，还可能生成其他的辅助文件)，生成的可执行文件具有 .exe 扩展名。

在 VB 集成开发环境里选择 "文件" 下拉菜单的 "生成 *.exe" 菜单项开始编译你的工程。在 "生成工程" 对话框中选择一个存储位置，然后单击 "确定" 按钮，VB 将开始编译你的工程。工程编译完成且生成相应的可执行文件后，你就可以脱离 VB 的集成开发环境来运行你的程序了 (在安装有 Visual Basic 6.0 开发工具的计算机上，但不需要进入 VB IDE)。

14-2　利用版本信息

可以利用校订次数 (编译次数) 来表示应用程序被编译了多少次。校订次数在技术支持上经常是很有帮助的，因为使用校订次数能够跟踪程序的缺陷。

最初能添加到应用程序中的仅仅是通常所要求的应用程序信息，例如公司名、产品名、版本号、校订 (编译) 次数以及其他相关的信息。VB 能通过使用 App 对象存储所有这些信息。App 对象是 VB 的一个预定义对象，它并不需要应用程序来特别地生成。

App 对象的大多数属性都被用来提供关于应用程序的普通信息。表 14-1 提供了最常用到的属性，可以在编程过程中利用这些属性。

表 14-1　　　　　　　　　　　　　**App 对象的常用属性**

属　　性	描　　述
Comments	返回一个关于应用程序注解的字符串，运行时只读
CompanyName	返回公司或者是作者的名字的字符串，运行时只读
EXEName	返回可执行文件的文件名，不带扩展名，运行时只读
HelpFile	指明应用程序的帮助文件，运行时可读可写
Major	返回主版本数字，运行时只读
Minor	返回副版本数字，运行时只读
Path	返回应用程序开始运行时程序文件 (exe 文件)(或其工程文件) 所在的目录，运行时只读
Product Name	返回应用程序指定的产品名字，运行时只读

在设计时，可以通过这些属性来告诉用户一些重要的信息，这些属性被设置在"工程属性"对话框中，如图 14-1 所示。

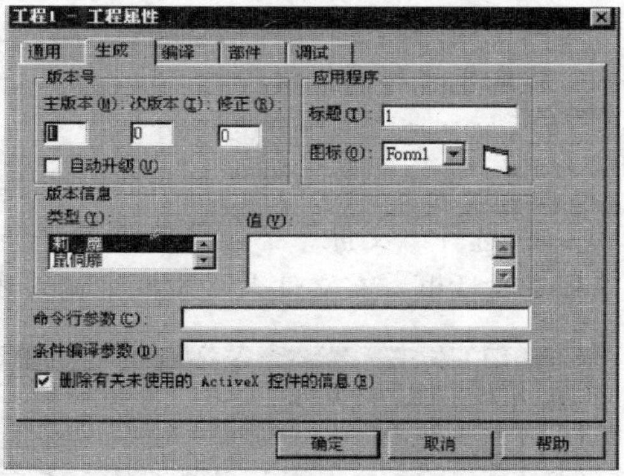

可以在应用程序运行时用 VB 代码读出这些属性值，也可以在 Windows 资源管理器中观察应用程序对象的版本信息属性值。用鼠标右键单击编译过的 .exe 文件名，然后从弹出的菜单中选择"属性"菜单项打开"属性"对话框。单击"属性"对话框中的版本标签，就可以看到应用程序的版本信息。

图 14-1　"工程属性"对话框

有些属性是只读的应用程序属性，例如 App 对象的版本信息属性值被内置为二进制的 VB 可执行文件格式，它们在运行时不能改变。下面的程序代码的作用是当用户单击命令按钮时，在标签控件 (Label) 上显示应用程序相应的版本信息：

```
Private Sub Command1_Click()
Label1.Caption = App.LegalCopyright
Label2.Caption = App.Path
Label3.Caption = App.ProductName
Dim str As String
str = CStr(App.Major) & CStr(App.Minor) & CStr(App.CompanyName)
Label4.Caption = str
End Sub
```

以上代码中使用 CStr 强制将结果表示为 String。CStr 函数用于替代 Str 函数来进行从其他数据类型到 String 子类型的国际公认的格式转换。

处理 App 对象的属性很重要，因为通过这些属性能够管理多次发布的代码。同时，使用 App 对象的版本属性，例如法律版权和法律商标等，也能证明程序编写的作者，从而可以避免潜在的盗版行为。

14-3 编译工程

完成当前工程的 App 对象的属性设置后，就可以开始编译程序代码了。工程是一个由 VB 集成开发环境管理的文本和图形的集合，编译后就转换成独立于 VB 集成开发环境运行的可执行文件了。编译以前要先在"工程属性"对话框中对编译属性进行设置，如图 14-2 所示。

Visual Basic 6.0 支持两种编译格式：P(伪)代码和本地代码。源代码编译为 P 代码时，编译出的可执行文件以解释方式运行。

与 P 代码可执行文件相比，生成的本地代码的可执行文件要大得多。使用 P 代码编译生成的可执行文件较小，使用本地代码编译应用程序获得的代码运行速度较快。源代码编译为本地代码，工程文件就被转换成了二进制代码。

将应用程序编译成标准可执行文件的步骤：

(1) 打开要编译的工程文件。

(2) 打开"工程属性"对话框。在"编译"页和"生成"页进行合理设置。

(3) 选择"文件"下拉菜单中的"生成"菜单项，则 VB 弹出如图 14-3 所示的"生成工程"对话框，在文件名文本框中输入要生成的可执行文件名称。

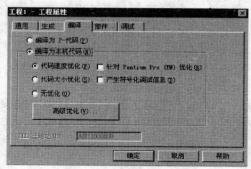
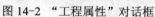
图 14-2 "工程属性"对话框

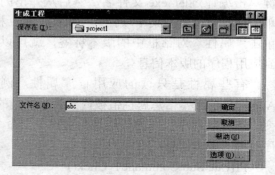
图 14-3 "生成工程"对话框

(4) 单击"确定"按钮，开始编译应用程序或工程。

完成这个过程将产生一个独立于 VB 集成开发环境的可执行文件。但应用程序还不能完全脱离 VB，因为缺少许多运行所必需的动态链接库(需由 VB 集成开发环境提供)。为了使应用程序能够脱离 IDE 环境在其他机器上能运行，还需要打包和发布并且生成相应的安装程序。

首先启动打包和发布向导，如图 14-4 所示，做这样的选择："开始"→"程序"→"Visual Basic 中文版"，最后选择"Package & Deployment 向导"，则出现如图 14-5 所示的启动打包和发布向导功能界面。

图 14-4 启动 Package & Deployment 向导

打包和发布向导主要有以下三个功能：

(1) 对应用程序或工程进行打包并且创建安装程序。

(2) 将创建的安装程序发布到其他机器或媒体上。

(3) 管理脚本。

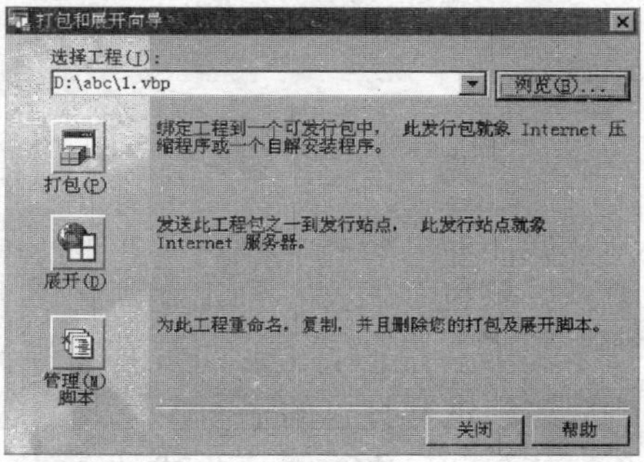

14-4 打包应用程序

打包过程的具体步骤如下：

(1) 在打包和发布向导对话框的顶部选择工程文件，如图 14-5 所示。

图 14-5 打包和发布向导功能界面

(2) 单击"打包 (P)"按钮开始创建一个可以发布的安装程序。

(3) 假如你没有编译你的工程，打包和发布向导会提示要求你编译该工程。

(4) 在随后出现的如图 14-6 所示的窗口中选择包类型。要制作安装程序就选择"标准安装包"选项后单击"下一步"按钮继续。

(5) 指定存储包和安装文件的文件夹。随后出现如图 14-7 所示的界面，在文件夹列表中选择一个已有的目录或单击 Network 按钮，将安装程序或包保存到其他机器上；也可单击"新建文件夹"按钮，创建一个新的文件夹来保存安装程序或包。最后单击"下一步"按钮继续。(一般要创建一个专门的文件夹来存储产生的相关文件，这样便于以后识别查找。)

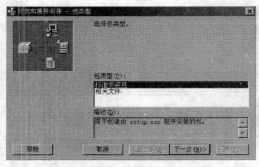

图 14-6 选择包类型

图 14-7 指定存放包和安装文件的文件夹

(6) 应用程序不仅仅由可执行文件组成，它还可能包括其他的附属文件。随后出现的如图 14-8 所示的对话框列出了可选择安装的文件。不需要就不选择。最后单击"下一步"按钮继续。

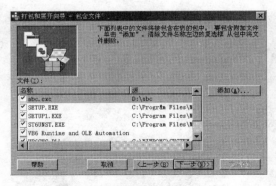

图 14-8　选择必须包含的文件

图 14-8 中左侧列表窗口中已被选择的行 (前面带有勾号的行) 是打包程序能自动识别的该工程必需的各文件或成分 (如可以通过程序的调用关系来识别)，但打包程序不能识别有的工程运行时需要的文件，如数据库文件，文本文件等，所以这一类文件自然不能自动被包含进来，在向其他机器安装发布程序时自然也就不会安装这些未被包含的文件，这显然会影响应用程序在其他机器上的运行。要包含这一类文件必须通过点击如图 14-8 所示界面上的"添加"按钮来完成。点击"添加"按钮以后会出现文件浏览查找选择界面，选择好要包含的文件确定返回到图 14-8 界面后，在左侧列表窗口中查看就会看到刚才选择添加的文件的行 (前面带有勾号)，这样做直到所有需要包含的文件都包含进来为止，然后继续进行打包的下一步。

打包和发布向导所生成的文件叫做 CAB，或者叫做抽屉 (Cabinet) 文件。这些文件是微软公司设计的一种特殊的归档文件，就像 ZIP 文件一样。

(7) 选择媒体的大小。随后出现如图 14-9 所示的界面，如果使用的存储设备空间足够大，则直接选择"单个压缩文件"，然后点击"下一步"按钮继续。如果使用的存储设备，例如磁盘，存储空间不够大，则可选中"多个压缩文件"选项，然后在下面列表框中选择媒体的大小。最大的文件只能是可用的最大空间。为留有余地，一般选择小于最大空间，然后单击"下一步"按钮继续。

(8) 指明应用程序的安装程序运行时出现的安装界面的标题。在随后出现的如图 14-10 所示的界面中，例如可以将"工程 1"修改为"shitiku1"，最后单击"下一步"按钮继续。

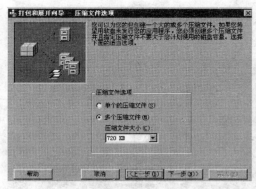

图 14-9　选择媒体的大小

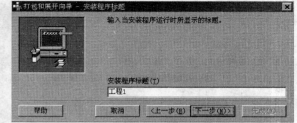

图 14-10　指明应用程序的标题

(9) 给出"程序"菜单的安装组。在随后出现的如图 14-11 所示的界面上，可以在左侧窗口里选择"工程 1"项然后点击"属性"按钮修改该名称，或用鼠标两次点击左侧窗口里的"工程 1"名称来修改它，正如在 Windows 环境中，第一次点击可选择文件名，第二次点击即可进入编辑状态来修改文件名一样。例如，可以将图 14-11 所示的界面修改成

图 14-12 所示的界面，这样修改设置以后，在打包完成、展开包并在机器上安装以后，点击"开始"->"所有程序"就会看到如图 14-13 所示的结果。"shitiku1"相当于应用程序文件夹，而"shitiku2"是应用程序 (可执行文件)。

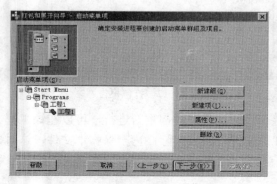

图 14-11　设置"开始"菜单项组 1

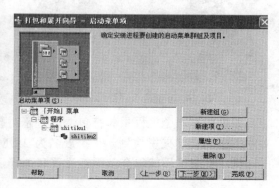

图 14-12　设置"开始"菜单项组 2

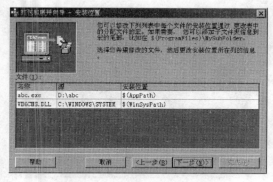

图 14-13　"开始"菜单

最后单击"下一步"按钮继续。

(10) 设置非系统文件的安装位置。所有的系统文件都将自动安装到 Windows 的 System 目录下。

在随后出现的如图 14-14 所示的界面上，可根据需要在 $(AppPath) 后面输入相应的子目录名。可在这里修改每个文件的安装位置，也可在生成安装程序以后打开 Setup.List 文件修改文件的安装位置。最后单击"下一步"按钮继续。

(11) 设置共享文件。在随后出现的如图 14-15 所示的界面上，可选择设置共享文件。当用户卸载应用程序时，共享文件在被删除前会得到确认。最后单击"下一步"按钮继续。

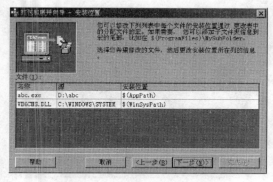

图 14-14　设置文件的安装位置

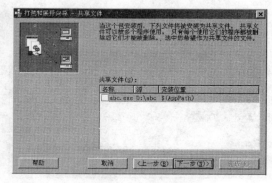

图 14-15　设置共享文件

(12)VB 将前面的各个操作步骤记录成一个脚本文件，这样当以后重新对同一个工程进行打包时可以跳过其中的某些步骤。在随后出现的如图 14-16 所示对话框的文本框中输入脚本文件的名称，然后单击"完成"按钮开始打包过程。

(13) 点击"完成"则开始创建压缩文件，结束创建压缩文件后将出现如图 14-17 所示的打包报告界面。可以选择"保存报告 (S)"，再选择"关闭"结束打包过程，或者直接选择"关闭"结束打包过程，回到图 14-5 所示的界面，然后启动展开程序发布应用程序。

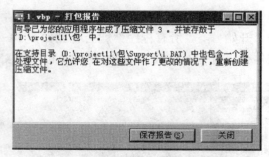

图 14-16　输入脚本的名称 　　　　　　　　　图 14-17　打包报告

　　如果想对一个工程重新打包，而且想对整个设置选择过程都重新进行，可以在该工程文件所在的文件夹里找到一个扩展名为 .PDM 的文件，将它删除，再删除脚本文件，这时再打包，整个过程就能全部重新设置和选择了。

14-5　发布应用程序

　　打包完成后，制作安装程序的过程并没有结束。必须将打包后的应用程序发布到某一媒体上，例如软盘、其他存储设备或其他机器等，甚至是一个 Web 节点。发布一个应用程序的主要步骤如下：

　　(1) 单击安装与发布向导主功能界面上的"展开"按钮，则出现如图 14-18 所示的界面，按提示选择一个要发布的包，最后单击"下一步"按钮继续。

　　(2) 选择发布的方法。在随后出现的如图 14-19 所示的界面中，可选择通过软盘或选择机器的某个文件夹发布应用程序，最后单击"下一步"按钮继续。

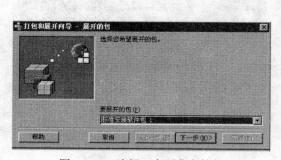

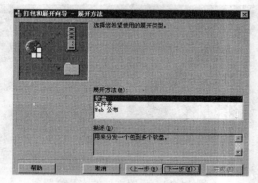

图 14-18　选择一个要发布的包 　　　　　　　图 14-19　选择发布的方法

　　(3) 选择发布应用程序的媒体。如果上一步选择的是"软盘"则会出现如图 14-20 所示的界面，可选择不同的软盘驱动器通过软盘发布应用程序，例如选择 A 盘；如果上一步选择的是"文件夹"，则还需要进一步选择磁盘驱动器和具体的文件夹或创建新的文件夹。最后单击"下一步"按钮继续。

　　(4) 到现在为止，应用程序的发布即将完成。与打包过程类似，在如图 14-21 所示的窗口中可在文本框中输入一个脚本名称，将刚才的操作步骤保存到一个脚本中，这样当下次发布同一个应用程序时可以省去中间的一些步骤。单击"完成"按钮完成应用程序的发布工作，向导就会将应用程序的安装程序发布到媒体上。此时就可使用该媒体将应用程序安装到其他机器上了。

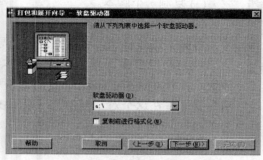
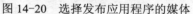
图 14-20　选择发布应用程序的媒体

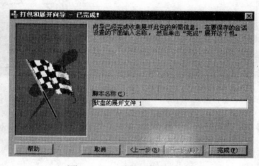
图 14-21　输入脚本名称

如果选择的媒体是软磁盘，则在发布过程中，向导会不断提示插入磁盘，如图 14-22、图 14-23 所示，直到整个过程结束。

图 14-22　插入磁盘 1

图 14-23　插入磁盘 2

……

最后在结束之前会出现如图 14-24 所示的报告。

以上选择的是一种比较复杂的发布过程，为了体现较详细全面的发布过程。现在容量足够大的移动存储器已非常普及，可以直接简单地发布到它们上，其过程也非常简单和直接，也可以先发布到本地机器的文件夹里，然后将文件复制到其他存储器上，最后就可以向其他机器自由安装应用程序了。

图 14-24　展开报告

14-6　管理脚本

可在打包和发布向导中创建或保存脚本。所谓脚本，就是刚才在打包或发布应用程序过程中的一系列操作步骤的记录。如果下次使用向导对同一个工程进行打包或发布时，可以直接使用脚本省去一些中间的步骤，从而节约时间。另外，还可以使用脚本以默认的方式打包和发布应用程序。

每次使用向导打包或发布一个应用程序时，VB 都将相应的步骤保存到一个脚本中。可以使用打包和发布向导的"脚本管理"选项对当前工程的脚本列表进行管理，

图 14-25　管理脚本

主要包括：

(1) 浏览所有打包或发布脚本的列表。

(2) 对一个脚本重新命名。

(3) 复制一个脚本。

(4) 删除不需要的脚本。

对脚本进行管理，首先在启动向导后出现的功能界面上单击"管理脚本"按钮，打开对话框，出现如图 14-25 所示的界面。在这个对话框中，可以单击"打包脚本"或"展开脚本"标签，然后在列表中选择脚本，然后利用界面上所提供的功能进行处理。

14-7　运行安装程序

可以这样运行安装程序："开始" → "运行"，在出现的对话框中选择运行打包发布生成的"Setup.exe"文件；或者在打包发布生成相关文件的文件夹里找到"Setup.exe"文件，用鼠标左键双击它，然后进行安装。此后在安装过程中做适当的选择就能顺利完成安装。

安装程序通常不会覆盖计算机上已存在的同名文件。假如安装程序发现了一个具有相同文件名的文件，便会询问用户是否允许覆盖旧的文件。

14-8　卸载应用程序

卸载程序是从计算机上删除应用程序，包括所有相关的文件。VB 创建的安装程序的很好的一个特性就是为该应用程序创建卸载程序的能力。为了卸载这个应用程序，从 Windows 的"开始"菜单中选择"设置 / 控制面板"命令打开控制面板，然后单击控制面板上的"增加 / 删除程序"图标，所安装的应用程序会全部显示在出现的窗口列表中，选中要删除卸载的应用程序，然后单击选中项右边出现的"更改 / 删除"按钮，该程序就会被卸载了。

思考练习题 14

1. 编译应用程序是指什么？有哪些方式？

2. 充分利用版本信息有哪些好处？

3. 打包与发布是指什么？

4. 打包程序能自动识别并包含的文件一般有哪些？不能自动识别并包含的文件一般又有哪些？

5. 管理脚本是指做什么？有什么好处？

6. 注意打包发布过程中的各个步骤，并作出正确的判断和选择。

第二部分

案例分析

第二部分

案内ちれ

第15章 概 述

　　试题库不是什么新鲜事物，但其意义与重要性却显而易见不容低估。工作在第一线的教师对它的渴望自然不用多言，随着计算机应用的普及及考试资料的积累，建立由计算机管理的试题库系统已变得非常必要和可能。要解决好这个问题并非易事，需要许多人员的参与并要有相应的技术资源的支持。本章将介绍开发本系统的背景、必要性和主要要实现的功能。

15-1　开发背景

　　随着计算机办公自动化程度的不断提高，开发各种数据库管理应用软件用于各项工作中能有效地提高工作效率，节省时间，能使学校的教学工作上一个新的台阶。传统的人工命题形成试卷，往往会带来大量的重复劳动，并且形成的试卷因出卷人的不同其质量会差距很大。这样一来会直接导致考试结果波动很大，使考试的科学考评效果大幅度降低，这也往往引起学生和教师的广泛议论和关注，解决这一早就出现的问题一直是许多人的迫切愿望。由于各种考试名目繁多，试卷内容广杂，使出卷难度加大，要出一份好试卷更是难上加难；另外，许多基础学科内容长期不变、或基本不变，这就使建立试题库成为非常必要和可能。通过筛选、总结、修正，使以往大量优秀的试题进入试题库，继承了许多人辛勤劳动和智慧的结晶，也顺应了标准化命题的要求。以前也有多种试题库系统面世，但多是针对某一门课程的，而且往往只能处理文本信息，更没有自动生成试卷库这一功能。因此开发《通用试题库系统》具有客观的迫切需要。

　　国内各种期刊杂志时有研究试题库的开发的论文发表，各有优缺点，但基本上都讨论了知识点，试题题型，能力层次，试题难度等级，试卷难度等级；试卷自动生成的算法，自动和手工抽取题目的方法。它们均从不同的角度对试题库系统做了研究探讨，但都有其局限性（如在自动生成试卷库方面），有许多方面仍需进一步研究探讨和补充。国内许多大学的数学学院或数学系现正在使用的国家教育部下发的《高等数学试题库系统》软件，它是一个封闭的系统。用户无法向系统内添加试题，也无法对其中的试题进行修改、编辑。所有的试题对用户来说都是不可见的。选题时无法进行人工选题，无法体现用户的主观能动性。而每个学校的情况是有差异的，每一届学生的情况也是有差异的，甚至这些差异会很大。以上种种限制使该系统所出试卷不能满足各个学校的各种具体情况的需要。因此开发一个开放的通用试题库系统具有客观的必要性。

　　该开放的通用试题库系统由作者独立自主地开发完成。所有的源代码都调试运行通过，达到了所有的预期目标。优秀试卷可整卷进入试题库的试卷库；优秀的试题可进入试题库直接参与以后的选题而生成新的试卷。自动保存历史试卷而逐渐形成试卷库，可直接从中抽取试卷 (必要时可稍作修改) 用于考试。

15-2 本系统的主要功能

单个试题有它单个的价值和意义，而试卷有它的整体价值和意义；试卷库的产生比试题库本身更具有直接的现实意义和价值，且为直接从中抽取试卷 (必要时可稍作修改) 用于考试提供了可能。这样可节省大量的重复劳动，并使许多好的试卷整体得以保存。另外，若遇到筛选出的优秀试卷，则可整卷进入试题库的试卷库：人工选定一题，然后生成试卷，在"打印试卷"功能中调出打开该试卷，将优秀试卷内容输入后再保存文件即可。当然，优秀试卷的单题也可进入试题库直接参与以后的选题和生成新的试卷。这样一来就实现了两全齐美的功效。该功能使用户感到惊喜，也是本系统的一个创新。

本系统主要有以下几个突出的特点：

(1) 能自动为不同的课程创建试题库，并进行维护管理。

(2) 试题内容可丰富多样化。

试题库试题内容的丰富性：

该试题库系统采用了 OLE 技术，使题库和 WORD 应用程序挂接，借用 WORD 的强大的信息接受处理功能，使题库信息接受处理功能得到了大幅度的提升。而 WORD 软件是大众化的系统，为广大用户所熟知，这也使该试题库系统便于广大用户接受和使用。

(3) 系统是开放的。用户可向系统内添加试题，也可对其中的试题进行修改或删除。

(4) 选题可手工进行，也可根据给定的条件由程序自动完成。

(5) 利用历史试卷自动生成试卷库。

在试题内容输入时，采用 OLE 技术启动了 WORD 程序，使 WORD 文档处理窗口成为试题输入的窗口，这就充分利用了软件 WORD 的丰富的数据 (如表格、公式、图形等) 处理功能，使试题内容的丰富多样化成为可能。试题选定后，试题内容最后也输入到一个 WORD 文档中，经排版后打印输出。这样就可充分利用 WORD 的排版修饰功能，使卷面比较美观、宜人。

该试题库系统在运行时需要 Microsoft Office 2000/97 中的 Word 软件的支持，即：在运行该试题库系统前必须先安装 Microsoft Office 2000/97 中的 Word 软件。

15-3 开发本系统的软件和硬件环境

硬件环境：

兼容机　CyrixInstead 6x86mx(tn)/32M RAM/20G/14

软件环境：

操作系统：Microsoft Windows 98/95/XP

开发工具：Visual Basic 6.0

辅助软件：Microsoft Office 2000/97

第16章　通用试题库系统需求分析

　　需求分析是软件开发工作开始的重要步骤，形成的需求规格说明书是软件开发的目标（要解决用户的问题，目标软件系统必须做什么），也是软件交付使用验收审查的标准，所以应予以高度重视。

　　用户很清楚他们所从事的工作和要解决的问题，知道必须做什么和怎么做。当他们表达描述时，计算机专业人员不一定很快就能完全准确地理解，而且他们的表达描述也不一定就完全准确；而计算机专业人员了解计算机方面的情况，但是对特定用户的特定需求并不完全清楚。在该阶段，系统分析员要和用户密切配合，充分相互交流，以得出经过用户确认的系统逻辑模型。通常用数据流图、数据字典和简要的算法描述系统逻辑模型。系统逻辑模型必须准确完整地体现用户的要求，最终要用正式文档准确记录用户对目标软件系统的需求，该文档通常称为需求规格说明书。

16-1　应用程序系统（应用项目）开发的基本策略与技巧

　　软件工程方面的各种书籍已对软件开发所牵扯到的方方面面的问题进行了全面、详细、深入的研究。在这里只想谈一些具体的一些体会和建议。

　　学习过一两种程序设计语言的人很多，但真正能掌握它并发挥功能的人其实却不多。学习过某种语言、甚至教授过这种语言与能用这种语言解决问题是截然不同的两回事。没有用所学习过的程序设计语言开发过实际应用程序系统，那么对该程序设计语言就不会有深刻的体会和认识。让一个没有解决过实际问题的人去讲解一种程序设计语言，事实上也只能是纸上谈兵、照本宣科，很难深入，缺乏实效的感染力。这就如同让一个上过战场参加过战争的人讲打仗和让一个只在操场上练过兵的人讲打仗一样，所讲出来的绝对不是相同的滋味。不管是哪一种程序程序设计语言，若能真正掌握它并发挥其作用，都能解决很多问题，其能量决不可低估。有人以学习过很多程序设计语言为荣，其实这大可不必。人一生的精力和时间是有限的，能真正掌握一两种程序设计语言并发挥它们的作用已是难得。

　　开发软件应用系统，灵活性和技巧性非常重要，许多时候是成败厉钝的关键之所在。

　　1.基本思路和策略

　　拿到一个应用系统题目时，不宜急于动手，要先静下来想一想能不能做，怎么做。如果觉得做不成就坚决不做；如果觉得能做，则必须想明白关键性的问题能不能解决、如何解决；现有的技术和工具是否够用，其中已掌握的有哪些，需要去研究掌握的又有哪些等，否则趁早收兵为妙。从软件工程角度来讲，就是要认真、全面、科学地研究问题的可行性。

可以以信息管理系统为例谈这个问题。

信息管理系统一般有三个关键性的问题必须加以解决。

(1) 用户要处理的数据能否进入系统。

(2) 能否对已进入系统的信息进行合理有效地管理和处理。

(3) 根据已进入系统的信息能否得出用户所需要的结果。

解决问题应先解决关键性的、核心的、难度大的问题，然后向外围扩展。因为这些问题的解决决定着整个系统能否开发成功。而其他外围问题解决得好坏仅决定着软件系统是否完美。

2. 理论与技术在实际问题中的截然不同及其应有的地位

理论与技术问题在实际处理问题中，不同的人有不同的看法、不同的体会，而且角度不同，其结果也不尽相同。理论性的问题，因为它比较大、比较突出、而且很规范，所以一般容易被人们注意到和发现，当然这是从一般的情况来说的。而且一旦发现了理论性问题，能参阅的资料也较多，问题也较易显露出来。而技术性问题则不然，技术性问题一般较细小和具体，不易被发现，而且技术性问题往往还和处理问题的具体环境有关，例如计算机硬件、系统平台等。所以，就本人看来，最难处理的问题就是：在理论和逻辑上看上去没有任何问题，但软件调试却不能通过，或软件换在不同的机器环境里会出现某些不稳定性，或在某些外在因素影响下会产生一些不应有的现象等。在这类情况中，往往都是技术处理上存在某些问题。这类问题往往很难发现症结所在，也较难处理，甚至很难找到可参阅的资料、可借鉴的处理办法。所以，很多资料上说：软件的调试、维护消耗工作量最大，难度也最大，原因就在于此。所以注重某一点较易做到，而总揽若干点，且轻重区别对待，该轻则轻、当重则重，做到合适又和宜，且合理处理它们之间的关系，这确是一件极难之事。一般来讲，理论性问题具有它的一般性、广泛性和通用性，而技术性问题则千姿百态，具有它的多样性和复杂性，细小而具体，因具体环境的变化而有较大的变化。因此，面对问题，首先应正确解决理论性问题，接下来重点就要转移到技术性问题上来。事实上许多软件产品的开发失败都是由于技术原因造成的而非理论性原因。

3. 人工处理的计算机化要注意的几个问题

计算机处理的数据要求较整齐规范，这就存在一个数据的规范化问题。一般来说人工采集的数据可直接进入计算机，由机器程序予以规范化，机器转换后结果不合理的由人工予以纠正。做需求调查时，要做广泛而细致的工作，详细调查生产管理的整个过程，甚至一些细小的环节，调查计算机处理数据的来源和类型。在总体设计上要留有余地 (如企业的扩展——增设分厂、分公司或增加产品的规格或品种等) 为以后发现问题时补充或更改功能能做准备。否则，一旦出现了问题很可能会引起大量修改源程序，造成大量麻烦，引起大量额外劳动。另外，计算机对问题的处理是理论化的，它处理所得的结果有时与实际情况有一定的差距，这就要进行人工干预，人工修正这些偏差，否则会引起误差累积和蔓延，致使软件处理出的结果对生产丧失了指导性作用，造成不可挽回的结局。

另一应引起程序开发者足够重视的问题是：数据安全性问题。在应用系统的使用中，由于工作人员的误操作或其他一些原因有可能会导致珍贵原始数据的破坏或丢失，以致给生产和工作带来严重的影响和后果。这就需要对珍贵原始数据进行备份保留，在需要时才能予以恢复使用。数据的备份保留一般有两种办法：①在硬盘上开辟空间进行备份保留；②用移动设备，如闪存等，进行备份保留。备份保留到一定的期限后，必须予以清理，否则对存储空间的开销会过大，这也是必须注意的。

在程序编制过程中要尽量模仿人工管理的办法和策略，有许多人工管理办法在实际中是非常行之有效的，必须用程序来完全加以实现。当然，有些人工管理在实际中因人为因素较多而有较多的随意性，计算机化很困难，必须加以规范化、稳定化。整个程序编制过程实际上就是一个人工管理与计算机程序管理吻合的过程，两者都要改变，向对方靠近，最后走向合一。当然，软件要以真实、准确地反映实际问题，使管理更加科学而高效为最高准则。数据的采集不但要符合计算机的要求，数据的录入也要符合用户业务要求，甚至工作人员的工作习惯。一个被用户称颂的产品才是一个真正成功的好产品。有时问题的复杂性很难想象，必须仔细调查研究，本着客观务实的态度认真对待以期问题最终的圆满解决。

16-2 需求规格说明

按照软件工程基本理论，软件开发以前必须向用户反复进行需求调查并形成需求规格说明书，在软件开发中仍要继续进行，并对已经形成的需求规格说明进行修改和补充，直到软件产品开发完成为止。下面是本系统已经形成的最终的需求规格说明书。

(1) 为有效组织管理试题并生成试卷需开发该软件系统。

(2) 设定特权用户 (supervisor) 来统一管理用户群，给用户分配使用权限和口令，通过对使用权限的控制来限制某些用户可使用某些课程的试题库，而不能使用其他课程的试题库。若用户口令丢失可由特权用户解锁并重新分配口令；用户在合法进入系统后能修改自己的口令。特权用户 (supervisor) 可从系统中撤销其他用户，也可向系统中添加新用户；特权用户 (supervisor) 可创建新课程，也可删除课程，若以其他用户名进入系统则这两个功能的子菜单项可见而不可用，同时"用户管理"主菜单项不可见。

(3) 根据需要能为新课程创建试题库。每试题均有大题号、难度系数、知识点。

(4) 根据需要能删除某课程及其相应的试题库等数据文件。

(5) 在任意界面用户都可看到当前他正在操作的课程名。

(6) 根据需要能选择某课程以对其相应的试题库数据进行编辑、管理、维护。

(7) 试题内容及其相应属性按题型由手工输入来完成。

(8) 试题内容可以是多样化的各种数据，如表格、公式、图形等。

(9) 能浏览、修改、删除系统内任一课程的所有任一试题。

(10) 试卷选题分两种：

(a) 所有试题均由人工选定。

(b) 在人工选定试题的基础上由系统按用户给出的选题条件自动随机补足剩余试题。选题条件包括题型，题数，知识点，难度系数。其中题型和题数必须给出，知识点或难度系数可给出也可不给出。若不给出，则程序认定该项不受限制和约束，即任意数据皆可。

(11) 在人工选定试题的过程中，随时可获知已选定试题的数量等汇总情况。

(12) 试题选定后可进行预览 (对所有已经选定的试题)，预览过程中可取消任意题的选中标记，经调整后最后结束选题。

(13) 试题选定按给定的难度及知识点覆盖面要求进行。在由程序自动按用户给出的选题条件自动随机补足剩余试题该情况中，可通过对难度系数和知识点的输入的控制来实现这一要求。

(14) 最后由系统通过执行试卷生成功能模块来自动生成试卷原始 WORD 文档，然后经人工对该文档排版调整后打印输出。

(15) 在生成试卷的同时能自动生成其相对应的答案卷并存储在一个 WORD 文档中，该文档也可排版调整后打印输出。

(16) 系统能自动保存过去生成的所有试卷文档。系统自动保存的试卷文档用户可随意浏览选择并可打开编辑然后打印输出用于考试。用户在随意浏览试卷文档名时同时可看到该试卷文档生成的日期和创建它的用户名。

(17) 系统能自动保存过去生成的所有试卷答案文档。系统自动保存的试卷答案文档用户可随意浏览选择并可打开编辑然后打印输出。

(18) 遇到筛选出的优秀试卷，则可整卷进入试题库的试卷库：人工选定一题，然后生成试卷再打开该试卷文档，将文档里面的内容删除后将优秀试卷内容全部输入后再保存该文档即可。优秀试卷的单题也可进入试题库直接参与以后的选题和生成新的试卷。

该系统完全按照以上形成的需求规格说明书开发完成，并达到了所有预期的目标。

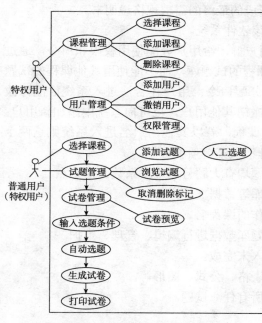

图 16-1　通用试题库系统用例图

16–3　建立 UML 模型

UML 是一种统一建模语言，它正在快速成为工业标准，是软件工程师的得力工具。UML 提供了明确、简洁和有效的手段来从各个方面描述系统，支持各个层次的特性。UML 要求开发人员用抽象的、渐进的方式来表示待开发的系统。它允许有效地表示开发人员日益理解的增多了的细节以至最终的系统。建模过程与理解系统的过程并行，从而有利于控制复杂度。用 UML 分析和设计系统的预期结果是一种实现系统的蓝图。图 16-1 是本系统的 UML 模型。

16–4　功能级数据流图

数据流图是描述数据处理过程的工具。数据流图从数据传递和加工的角度，以图形的方式刻画数据流从输入到输出的移动变化过程。本试题库系统的数据流图如图 16-2 所示。

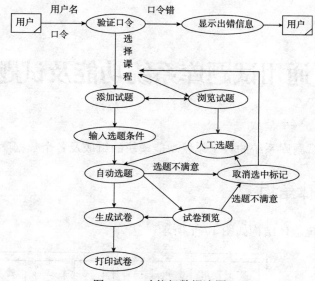

图 16-2　功能级数据流图

第 17 章　通用试题库系统功能及试题库的设计

本章介绍通用试题库系统的各个系统功能模块的组成及各个数据库、表的设计情况。

17-1　系统总体结构

通用试题库系统总体结构如图 17-1 所示。

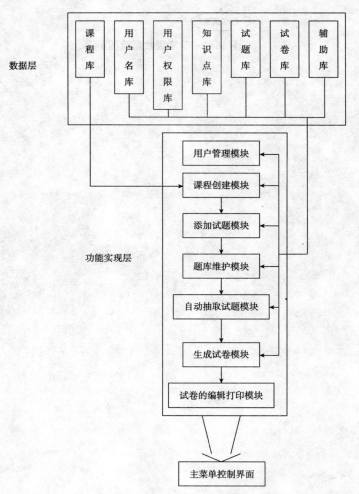

图 17-1　系统总体结构

第一层是数据层，即试题库的底层，由知识点库、用户名库、用户权限库、试题库、课程库、试卷库、辅助库组成。其中知识点库主要为用户输入数据或查询提供基础帮助数据，它存储的主要内容是课程考试的知识要点，知识点代码的划分由章到节再到具体的节内的点。它由 6 位数字构成：第一个两位代表章，第二个两位代表节，最后两位落实到具体的节内的点 (概念或公式等)。试题库用来存放试题的属性及试题文档文件的标识信息。课程库用来存放已经创建的课程的名字。试卷库用来存放过去生成的所有试卷名及试卷文档的标识信息。辅助库用来支持程序对其他数据库的访问。

第二层是功能实现层。系统的所有功能都以模块的形式在第二层中实现。功能模块包括用户管理模块、课程创建模块、添加试题模块、题库维护模块、自动抽取试题模块、生成试卷模块、试卷的编辑打印模块。

第三层是面向用户的人机交互界面，主要由主菜单系统构成。

除此之外，系统还设计了较完善的帮助信息系统。

17-2 系统的功能结构

通用试题库系统各功能以菜单的形式呈现给用户：

课程管理　　　试题管理　　　试卷管理　　　用户管理　　　打印试卷　　　退出系统

选择课程 添加课程 删除课程	添加试题 浏览试题 取消选中标记	输入选题条件 自动选题 试卷预览 生成试卷	添加用户 撤销用户 权限管理

各功能模块简介如下。

(1) 选择课程：为其他主菜单功能操作设定数据来源 (选择具体的某一课程)，即选定某课程试题库等数据所在的文件夹。

(2) 添加课程：为新课程创建其相应的文件夹、数据库及表。

(3) 删除课程：删除一课程相应的文件夹、数据库及表等一切数据。

(4) 添加试题：向选定的试题库试题表内添加试题。

(5) 浏览试题：顺序上下翻阅每一道试题，进入浏览界面以前，先要给出试题过滤条件。

(6) 取消选中标记：取消所有人工或程序加在所有试题上的选中标记，带有选中标记的所有试题最终将写入试卷文档。

(7) 添加用户：由特权用户向系统中添加新注册用户名，并分配口令。

(8) 撤销用户：由特权用户从系统中撤销某一注册用户名，以后系统将拒绝以该用户名向系统注册进入。

(9) 权限管理：由特权用户向系统中的合法注册用户名指派可操作的课程，或取消注册用户名已被指派可操作的课程，实现对用户口令的再分配。若用户忘记了自己的口令，则可由特权用户 (supervisor) 予以从新设置。

(10) 输入选题条件：在人工选定试题的基础上由系统按要求自动随机补足剩余试题而

要求系统自动选题时要给出各项具体数据要求。其中知识点和难度系数可不给出外，其余各项必须给出。未给出的项即认为任意数据皆可 (程序将按无任何限制处理)；知识点上限是用来限制出题范围的，主要是为了适应期中考试和期末考试 (知识点上限不输入即可) 不同的需要，上限知识点不包括在出题知识点范围之内。输入所有要求后，点击"结束"命令结束输入，然后点击"自动选题"即可开始自动选题。自动选题将严格按照如上输入的要求数据进行，若没有符合条件的题则不选，最后等待进行人工调整。

(11) 自动选题：按"输入选题条件"中给出的条件随机地抽取试题。

(12) 生成试卷：将已选定的每一个试题的 tihao.doc 文档按成卷的顺序合并写入一个试卷 WORD 文档。

(13) 试卷预览：将已选定的试题按成卷的顺序显示出来供用户翻阅浏览，并可再次决定各题的去留。

(14) 打印试卷：这一功能中，用户可选择过去已经生成的试卷 WORD 文档 (包括当前刚生成的试卷文档)，打开、编辑、排版后打印输出。

(15) 退出系统：退出试题库系统，回到操作系统环境。

17–3　系统的数据文件体系结构

通用试题库系统动态伸缩的文件体系如图 17–2 所示。

随着新课程的不断创建，其相应的子目录及数据文件系统将逐渐被创建。"课程 i"为程序运行中为新课程自动创建的文件夹。

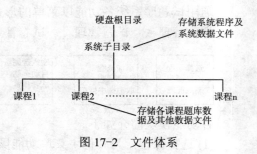

图 17-2　文件体系

17–4　试题由人工选定的实现

人工选定试题在"浏览试题"功能中进行，该功能的操作界面是所有操作界面中比较复杂的一个，该功能也是本试题库系统所有功能中使用较为频繁的一个功能。删除试题这一功能就在该界面中进行，这样一来就不必再另外创建一个窗体来实现它了。其功能界面如图 17–3 示。

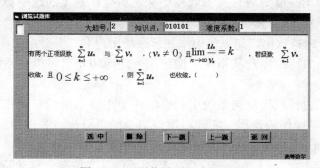

图 17-3　"浏览试题"功能界面

点击"下一题"、"上一题"按钮即可上下翻阅每一题，点击"选中"按钮即可选中当前题、界面左上角小方框内即出现"+"符号，表明当前题已经加上选中标记"+"；再点击"选中"按钮一次则取消当前题已经加上的选中标记"+"。

17-5 数据库设计

试题库采用 ACCESS 数据库系统。数据库、数据表结构利用 Visual Basic 6.0 开发环境所具有的"可视化数据管理器"创建完成。在创建数据表结构时一定要注意字段的类型，因为字段类型的不同会导致处理字段的程序代码的不同。

需要创建哪些数据库，每个数据库需要创建哪些数据表，这根本上取决于实际问题的情况，因对于不同的问题它们可能会有巨大的差别。但有一些基本的规则可以尊守：数据库数量一般越少越好，数据表越少也越好，因为这样为了完成各种功能不需要程序频繁地切换挂接不同的数据库和数据表；但也不能为了减少数据库和数据表的数量，把关系比较远的数据硬塞到相同的数据库和数据表里；不同的数据库一般对应于比较大的较独立的事情，而数据表是针对较大事情中相对独立的较小的事情。总之，要根据实际情况详细全面地分析，最终创建数据库和数据表，而且在程序运行、调试和维护期间可能需要对数据库和数据表进行再设计。数据库和数据表的设计结果对数据处理、查询、检索影响巨大，一定要慎重对待。

本试题库系统一共有两个数据库文件：setuppath.mdb 和 db.mdb。数据库 setuppath.mdb 用来存储试题库系统管理维护所需要的各种信息，数据库 db.mdb 用来存储试题库试题内容以及与内容直接相关的各种信息。

(1) 数据库 setuppath.mdb 共有六个数据表：biao1，biao2，biao3，biao4，biao5，biao6。这些数据表的结构如下。

biao1: 存储系统安装子目录表 (如：c:\tiku123456789)

  path1   text 20

biao2: 系统中所有课程的课程名登记表

  kechen text 20   存储各课程课程名

biao3: 存储所选择的可操作课程的数据文件夹的登记表

  chosendir text 50   存储所选择课程数据所在的绝对路径

biao4: 系统合法用户名及口令登记表

  yonghu text 50   存储注册的用户名

  koulin   text 50   存储注册的用户口令

  kechen text 50   存储该用户最后一次选择操作的课程名

biao5: 合法用户 (可以访问课程的) 权限登记表

  yonghu text 50   存储系统合法用户名

  kechen text 50   存储已授权可访问的课程名

biao6: 系统合法用户名登记表

  yonghu text 50   存储当前正在使用系统的用户名

(2) 数据库 db.mdb 共有五个数据表：biao1，biao2，biao3，biao4，biao5。
这些数据表的结构如下。

biao1: 试题表

xishu	integer		存储难度系数值
fen	integer		存储分数值
tag	text	1	存储选题状态，当 tag="+" 时，说明该题处于选中状态，否则处于非选中状态
tihao	text	50	存储本题题号，在添加试题时由程序自动添入，时每一试题的唯一标识，它指向存储试题内容的 WORD 文档名
zhishidian	text	50	存储知识点代码
datihao	text	50	存储大题分类号，即题型代码，选择题型后由程序自动给出相应的代码
hao	integer	2	在随机选题开始前，由程序自动填写所有符合条件试题的序号，用以和随机数生成函数 RDN 挂钩

biao2: 历史试卷表

juan	text	50	存储试卷文件名
yonghu	text	50	存储创建试卷的用户名
riqi	date		存储创建试卷的日期

biao3: 自动选题条件表

datihao	text	50	存储所属大题题号
tishu	integer		存储选题个数
zhishidian	text	50	存储知识点要求
xishu	text	50	存储难度系数

biao4: 知识点表

zhishidian	text	50	存储知识点代码

其内容为：知识点代码＋知识点简单描述语

知识点的编码：

知识点编码采用 6 位数字编码，前两位表示第几章，中间两位表示第几节，最后两位表示该节中考试知识的出处 (概念、公式等具体知识焦点)。例如：120345，它表示该题出自 12 章 3 节的 45 知识内容处。这样编码使题库程序控制选题章节便于实现。并可按此对试卷试题进行排序。在输入自动选题条件时，可由给出的知识点来控制试题的具体出处，同时可由给出的知识点上限来控制试题选择的连续范围。期中考试选题范围依此法设定。

知识点按章到节依次编码，然后输入知识点表中。

biao5: 题型表

Tixin	text	50	存储试题类型

还有若干个辅助表用来存储辅助程序访问课程数据的临时性信息，如存储当前可访问课程数据所在的绝对路经的表等。

第18章 用户管理

　　用户群的管理在各种信息管理系统中往往是必备的。通过用户群的管理只允许已受权的用户可向系统注册进入，这样能把非法用户挡在系统之外；通过用户群的管理允许不同的合法用户只能访问已授权访问的数据，这样就提高了数据的安全性。因此，在开发应用系统时，用户群管理功能的合理实现是一个现实面临的重要问题。本系统虽然是以 Visual Bacic 6.0 为工具实现用户群管理这一功能的，但其基本思想、技巧和方法对于许多开发平台上类似问题的解决都具有借鉴意义，甚至可以直接效法。

　　App.Path 用来获取当前工程文件或程序 (可执行文件) 所在的文件夹或路径，使用它使程序能自动正确地定位要访问的数据文件，因为数据文件一般都存储在程序文件所在的目录或它的下一级目录中。关于 App.Path 可参阅 14 章版本信息部分内容。后继内容代码部分将多次使用它。

　　本章介绍"用户管理"主菜单功能项的各个子功能：添加用户，删除用户，权限管理，包括界面设计，数据控件库表挂接情况及各个事件中所编写的代码。

18-1　系统注册界面

　　应用系统一般都有系统注册功能和系统注册界面。在众多的运行在计算机中的软件系统中都可以看到类似的界面。依靠它实施对非法用户的拦截，确保用户数据的安全性。本系统实现系统注册功能和系统注册界面所采取的策略和技巧，对其他应用系统类似功能的实现具有借鉴和效仿的意义。

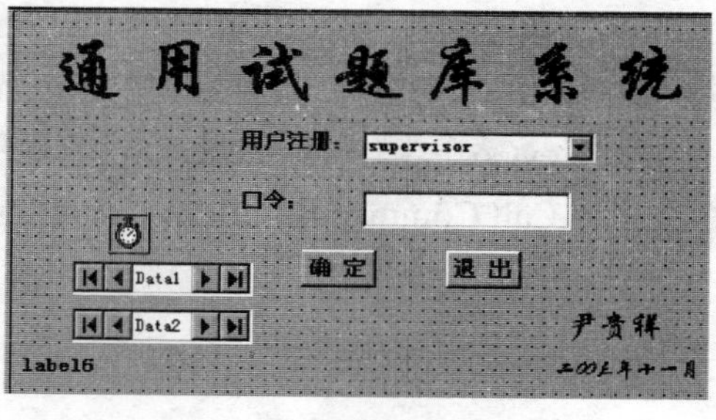

　　系统注册界面如图 18-1 所示。

图 18-1　登录界面窗体 Form20

　　在该界面中点开系统用户名序列组合框，所有合法的系统用户名都在其中。用户需从其中选择一个，然后在口令输入文本框中输入合法的正确口令，然后点击"确定"按钮。若所有的选择和输入都是正确的，则即可进入试题库系统，否则就不可通过。点击"退出"按钮就退出到操作系统环境中。

　　数据控件数据源的设置 (代码要置于当前窗体的 Private Sub Form_Activate() 事件过程的开始部分)：

Data1.DatabaseName= App.Path & "\setuppath.mdb"

Data1.RecordSource= "biao4"

Data2.DatabaseName=App.Path &   "\setuppath.mdb"

Data2.RecordSource = "biao6"

其他控件的属性设置说明如表 18-1 所示。

表 18-1 控件属性设置说明

控　件	属　性	属性值 (或功用)
Label1	Caption	通用试题库系统
Label2	Caption	用户注册:
Label3	Caption	口令:
Label4	Caption	尹贵祥
Label5	Caption	二 00 三年十一月
Label6	Caption	用于由 Timer1 控制显示当前时间
Command1	Caption	确 定
Command2	Caption	退 出
Text1	Text	用于输入口令
Combo1	List	用于显示已有用户名序列
Timer1	Interval	500 在 Label6 中动态地显示当前时间
Data1	Visible	False
Data2	Visible	False

定义窗体级变量:

Dim s As Integer   ' 在当前窗体的通用过程中

其他相关事件的代码:

Private Sub Text1_KeyDown(KeyCode As Integer, Shift As Integer)

If KeyCode = 13 Then ' 输入口令后敲回车键即执行 Command1_Click 代码段

　　Call Command1_Click   ' 效果等同于输入口令后点击 "确定" 按钮

End If

End Sub

点击组合框选择用户:

Private Sub Combo1_Click()

Data1.Recordset.FindFirst ("yonghu=" & "'" & Trim(Combo1.Text) & "'")

End Sub

"确定" 命令按钮:

Private Sub Command1_Click()

Dim n As Integer

Data1.Recordset.FindFirst ("yonghu=" & "'" & Trim(Combo1.Text) & "'")

If Data1.Recordset.NoMatch Then

 n = MsgBox(" 系 统 中 没 有 此 用 户 ！！！", vbOKOnly, "")

 If Not Data1.Recordset.EOF And Not Data1.Recordset.BOF Then

  Data1.Recordset.MoveFirst

 End If

Else

 If Not Data1.Recordset.EOF And Not Data1.Recordset.BOF Then

  If Trim(Data1.Recordset.koulin) <> Trim(Text1.Text) Then

   n = MsgBox(" 所输入的口令不正确，请重新输入 ！", vbOKOnly, "")

   Text1.Text = ""

   Text1.SetFocus

  Else

   ' 以下登记注册用户名于数据库 setuppath.mdb 的数据表 biao6 中，用以标识试卷用户主

   Data2.Recordset.Edit

   Data2.Recordset.yonghu = Trim(Combo1.Text)

   Data2.UpdateRecord

   Load Form3

   Form3.Show

   Unload Form20

  End If

 End If

End If

End Sub

该代码段的程序流程图如图 18-2 所示。

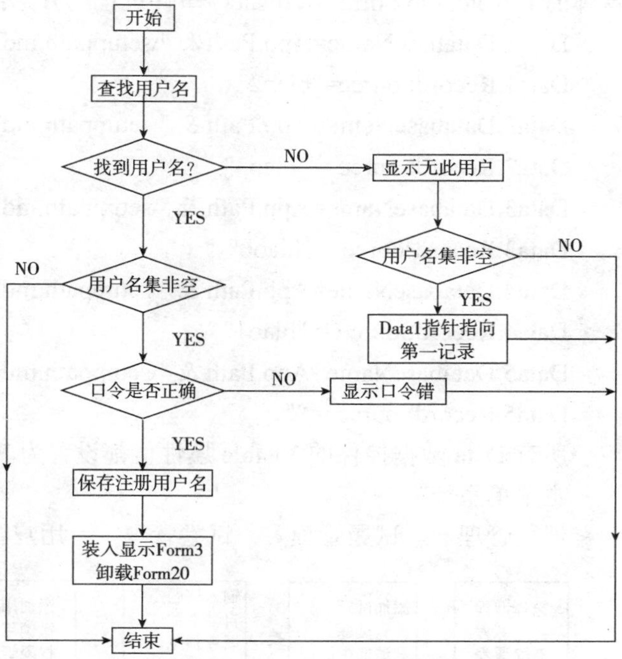

"退出"命令按钮：

Private Sub Command2_Click()

End

End Sub

将用户名表中的用户名全部挂入 Combo1 中：

Private Sub Form_Activate()

Data1.DatabaseName= App.Path & "\setuppath.mdb"

Data1.RecordSource= "biao4"

图 18-2　程序流程图

```
Data2.DatabaseName=App.Path &    "\setuppath.mdb"
Data2.RecordSource = "biao6"
Data1.Refresh
Data2.Refresh
Do While Not Data1.Recordset.EOF
    Combo1.AddItem (Data1.Recordset.yonghu)
    Data1.Recordset.MoveNext
Loop
If Data1.Recordset.EOF And Data1.Recordset.BOF Then

Else
    Data1.Recordset.MoveFirst
End If
End Sub
```

18-2 系统主菜单界面

该通用试题库系统的各功能以菜单的形式提
供给用户。本系统主菜单界面如图 18-3 所示。

数据控件数据源的设置（代码要置于当前
窗体的 Private Sub Form_Activate() 事件过程的开始部分）：

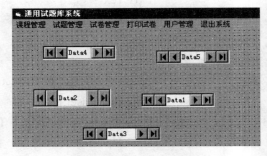

图 18-3 主菜单界面窗体 Form3

```
Data1.DatabaseName=App.Path & "\setuppath.mdb"
Data1.RecordSource="biao2"
Data2.DatabaseName=App.Path & "\setuppath.mdb"
Data2.RecordSource = "biao3"
Data3.DatabaseName=App.Path & "\setuppath.mdb"
Data3.Recordsource = "biao6"
Data4.DatabaseName=App.Path & "\setuppath.mdb"
Data4.RecordSource = "biao1"
Data5.DatabaseName=App.Path & "\setuppath.mdb"
Data5.RecordSource = ""
```

所有 Data 数据控件的 Visible 属性值都设置为 False。
主菜单系统：

课程管理　　　　试题管理　　　　试卷管理　　　　用户管理　　　　打印试卷　　　　退出系统

选择课程	添加试题	输入选题条件	添加用户
添加课程	浏览试题	自动选题	撤销用户
删除课程	取消选中标记	试卷预览	权限管理
		生成试卷	

菜单项的属性设置如表 18-2 所示。

表 18-2 菜单项的标题及名称

标　题	名　称
课程管理	shezhi
选择课程	Xuan
添加课程	addke
删除课程	deleteke
试题管理	editti
添加试题	append
浏览试题	browse
取消选中标记	cancelchosen
试卷管理	createti
输入选题条件	Ticonditions
自动选题	autochoose
试卷预览	prebrowse
生成试卷	createpaper
用户管理	yonghuguanli
添加用户	addhu
撤销用户	chexiaohu
权限管理	quanxian
打印试卷	printpaper
退出系统	quittiku

为各菜单项 click 事件编写代码：
Public t As String　'在当前窗体的通用过程中

"添加用户"：
Private Sub addhu_Click()
Load Form7
Form7.Show
End Sub

"添加试题"：
Private Sub append_Click()
Load Form10
Form10.Show
End Sub

"自动选题":

```
Private Sub autochoose_Click()
Load Form18
Form18.Show
End Sub
```

"浏览试题":

```
Private Sub browse_Click()
Load Form8
Form8.Show
End Sub
```

"取消删除标记":

```
Private Sub cancelchosen_Click()
Load Form17
Form17.Show
End Sub
```

"撤销用户":

```
Private Sub chexiaohu_Click()
Load Form12
Form12.Show
End Sub
```

"生成试卷":

```
Private Sub createpaper_Click()
Load Form9
Form9.Show
End Sub
```

"选择课程":

```
Private Sub xuan_Click()
Load Form4
Form4.Show
End Sub
```

"添加课程":

```
Private Sub addke_Click()
```

```
Load Form5
Form5.Show
End Sub
```

"删除课程"：
```
Private Sub deleteke_Click()
Load Form6
Form6.Show
End Sub
```

"试卷预览"：
```
Private Sub prebrowse_Click()
Load Form11
Form11.Show
End Sub
```

"打印试卷"：
```
Private Sub printpaper_Click()
Load Form13
Form13.Show
End Sub
```

"权限管理"：
```
Private Sub quanxian_Click()
Load Form19
Form19.Show
End Sub
```

"退出系统"：
```
Private Sub quittiku_Click()
Unload Form3
End
End Sub
```

"输入选题条件"：
```
Private Sub ticonditions_Click()
Load Form14
Form14.Show
```

```
End Sub

Private Sub Form_Activate()    ' 主菜单界面窗体
Data1.DatabaseName=App.Path & "\setuppath.mdb"
Data1.RecordSource="biao2"
Data2.DatabaseName=App.Path & "\setuppath.mdb"
Data2.RecordSource = "biao3"
Data3.DatabaseName=App.Path & "\setuppath.mdb"
Data3.Recordsource = "biao6"
Data4.DatabaseName=App.Path & "\setuppath.mdb"
Data4.RecordSource = "biao1"
Data5.DatabaseName=App.Path & "\setuppath.mdb"
Data5.RecordSource = ""
Data1.Refresh
Data2.Refresh
Data3.Refresh
Data4.Refresh
Data5.Refresh
Data5.RecordSource = "select * from biao4 where trim(yonghu)=" & """" & Trim(Form3.
Data3.Recordset.yonghu) & """"
' 过滤出注册用户最后一次选择操作的课程

If Trim(Form3.Data3.Recordset.yonghu) <> "supervisor" Then
    yonghuguanli.Visible = False
    addke.Enabled = False
    deleteke.Enabled = False
    Form3.Data1.RecordSource = "select * from biao5 where trim(yonghu)=" & """" &
Trim(Form3.Data3.Recordset.yonghu) & """"
    ' 过滤出注册用户已经被授权可操作的课程名
End If
Data5.Refresh
Form3.Data1.Refresh
If Form3.Data1.Recordset.BOF And Form3.Data1.Recordset.EOF Then
    editti.Enabled = False
    createti.Enabled = False
    printpaper.Enabled = False
    xuan.Enabled = False
    editti.Enabled = False
```

```
    deleteke.Enabled = False
    Dim s As Integer
    If Trim(Form3.Data3.Recordset.yonghu) = "supervisor" Then
        s = MsgBox("试题库系统里没有任何课程！！！", vbOKOnly, "警  告  ！")
    Else
        s = MsgBox("用户***" & Trim(Form3.Data3.Recordset.yonghu) & "** 未授权访
问任何课程，请申请授权！！！", vbOKOnly, "警  告  ！")
        Unload Form3
        Load Form20
        Form20.Show
    End If
Else
    If IsNull(Data5.Recordset.kechen) Then
    ' 若注册用户未选择过课程，则设置第一个已被授权的课程为已经选择的课程
        Data5.Recordset.Edit
        Data5.Recordset.kechen = Data1.Recordset.kechen
        Data5.UpdateRecord
    End If
    Data2.Recordset.Edit
    Data2.Recordset.chosendir = App.Path & "\" & Trim(Data5.Recordset.kechen)
                ' 生成课程数据文件夹指针
    Data2.UpdateRecord
End If
End Sub
```

18-3 添加用户

"添加用户"功能界面如图 18-4 所示。

在该界面中"已有用户名序列"组合框中显示的是试题库系统中已经有的合法用户的用户名序列。输入想要添加的新用户的用户名，同时为其分配口令，确认无误后点击"添加用户"按钮，即可实现向试题库系统中添加该新用户。添加该新用户完毕后再点开

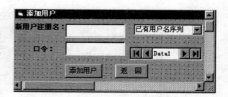

图 18-4 窗体 Form7

"已有用户名序列"组合框，就会看到刚添加的新用户的用户名已在用户名序列中了。点击"返回"按钮即可返回到系统主菜单界面。

数据控件数据源的设置（代码要置于当前窗体的 Private Sub Form_Activate() 事件过程的开始部分）：

Data1.DatabaseName=App.Path & "\setuppath.mdb"

351

Data1.RecordSource="biao4"

其他控件的属性设置说明如表 18-3 所示。

表 18-3 控件属性设置说明

控 件	属 性	属性值（或功用）
Label1	Caption	口令：
Label2	Caption	新用户注册名：
Command1	Caption	添加用户
Command4	Caption	返回
Text1	Text	输入新用户注册名
Text2	Text	输入口令
Combo1	List	显示已有用户名序列
Data1	Visible	False

为事件编写代码：

"添加用户"命令按钮：

```
Private Sub Command1_Click()
Dim n As Integer
Data1.Recordset.FindFirst ("Trim(yonghu)=" & "'" & Trim(Text1.Text) & "'")
If Data1.Recordset.NoMatch Then
    Data1.Recordset.AddNew
    Data1.Recordset.yonghu = Trim(Text1.Text)
    Data1.Recordset.koulin = Trim(Text2.Text)
    Data1.UpdateRecord
    Combo1.AddItem (Trim(Text1.Text))
    n = MsgBox("向系统中添加用户  " & Trim(Text1.Text) & "  完毕！！！", vbOKOnly, "")
Else
    n = MsgBox("系统中已经有此用户！！！", vbOKOnly, "")
    Text1.Text = ""
    Text2.Text = ""
End If
End Sub
```

"返回"命令按钮：

```
Private Sub Command4_Click()
Unload Form7
End Sub
Private Sub Form_Activate()
```

```
Data1.DatabaseName=App.Path & "\setuppath.mdb"
Data1.RecordSource="biao4"
Data1.Refresh
Do While Not Data1.Recordset.EOF
    Combo1.AddItem (Data1.Recordset.yonghu)
    Data1.Recordset.MoveNext
Loop
Text1.SetFocus
End Sub
```

18-4　撤销用户

　　"撤销用户"功能界面如图 18-5 所示。首先要点开组合框选择好想要撤销的用户，然后点击"撤销用户"按钮，即可从试题库系统中撤销该用户，并同时自动撤销已经分配给该用户的所有可访问课程的权限，即在用户权限登记表中作相应的撤销处理，这样就维持了数据的一致性。可以按如上步骤反复进行操作，直到所有想要撤销的用户从系统中撤销为止。最后点击"返回"按钮即可返回到系统主菜单界面。

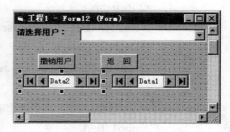

图 18-5　窗体 Form12

　　数据控件数据源的设置 (代码要置于当前窗体的 Private Sub Form_Activate() 事件过程的开始部分)：

```
Data1.DatabaseName=App.Path & "\setuppath.mdb"
Data1.RecordSource="select * from biao4 where trim(yonghu)<>'supervisor'"
Data2.DatabaseName=App.Path & "\setuppath.mdb"
Data2.RecordSource = ""
```

其他控件的属性设置说明如表 18-4 所示。

表 18-4　　　　　　　　　　　　控件属性设置说明

控　件	属　性	属性值 (或功用)
Label1	Caption	请选择用户：
Command1	Caption	撤销用户
Command2	Caption	返回
Combo1	List	显示已有用户名序列
Data1	Visible	False
Data2	Visible	False

为事件编写代码：

"撤销用户"命令按钮：

```vb
Private Sub Command1_Click()
Dim n As Integer
Dim s As String
Data1.Recordset.FindFirst ("Trim(yonghu)=" & "'" & Trim(Combo1.Text) & "'")
If Data1.Recordset.NoMatch Then
    n = MsgBox(" 系统中没有此用户  !!!", vbOKOnly, "")
Else
    Data1.Recordset.Delete     ' 从用户名表中删除该用户
' 以下 6 行代码删除已授权给该用户的课程
    Data2.RecordSource = "select * from biao5 where yonghu=" & "'" & Trim(Combo1.Text) & "'"
    Data2.Refresh
    Do While Not Data2.Recordset.EOF
        Data2.Recordset.Delete
        Data2.Recordset.MoveNext
    Loop
' 以下 4 行代码删除用户名列表中的该用户
    s = Combo1.Text
    n = Combo1.ListIndex
    Combo1.RemoveItem n
    Combo1.Text = ""
    n = MsgBox(" 用户 **    " & Trim(s) & " ** 已经从系统中被撤销完毕    !!!", vbOKOnly, "")
End If
End Sub
```

"返回"命令按钮：

```vb
Private Sub Command2_Click()
Unload Form12
End Sub
```

以下代码将用户名表中的用户名 (除了"supervisor"以外) 全部挂入 Combo1 中：

```vb
Private Sub Form_Activate()
Data1.DatabaseName=App.Path & "\setuppath.mdb"
Data1.RecordSource="select * from biao4 where trim(yonghu)<>'supervisor'"
Data2.DatabaseName=App.Path & "\setuppath.mdb"
Data2.RecordSource = ""
Data1.Refresh
```

Data2.Refresh

Do While Not Data1.Recordset.EOF

    Combo1.AddItem (Data1.Recordset.yonghu)

    Data1.Recordset.MoveNext

Loop

End Sub

18-5 权限管理

"权限管理"用来为用户分配可访问的课程和向系统注册进入的口令(若用户的口令丢失,可予以从新分配),或者从用户收回对某课程的访问权。"权限管理"功能界面如图 18-6 所示。

图 18-6 窗体 Form19

首先要点开"用户名序列"组合框选择好想要操作的用户(名),选择好用户名后该用户的口令就显示在用户名后面(该口令是可编辑的,这样就可以实现口令的重新分配)。同时该用户已经授权可操作的课程名也自动显示在相应的组合框中。"课程名序列"组合框中显示的是该试题库系统中所拥有的所有课程(名)。若要收回该用户对某一课程的访问权限,则先要点开"该用户可操作的课程序列"组合框,选择好想要收回的课程(名),然后点击"删除该课程"按钮,即可收回该用户对该课程的访问权限。若要为该用户添加某一课程的访问权限,则先要点开"课程名序列"组合框,选择好想要分配的课程(名),然后点击"添加可操作的课程"按钮,即可实现分配给该用户访问该课程的权限。分配给该用户访问该课程的权限后,再点开"该用户可操作的课程序列"组合框,就会看到刚授权访问的课程名已在可操作课程(名)序列中。所有工作做完后,最后点击"返回"按钮即可返回到系统主菜单界面。

数据控件数据源的设置(代码要置于当前窗体的 Private Sub Form_Activate() 事件过程的开始部分):

Data1.DatabaseName=App.Path & "\setuppath.mdb"

Data1.RecordSource="select * from biao4 where trim(yonghu)<>'supervisor'"

Data2.DatabaseName=App.Path & "\setuppath.mdb"

Data2.RecordSource = ""

Data3.DatabaseName=App.Path & "\setuppath.mdb"

Data3.RecordSource = "biao2"

其他控件的属性设置说明如表 18-5 所示。

表 18-5 控件属性设置说明

控 件	属 性	属性值 (或功用)
Label1	Caption	请选择用户:

控　件	属　性	属性值（或功用）
Label2	Caption	该用户可操作的课程：
Label3	Caption	用户口令
Command1	Caption	添加可操作的课程
Command2	Caption	删除该课程
Command3	Caption	返回
Combo1	List	用户名序列
Combo2	List	该用户可操作的课程名序列
Combo3	List	课程名序列
Text1	Text	用户口令
Data1	Visible	False
Data2	Visible	False
Data3	Visible	False

为事件编写代码：

"添加可操作的课程"命令按钮：

```
Private Sub Command1_Click()
Dim n As Integer
Data2.Recordset.FindFirst ("yonghu=" & "'" & Trim(Combo1.Text) & "'" & " And kechen=" & "'" & Trim(Combo3.Text) & "'")
If Data2.Recordset.NoMatch Then
    Combo2.AddItem (Combo3.Text)
    Data2.Recordset.AddNew
    Data2.Recordset.yonghu = Combo1.Text
    Data2.Recordset.kechen = Combo3.Text
    Data2.Recordset.shijian = Time()
    Data2.UpdateRecord
    n = MsgBox(" 为该用户添加课程 ** " & Trim(Combo3.Text) & " ** 完毕 !!!", vbOKOnly, "")
    Combo3.Text = ""
Else
    n = MsgBox(" 该用户已有此课程操作权限 !!!", vbOKOnly, "")
End If
End Sub
```

"删除该课程"命令按钮：

```
Private Sub Command2_Click()
```

```
Dim s As String
Dim n As Integer
Data2.Recordset.FindFirst ("kechen=" & "'" & Trim(Combo2.Text) & "'")
If Data2.Recordset.NoMatch Then
    n = MsgBox(" 系统中没有此课程   !!!", vbOKOnly, "")
Else
    n = MsgBox(" 是否确实要删除已选定的课程   ?", vbYesNo, "")
    If n = 6 Then
        s = Combo2.Text
        Data2.Recordset.Delete
        n = MsgBox(" 课程 **   " & Trim(s) & " ** 已经从该用户撤销完毕   !!!", vbOKOnly, "")
        n = Combo2.ListIndex
        Combo2.RemoveItem (n)
        Combo2.Text = ""
    End If
End If
End Sub
```

"返回" 命令按钮：
```
Private Sub Command3_Click()
Unload Form19
End Sub
Private Sub Form_Activate()
Data1.DatabaseName=App.Path & "\setuppath.mdb"
Data1.RecordSource="select * from biao4 where trim(yonghu)<>'supervisor'"
Data2.DatabaseName=App.Path & "\setuppath.mdb"
Data2.RecordSource = ""
Data3.DatabaseName=App.Path & "\setuppath.mdb"
Data3.RecordSource = "biao2"
Data1.Refresh
Data2.Refresh
Data3.Refresh
Do While Not Data1.Recordset.EOF
    Combo1.AddItem (Data1.Recordset.yonghu)
    Data1.Recordset.MoveNext
Loop
' 上面的循环实现向用户名序列组合框中填入用户名序列
Do While Not Data3.Recordset.EOF
```

```
        Combo3.AddItem (Data3.Recordset.kechen)
        Data3.Recordset.MoveNext
Loop
' 上面的循环实现向课程名序列组合框中填入课程名序列
Data1.Recordset.FindFirst ("yonghu="")
End Sub
```

第 19 章　课 程 管 理

　　该通用试题库系统是一个可以有多门课程的试题库数据存在的系统，必须要有相应的功能模块来实施对这些课程数据的管理。整个试题库系统各课程数据文件组织体系结构如图 19-1 所示。

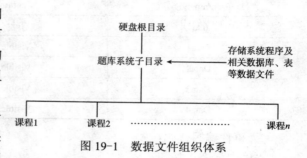

图 19-1　数据文件组织体系

　　随着新课程的不断创建，其相应的子目录及数据文件系统将逐渐被创建。"课程 i"为程序运行中为该课程自动创建的文件夹。随着新课程的创建或某一课程的删除，数据文件体系会相应自动伸缩。

　　本章介绍"课程管理"主菜单功能项的各个子功能项：选择课程，删除课程，添加课程，包括界面设计，数据控件数据库数据表挂接情况及各个事件中所编写的代码。

19-1　选择课程

　　"选择课程"的功能界面如图 19-2 所示。

图 19-2　窗体 Form4

　　在该界面中可点击"下一个"按钮和"上一个"按钮翻阅系统中的课程（名），当所要选择的课程名出现在文本框中时，点击"确定"按钮就可实现对该课程的选择。此后对系统中其他功能的操作就是针对所选择的该课程进行的。最后点击"返回"按钮即可返回到系统主菜单界面。

　　数据控件数据源的设置（代码要置于当前窗体的 Private Sub Form_Activate() 事件过程的开始部分）：

```
Data1.DatabaseName=App.Path & "\setuppath.mdb"
Data1.RecordSource="biao1"
Data2.DatabaseName=App.Path & "\setuppath.mdb"
Data2.RecordSource = ""
Data3.DatabaseName=App.Path & "\setuppath.mdb"
Data3.RecordSource = "biao3"
Data4.DatabaseName=App.Path & "\setuppath.mdb"
Data4.RecordSource = "biao6"
```

其他控件的属性设置说明如表 19-1 所示。

表 19-1 控件属性设置说明

控 件	属 性	属性值（或功用）
Label1	Caption	请选择课程：
Command1	Caption	确定
Command2	Caption	下一个
Command3	Caption	上一个
Command4	Caption	返回
Text1	Text	课程名
Data1	Visible	False
Data2	Visible	False
Data3	Visible	False
Data4	Visible	False

为事件编写代码：

"确定"命令按钮：

```
Private Sub Command1_Click()
Dim s As String
If Not Data2.Recordset.EOF And Not Data2.Recordset.BOF Then
' 登记所选择课程的数据所在的文件夹 ( 绝对路径 )，为程序读取数据库、表指出来源
    Data3.Recordset.Edit
    Data3.Recordset.kechen = Trim(Data2.Recordset.kechen)
    Data3.UpdateRecord
    s = MsgBox(" 课 程 已 经 选 择 成 功 ！！！ ", vbOKOnly, "")
    Unload Form4
End If
End Sub
```

"下一个"命令按钮：

```
Private Sub Command2_Click()
If Not Data2.Recordset.EOF Then
    Data2.Recordset.MoveNext
End If
End Sub
```

"上一个"命令按钮：

```
Private Sub Command3_Click()
If Not Data2.Recordset.BOF Then
```

    Data2.Recordset.MovePrevious
End If
End Sub

"返回"命令按钮：
Private Sub Command4_Click()
Unload Form4
End Sub
Private Sub Form_Activate()
Data1.DatabaseName=App.Path & "\setuppath.mdb"
Data1.RecordSource="biao1"
Data2.DatabaseName=App.Path & "\setuppath.mdb"
Data2.RecordSource = ""
Data3.DatabaseName=App.Path & "\setuppath.mdb"
Data3.RecordSource = "biao3"
Data4.DatabaseName=App.Path & "\setuppath.mdb"
Data4.RecordSource = "biao6"
Data1.Refresh
Data2.Refresh
Data3.Refresh
Data4.Refresh
If Trim(Data4.Recordset.yonghu) = "supervisor" Then
    Data2.RecordSource = "biao2"
Else
    Data2.RecordSource = "select * from biao5 where yonghu=" & """" & Trim(Data4.
Recordset.yonghu) & """"
End If
Data3.RecordSource = "select * from biao4 where yonghu=" & """" & Trim(Data4.Recordset.
yonghu) & """"
Data3.Refresh
Data2.Refresh
End Sub

19-2 添加课程

"添加课程"功能界面如图 19-3 所示。

在该界面中先在文本框中输入要添加的课程名，然后
点击"确定"按钮就可实现对该课程的添加。添加该新课

图 19-3 窗体 Form5

程后，系统将自动为该课程创建数据子目录，并生成相关的基本数据文件，此后就可以对该课程进行其他相关的操作了。最后点击"返回"按钮即可返回到系统主菜单界面。

数据控件数据源的设置（代码要置于当前窗体的 Private Sub Form_Activate() 事件过程的开始部分）：

Data1.DatabaseName=App.Path & "\setuppath.mdb"

Data1.RecordSource="biao1"

Data2.RatabaseName=App.Path & "\setuppath.mdb"

Data2.RecordSource = "biao2"

Data3.DatabaseName=App.Path & "\setuppath.mdb"

Data3.RecordSource = "biao3"

其他控件的属性设置说明如表 19-2 所示。

表 19-2 控件属性设置说明

控　　件	属　　性	属性值（或功用）
Label1	Caption	请输入课程名：
Command1	Caption	确定
Command2	Caption	返回
Text1	Text	输入课程名
Data1	Visible	False
Data2	Visible	False

为事件编写代码：

"确定"命令按钮：

```
Private Sub Command1_Click()

Dim s As Integer

Dim a, b As String

a = Trim(Text1.Text)

If Len(a) <> 0 Then

    Data2.Recordset.FindFirst ("kechen=" & "'" & Trim(Text1.Text) & "'")

    If Data2.Recordset.NoMatch Then

        Data2.Recordset.AddNew

        Data2.Recordset.kechen = Trim(Text1.Text)

        a = Trim(App.Path & "\" & Trim(Data2.Recordset.kechen))

        MkDir a    ' 给新课程创建存储数据的文件夹

        a = Trim(App.Path & "\db.mdb")

        b = Trim(App.Path & "\" & Trim(Data2.Recordset.kechen) & "\db.mdb")

        FileCopy a, b

        b = Trim(App.Path & "\" & Trim(Data2.Recordset.kechen))

        Data2.UpdateRecord
```

```
            Data3.Recordset.Edit
            Data3.Recordset.chosendir = b
            Data3.UpdateRecord
            s = MsgBox("课 程 已 成 功 添 加 完 毕 ！！！", vbOKOnly, "")
            Unload Form5
       Else
            s = MsgBox("系 统 中 已 经 有 此 课 程，请 重 新 输 入 课 程 名 ！！！",
vbOKOnly, "")
            Text1.Text = ""
            Text1.SetFocus
       End If
   Else
       s = MsgBox("请 输 入 正 确 的 课 程 名 ！！！", vbOKOnly, "")
   End If
End Sub
```

"返回"命令按钮：

```
Private Sub Command2_Click()
Unload Form5
End Sub
Private Sub Form_Activate()
Data1.DatabaseName=App.Path & "\setuppath.mdb"
Data1.RecordSource="biao1"
Data2.RatabaseName=App.Path & "\setuppath.mdb"
Data2.RecordSource = "biao2"
Data3.DatabaseName=App.Path & "\setuppath.mdb"
Data3.RecordSource = "biao3"
Data1.Refresh
Data2.Refresh
Data3.Refresh
End Sub
```

19-3 删除课程

"删除课程"功能界面如图 19-4 所示。在该界面中可点击"下一个"按钮和"上一个"按钮翻阅系统中的课程（名）。当所要删除的课程名出现在文本框中时，点击"确定"按钮会出现如图 19-5 所示的对话框，若确实想删除该课程则点击"是"按钮就可实现对该课程的删除；否则点击"否"按钮就可取消删除从新返回到"删除课程"功能界面。删除课程后系统将自动删除该课程的数据文件及文件夹，并同时收回所有用户对该课程的访问权。最后点击"返回"按钮即可返回到系统主菜单界面。

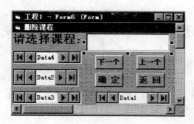

图 19-4　窗体 Form6

图 19-5　删除课程的对话框

Form6 上数据控件数据源的设置（代码要置于当前窗体的 Private Sub Form_Activate() 事件过程的开始部分）：

Data1.databasename=App.Path & "\setuppath.mdb"

Data1.recordsource="biao1"

Data2.databasename=App.Path & "\setuppath.mdb"

Data2.recordsource = ""

Data3.databasename=App.Path & "\setuppath.mdb"

Data3.recordsource = "biao3"

Data4.databasename=App.Path & "\setuppath.mdb"

Data4.recordsource = "biao5"

其他控件的属性设置说明如表 19-3 所示。

表 19-3　　　　　　　　　　　控件属性设置说明

控　件	属　性	属性值（或功用）
Label1	Caption	请选择课程：
Command1	Caption	下一个
Command2	Caption	确定
Command3	Caption	返回
Command4	Caption	上一个
Text1	Text	课程名
Data1	Visible	False
Data2	Visible	False
Data3	Visible	False
Data4	Visible	False

为事件编写代码：

"下一个"命令按钮：

Private Sub Command1_Click()

If Not Data2.Recordset.EOF Then

```
        Data2.Recordset.MoveNext
End If
End Sub


"确定"命令按钮:
Private Sub Command2_Click()
Dim s As String
Dim a As Integer
If Not Data2.Recordset.BOF And Not Data2.Recordset.EOF Then
    a = MsgBox("是否确实要删除已选定的课程?", vbYesNo, "")
    If a = 6 Then
        s = Trim(App.Path & "\" & Trim(Data2.Recordset.kechen) & "\*.*")
        Kill (s)    ' 删除该课程的数据文件
        s = Trim(App.Path & "\" & Trim(Data2.Recordset.kechen))
        RmDir s    ' 删除该课程的数据文件夹
        Do While Not Data4.Recordset.EOF
          ' 从权限表中删除所有用户对该课程的访问权
            If Trim(Data4.Recordset.kechen) = Trim(Data2.Recordset.kechen) Then
                Data4.Recordset.Delete
            End If
            Data4.Recordset.MoveNext
        Loop
        Data2.Recordset.Delete    ' 从课程名表中删除该课程名
        Data2.Recordset.MoveNext
        If Not Data2.Recordset.EOF Then    ' 为课程路径指针赋新值
            Data3.Recordset.Edit
            Data3.Recordset.chosendir = Trim(App.Path & "\" & Trim(Data2.Recordset.
kechen))
            Data3.UpdateRecord
        Else
            If Data2.Recordset.BOF Then
                Data3.Recordset.Edit
                Data3.Recordset.chosendir = ""
                Data3.UpdateRecord
            Else
                Data2.Recordset.MovePrevious
                Data3.Recordset.Edit
                If Data2.Recordset.BOF Then
```

```
            Data3.Recordset.chosendir = ""
        Else
            Data3.Recordset.chosendir = Trim(App.Path & "\" & Trim(Data2.
Recordset.kechen))
        End If
            Data3.UpdateRecord
        End If
    End If
    a = MsgBox(" 课 程 已 经 成 功 删 除 完 毕 ！！！ ",
vbOKOnly, "")
        Unload Form6
    End If
    End If
    End Sub
```

以上代码段程序流程图如图 19-6 所示。

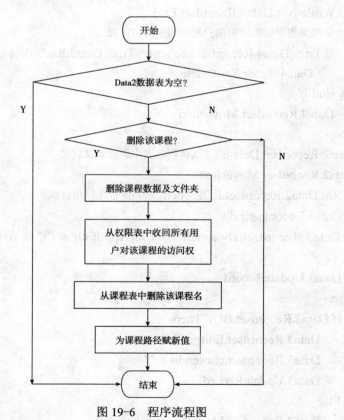

图 19-6 程序流程图

"返回"命令按钮：
```
Private Sub Command3_Click()
```

```
Unload Form6
End Sub
```

"上一个"命令按钮：

```
Private Sub Command4_Click()
If Not Data2.Recordset.BOF Then
    Data2.Recordset.MovePrevious
End If


End Sub
Private Sub Form_Activate()
Data1.databasename=App.Path & "\setuppath.mdb"
Data1.recordsource="biao1"
Data2.databasename=App.Path & "\setuppath.mdb"
Data2.recordsource = ""
Data3.databasename=App.Path & "\setuppath.mdb"
Data3.recordsource = "biao3"
Data4.databasename=App.Path & "\setuppath.mdb"
Data4.recordsource = "biao5"
Data1.Refresh
Data2.Refresh
Data3.Refresh
Data4.Refresh
End Sub
```

第20章 试题管理

本试题库系统是一个能管理多门课程试题数据的系统，整个系统是开放的，既可为系统添加课程和试题，也可以从系统中删除课程和试题。因此，系统必须要具有管理这些数据的专门功能。该功能由"试题管理"主菜单功能项的各个子功能项来完成。

本章介绍"试题管理"下拉主菜单功能项的各个子功能项：添加试题，浏览试题，取消选中标记的功能实现，另外包括界面设计，数据控件数据库、表的挂接情况及各个相关事件中所编写的代码。

20-1 添加试题

"添加试题"功能界面如图20-1所示。

图 20-1 窗体 Form10

向试题库内添加试题一般是按大题号批量进行的，因此进入输入试题界面以前先要在该界面中选择好大题号即题型。然后点击"确定"按钮即可进入添加试题界面。点击"返回"按钮即返回到试题库主菜单界面。

数据控件数据源的设置(代码要置于当前窗体的 Private Sub Form_Activate() 事件过程的开始部分)：

Data1.DatabaseName=""
Data1.RecordSource="biao5"
Data2.DatabaseName=App.Path & "\setuppath.mdb"
Data2.RecordSource = "biao3"

其他控件的属性设置说明如表20-1所示。

表 20-1　　　　　　　　　　　　控件属性设置说明

控　件	属　性	属性值(或功用)
Label1	Caption	请输入大题号：
Label3	Caption	当前操作的课程名
Command1	Caption	确定
Command2	Caption	返回
Combo1	Listt	大题号序列
Text1	Text	存储所选择的大题号序列

续表

控 件	属 性	属性值 (或功用)
Data1	Visible	False
Data2	Visible	False

编写事件代码：

"确定"命令按钮：

```
Private Sub Command1_Click()
Dim s As String
If Val(Form10.Text1.Text) <> 0 Then
    Load Form1
    Form1.Show
Else
    s = MsgBox(" 未 输 入 符 合 要 求 的 题 号   ！ ", vbOKOnly)
End If
End Sub
```

"返回"命令按钮：

```
Private Sub Command2_Click()
Unload Form10
End Sub
Private Sub Data2_Reposition()
Data1.DatabaseName = Trim(Data2.Recordset.chosendir) & "\db.mdb"
End Sub
Private Sub Form_Activate()
Data1.DatabaseName=""
Data1.RecordSource="biao5"
Data2.DatabaseName=App.Path & "\setuppath.mdb"
Data2.RecordSource = "biao3"
Data1.Refresh
Data2.Refresh
Label3.Caption = Replace(Form3.Data2.Recordset.chosendir, App.Path & "\", "",1)
' 显示当前操作的课程

Do While Not Data1.Recordset.EOF    ' 将题型序列挂入组合框 Combo1 内
    Combo1.AddItem (Data1.Recordset.tixin)
    Data1.Recordset.MoveNext
Loop
```

369

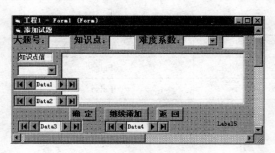

图 20-2　窗体 Form1

End Sub
Private Sub Combo1_Click()
Text1.Text = Combo1.ListIndex + 1
End Sub

窗体 Form1 如图 20-2 所示。

在该界面中要点开难度系数组合框，然后选择合适的数值。用鼠标右键单击窗体的空白处，则弹出一个知识点信息组合框；点开组合框找到需要的知识点信息行，然后用鼠标左键单击选择它，则被选择信息行前的知识点代码会自动写入窗体上的知识点文本框内。大题号是上一个界面中输入的，不需要再输入。确认难度系数和知识点输入选择正确后，点击"确定"按钮则在窗体中央区域出现一个空白区域，这时"确定"按钮变为不可用。该空白方块是一个 OLE 控件，用于输入或显示试题内容。输入试题内容时只需双击该空白处，相应事件的程序段将自动创建一个空 Word 文档并启动 Word 软件打开这个 Word 文档 (该 OLE 控件与这个 Word 文档由程序指令建立链接关系)。用户可在 Word 窗口中输入试题内容，最后保存该文档。关闭 Word 窗口后就又返回到了"添加试题"这一窗体中。这样，一道试题即输入完毕。每道题将生成唯一的 Word 文档，其文件名为 tihao.doc。点击"继续添加"按钮则可以添加下一试题；点击"返回"按钮则可回到启动"添加试题"功能时首先出现的那个界面，可重新选择大题号，或返回到试题库主菜单界面。

数据控件数据源的设置 (代码要置于当前窗体的 Private Sub Form_Activate() 事件过程的开始部分)：

Data1.DatabaseName=""
Data1.RecordSource="biao1"
Data2.DatabaseName= App.Path & "\setuppath.mdb"
Data2.RecordSource = "biao3"
Data3.DatabaseName=""
Data3.RecordSource = "biao4"
Data4.DatabaseName= App.Path & "\setuppath.mdb"
Data4.RecordSource = "biao3"

其他控件的属性设置说明如表 20-2 所示。

表 20-2　　　　　　　　　　　　控件属性设置说明

控　件	属　性	属性值 (或功用)
Label1	Caption	知识点：
Label2	Caption	难度系数：
Label4	Caption	大题号：
Label5	Caption	当前操作的课程名
Command1	Caption	确定

控　件	属　性	属性值（或功用）
Command2	Caption	返回
Command3	Caption	继续添加
Command4	Caption	输入答案
Combo1	List	难度系数序列
Combo2	List	知识点信息序列
Text1	Text	输入知识点
Text2	Text	存储所选择难度系数
Text3	Text	知识点信息
Text5	Text	自动添入大题号
Ole1		显示试题文档内容
Data1	Visible	False
Data2	Visible	False
Data3	Visible	False
Data4	Visible	False

为事件编写代码：

```
Dim t As String    '在当前窗体的通用过程中定义
Private Sub Combo1_Click()
Text2 = Trim(Combo1.Text)
End Sub
Private Sub Combo2_Click()
Text1.Text = Left(Combo2.Text, 6)
End Sub
```

"确定"命令按钮：

```
Private Sub Command1_Click()
Command2.Enabled = False
Command3.Enabled = False
Command4.Enabled = False
If Data1.Recordset.BOF Then    '如果试题数据表为空
    '以下 6 行代码将新试题数据写入数据表
    Data1.Recordset.AddNew
    Data1.Recordset.zhishidian = Text1.Text
    Data1.Recordset.xishu = Val(Text2.Text)
    Data1.Recordset.fen = Val(Text3.Text)
    Data1.Recordset.tihao = "1"
```

```
        Data1.Recordset.datihao = Text5.Text
        t = "1"
        Data1.UpdateRecord
        Command1.Enabled = False
        OLE1.Visible = True
Else
        Data1.Recordset.MoveLast
        t = Str(Val(Data1.Recordset.tihao) + 1)
        Data1.Recordset.AddNew
        Data1.Recordset.tihao = t
        Data1.Recordset.zhishidian = Text1.Text
        Data1.Recordset.xishu = Val(Text2.Text)
        Data1.Recordset.datihao = Text5.Text
        Data1.UpdateRecord
        Command1.Enabled = False
        OLE1.Visible = True
        OLE1.Class = "word.document.8"
        OLE1.DisplayType = 0
        OLE1.SourceDoc = App.Path &  "\doc1.doc"
        OLE1.Action = 1
        OLE1.Refresh
End If
End Sub
```

"返回"命令按钮：
```
Private Sub Command2_Click()
Unload Form1
End Sub
```

"继续添加"命令按钮：
```
Private Sub Command3_Click()
Command3.Enabled = False
Command1.Enabled = True
 OLE1.Visible = False
Text1.Text = "    "
Text2.Text = "    "
End Sub
```

"输入答案"命令按钮：

```
Private Sub Command4_Click()
Load Form21
Form21.Show
End Sub
Private Sub Data2_Reposition()
Data1.DatabaseName = Trim(Data2.Recordset.chosendir) & "\db.mdb"
End Sub
Private Sub Data4_Reposition()
Data3.DatabaseName = Trim(Data4.Recordset.chosendir) & "\db.mdb"
End Sub
Private Sub Form_Activate()
Data1.DatabaseName=""
Data1.RecordSource="biao1"
Data2.DatabaseName= App.Path & "\setuppath.mdb"
Data2.RecordSource = "biao3"
Data3.DatabaseName=""
Data3.RecordSource = "biao4"
Data4.DatabaseName= App.Path & "\setuppath.mdb"
Data4.RecordSource = "biao3"
Data1.Refresh
Data2.Refresh
Data3.Refresh
Data4.Refresh
Label5.Caption = Replace(Form3.Data2.Recordset.chosendir, App.Path & "\", "")
' 显示当前操作的课程


Form1.Text5.Text = Form10.Text1.Text
Do While Not Data3.Recordset.EOF
    Combo2.AddItem (Data3.Recordset.zhishidian)
    Data3.Recordset.MoveNext
Loop
' 以上代码段实现将知识点信息行挂入组合框 Combo2 内


End Sub
```

弹出或关闭知识点信息组合框：

```
Private Sub Form_MouseDown(Button As Integer, Shift As Integer, X As Single, Y As Single)
```

```
    If Combo2.Visible = True Then
        Combo2.Visible = False
        Text3.Visible = False
    Else
        Combo2.Visible = True
        Text3.Visible = True
    End If
    End Sub
    Private Sub OLE1_Click()
    ' 打开输入试题内容的窗口界面
    Dim a, b As String
    a = "c:\tiku123456789\doc1.doc"
    b = Trim(Trim(Data2.Recordset.chosendir) & "\" & Trim(t) & ".doc")
    If Not checkfile(b) Then    ' 生成试题空文档
        FileCopy a, b
    End If
    OLE1.Class = "word.document.8"
    OLE1.DisplayType = 0
    OLE1.SourceDoc = b
    OLE1.Action = 1     ' 将该试题空文档与 WORD 程序链接
    Command1.Enabled = False
    Command4.Enabled = True
    Command3.Enabled = True
    Command2.Enabled = True
    End Sub
```

20-2　浏览试题

"浏览试题"功能界面如图 20-3、图 20-4 所示。

在该界面中要点开题型组合框和难度系数组合框，然后选择合适的数值。用鼠标右键单击窗体的空白处，则弹出一个知识点信息组合框。点开组合框找到需要的知识点信息行，然后用鼠标单击选择它，则被选择信息行前的知识点代码会自动写入窗体上的知识点文本框内。最后点击"确定"按钮即可进入浏览试题状态。如果未选择或输入题型、难度系数和知识点中的某一项或一些项，则视为该项或该些项无限制，即可任意。例如，如果未选择题型，则进入浏览试题状态后可以浏览到各题

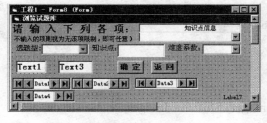

图 20-3　窗体 Form8

型的试题。点击"返回"按钮即返回到试题库主菜单界面。

数据控件数据源的设置（代码要置于当前窗体的 Private Sub Form_Activate() 事件过程的开始部分）：

Data1.DatabaseName=""

Data1.RecordSource="biao5"

Data2.DatabaseName= App.Path & "\setuppath.mdb"

Data2.RecordSource = "biao3"

Data3.DatabaseName=""

Data3.RecordSource = "biao4"

Data4.DatabaseName= App.Path & "\setuppath.mdb"

Data4.RecordSource = "biao3"

其他控件的属性设置说明如表 20-3 所示。

表 20-3　　　　　　　　　　　控件属性设置说明

控　　件	属　　性	属性值（或功用）
Label1	Caption	选题型：
Label4	Caption	知识点：
Label5	Caption	难度系数：
Label7	Caption	显示当前操作的课程名
Command1	Caption	确定
Command2	Caption	返回
Combo1	List	题型序列
Combo2	List	知识点信息序列
Combo3	List	难度系数序列
Text1	Text Visible	存储所选择难度系数 False
Text2	Text	存储所输入知识点代码
Text3	Text Visible	存储所选择难度系数 False
Text4	Text Visible	知识点信息 False
Data1	Visible	False
Data2	Visible	False
Data3	Visible	False
Data4	Visible	False

为事件编写代码：

Private Sub Combo1_Click()

Text1.Text = Combo1.ListIndex + 1

```
End Sub
Private Sub Combo2_Click()
Text2.Text = Left(Combo2.Text, 6)
End Sub
Private Sub Combo3_Click()
Text3.Text = Combo3.Text
End Sub
```

"确定" 命令按钮：
```
Private Sub Command1_Click()
Load Form2
Form2.Show
End Sub
```

"返回" 命令按钮：
```
Private Sub Command2_Click()
Unload Form8
End Sub
Private Sub Data2_Reposition()
Data1.DatabaseName = Data2.Recordset.chosendir & "\db.mdb"
End Sub
Private Sub Data4_Reposition()
Data3.DatabaseName = Trim(Data4.Recordset.chosendir) & "\db.mdb"
End Sub
Private Sub Form_Activate()
Data1.DatabaseName=""
Data1.RecordSource="biao5"
Data2.DatabaseName= App.Path & "\setuppath.mdb"
Data2.RecordSource = "biao3"
Data3.DatabaseName=""
Data3.RecordSource = "biao4"
Data4.DatabaseName= App.Path & "\setuppath.mdb"
Data4.RecordSource = "biao3"
Data1.Refresh
Data2.Refresh
Data3.Refresh
Data4.Refresh
Do While Not Data1.Recordset.EOF
```

```
    Combo1.AddItem (Data1.Recordset.tixin)
    Data1.Recordset.MoveNext
Loop
Do While Not Data3.Recordset.EOF
    Combo2.AddItem (Data3.Recordset.zhishidian)
    Data3.Recordset.MoveNext
Loop
Label7.Caption = Replace(Form3.Data2.Recordset.chosendir, App.Path & "\", "")
' 显示当前操作的课程
End Sub
```

弹出或关闭知识点信息组合框：

```
Private Sub Form_MouseDown(Button As Integer, Shift As Integer, X As Single, Y As Single)
If Combo2.Visible = True Then
    Combo2.Visible = False
    Text4.Visible = False
Else
    Combo2.Visible = True
    Text4.Visible = True
End If
End Sub
```

窗体 Form2 如图 20-4 所示。

在该界面中可点击"下一题"按钮和"上一题"按钮翻阅前面输入大题号的各试题（内容）。左上角的那个 Text 用来显示选中标记。可点击"选中"取消选中标记（再点一次则又加上选中标记）。点击"删除"按钮即可删除当前显示的试题。点击"返回"按钮即可返回到前面一个大题号等数据的输入界面。要想浏览其他大题的试题，必须返回到前面一个大题号等数据的输入界面，重新给出大题号等数据。

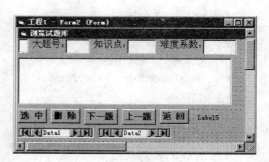

图 20-4　窗体 Form2

数据控件数据源的设置（代码要置于当前窗体的 Private Sub Form_Activate() 事件过程的开始部分）：

```
Data1.Databasename=""
Data1.Recordsource="biao1"
Data2.Databasename= App.Path & "\setuppath.mdb"
Data2.Recordsource = "biao3"
```

其他控件的属性设置说明如表 20-4 所示。

表 20-4   控件属性设置说明

控 件	属 性	属性值 (或功用)
Label1	Caption	知识点：
Label2	Caption	难度系数：
Label4	Caption	大题号：
Label5	Caption	显示当前操作的课程名
Command1	Caption	下一题
Command2	Caption	上一题
Command3	Caption	返回
Command4	Caption	选中
Command5	Caption	删除
Text1	Text	显示知识点
Text2	Text	显示难度系数
Text3	Text	知识点信息
Text5	Text	显示选中标记
OLE1		显示试题文档内容
Data1	Visible	False
Data2	Visible	False

为事件编写代码：

Dim s As Integer   ' 在通用过程中

"下一题" 命令按钮：

```
Private Sub Command1_Click()
If Not Data1.Recordset.EOF Then
    Data1.Recordset.MoveNext
 End If
End Sub
```

"上一题" 命令按钮：

```
Private Sub Command2_Click()
If Not Data1.Recordset.BOF Then
    Data1.Recordset.MovePrevious
End If
End Sub
```

"返回" 命令按钮：

```
Private Sub Command3_Click()
```

Unload Form2
Unload Form23
End Sub

"选中"命令按钮：
Private Sub Command4_Click()
If Not Data1.Recordset.EOF Then
   If Data1.Recordset.Tag <> "+" Or IsNull(Data1.Recordset.Tag) Then
     Data1.Recordset.Edit
     Data1.Recordset.Tag = "+"
     Data1.UpdateRecord
   Else
     Data1.Recordset.Edit
     Data1.Recordset.Tag = Null
     Data1.UpdateRecord
   End If
End If
End Sub

"删除"命令按钮：
Private Sub Command5_Click()
Dim s As Integer
Dim b As String
s = MsgBox("确 实 要 删 除 当 前 题 吗 ？ ", vbYesNo, "")
If s = 6 Then
   If Not Data1.Recordset.EOF And Not Data1.Recordset.BOF Then
     OLE1.Action = 9　'关闭对象，终止链接
     b = Trim(Trim(Data2.Recordset.chosendir) & "\" & Trim(Data1.Recordset.tihao) & ".doc")
     If checkfile(b) Then
       Kill (b)　'删除试题文档文件
     End If
     Data1.Recordset.Delete
     Data1.Recordset.MoveNext
     If Not Data1.Recordset.EOF Then
       OLE1.Class = "word.document.8"
       OLE1.DisplayType = 0
       OLE1.SourceDoc = Trim(Trim(Data2.Recordset.chosendir) & "\" &

379

```
Trim(Data1.Recordset.tihao) & ".doc")
                OLE1.Action = 1
            Else
                OLE1.Class = "word.document.8"
                OLE1.DisplayType = 0
                OLE1.SourceDoc = App.Path & "\doc1.doc"
                OLE1.Enabled = False
                OLE1.Action = 1
            End If
        End If
    End If
    End Sub
    Private Sub Data1_Reposition()
        If Not Data1.Recordset.EOF And Not Data1.Recordset.BOF Then
            OLE1.Class = "word.document.8"
            OLE1.DisplayType = 0
            OLE1.SourceDoc = Trim(Trim(Data2.Recordset.chosendir) & "\" & Trim(Data1.
Recordset.tihao) & ".doc")
            OLE1.Action = 1
        Else
            OLE1.Class = "word.document.8"
            OLE1.DisplayType = 0
            OLE1.SourceDoc = "c:\tiku123456789\doc1.doc"
            OLE1.Enabled = False
            OLE1.Action = 1
        End If
    End Sub
    Private Sub Data2_Reposition()
    Data1.DatabaseName = Trim(Trim(Data2.Recordset.chosendir) & "\db.mdb")
    Dim s, s1, s2, s3 As String
    s = Trim(Form8.Text1.Text)    ' 从 Form8 窗体中取得输入值
    s1 = Trim(Form8.Text2.Text)
    s2 = Trim(Form8.Text3.Text)

    ' 以下代码根据输入值的过滤出记录子集，设置 Data 的 Recordsource 属性
    If Len(s) = 0 Then
        If Len(s1) = 0 Then
            If Len(s2) = 0 Then
```

```
                    Data1.RecordSource = "biao1"
                Else
                    Data1.RecordSource = "select * from biao1 where xishu=" & s2
                End If
            Else
                If Len(s2) = 0 Then
                    Data1.RecordSource = "select * from biao1 where zhishidian=" & """" & s1 & """"
                Else
                    Data1.RecordSource = "select * from biao1 where zhishidian=" & """" & s1 & """"
& "and xishu=" & s2
                End If
            End If
        Else
            If Len(s1) = 0 Then
                If Len(s2) = 0 Then
                    Data1.RecordSource = "select * from biao1 where datihao=" & """" & s & """"
                Else
                    Data1.RecordSource = "select * from biao1 where datihao=" & """" & s & """" &
"and xishu=" & s2
                End If
            Else
                If Len(s2) = 0 Then
                    Data1.RecordSource = "select * from biao1 where datihao=" & """" & s & """" & "
and zhishidian=" & """" & s1 & """"
                Else
                    Data1.RecordSource = "select * from biao1 where datihao=" & """" & s & """" & "
and zhishidian=" & """" & s1 & """" & "and xishu=" & s2
                End If
            End If
        End If
    End If
End Sub
Private Sub Form_Activate()
Data1.databasename=""
Data1.recordsource="biao1"
Data2.databasename= App.Path & "\setuppath.mdb"
Data2.recordsource = "biao3"
Data1.Refresh
Data2.Refresh
```

```
    If Not Data1.Recordset.BOF Then     ' 为 OLE1 创建链接
        OLE1.Class = "word.document.8"
        OLE1.DisplayType = 0
        OLE1.SourceDoc = Trim(Trim(Data2.Recordset.chosendir) & "\" & Trim(Data1.
Recordset.tihao) & ".doc")
        OLE1.Action = 1
    End If
    Label5.Caption = Replace(Form3.Data2.Recordset.chosendir, App.Path & "\", "")
End Sub
Private Sub OLE1_DblClick()
    OLE1.Class = "word.document.8"
    OLE1.DisplayType = 0
    OLE1.SourceDoc = Trim(Trim(Data2.Recordset.chosendir) & "\" & Trim(Data1.
Recordset.tihao) & ".doc")
    OLE1.Action = 1
End Sub
```

"点击鼠标" 命令按钮：

```
Private Sub Form_MouseDown(Button As Integer, Shift As Integer, X As Single, Y As
Single)
    If s = 0 Then
        s = 1
        Load Form23
        Form23.Show
    Else
        Unload Form23
        s = 0
    End If
End Sub
```

图 20-5　窗体 Form23

在窗体 Form2 的空白处点击鼠标即会弹出窗体 Form23，再点击鼠标一次即关闭窗体 Form23，再点击鼠标一次又可打开窗体 Form23。窗体 Form23 用于显示已经选中的试题的分类汇总情况，如图 20-5 所示。

数据控件数据源的设置（代码要置于当前窗体的 Private Sub Form_Activate() 事件过程的开始部分）：

Data1.DatabaseName= App.Path & "\setuppath.mdb"

Data1.RecordSource = "biao3"

Data2.DatabaseName=""

Data2.RecordSource=" select datihao,count(*) as shu from biao1 where tag='+' group by datihao"

为事件编写代码：

Private Sub Data1_Reposition()

Data2.DatabaseName = Trim(Trim(Data1.Recordset.chosendir) & "\db.mdb")

Data2.Refresh

End Sub

Private Sub Form_Activate()

Data1.DatabaseName= App.Path & "\setuppath.mdb"

Data1.RecordSource = "biao3"

Data2.DatabaseName=""

Data2.RecordSource=" select datihao,count(*) as shu from biao1 where tag='+' group by datihao"

Data1.Refresh

Data2.Refresh

Print " 题号 ", " 题数 "

Print

Do While Not Data2.Recordset.EOF

    Print Data2.Recordset.datihao, Data2.Recordset.shu

    Data2.Recordset.MoveNext

Loop

End Sub

窗体 Form23 运行时的效果如图 20-6 所示。

图 20-6　窗体 Form23 运行效果

20-3　取消选中标记

"取消选中标记" 功能界面如图 20-7、图 20-8 所示。

图 20-7　窗体 Form17

在该界面中点击 "确定" 按钮即开始取消当前课程试题库中所有加有选中标记 "+" 的试题的选中标记，并且置为空 (NULL)；点击 "返回" 按钮即返回到试题库主菜单界面。

数据控件数据源的设置 (代码要置于当前窗体的 Private Sub Form_Activate() 事件过程的开始部分) :

Data1.DatabaseName=""

Data1.RecordSource="biao1"

Data2.DatabaseName= App.Path & "\setuppath.mdb"

Data2.RecordSource = "biao3"

其他控件的属性设置说明如表 20-5 所示。

表 20-5   **控件属性设置说明**

控 件	属 性	属性值 (或功用)
Label1	Caption	下面将取消试题库中所有加有选中标记 "+" 试题的选中标记，并且置空 (NULL)
Label2	Caption	显示当前操作的课程名
Command1	Caption	确定
Command2	Caption	返回
Data1	Visible	False
Data2	Visible	False

为事件编写代码：

"确定"命令按钮：

```
Private Sub Command1_Click()
Load Form16
Form16.Show
Do While Not Data1.Recordset.EOF
    Data1.Recordset.Edit
    Data1.Recordset.Tag = Null
    Data1.Recordset.Update
    Data1.Recordset.MoveNext
Loop
Unload Form17
Dim s As Integer
s = MsgBox(" 试题库中所有加有选中标记 " + " 试题的选中标记已全部取消　！！！", vbOKOnly, "")
Unload Form16
End Sub
```

"返回"命令按钮：

```
Private Sub Command2_Click()
Unload Form17
End Sub
```

Private Sub Data2_Reposition()

Data1.DatabaseName = Data2.Recordset.chosendir & "\db.mdb"

End Sub

Private Sub Form_Activate()

Data1.DatabaseName=""

Data1.RecordSource="biao1"

Data2.DatabaseName= App.Path & "\setuppath.mdb"

Data2.RecordSource = "biao3"

Data1.Refresh

Data2.Refresh

Label2.Caption = Replace(Form3.Data2.Recordset.chosendir, App.Path & "\", "")

End Sub

在程序执行取消删除标记过程中，可看到一个信息提示窗体 Form16，如图 20-8 所示。

图 20-8　窗体 Form16

Private Sub Form_Activate()

Data2.DatabaseName = App.Path & "\setuppath.mdb"

Data2.Refresh

Data1.DatabaseName = Data2.Recordset.chosendir & "\db.mdb"

Data1.Refresh

Data3.DatabaseName = Data2.Recordset.chosendir & "\db.mdb"

Data3.Refresh

Label2.Caption = Replace(Form3.Data2.Recordset.chosendir, App.Path &　"\", "")

End Sub

第 21 章　试卷管理

本系统能自动保存所有已经生成的试卷文档，逐渐积累而形成试卷库。可以选择其中任意一个试卷文档然后打开进行编辑，最后可打印输出。可以根据人工选定的试题自动生成试卷，也可以通过输入选题条件后自动选定试题，最后由选定的试题自动生成试卷。选定试题以后，自动生成试卷以前，可以进行试卷预览，可再一次决定试题的去留。这些功能都是由"试卷管理"主菜单功能项的各个子功能项来实现的。

本章介绍"试卷管理"主菜单功能项的各个子功能项：输入选题条件，自动选题，试卷预览，生成试卷，包括界面设计，数据控件库表挂接情况及各个事件中所编写的代码。

21-1　输入选题条件

"输入选题条件"功能界面如图 21-1 所示。

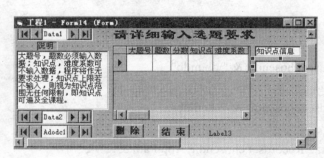

图 21-1　窗体 Form14

在人工选定试题的基础上由系统按要求自动随机选择补足剩余试题而要求系统自动选题时要给出各项具体数据要求。其中知识点和难度系数可不给出外，其余各项必须给出。未给出的项即认为任意数据皆可（程序将按无任何限制处理）。知识点上限用来限制出题范围，主要为了适应期中考试和期末考试（知识点上限不输入即可）不同的需要。上限知识点不包括在出题知识点范围之内（如图 21-2 所示）。输入所有要求后，点击"结束"命令结束输入，然后点击"自动选题"菜单项即可开始自动选题。自动选题将严格按照如上输入的要求数据进行。若没有符合条件的题则不选，最后等待进行人工调整。

数据控件数据源的设置（代码要置于当前窗体的 Private Sub Form_Activate() 事件过程的开始部分）：

Data1.DatabaseName=""

Data1.RecordSource="biao4"

Data2.DatabaseName= App.Path & "\setuppath.mdb"

Data2.RecordSource = "biao3"

Adodc1.connectionstring=" Provider=Microsoft.Jet.OLEDB.3.51;Persist Security Info=False;Data Source= " & App.Path & "\db.mdb"

Adodc1.RecordSource = "biao3"

其他控件的属性设置说明如表 21-1 所示。

表 21-1　　　　　　　　　　控件属性设置说明

控　　件	属　　性	属性值（或功用）
Label1	Caption	说明
Label2	Caption	请详细输入选题要求
Label3	Caption	显示当前操作的课程名
Command1	Caption	结　束
Command3	Caption	删　除
Combo1	List	知识点信息序列
Text1	Text	说明信息
Text2	Text	知识点信息
DataGrid1	DataSource	Adodc1 用于详细输入选题要求
Data1	Visible	False
Data2	Visible	False

为事件编写代码：

Dim s As Integer　　 ' 在窗体的通用过程中

"结束"命令按钮：

```
Private Sub Command1_Click()
Unload Form14
End Sub
```

"删除"命令按钮：

```
Private Sub Command3_Click()
Adodc1.Recordset.Delete
End Sub
Private Sub Data2_Reposition()
Data1.DatabaseName = Trim(Trim(Data2.Recordset.chosendir) & "\db.mdb")
End Sub
Private Sub Form_Activate()
Data1.DatabaseName=""
Data1.RecordSource="biao4"
Data2.DatabaseName= App.Path & "\setuppath.mdb"
```

```
    Data2.RecordSource = "biao3"
    Adodc1.connectionstring=" Provider=Microsoft.Jet.OLEDB.3.51;Persist Security
Info=False;Data Source= " & App.Path & "\db.mdb"
    Adodc1.RecordSource = "biao3"
    Data1.Refresh
    Data2.Refresh
    Adodc1.Refresh
    Do While Not Data1.Recordset.EOF
        Combo1.AddItem (Data1.Recordset.zhishidian)
        Data1.Recordset.MoveNext
    Loop
    Label3.Caption = Replace(Form3.Data2.Recordset.chosendir, App.Path & "\", "")
    End Sub
    Private Sub Form_Initialize()
    s = 1
    End Sub
```

"点击鼠标"：

```
    Private Sub Form_MouseDown(Button As Integer, Shift As Integer, X As Single, Y As
Single)
    If Combo1.Visible = True Then
        Combo1.Visible = False
        Text2.Visible = False
    Else
        Combo1.Visible = True
        Text2.Visible = True
    End If
    End Sub
```

"说明" 标签：

```
    Private Sub Label1_Click()
    If s = 1 Then
        Label1.Caption = " 关闭 "
        Text1.Visible = True
        s = -1
    Else
        Label1.Caption = " 说明 "
        Text1.Visible = False
```

```
    s = 1
End If
End Sub
Private Sub Combo1_Click()
' 通过选择向条件表内添入知识点代码
DataGrid1.Text = Left(Combo1.Text, 6)
' 将组合框中的选项的知识点代码写入 DataGrid1 当前格内
End Sub
```

21-2 自动选题

选择"自动选题"菜单项后，首先会出现如图 21-2 所示的界面。

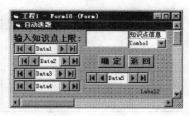

图 21-2 窗体 Form18

在该界面中的空白处单击鼠标右键即会弹出一个知识点信息组合框，然后选择合适的行即可添入知识点上限（选题不包括它在内，不添入知识点上限则认为选题在全范围进行）。点击"确定"按钮即开始自动选题；点击"返回"按钮即返回到试题库主菜单界面。

按用户给出的条件，由程序自动选题功能的实现：

算法描述： 首先按选题条件表中第一行选题条件从试题表中按该条件过滤出符合条件的试题子集。若过滤出的符合条件的试题数少于或等于条件中要求的题数，则全部选中过滤出的试题；若过滤出的符合条件的试题数多于条件中要求的题数，则调用随机函数 Rnd 随机地选出该选题条件中题数值所要求的试题数；然后按选题条件表中第二行条件从试题表中过滤出符合该条件同时未加选中标记的试题子集，从中选出该选题条件中题数值所要求的试题数；然后按选题条件表中第三行条件……。依此进行，直到按选题条件表中的所有条件选出所有的符合条件的试题为止，最后结束自动选题。

数据控件数据源的设置（代码要置于当前窗体的 Private Sub Form_Activate() 事件过程的开始部分）：

```
Data1.Databasename= App.Path & "\setuppath.mdb"
Data1.Recordsource="biao3"
Data2.DatabaseName=""
Data2.RecordSource = ""
Data3.DatabaseName= App.Path & "\db.mdb"
Data3.RecordSource = "biao3"
Data4.DatabaseName=""
Data4.RecordSource = "biao4"
Data5.DatabaseName= App.Path & "\setuppath.mdb"
Data5.RecordSource = "biao3"
```

其他控件的属性设置说明如表 21-2 所示。

表 21-2　　　　　　　　　　控件属性设置说明

控件	属性	属性值（或功用）
Label1	Caption	请输入知识点上限：
Label2	Caption	显示当前操作的课程名
Command1	Caption	确定
Command2	Caption	返回
Combo1	List	知识点信息序列
Text2	Text	用于输入知识点信息
Data1	Visible	False
Data2	Visible	False
Data3	Visible	False
Data4	Visible	False
Data5	Visible	False

算法的代码实现如下：

"确定"命令按钮：

```
Private Sub Command1_Click()
Load Form15
Form15.Show
Dim i, j As Integer
s = Text1.Text
Do While Not Data3.Recordset.EOF    ' 逐行取出选题条件表中各条件进行处理，
                                    ' 直到所有条件处理完为止
    If Len(Trim(s)) = 0 Then    ' 根据选题条件过滤出符合条件的试题子集，
                                ' 用该子集设置 Data 数据控件的 Recordsource
        If IsNull(Data3.Recordset.xishu) Then
            If IsNull(Data3.Recordset.zhishidian) Then
                Data2.RecordSource = "select * from biao1 where (tag<>'+' or isnull(tag))" & "and trim(datihao)=" & Trim(Data3.Recordset.datihao)
            Else
                Data2.RecordSource = "select * from biao1 where (tag<>'+' or isnull(tag))" & "and trim(datihao)=" & Trim(Data3.Recordset.datihao) & "and trim(zhishidian) =" & Trim(Data3.Recordset.zhishidian)
            End If
        Else
            If IsNull(Data3.Recordset.zhishidian) Then
                Data2.RecordSource = "select * from biao1 where (tag<>'+' or isnull(tag))" &
```

```
"and trim(datihao)=" & Trim(Data3.Recordset.datihao) & "and xishu=" & Trim(Data3.Recordset.
xishu)
                Else
                    Data2.RecordSource = "select * from biao1 where (tag<>'+' or isnull(tag))"
& "and trim(datihao)=" & Trim(Data3.Recordset.datihao) & "and trim(zhishidian) =" &
Trim(Data3.Recordset.zhishidian) & "and xishu=" & Trim(Data3.Recordset.xishu)
                End If
            End If
        Else
            If IsNull(Data3.Recordset.xishu) Then
                If IsNull(Data3.Recordset.zhishidian) Then
                    Data2.RecordSource = "select * from biao1 where trim(zhishidian) <" &
Trim(s) & "and (tag<>'+' or isnull(tag))" & "and trim(datihao)=" & Trim(Data3.Recordset.
datihao)
                Else
                    Data2.RecordSource = "select * from biao1 where trim(zhishidian) <" &
Trim(s) & "and (tag<>'+' or isnull(tag))" & "and trim(datihao)=" & Trim(Data3.Recordset.
datihao) & "and trim(zhishidian) =" & Trim(Data3.Recordset.zhishidian)
                End If
            Else
                If IsNull(Data3.Recordset.zhishidian) Then
                    Data2.RecordSource = "select * from biao1 where trim(zhishidian) <" &
Trim(s) & "and (tag<>'+' or isnull(tag))" & "and trim(datihao)=" & Trim(Data3.Recordset.
datihao) & "and xishu=" & Trim(Data3.Recordset.xishu)
                Else
                    Data2.RecordSource = "select * from biao1 where trim(zhishidian) <" &
Trim(s) & "and (tag<>'+' or isnull(tag))" & "and trim(datihao)=" & Trim(Data3.Recordset.
datihao) & "and trim(zhishidian) =" & Trim(Data3.Recordset.zhishidian) & "and xishu=" &
Trim(Data3.Recordset.xishu)
                End If
            End If
        End If
        Data2.Refresh
        If Data2.Recordset.BOF Then
            Data3.Recordset.MoveNext
        Else
            i = 1          ' 1
            Do While Not Data2.Recordset.EOF
```

```
                Data2.Recordset.Edit
                Data2.Recordset.hao = i
                Data2.Recordset.Update
                Data2.Recordset.MoveNext
                i = i + 1
        Loop                              ' 2
        If i - 1 <= Data3.Recordset.tishu Then              ' 3
            Data2.Recordset.MoveFirst
            Do While Not Data2.Recordset.EOF
                Data2.Recordset.Edit
                Data2.Recordset.Tag = "+"
                Data2.Recordset.Update
                Data2.Recordset.MoveNext
            Loop                          ' 4
            Data3.Recordset.Edit
            Data3.Recordset.tishu = 0
            Data3.Recordset.Update
            Data3.Recordset.MoveNext
        Else
            Do While Data3.Recordset.tishu > 0          ' 5
                j = Int(Rnd * 100)
                If j = i - 1 Or j = 1 Or (j < i - 1 And j > 1) Then
                    Data2.Recordset.FindFirst ("Trim(hao)=" & Trim(Str(j)))
                    If Data2.Recordset.Tag <> "+" Or IsNull(Data2.Recordset.Tag) Then
                        Data2.Recordset.Edit
                        Data2.Recordset.Tag = "+"
                        Data2.Recordset.Update
                        Data3.Recordset.Edit
                        Data3.Recordset.tishu = Data3.Recordset.tishu - 1
                        Data3.Recordset.Update
                    End If
                End If
            Loop                          ' 6
            Data3.Recordset.MoveNext
        End If
    End If
Loop
j = MsgBox("自 动 选 题 已 经 结 束 ！！！", vbOKOnly, "")
```

Unload Form15

Unload Form18

End Sub

1 行—2 行：为所有过滤出的符合条件试题记录按顺序添入序号 1，2，3，…。

3 行—4 行：若过滤出的符合条件的试题数少于或等于条件中要求的题数，则全部选中过滤出的试题。

5 行—6 行：若过滤出的符合条件的试题数多于条件中要求的题数，则调用随机函数 Rnd，当 Int(Rnd * 100) 等于符合条件的某试题的记录序号且该题未被选中过，则选中它，否则再由 Int(Rnd * 100) 生成随机整数然后与符合条件的试题的记录序号比较且查看它的选中标记，以此类推，直到所需要的试题数全部选出为止。每选中一题，选题条件中的题数值减一，直到题数值减到零为止，然后如上步骤按下一个要求条件进行选题，直到选出所有符合各个条件试题为止。

该代码段程序流程图如图 21-3 所示。

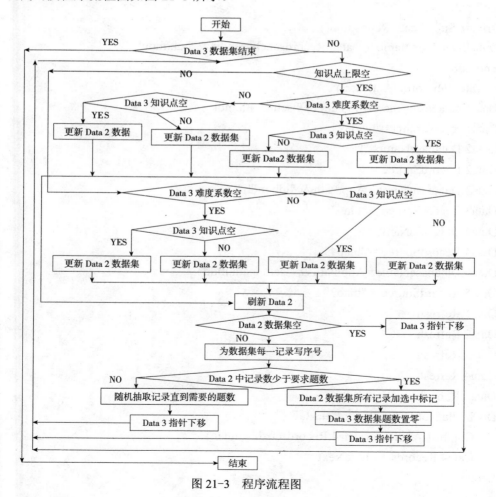

图 21-3　程序流程图

```
Dim s As String    ' 在窗体的通用过程中
```

"组合框 1"
```
Private Sub Combo1_Click()
Text1.Text = Left(Combo1.Text, 6)
End Sub
```

"返回"命令按钮：
```
Private Sub Command2_Click()
Unload Form18
End Sub
Private Sub Data1_Reposition()
Data2.DatabaseName = Data1.Recordset.chosendir & "\db.mdb"
End Sub
Private Sub Data5_Reposition()
Data4.DatabaseName = Data5.Recordset.chosendir & "\db.mdb"
End Sub
Private Sub Form_Activate()
Data1.databasename= App.Path & "\setuppath.mdb"
Data1.recordsource="biao3"
Data2.DatabaseName=""
Data2.RecordSource = ""
Data3.DatabaseName= App.Path & "\db.mdb"
Data3.RecordSource = "biao3"
Data4.DatabaseName=""
Data4.RecordSource = "biao4"
Data5.DatabaseName= App.Path & "\setuppath.mdb"
Data5.RecordSource = "biao3"
Data1.Refresh
Data2.Refresh
Data3.Refresh
Data4.Refresh
Data5.Refresh
Do While Not Data4.Recordset.EOF
    Combo1.AddItem (Data4.Recordset.zhishidian)
    Data4.Recordset.MoveNext
Loop
```

Label2.Caption = Replace(Form3.Data2.Recordset.chosendir, App.Path & "\", "")
End Sub

"点击鼠标"：
Private Sub Form_MouseDown(Button As Integer, Shift As Integer, X As Single, Y As Single)
    If Combo1.Visible = True Then
        Combo1.Visible = False
        Text2.Visible = False
    Else
        Combo1.Visible = True
        Text2.Visible = True
    End If
End Sub

在程序执行自动选题过程中，可看到一个信息提示窗体 Form15，如图 21-4 所示。

Private Sub Form_Activate()

Data1.DatabaseName = App.Path & "\setuppath.mdb"

Data1.Refresh

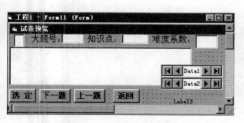

图 21-4　窗体 Form15

Label2.Caption = Replace(Form3.Data1.Recordset.chosendir, App.Path & "\", "")
End Sub

21-3　试卷预览

"试卷预览"功能界面如图 21-5 所示。

在该界面中可点击"下一题"按钮和"上一题"按钮翻阅按大题号排序了的已经选定了的试题内容。左上角的那个 Text 用来显示选中标记。可点击"选中"取消选中标记（再点一次则又加上选中标记）。点击"返回"按钮即可返回到系统主菜单界面。

图 21-5　窗体 Form11

数据控件数据源的设置（代码要置于当前窗体的 Private Sub Form_Activate() 事件过程的开始部分）：

Data1.DatabaseName=""

Data1.RecordSource="select * from biao1 where tag='+' order by datihao,zhishidian,fen"

Data2.DatabaseName= App.Path & "\setuppath.mdb"

Data2.RecordSource = "biao3"

其他控件的属性设置说明如表 21-3 所示。

表 21-3　　　　　　　　　　　　　　　控件属性设置说明

控　件	属　性	属性值（或功用）
Label1	Caption	知识点：
Label2	Caption	难度系数：
Label3	Caption	显示当前操作的课程名
Label4	Caption	大题号：
Command1	Caption	下一题
Command2	Caption	上一题
Command3	Caption	返回
Command4	Caption	选 定
Text1	Text	显示大题号
Text2	Text	显示知识点
Text3	Text	显示难度系数
Text5	Text	显示选中标记
OLE1		显示试题文档内容
Data1	Visible	False
Data2	Visible	False

为事件编写代码：

Dim s As Integer　　' 在窗体的通用过程中

"下一题"命令按钮：
```
Private Sub Command1_Click()
If Not Data1.Recordset.EOF Then
    Data1.Recordset.MoveNext
End If
End Sub
```

"上一题"命令按钮：
```
Private Sub Command2_Click()
If Not Data1.Recordset.BOF Then
    Data1.Recordset.MovePrevious
End If
End Sub
```
"返回"命令按钮：
```
Private Sub Command3_Click()
Unload Form11
Unload Form23
```

```
End Sub

"选中"命令按钮：
Private Sub Command4_Click()
If Not Data1.Recordset.EOF Then
    If Data1.Recordset.Tag <> "+" Or IsNull(Data1.Recordset.Tag) Then
        Data1.Recordset.Edit
        Data1.Recordset.Tag = "+"
        Data1.UpdateRecord
    Else
        Data1.Recordset.Edit
        Data1.Recordset.Tag = Null
        Data1.UpdateRecord
    End If
End If
End Sub
Private Sub Data1_Reposition()
If Not Data1.Recordset.BOF And Not Data1.Recordset.EOF Then
    OLE1.Class = "word.document.8"
    OLE1.DisplayType = 0
    OLE1.SourceDoc = Trim(Trim(Data2.Recordset.chosendir) & "\" & Trim(Data1.
Recordset.tihao) & ".doc")
    OLE1.Action = 1
Else
    OLE1.Class = "word.document.8"
    OLE1.DisplayType = 0
    OLE1.SourceDoc = App.Path & "\doc1.doc"
    OLE1.Enabled = False
    OLE1.Action = 1
End If
End Sub
Private Sub Data2_Reposition()
Data1.DatabaseName = Data2.Recordset.chosendir & "\db.mdb"
End Sub
Private Sub Form_Activate()
Data1.DatabaseName=""
Data1.RecordSource="select * from biao1 where tag='+' order by datihao,zhishidian,fen"
Data2.DatabaseName= App.Path & "\setuppath.mdb"
```

Data2.RecordSource = "biao3"
Data1.Refresh
Data2.Refresh
Label3.Caption = Replace(Form3.Data2.Recordset.chosendir, App.Path & "\", "")
End Sub

"点击鼠标":
Private Sub Form_MouseDown(Button As Integer, Shift As Integer, X As Single, Y As Single)
  If s = 0 Then
    s = 1
    Load Form23
    Form23.Show
  Else
    Unload Form23
    s = 0
  End If
End Sub

21-4 生成试卷

"生成试卷"功能界面如图 21-6 所示。

图 21-6 窗体 Form9

在该界面中点击"确定"按钮即开始生成试卷；点击"返回"按钮即返回到试题库主菜单界面。

生成试卷：将已选定的每一个试题的 tihao.doc 文档按成卷的顺序合并写入一个 Word 文档。

算法描述：采用 OLE 自动化技术（该技术比对象链接又更进了一步），利用 Word 提供的 OLE 自动化对象将已经选择好并按成卷顺序排序了的试题 Word 文档按成卷顺序合并写入一个试卷 Word 文档中。定义了一个 Word.Application 对象 wa，定义了两个 Word.Document 对象 wd1 和 wd，通过它们调用 VBA 功能实现对 Word 文档的操作。首先为存储试卷创建一个可编辑的空 Word 文档并打开它，然后打开第一试题对应的 Word 文档，全选其内容并复制到剪贴板上，关闭第一试题对应的 Word 文档，然后激活试卷 Word 文档，将剪贴板上的内容粘贴进来；然后打开第二试题对应的 Word 文档，全选其内容并复制到剪贴板上，激活试卷 Word 文档，将剪贴板上的内容粘贴进来，关闭第二试题对应的 Word 文档；……。依此继续，直到所有试题内容都粘贴进来为止。最后生成试卷名指针同时为试卷名表追加一个空记录并将试卷名指针存入指针字段中，然后由该指针装配成试卷名，以此名保存该试卷，该程序模块结束。

数据控件数据源的设置（代码要置于当前窗体的 Private Sub Form_Activate() 事件过程的开始部分）：

Data1.DatabaseName=""

Data1.RecordSource="select * from biao1 where tag='+' order by datihao,zhishidian"

Data2.DatabaseName=""

Data2.RecordSource = "biao3"

Data3.DatabaseName=""

Data3.RecordSource = "biao2"

Data4.DatabaseName= App.Path & "\setuppath.mdb"

Data4.RecordSource = "biao3"

Data5.DatabaseName= App.Path & "\setuppath.mdb"

Data5.RecordSource = "biao6"

其他控件的属性设置说明如表 21-4 所示。

表 21-4　　　　　　　　　　　　　　控件设置说明

控　件	属　性	属性值（或功用）
Label1	Caption	下面将由已选定的试题按大题号分类生成试卷 (Word 文档)
Label2	Caption	显示当前操作的课程名
Command1	Caption	确定
Command2	Caption	返回
Data1	Visible	False
Data2	Visible	False
Data3	Visible	False
Data4	Visible	False
Data5	Visible	False

算法的代码实现如下：

"确定" 命令按钮：

Form9.MousePointer = 11

Label1.Caption = " 现在正在生成试卷，请稍候⋯⋯"

Command1.Visible = False

Command3.Visible = False

Dim wa As Word.Application

Dim wd1 As Word.Document

Dim wd As Word.Document

Set wa = New Word.Application

wa.Visible = False

```
Set wd = wa.Documents.Add    '创建一个可编辑的新文档
m = Trim(Trim(Data2.Recordset.chosendir) & "\title0.doc")    '写入试卷头
Set wd1 = wa.Documents.Open(m)
wd1.Content.Select
Selection.Copy
wd.Activate
Selection.EndKey unit:=wdStory    '将光标置于文档结尾
Selection.TypeParagraph    '回车换行
Selection.Paste
wd1.Close
Dim s As Integer
s = 0
Do While Not Data1.Recordset.EOF
    If Val(Data1.Recordset.datihao) <> s Then    '写入各大题标题
        s = Val(Data1.Recordset.datihao)
        m = Trim(Trim(Data2.Recordset.chosendir) & "\title" & Trim(Str(s)) & ".doc")
        Set wd1 = wa.Documents.Open(m)    '打开大题标题 WORD 文档
        wd1.Content.Select
        Selection.Copy
        wd.Activate
        Selection.EndKey unit:=wdStory    '将光标置于文档结尾
        Selection.TypeParagraph    '回车换行
        Selection.Paste
        wd1.Close
    End If
    m = Trim(Trim(Data2.Recordset.chosendir) & "\" & Trim(Data1.Recordset.tihao) & ".doc")
    Set wd1 = wa.Documents.Open(m)    '打开当前试题的 WORD 文档
    wd1.Content.Select    '全选文档的内容
    Selection.Copy    '复制所选内容
    wd.Activate    '激活所建立的可编辑的新文档
    Selection.EndKey unit:=wdStory    '将光标置于文档结尾
    Selection.TypeParagraph    '回车换行
    Selection.Paste    '粘贴
    Data1.Recordset.MoveNext    '指针指向下一试题记录
    wd1.Close
Loop
Dim t As String
```

```
If Data3.Recordset.BOF Then
    Data3.Recordset.AddNew
    Data3.Recordset.juan = "1"
    Data3.Recordset.yonghu = Data5.Recordset.yonghu
    Data3.Recordset.riqi = Date
    Data3.UpdateRecord
    t = "1"
Else
    Data3.Recordset.MoveLast
    t = Str(Val(Data3.Recordset.juan) + 1)    ' 生成试卷名指针
    Data3.Recordset.AddNew
    Data3.Recordset.juan = t    ' 填写试卷名指针字段
    Data3.Recordset.yonghu = Data5.Recordset.yonghu
    Data3.Recordset.riqi = Date
    Data3.UpdateRecord
End If
wd.SaveAs (Trim(Trim(Data2.Recordset.chosendir) & "\" & "juan" & Trim(t) & ".doc"))
' 读取试卷名指针组装成试卷名保存
wd.Close
wa.Quit
Label1.Visible = False
Form9.MousePointer = 0
t = MsgBox("试 卷 已 生 成 完 毕 !", vbOKOnly, "")
Unload Form9
```

以上代码段程序流程图如图 21-7 所示。

"返回"命令按钮：

```
Private Sub Command3_Click()
Unload Form9
End Sub
Private Sub Data2_Reposition()
Data1.DatabaseName = Data2.Recordset.chosendir & "\db.mdb"
End Sub
Private Sub Data4_Reposition()
Data3.DatabaseName = Data4.Recordset.chosendir & "\db.mdb"
End Sub
Private Sub Form_Activate()
Data1.DatabaseName=""
Data1.RecordSource="select * from biao1 where tag=' +' order by datihao,zhishidian"
```

Data2.DatabaseName=""
Data2.RecordSource = "biao3"
Data3.DatabaseName=""
Data3.RecordSource = "biao2"
Data4.DatabaseName= App.Path & "\setuppath.mdb"
Data4.RecordSource = "biao3"
Data5.DatabaseName= App.Path & "\setuppath.mdb"
Data5.RecordSource = "biao6"
Data1.Refresh
Data2.Refresh
Data3.Refresh
Data4.Refresh
Data5.Refresh
Label2.Caption = Replace(Form3.Data2.Recordset.chosendir, App.Path &   "\", "")
End Sub

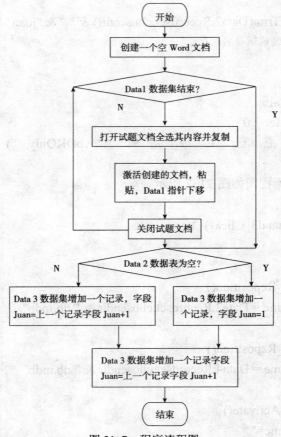

图 21-7   程序流程图

第22章 打 印 试 卷

当按选定的试题生成试卷 Word 文档后，就可以打开该试卷 Word 文档，在 Word 字处理软件环境中进行编辑、排版等人工处理，最终满意以后利用 Word 软件具有的打印功能将试卷 Word 文档打印输出而最终生成试卷的硬拷贝。该功能是通过主菜单项"打印"来实现的。

"打印"主菜单项功能界面如图 22-1 所示。

在该界面的中心部位是一个大的空白区域，它是一个 OLE 控件，用于显示当前试卷文档的内容；"请选择试卷"标签后面的文本框中显示的是当前OLE 控件内容所对应的试卷 Word 文档的文件名；

图 22-1　窗体 Form13

用户名是指创建该试卷文档的用户的名字；日期是指创建该试卷文档的时间。在该界面中可点击"下一个"按钮和"上一个"按钮翻阅系统中的已经生成的历史试卷，包括试卷名和试卷的前面部分内容。刚进入该界面时所显示的是最后一次生成的试卷。当翻到所需要的试卷时，点击"确定"按钮就可启动 Word 软件打开该试卷 Word 文档，即可对其实施编辑、排版操作。最后利用 Word 本身具有的功能打印输出。点击"删除"按钮可删除当前显示的试卷（文档）；点击"返回"按钮即可返回到系统主菜单界面。

数据控件数据源的设置（代码要置于当前窗体的 Private Sub Form_Activate() 事件过程的开始部分）：

Data1.DatabaseName=""

Data1.RecordSource="biao2"

Data2.DatabaseName= App.Path & "\setuppath.mdb"

Data2.RecordSource = "biao3"

其他控件的属性设置说明如表 22-1 所示。

表 22-1　　　　　　　　　　　　　控件设置说明

控 件	属 性	属性值（或功用）
Label1	Caption	请选择试卷
Label2	Caption	显示当前操作的课程名
Label3	Caption	用户名：
Label5	Caption	日期：
Command1	Caption	下一个

续表

控　件	属　性	属性值（或功用）
Command2	Caption	上一个
Command3	Caption	确　定
Command4	Caption	返　回
Command6	Caption	删　除
OLE1	·	显示试卷文档内容
Data1	Visible	False
Data2	Visible	False

为事件编写代码：
"下一个"命令按钮：

```
Private Sub Command1_Click()
If Not Data1.Recordset.EOF Then
    Data1.Recordset.MoveNext
End If
End Sub
```

"上一个"命令按钮：

```
Private Sub Command2_Click()
If Not Data1.Recordset.BOF Then
    Data1.Recordset.MovePrevious
End If
End Sub
```

"删　除"命令按钮：

```
Private Sub Command6_Click()
Dim s As Integer
Dim b As String
s = MsgBox("确实要删除当前试卷吗 ？ ", vbYesNo, "")
If s = 6 Then
    If Not Data1.Recordset.EOF And Not Data1.Recordset.BOF Then
        OLE1.Action = 9
        b = Trim(Trim(Data2.Recordset.chosendir) & "\juan" & Trim(Data1.Recordset.juan) & ".doc")
        If checkfile(b) Then
            Kill (b)   '删除试卷文档文件
        End If
```

```
            Data1.Recordset.Delete
            Data1.Recordset.MoveNext
            If Not Data1.Recordset.EOF Then
                OLE1.Class = "word.document.8"
                OLE1.DisplayType = 0
                OLE1.SourceDoc = Trim(Trim(Data2.Recordset.chosendir) & "\juan" &
Trim(Data1.Recordset.juan) & ".doc")
                OLE1.Action = 1
            Else
                OLE1.Class = "word.document.8"
                OLE1.DisplayType = 0
                OLE1.SourceDoc = App.Path &    "\doc1.doc"
                OLE1.Enabled = False
                OLE1.Action = 1
            End If
        End If
    End If
End Sub
```

"确定"命令按钮：
```
Private Sub Command3_Click()
' 以下代码打开所选择的试卷文档文件，供用户编辑、排版、浏览或打印等
If Not Data1.Recordset.BOF And Not Data1.Recordset.EOF Then
    Dim m As String
    Dim wa As Word.Application
    Dim wd1 As Word.Document
    Set wa = New Word.Application
    wa.Visible = True
    m = Trim(Trim(Data2.Recordset.chosendir) & "\juan" & Trim(Data1.Recordset.juan) &
".doc")
    If checkfile(m) Then
        Set wd1 = wa.Documents.Open(m)
    End If
End If
End Sub
```

"返回"命令按钮：
```
Private Sub Command4_Click()
```

```vb
        Unload Form13
    End Sub
    Private Sub Data1_Reposition()
    If Not Data1.Recordset.BOF And Not Data1.Recordset.EOF Then
        Text1.Text = Trim(Data1.Recordset.juan) & ".DOC"
        Label4.Caption = Trim(Data1.Recordset.yonghu)
        Label6.Caption = Format(Data1.Recordset.riqi, "long date")
        OLE1.Class = "word.document.8"
        OLE1.DisplayType = 0
        OLE1.SourceDoc = Trim(Trim(Data2.Recordset.chosendir) & "\juan" & Trim(Data1.
Recordset.juan) & ".doc")
        OLE1.Action = 1
    Else
        Text1.Text = ""
        Label4.Caption = ""
        Label6.Caption = ""
        OLE1.Class = "word.document.8"
        OLE1.DisplayType = 0
        OLE1.SourceDoc = App.Path & "\doc1.doc"
        OLE1.Enabled = False
        OLE1.Action = 1
    End If
    End Sub


    Private Sub Data2_Reposition()
    Data1.DatabaseName = Data2.Recordset.chosendir & "\db.mdb"
    End Sub


    Private Sub Form_Activate()
    Data1.DatabaseName=""
    Data1.RecordSource="biao2"
    Data2.DatabaseName= App.Path & "\setuppath.mdb"
    Data2.RecordSource = "biao3"
    Data1.Refresh
    Data2.Refresh
    Label2.Caption = Replace(Form3.Data2.Recordset.chosendir, App.Path & "\", "")
    If Not Data1.Recordset.BOF Then
        Data1.Recordset.MoveLast
```

```
        End If
        If Not Data1.Recordset.BOF Then
            OLE1.Class = "word.document.8"
            OLE1.DisplayType = 0
            OLE1.SourceDoc = Trim(Trim(Data2.Recordset.chosendir) & "\juan" & Trim(Data1.
Recordset.juan) & ".doc")
            OLE1.Action = 1
        End If
        End Sub
```

参 考 文 献

［1］ 王虹等，Visual Basic6.0 实用教程，人民邮电出版社 1999，3.

［2］ 曾伟民，邓勇刚等，Visual Basic6.0 高级实用教程，电子工业出版社 1999，10.

［3］ 郑阿奇，Visual Basic 教程，清华大学出版社 2005，6.

［4］ 何健辉等译，实用 Visual Basic6 教程，清华大学出版社 2001，3.

［5］ 胡志君 高燕林等译，SQL 编程习题与解答，FUNDAMENTALS Ｏ Ｆ SQL PROGRAMMING 中信出版社 2002，8.

［6］ 张海藩，软件工程导论，清华大学出版社 2008，2.